大数据技术和人工智能技能型人才培养产教融合系列教材

U0157762

MySQL 数据库技术与应用

（微课版）

▶▶▶▶ 范　瑛　周化祥　董　婷 主编

张　田　何　伟　曾新洲 副主编

周德锋　夏敏纳　周　倩

何机助　李　俊 参编

电子工业出版社

Publishing House of Electronics Industry

北京·BEIJING

内 容 简 介

本书以 MySQL 8.0 为平台，对关系型数据库的定义、操作、查询、编程、设计与管理，通过命令行和 MySQL Workbench 两类客户端工具进行实施的方法，以及 SQL 语法都进行了详细讲解。

本书为校企双元开发，教学、实训、实战三重阶段分别以三个项目、双线一点模式贯穿教材。教学项目引导下的每个任务由工作情境导入，"分析—准备—实施"三步驱动教学做一体化，并配套学习通学银在线开放课程和头歌在线实训任务单闯关。本书的每个项目模块都配有任务知识结构导图，以及相应的岗位工作能力、技能证书标准、思政素养目标，并配有"数据启示录"，有利于开展德智技融合的课程教学。

本书体系完整、示例详尽、逻辑严谨、配套资源丰富，既可以作为高等院校计算机相关专业的数据库课程教材，也可以作为 IT 技术人员和编程爱好者的优质参考读物。

图书在版编目（CIP）数据

MySQL 数据库技术与应用：微课版 / 范瑛，周化祥，董婷主编. —北京：电子工业出版社，2023.6
ISBN 978-7-121-45717-3

Ⅰ. ① M… Ⅱ. ① 范… ② 周… ③ 董… Ⅲ. ① SQL 语言－数据库管理系统－高等学校－教材
Ⅳ. ① TP311.138

中国国家版本馆 CIP 数据核字（2023）第 098822 号

责任编辑：章海涛　　　　　　　　文字编辑：纪　林
印　　刷：北京市大天乐投资管理有限公司
装　　订：北京市大天乐投资管理有限公司
出版发行：电子工业出版社
　　　　　北京市海淀区万寿路 173 信箱　　　邮编：100036
开　　本：787×1092　　1/16　　印张：20.75　　字数：531 千字
版　　次：2023 年 6 月第 1 版
印　　次：2024 年 12 月第 5 次印刷
定　　价：49.90 元

李　娜	天津电子信息职业技术学院
李崇鞅	湖南邮电职业技术学院
李辉熠	湖南大众传媒职业技术学院
杨晓峰	湖南现代物流职业技术学院
吴振峰	湖南大众传媒职业技术学院
吴海波	湖南铁道职业技术学院
陈　彦	永州职业技术学院
陈海涛	湖南省人工智能协会
欧阳广	湖南化工职业技术学院
周化祥	长沙商贸旅游职业技术学院
周　玲	湖南民族职业学院
姚　跃	长沙职业技术学院
高　登	湖南科技职业学院
黄　达	岳阳职业技术学院
黄　毅	湖南科技职业学院
曹虎山	湖南生物机电职业技术学院
彭顺生	湖南信息职业技术学院
曾文权	广东科学技术职业学院
谢　军	湖南交通职业技术学院
褚　杰	三一职院
谭见君	湖南科技职业学院
谭　阳	湖南网络工程职业技术学院

总 序

从社会经济的宏观视角，当今世界正在经历着一场源于信息技术的快速发展和广泛应用而引发的大范围、深层次的变革，数字经济作为继农业经济、工业经济之后的新型经济形态应运而生，数字化转型已成为人类社会发展的必然选择。考察既往社会经济发展的周期律，人类社会的这次转型也将是一个较长时期的过程，再保守估算，这个转型期也将可能长达数十年。

信息技术是这场变革的核心驱动力！从20世纪40年代第一台电子计算机发明算起，现代信息技术的发展不到80年，然而对人类社会带来的变化却是如此巨大而深刻。特别是始于20世纪90年代中期的互联网大规模商用，历经近30年的发展，给人类社会带来了一场无论在广度、深度和速度上均是空前的社会经济"革命"，正在开启人类的数字文明时代。

从信息化发展的视角，当前我们正处于信息化的第三波浪潮，在经历了发轫于20世纪80年代，随着个人计算机进入千家万户而带来的以单机应用为主要特征的数字化阶段，以及始于20世纪90年代中期随互联网开始大规模商用而开启的以联网应用为主要特征的网络化阶段，我们正在进入以数据的深度挖掘和融合应用为主要特征的智能化阶段。在这第三波的信息化浪潮中，互联网向人类社会和物理世界全方位延伸，一个万物互联的人机物（人类社会、信息系统、物理空间）三元融合泛在计算的时代正在开启，其基本特征将是软件定义一切、万物均需互联、一切皆可编程、人机物自然交互。数据将是这个时代最重要的资源，而人工智能将是各类信息化应用的基本表征和标准配置。

当前的人工智能应用本质上仍属于数据驱动，无数据、不智能。数据和智能呈现"体"和"用"的关系，犹如"燃料"与"火焰"，燃料越多，火焰越旺，燃料越纯，火焰越漂亮。因此，大数据（以数据换智能）、大系统（以算力拼智能）、大模型（模型参数达数百甚至数千亿）被称为当前人工智能应用成功的三大要素。

我们也应看到，在大数据应用和人工智能应用成功的背后，仍然存在不少问题和挑战。从大数据应用层次看，描述性、预测性应用仍占多数，指导性应用逐步增多；从数据分析技术看，基于统计学习的应用较多，基于知识推理的应用逐步增长，基于关联分析的应用较多，基于因果分析的应用仍然较少；从数据源看，基于单一数据源的应用较多，综合多源多态数据的应用正在逐步增多。可以看出，大数据应用正走出初级阶段，进入新的应用增长阶段。从人工智能能力看，当前深度学习主导的人工智能应用，普遍存在低效、不通用、不透明、鲁棒性差等问题，离"低熵、安全、进化"的理想人工智能形态还有较长的路要走。

无论是从大数据和人工智能的基础研究与技术研发，还是从其产业发展与行业应用看，人才培养无疑都应该是第一重要事务，这是一项事业得以生生不息、不断发展的源头活水。数字化转型的时代，信息技术和各行各业需要深度融合，这对人才培养体系提出了许多新要求。数字时代需要的不仅仅是信息技术类人才，更需要能将设计思维、业务场景、经营方法和信息技术等能力有机结合的复合型创新人才；需要的不仅是研究型、工程型人才，更需要能够将技术应用到各行业领域的应用型、技能型人才。因此，我们需要构建适应数字经济发展需求的人才培养体系，其中职业教育体系是不可或缺的构成成分，更是时代刚需。

党中央高度重视职业教育创新发展，党的二十大报告指出，"统筹职业教育、高等教育、继续教育协同创新，推进职普融通、产教融合、科教融汇，优化职业教育类型定位"，为我国职业教育事业的发展指明了方向。我理解，要把党中央擘画的职业教育规划落到实处，建设产教深度融合的新形态实践型教材体系亟需先行。

我很高兴看到"大数据技术和人工智能技能型人才培养产教融合系列教材"第一批成果的出版。该系列教材在中国软件行业协会智能应用服务分会和全国人工智能职业教育集团的指导下，由湖南省人工智能职业教育教学指导委员会和湖南省人工智能学会高职 AI 教育专委会联合国内 30 多所高校的骨干教师、十多家企业的资深行业和技术专家，按照"共建、共享、共赢"的原则，进行教材调研、产教综合、总体设计、联合编撰、专业审核、分批出版。我以为，这种教材编写的组织模式本身就是一种宝贵的创新和实践：一是可以系统化地设计系列教材体系框架，解决好课程之间的衔接问题；二是通过实行"行、校、企"多元合作开发机制，走出了产教深度融合创新的新路；三是有利于重构新形态课程教学模式与实践教学资源，促进职业教育本身的数字化转型。

目前，国内外大数据和人工智能方向的教材品类繁多，但是鲜有面向职业教育的体系化与实战化兼顾的教材系列。该系列教材采用"岗位需求导向、项目案例驱动、教学做用结合"的课程开发思路，将"真环境、真项目、真实战、真应用"与职业能力递进教学规律有机结合，以产业界主流编程语言和大数据及人工智能软件平台为实践载体，提供了类型丰富、产教融合、理实一体的配套教学资源。这套教材的出版十分及时，有助于加速推动我国职业院校大数据和人工智能专业建设，深化校、企、出版社、行业机构的可持续合作，为我国信息技术领域高素质技能型人才培养做出新贡献！

谨以此代序。

梅宏（中国科学院院士）

癸卯年仲夏于北京

⫶ 前 言 ⫶

一、缘起

数据库技术作为软件、信息、大数据、人工智能、云计算等领域的一项核心技术，是计算机相关专业学生必备的专业基础知识和技能。MySQL 以其开源、稳定、体积小、速度快的特点成为目前被广泛使用的关系型数据库管理系统之一，MySQL 8 具有比以往版本更有效的数据管理功能和更轻松的使用配置，自带的 MySQL Workbench 图形化工具免费、便捷。

为了贴合数据库技术发展，适应企业对数据管理人才的新需求，结合对学情特点和学习规律的调查分析，我们本着"学生能学、教师好用、企业需要"的原则，"岗课赛证"融通，校企联合编写了本书，共建了本书配套在线课程的教学与实训双线上平台，并且将职业道德规范、大国工匠精神、爱国主义情怀、科技强国与创新创造意识等元素融入其中，不仅让数据库技术及应用成为一门"有温度"的课程，也让学生通过对本书内容的学习和使用能够在知识、技能、精神多层面有所收获。

二、体系

（1）按照"项目引导、任务驱动、三重三步"模式组织教材结构

① 三重阶段三个项目引入，双线一点贯穿教材

第一重教学阶段，以"高校教学质量分析管理系统数据库"项目为贯穿全书知识技术内容的主线，分别按项目模块、任务三步驱动的形式阐述。

第二重实训阶段，以"eBank 怡贝银行业务管理系统数据库"项目为贯穿全书实训拓展任务的辅线，按企业所使用的任务工作单的形式布置。

主辅双线的终点（即教材内容的最后）为第三重实战阶段，以"无人值守超市管理系统数据库"项目运用全书所学知识综合实施。

② 项目分解模块，模块分解任务

"双线一点"三个项目基于工作过程导向，根据数据库岗位工作要求，分解为数据库认知、数据库管理、数据库查询、数据库编程、数据库安全、数据库设计、数据库实战这 7 个项目模块，各个项目模块再依据所需知识技能点共分解为 28 个典型工作任务，引导教学与实训实践。

③ "任务分析—技术准备—任务实施"三步逐级驱动工作任务

主线教学项目以实际工作任务为背景，每个任务首先进行"任务分析"，即对其内容进行任务描述，并提出解决该任务的任务要领，然后详细阐述各任务要领所对应的"技术准备"，最后运用所学知识技术进行"任务实施"，以完成所提出的工作任务。每个任务驱动的三步流程遵循"教学做一体化"原则。

（2）依据学情特点与能力形成规律，构造模块顺序

基于岗位工作学习过程和技术能力形成规律，并结合编者多年的数据库教学实践，如果开篇在介绍数据库的基本理论知识时就进入"数据库设计"环节，则对于学生学习来讲难度太大，学生在刚开始时对数据库还没有全面、形象的认识，懵懂情况下对数据库的设计原则、数据库模型等都是无法深入、透彻理解和掌握的。因此，本书将"数据库设计"项目模块改置于"数据库认知""数据库管理""数据库查询""数据库编程""数据库安全"这 5 个项目模块之后，让学生能够循序渐进地学习。

三、特色

（1）校企双元，促岗课赛证融通

本书的 3 个项目（教学项目、实训项目、实战项目）是与湖南智擎科技有限公司、湖南厚溥数字科技有限公司、北京东方国信科技股份有限公司联合开发的真实项目，选取学生熟悉的业务情景，有助于学生理解项目中的数据库技术内容。

本书根据数据库职业岗位的相关要求，按照项目开发过程，以解决工作任务需求为导向，涵盖 Web 应用开发、大数据应用开发等"1+X"职业技能证书标准与技能竞赛中的数据库相关考点，以及全国计算机等级考试二级"MySQL 数据库程序设计"相应考点，重构教材逻辑结构与课程教学内容，形成"产教融合、书证融通"教材。

（2）模块设计，便专业分类施教

项目模块化设计不仅使本教材关于数据库技术 6 方面的内容结构清晰，也便于教师结合不同专业人才培养定位灵活选取和组合教学模块，还便于学生结合兴趣与职业发展规划灵活选取学习模块。

（3）思政渗透，融德智技能教学

在本书的每个项目模块前，会通过任务知识结构导图明确学习该项目模块后应获得的"岗位工作能力"、对接的"技能证书标准"、具备的"思政素养目标"；在每个项目模块中，会在"教学做"的内容里渗透岗位知识和证书考点，并提炼工匠精神和职业道德的元素，不断渗透式地培养学生爱岗敬业、精益求精、专注执着、科技创新的职业素养，强化学生数据管理、数据分析、数据安全意识和团队合作、自主学习解决问题等能力；在每个项目模块后，会通过"数据启示录"的专题，以党的二十大精神为指引，通过数据库在计算机各技术领域的新闻或事件等启发学生坚定科技兴国理念，厚植道路自信，培养爱国情怀。

（4）一体化式，通资源学习平台

本书的设计、编写和建设以达成"教材内容与数字资源建设一体化、教材编写与课程开发一体化、教学与实践过程一体化、线上与线下时空一体化"的融媒体新形态一体化教材为目标，建成"纸质书籍+数字媒体+在线课程+仿真实践"的"一书、一课、双平台"完善的教材资源体系。不仅书中的各知识技能点配有二维码微课视频，还配套"学习通"学银在线数字课程"数据库技术及应用"，在"头歌"平台配套建有实训项目任务工作单的实践操作闯关，并提供电子教案、课件、项目数据库、源代码等教学资源。

四、致谢

本书由长沙商贸旅游职业技术学院、湖南科技职业学院、湖南化工职业技术学院、湖南汽车工程职业学院等多所高职本科院校的教学团队编写，联合湖南智擎科技有限公司、湖南厚溥数字科技有限公司、北京东方国信科技股份有限公司校企合作、共同开发。

本书由范瑛设计内容框架和编写思路及体例，统稿修改并统筹配套资源的制作与建设。何伟编写项目模块 1，张田、范瑛编写项目模块 2，范瑛编写项目模块 3，曾新洲、周化祥编写项目模块 4，周德锋编写项目模块 5，夏敏纳、范瑛编写项目模块 6，董婷编写项目模块 7，周倩编写实训任务工作单。教材编写和建设团队还吸纳了具有丰富数据库管理与应用经验的企业专家技术人员，特别感谢湖南智擎科技有限公司的李俊、钟一鸣、朱政华、乔立奥工程师，湖南厚溥数字科技有限公司的黄朋、何机助工程师，以及北京东方国信科技股份有限公司的李明涛工程师，在企业项目提供、代码正确性验证、实训平台及资源建设等方面给予的大力支持和帮助。

另外，特别感谢湖南大众传媒职业技术学院的吴振峰教授对本书编写的指导和指正，同时感谢长沙商贸旅游职业技术学院软件学院各专业的同学们，在编写过程中，他们站在学习使用者的角度参与本书的编写讨论并提供建议，让本书更加符合教学双方的需求。

全体人员在一年多的编写过程中付出了大量的时间、精力及辛勤的汗水，在此一并表示衷心的感谢。

五、反馈

本书是作者多年来在教学实践中对数据库课程的项目教学内容、项目教学方法及项目教学研究成果的具体总结与应用，也是校企合作在教育教学上的实践成果。由于数据库知识与技术涉及面广，并且编者水平有限，因此尽管我们以最大的努力力求教材完善、准确，但是书中难免存在疏漏与不足之处，敬请广大读者提出宝贵的意见和建议，我们不胜感激。如需加入本书配套的数据库技术及应用在线课程的学银教学与头歌实训双平台教师团队或学习班级，共享需求和意见建议都可以通过电子邮件（459555147@qq.com）与我们联系。

作　者

2023 年 5 月

目 录

项目模块 1

数据库认知

　　G-EDU（格诺博教育）公司开发高校教学质量分析管理系统的目的是能够对与教学质量相关的各项指标数据（包括学生评教、教师评学、同行教师及督导专家评价等相关的各类信息）进行记录、分析、处理、决策。同时基于大数据分析背景的需要，针对项目数据存储与管理的需求，在认知和分析数据库体系的基础上，为项目的开发甄选了 MySQL 8 作为适合的后台数据库管理系统。不匹配的数据库管理系统带来的代价可能是项目整体性能和效率的下降，因此，正确选择数据库管理系统并能正确安装和配置，对于整个项目非常重要。

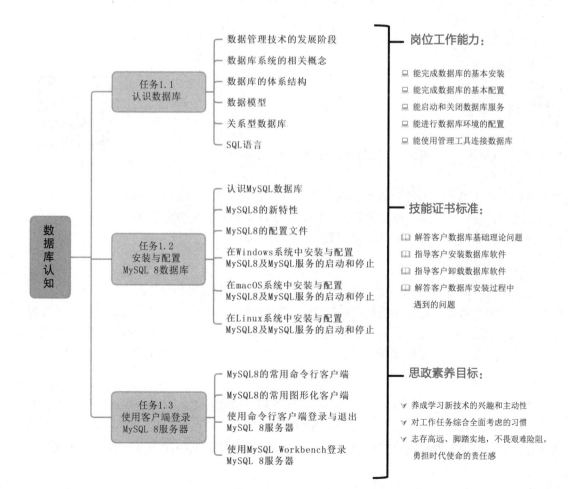

任务 1.1 认识数据库

【任务描述】

G-EDU（格诺博教育）公司想要开发高校教学质量分析管理系统，在进行数据库设计之前，需要了解数据库的体系结构和数据模型等理论知识，从而为项目选择一个合适的后台数据库管理系统。

【任务要领】

- ❖ 数据管理技术的发展阶段
- ❖ 数据、数据库、数据库管理系统、数据库系统的概念
- ❖ 数据库"三级模式，两层映射"的体系结构
- ❖ 不同数据模型的特点
- ❖ 关系型数据库的相关概念
- ❖ SQL 语言

1.1.1 数据管理技术的发展阶段

微课 1-1

数据管理技术是随着计算机对数据管理任务的需求而产生的，数据管理是指对数据进行分类、组织、编码、存储、检索和维护。数据管理技术的发展主要经历了 3 个阶段：人工管理阶段、文件系统阶段和数据库系统阶段。

1. 人工管理阶段

在 20 世纪 50 年代中期以前，计算机出现的初期，由于软件和硬件的限制，计算机主要用于科学计算。当时没有操作系统，也没有大容量外部存储器，人们只能采用人工方式管理数据，数据面向的对象也只是某个特定的应用程序，如图 1-1 所示。因此，数据的独立性差，不能共享，冗余度大，不能长期保存。

2. 文件系统阶段

从 20 世纪 50 年代后期到 20 世纪 60 年代中期，随着计算机硬件和软件技术的迅速发展，人们可以将数据组织成相互独立的文件，存储在磁盘、磁鼓等可以直接存取数据的存储设备上，然后通过文件系统来管理这些文件，从而使得计算机的应用范围从科学计算领域发

展到了数据管理领域,如图 1-2 所示。但这些文件中的数据没有进行结构化管理,其数据仍然面向特定的应用程序,虽然数据此时可以长期保存,但是依然存在独立性差、共享率低、冗余度大的缺点,也无法应对文件误删或磁盘故障等突发事故。

图 1-1　人工管理阶段应用程序与数据的对应关系　　图 1-2　文件系统阶段应用程序与数据的对应关系

3. 数据库系统阶段

自 20 世纪 60 年代后期以来,随着计算机性能的日益提高,其应用领域也日益广泛,数据量急剧增加,并且多种应用、多种语言互相交叉共享数据集合的要求也越来越高,编制和维护系统软件及应用程序的成本相对增加,分布式处理需求增大,以文件系统作为数据管理的手段已经不能满足应用需求。为了满足和解决多用户、多应用共享数据的需求,使数据为尽可能多的应用服务,出现了统一管理数据的专门软件,即数据库管理系统,如图 1-3 所示。

图 1-3　数据库系统阶段应用程序与数据之间的对应关系

数据库的特点是数据不再只是面向某个特定的应用程序,而是面向整个系统,数据共享可以大大减少数据冗余并节省存储空间,易扩充,还能更好地保证数据的安全性和完整性;应用程序与数据库中的数据相互独立,数据的定义从程序中分离出去,数据的存取由数据库管理系统负责,大大减少了应用程序的编制、维护和修改;相对于文件系统来说,数据库系统实现了数据结构化。在文件系统中,独立文件内部的数据一般是有结构的,但文件之间不存在联系,因此整体来说是没有结构的;数据库系统虽然也常常分成许多单独的数据文件,但是它更注意同一数据库中各数据文件之间的相互联系。

1.1.2　数据库系统的相关概念

1. 数据

描述事物信息的符号称为数据(Data)。数据有多种表现形式,可以是数字,也可以是文字、图形、图像、声音、语言等。

数据的表现形式并不能完全表达其内容,需要经过数据解释,即对数据语义的说明。比如，数据(何平，男，2004-3-6)，如果语义是(学生姓名，性别，出生日期)，就可以得出"学生名叫何平、男性、2004 年 3 月 6 日出生"的信息，将这些信息组织成一个记录（记录是计算机中表示和存储数据的一种格式或方式），就这个学生记录就是描述一名学生的数据，这样的数据是有结构的。因此，数据与其语义是不可分的，数据是信息的载体。

2. 数据库

数据库（DataBase，DB）就是存储数据的仓库，指长期存储在计算机内的、有结构的、可共享的数据集合。数据库不仅包括描述事物的数据本身，还包括相关事物之间的联系。

3. 数据库管理系统

数据库管理系统（DataBase Management System，DBMS）是位于用户与操作系统之间的数据管理软件，它为用户或应用程序提供访问和管理数据库的方法，包括数据库的创建、使用、维护，以及数据收集与存储、数据定义、数据操作、数据控制等。

数据库管理系统是数据库系统的核心软件，目前较为流行的有美国 Oracle 公司的 Oracle 和 MySQL、美国微软公司的 SQL Server 等关系型数据库管理系统，以及 MongoDB、HBase 等非关系型数据库管理系统。

4. 数据库系统

数据库系统（DataBase System，DBS）由硬件、软件和数据库用户共同构成。硬件是物质基础，包括计算机、存储设备等；软件部分主要包括操作系统、数据库管理系统，以及支持多种语言进行应用开发的访问技术和数据库应用程序等；数据库用户包括使用数据库的最终用户、数据库系统的开发者、数据库管理员（DataBase Administrator，DBA）。

完整的数据库系统结构关系如图 1-4 所示。

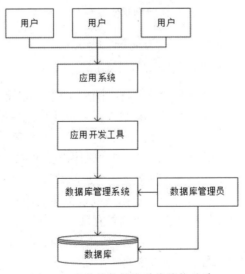

图 1-4　完整的数据库系统结构关系

1.1.3　数据库的体系结构

为了有效地组织、管理数据，提高数据库的逻辑独立性和物理独立性，美国国家标准协会（American National Standard Institute，ANSI）的数据库管理系统研究小组提出了标准化的建议，将数据库的体系结构分为三级模式，即外模式、概念模式和内模式，模式之间还存在映射，即两层映射，如图 1-5 所示。

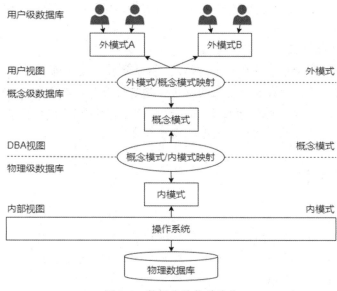

图 1-5　数据库的体系结构

1. 数据库的三级模式结构

1）外模式

外模式又称子模式或用户模式，对应用户级，面向应用程序，它是某个或某几个用户所看到的数据库的数据视图。外模式是从概念模式导出的一个子集，包含模式中允许特定用户使用的那部分数据。用户可以通过外模式描述语言来描述和定义对应用户的数据记录，也可以利用数据操纵语言（Data Manipulation Language，DML）对这些数据记录进行操作。外模式反映了数据库系统的用户观。一个数据库可以有多个外模式，但一个应用程序只能使用同一个外模式。

2）概念模式

概念模式，又称为模式或逻辑模式，对应概念级，面向数据库设计人员，描述数据的整体逻辑结构，是所有用户的公共数据视图（全局视图）。它是由数据库管理系统提供的数据模式描述语言，即数据定义语言（Data Description Language，DDL）来描述和定义的。概念模式反映了数据库系统的整体观，一个数据库只有一个概念模式。

3）内模式

内模式，又称为存储模式或物理模式，对应物理级，面向物理上的数据库，反映了数据库系统的存储观。它是数据库中全体数据的内部表示或底层描述，描述了数据在存储介质上的存储方式和物理结构。内模式是由内模式描述语言来描述和定义的。一个数据库只有一个内模式。

2. 三级模式之间的两层映射

为了能够实现在这三个抽象层次之间的联系和转换，数据库管理系统在三级模式之间提供了两层映射，体现了逻辑和物理两个层面的数据独立性。

1）外模式/概念模式映射

同一个模式可以有任意多个外模式。对于每个外模式，数据库系统都有一个外模式/概念模式映射。当模式被改变时，数据库管理员对各外模式/概念模式映射进行相应的改变，可以使外模式保持不变。这样，依据数据外模式编写的应用程序就不用修改，保证了数据与程序的逻辑独立性。

2）概念模式/内模式映射

数据库中只有一个概念模式和一个内模式，所以概念模式/内模式映射是唯一的，其定义了数据库的全局逻辑结构与存储结构之间的对应关系。当数据库的存储结构被改变时，数据库管理员对概念模式/内模式映射进行相应的改变，可以使外模式保持不变，相应地，应用程序也不进行变动。这样保证了数据与程序的物理独立性。

1.1.4 数据模型

数据库的类型通常按照数据模型（Data Model）来划分，任何数据库管理系统都要按照一定的结构和方式组织数据，所以数据模型是数据库管理系统的核心和基础。数据模型是对数据特征的抽象，可以理解为一种数据结构。在数据库的发展过程中出现了 3 种基本的数据模型，分别是层次模型、网状模型和关系模型。

1. 层次模型

层次模型（Hierarchical Model）是一种用树形结构表示实体及实体之间联系的数据模型。在这种结构中，每个记录类型都是用节点表示的，记录类型之间的联系则用节点之间的有向线段来表示。每个双亲节点可以有多个孩子节点，但是每个孩子节点只能有一个双亲节点。这种结构决定了采用层次模型作为数据组织方式的层次数据库系统只能处理一对多的实体联系。

层次模型的一个基本特点是，任意一个给定的记录值只能按其层次路径查看，没有一个孩子记录值能够脱离双亲记录值而独立存在。

【例 1-1】高校的院系、专业、教职工的数据组织层次模型如图 1-6 所示。

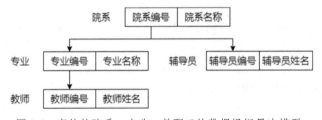

图 1-6 高校的院系、专业、教职工的数据组织层次模型

图 1-6 所示的层次模型有 4 个记录类型。

① 记录类型"院系"是根节点，由"院系编号"和"院系名称"这两个数据项组成。它有两个孩子节点，分别是"专业"和"辅导员"。

② 记录类型"专业"是"院系"的孩子节点，同时是"教师"的双亲节点。它由"专业编号"和"专业名称"这两个数据项组成。

③ 记录类型"辅导员"由"辅导员编号"和"辅导员姓名"这两个数据项组成。

④ 记录类型"教师"由"教师编号"和"教师姓名"这两个数据项组成。

"辅导员"与"教师"是叶子节点，它们没有孩子节点。一个"院系"有多个"专业"孩子节点，一个"专业"有多个"教师"孩子节点，一个"院系"有多个"辅导员"孩子节点，它们之间都是一对多的关系。

2. 网状模型

网状模型是一种可以灵活地表示实体及实体之间联系的数据模型，网状模型用有向图结构表示实体及实体之间的联系。网状模型取消了层次模型不能表示非树形结构的限制，两个或两个以上的节点都可以有多个双亲节点，此时有向树变成了有向图，该有向图描述了网状模型。

【例 1-2】高校学生选课数据组织网状模型如图 1-7 所示。

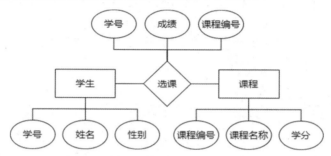

图 1-7　高校学生选课数据组织网状模型

一名学生可以选修多门课程，一门课程可以被多名学生选修，因此，学生与课程之间是多对多的联系。这样的实体联系图不能直接用网状模型来表示，因为网状模型中不能直接表示实体之间多对多的联系，为此引入一个学生选课的联结记录，它由"学号""课程编号"和"成绩"这 3 个数据项组成，表示某名学生选修某门课程及其成绩。

3. 关系模型

关系模型是指用二维表的形式表示实体及实体之间联系的数据模型，由行和列组成。在关系模型中，无论是实体还是实体之间的联系，均由单一的结构类型"关系"来表示，其操作的对象和结果都是一个二维表。

因此，一个关系就是一个二维表，一个关系模型的数据库就是由若干二维表组成的。关系模型可以用于表示实体之间的多对多关系，只是要借助第三个表来实现。

① 关系：一个关系（Relation）对应一个二维表，二维表名就是关系名。

② 元组（记录）：二维表中的一行称为一个元组（Tuple），对应一条记录。例如，表 1-1 所示的学生信息表中含有 3 个元组，即 3 条记录。

③ 属性（字段）：二维表中的列称为属性（Attribute），又称字段。属性的个数称为关系的元或度。列的值称为属性值。例如，表 1-1 所示的学生信息表中有 4 个属性：学号、姓名、身份证、性别。

④ 值域：属性值的取值范围称为值域（Domain）。例如，在表 1-1 所示的学生信息表中，"性别"属性的值域为{男，女}。

⑤ 分量：每行对应的列的属性值，即元组中的属性值称为分量。例如，在表 1-1 所示的学生信息表中，第一行的"姓名"分量为"张三"。

⑥ 关系模式：在二维表中的行定义，即对关系的描述称为关系模式。一般表示为"（属性 1，属性 2，属性 n)"。例如，学生的关系模式可以表示为"学生(学号, 姓名, 身份证, 性别)"。

⑦ 关键字（码）：若在一个关系中存在唯一标识一个实体的一个属性或属性集，则将其称为实体的关键字（Key）或码。例如，表 1-1 所示的学生信息表中的"学号"属性和"身份证"属性都能分别唯一地标识一个"学生"实体，因此"学号"属性和"身份证"属性是表 1-1 所示的学生信息表的关键字。

⑧ 候选键（候选码）：候选键也是唯一标识表中每一行的关键字。

若一个关系二维表中存在多个属性或属性集都能用来唯一标识一个元组，则它们都称为该关系的候选关键字或候选码，在一个关系二维表中可以有多个候选关键字或候选码。例如，在表 1-1 所示的学生信息表中，由于"学号"属性或"身份证"属性都能唯一地标识一个元组，因此"学号"属性和"身份证"属性都可以作为学生关系的候选键；而在表 1-2 所示的选课信息表中，由于只有属性集"学号"和"课程编号"才能唯一地标识一个元组，因此候选键为"（学号，课程编号）"。

表 1-1　学生信息表

学号	姓名	身份证	性别
101	张三	430101201001010011	男
102	李四	430102201002010012	男
103	王五	430103201003010023	女

表 1-2　选课信息表

学号	课程编号
S101	C1
S101	C2
S102	C1

⑨ 主键（主码）：在一个关系的若干个候选键中指定一个用来唯一标识该关系的元组，则这个被指定的候选键称为主关键字（Primary Key），或者简称为主键（主码）每个关系都有且只有一个主键。例如，在表 1-1 所示的学生信息表中，选定"学号"属性作为区分不同学生数据操作的依据，则"学号"为主键；而在表 1-2 所示的选课信息表中，主键为"（学号，课程编号）"。

⑩ 主属性和非主属性：关系中包含在任意一个候选键中的属性称为主属性，不包含在任意一个候选键中的属性称为非主属性。例如，在表 1-1 所示的学生信息表中，"学号"属性和"身份证"属性是主属性，"姓名"属性和"性别"属性是非主属性。

⑪ 外键（外码）：如果一个关系中的一个属性（该属性不能是候选键）是另一个关系中的主键（主码），则该关系中的这个属性称为外键（Foreign Key）或外码。外键（外码）的值要么为空，要么为其对应的主键（主码）中的一个值。例如，在表 1-2 所示的选课信息表中，"学号"属性是外键，因为"学号"属性对应了表 1-1 所示的学生信息表中的主键。

⑫ 参照关系与被参照关系：指以外键相互联系的两个关系可以相互转化。

在关系模型数据库中，其关系二维表必须具有以下性质：

✠ 同一个关系中的属性必须具有不同的属性名，即一个二维表中的列名不可以重复。
✠ 同一个关系中的元组必须唯一，即一个二维表中的行不可以重复。
✠ 同一个属性下的属性值必须同类型，即一个列的所有值的数据类型一致。
✠ 属性的顺序是非排序的，即一个二维表中的各列的次序可以任意交换。
✠ 元组的顺序是非排序的，即一个二维表中的各行的次序可以任意交换。

1.1.5 关系型数据库

微课 1-2

1. 关系型数据库

关系型数据库是指采用了关系模型来组织数据的数据库，其以行和列的二维表形式存储数据。关系模型可以简单理解为二维表格模型，那么一个关系型数据库就是由二维表及二维表之间的联系组成的一个数据组织。

主流的关系型数据库有很多，本书讲解的 MySQL 数据库就是一个关系型数据库。

2. 关系运算

关系型数据库的一个优点是有严格的数学理论根据，可以使用关系代数对数据进行关系运算。关系的基本运算有两类：一类是传统的集合运算（并、交、差、笛卡儿积），另一类是专门的关系运算（选择、投影、连接、除），如表 1-3 所示。

表 1-3　集合运算符和关系运算符

集合运算符	含义	关系运算符	含义
∪	并	σ	选择
∩	交	π	投影
−	差	⋈	连接
×	笛卡儿积	÷	除

1）集合运算

集合运算是把关系看作元组的集合进行运算的。传统集合运算的运算结果仍是关系，前提是参与运算的两个元组具有相同的结构，即含有相同的属性，并且对应属性的值域相同。

① 并（Union）：设有关系 R 和关系 S，$R \cup S$ 表示合并两个关系中的元组，消除重复的元组。并运算示例如图 1-8 所示。

② 交（Intersection）：设有关系 R 和关系 S，$R \cap S$ 表示找出既属于关系 R 又属于关系 S 的元组，得到结果相同的部分。交运算示例如图 1-9 所示。

③ 差（Difference）：设有关系 R 和关系 S，$R - S$ 表示找出属于关系 R 但不属于关系 S 的元组，$S - R$ 表示找出属于关系 S 但不属于关系 R 的元组。差运算示例如图 1-10 所示。

R
教师编号	教师姓名
101	张三
102	李四

S
教师编号	教师姓名
102	李四
103	王五

R∪S
教师编号	教师姓名
101	张三
102	李四
103	王五

图 1-8　并运算示例

R
教师编号	教师姓名
101	张三
102	李四

S
教师编号	教师姓名
102	李四
103	王五

R∩S
教师编号	教师姓名
102	李四

图 1-9　交运算示例

R
教师编号	教师姓名
101	张三
102	李四

S
教师编号	教师姓名
102	李四
103	王五

R−S
教师编号	教师姓名
101	张三

S−R
教师编号	教师姓名
103	王五

图 1-10　差运算示例

④ 笛卡儿积（Cartesian Product）：简单来说，笛卡儿积就是两个集合相乘的结果。设 R

和 S 是两个关系，则 $R \times S$ 表示求关系 R 和关系 S 的笛卡儿乘积，结果表是关系 R 和关系 S 的结构之连接，即前 n 个属性来自关系 R，后 m 个属性来自关系 S，属性个数等于 $n+m$。结果表的值是由关系 R 中的每个元组连接关系 S 中的每个元组构成元组的集合。笛卡儿积运算示例如图 1-11 所示。

教师编号	教师姓名
101	张三
102	李四

专业编号	专业名称
1	软件技术
2	网络技术

教师编号	教师姓名	专业编号	专业名称
101	张三	1	软件技术
101	张三	2	网络技术
102	李四	1	软件技术
102	李四	2	网络技术

图 1-11　笛卡儿积运算示例

2）关系运算

① 选择（Selection）：选择运算是单目运算，表示从一个关系 R 中选择满足给定条件的所有元组，这些元组与关系 R 具有相同的结构。选择运算示例如图 1-12 所示。

R

教师编号	教师姓名	性别
101	张三	男
102	李四	女

$\sigma_{教师编号=101}(R)$

教师编号	教师姓名	性别
101	张三	男

图 1-12　选择运算示例

② 投影（Projection）：投影运算也是单目运算，表示从一个关系 R 的所有属性中选择某些指定属性组成一个新的关系。选择运算选取关系的某些行，而投影运算选取关系的某些列，是从一个关系出发构造其垂直子集的运算。投影运算示例如图 1-13 所示。

R

教师编号	教师姓名	性别
101	张三	男
102	李四	女

$\pi_{教师编号, 性别}(R)$

教师编号	性别
101	男
102	女

图 1-13　投影运算示例

③ 连接（Join）：连接运算属于双目运算，表示从两个关系的笛卡儿积中选择属性之间满足一定条件的元组。常用的连接方式有等值连接和自然连接。

设有关系 R 和关系 S，用 A 和 B 分别表示关系 R 和关系 S 中属性名相等且可比的属性组。等值连接是指在关系 R 和关系 S 的笛卡儿积中选取 A、B 属性值相等的元组。自然连接是一种特殊的等值连接，要求关系 R 和关系 S 必须具有相同的属性组，进行等值连接后再去除重复的属性组。连接运算示例如图 1-14 所示。

④ 除（Division）：除运算可以理解为笛卡儿积的逆运算。

设被除关系 R 为 m 元关系，除关系 S 为 n 元关系，那么它们的商为 $m-n$ 元关系，记为 $R \div S$。商的构成原则是：将被除关系 R 中的 $m-n$ 列按其值分成若干组，检查每组的 n 列值的集合是否包含除关系 S，如果包含，则取 $m-n$ 列的值作为商的一个元组，否则不取。除运算示例如图 1-15 所示。

R

教师编号	教师姓名	院系编号
101	张三	1
102	李四	1
103	王五	2
104	赵六	2

S

院系编号	院系名称
1	软件学院
2	网络学院

$R \underset{R.院系编号 = S.院系编号}{\bowtie} S$ （等值连接）

教师编号	教师姓名	R.院系编号	S.院系编号	院系名称
101	张三	1	1	软件学院
102	李四	1	1	软件学院
103	王五	2	2	网络学院
104	赵六	2	2	网络学院

$R \bowtie S$ （自然连接）

教师编号	教师姓名	院系编号	院系名称
101	张三	1	软件学院
102	李四	1	软件学院
103	王五	2	网络学院
104	赵六	2	网络学院

图 1-14 连接运算示例

R

课程编号	教师编号
1	101
2	101
3	101
1	102
2	102
1	103

S1

教师编号
101

S2

教师编号
101
102

$R \div$ S1

课程编号
1
2
3

$R \div$ S2

课程编号
1
2

图 1-15 除运算示例

R 表示课程表，$R \div$ S1 表示查询教工编号为 101 的教师所教的课程，$R \div$ S2 表示查询教工编号为 101 和 102 的两位教师共同教的课程。

1.1.6 SQL 介绍

SQL（Structured Query Language，结构化查询语言）是关系型数据库的标准语言，是关系型数据库查询语言和程序设计语言。SQL 最早由 Boyce 和 Chamberlin 在 1974 年提出，并首先在 IBM 公司研制的关系型数据库系统 System R 上实现，具有功能丰富、使用方便灵活、语言简洁易学等优点。1980 年 10 月，SQL 被美国国家标准学会（ANSI）定义为关系型数据库语言标准。目前，各大数据库厂商的数据库产品都支持 SQL-92 标准，并在实践过程中对 SQL 标准进行了各自特征的一些修改和补充，因此所有不同数据库产品的 SQL 还是存在少量差别的，如 Oracle 数据库的 PL-SQL 和 SQL Server 数据库的 Transact-SQL 等。

SQL 是高级的非过程化编程语言，允许用户在高层数据结构上工作，不要求用户指定对数据的存放方法，也不需要用户了解具体的数据存放方式，所以具有完全不同底层结构的不同数据库系统，可以使用相同的 SQL 语言作为数据输入与管理接口。SQL 语句可以嵌套，从而具有极大的灵活性和强大功能。

SQL 由数据定义语言、数据操纵语言、数据控制语言三部分组成，核心功能只用了 11 个动词，语言十分简洁，易学易用。

1. 数据定义语言

数据定义语言（Data Definition Language，DDL）是用于定义数据结构与数据库对象的语言，由 CREATE①、ALTER 与 DROP 动词对应的语句组成。CREATE 是用于创建数据库对象的语句，ALTER 是用于修改数据库对象的语句，DROP 是用于删除数据库对象的语句。

2. 数据操纵语言

数据操纵语言（Data Manipulation Language，DML）是用于数据库操作，对数据库中的对象和数据执行访问工作的编程语句，主要以 INSERT、UPDATE、DELETE、SELECT 这 4 个动词为核心，对应的语句分别用于添加（插入）、修改（更新）、删除、查询数据。

3. 数据控制语言

数据控制语言（Data Control Language，DCL）主要用于对用户的访问权限加以控制，以保证系统的安全，由 GRANT（授权）、REVOKE（撤销授权）、COMMIT（提交事务）、ROLLBACK（回滚事务）动词对应的语句组成。

 任务实施

1.1.7 数据库系统初体验

基于大数据分析背景与人工智能判断的需要，G-EDU（格诺博教育）公司提出高校教学质量分析管理系统项目开发的需求。

数据库管理员（DBA）需要选择合适的数据库管理系统（DBMS），即既要满足轻量级、在足够运载一个大学数据需要的背景下尽量减轻服务器负载，也要方便对原有数据库的数据进行迁移及适应大数据分析的需要，支持使用多种编程语言（如 Java、Python 等）连接数据库进行数据分析。由于高校教学质量分析中涉及"学生""教师""督导专家""课程""院系""专业""评价评语""评价评分"等实体，并且这些实体之间相互有关联，因此本项目选择开源的、小型的关系型数据库管理系统 MySQL，版本选用较新的 MySQL 8。

通过关系型数据库管理系统（RDBMS）MySQL 8 设计开发高校教学质量分析管理系统的数据库，将该数据库的名称设置为"db_teaching"，并将"学生""教师""督导专家""课程""院系""专业""评价评语""评价评分"等实体实现为相应的二维表，存于 db_teaching 数据库中，数据库管理员使用 SQL 语言中的 DDL、DML、DCL 相关命令对这些二维表中的数据进行管理。

将高校教学质量分析中的各类实体实现为二维表来存储数据记录（Record），实体的各个属性映射为表格中的各个字段（Field），实体之间的关联（表格之间的关系）通过"码"（主键和外键）联系。比如，在高校教学质量分析过程中，"院系"实体和"专业"实体之间的关系如图 1-16 所示。"专业"实体包含 3 个属性：专业编号、专业名称、所属院系编号。

---

① 本书中的标准 SQL 语句一般对关键字（如命令动词、数据类型、其他关键字等）采用大写方式；但是相关软件中不会严格区分大小写。如果软件截图与文中标准 SQL 语句的大小写方式不一致，在不影响理解的前提下不做统一。

其中，"专业编号"属性是"专业"实体的主键，由"专业编号"属性唯一确定"专业"实体中的记录，"所属院系编号"属性是"专业"实体的外键，由"院系编号"属性建立与"院系"实体之间的主外键关系。"院系"实体包含 4 个属性：院系编号、院系名称、院长和书记。其中，"院系编号"属性是"院系"实体的主键，由"院系编号"属性唯一确定"院系"实体中的记录。"专业"实体属于"院系"实体，"院系"实体和"专业"实体之间是一对多的关系。

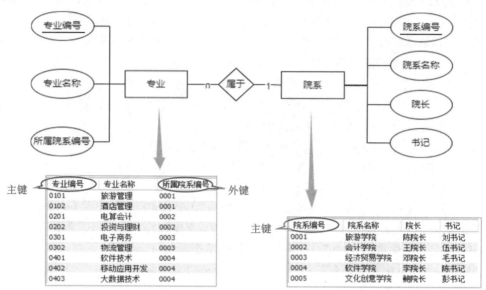

图 1-16 "专业"和"院系"实体关系 E-R 图与二维表

任务 1.2 安装和配置 MySQL 8 数据库

 任务分析

【任务描述】

在对数据库有基本的认识后，高校教学质量分析管理系统的开发最终选择 MySQL 8 作为其后台数据库管理系统。在详细了解 MySQL 8 数据库的新特性等一些专业知识后，开始安装并配置 MySQL 8 数据库。

【任务要领】

❖ 认识 MySQL 数据库
❖ MySQL 8 的新特性
❖ MySQL 8 的配置文件
❖ 安装和配置 MySQL 8
❖ 启动和停止 MySQL 服务

微课 1-3

1.2.1 认识 MySQL 数据库

MySQL 是一个体积小、开放源码、成本低的关系型数据库管理系统
（Relational DataBase Management System，RDBMS），采用关系数据库标准 SQL 语法，支持在 Windows、macOS、Linux、UNIX 等平台上使用，可移植性好，快速灵活。MySQL 作为开源数据库，意味着开发人员可以根据需求自由修改，所采用的社区版和商业版的双授权政策，兼顾了免费使用和付费服务的需求，总体拥有成本低。在 Web 开发、大数据开发等领域，MySQL 数据库已占据举足轻重的地位，成为众多企业进行项目开发的首选数据库。

MySQL 最早是由瑞典 MySQL AB 公司开发的，目前属于 Oracle 公司旗下的产品，最高版本是 MySQL 8（本书讲解版本就是 MySQL 8）。

1996 年，MySQL 1.0 诞生，只支持 SQL 特性，不支持事务。

1996 年 10 月，MySQL 3.11.1 发布，是第一个对外提供服务的版本，加入了主从复制功能。

2003 年，MySQL 4.0 发布，默认的存储引擎是 MyISAM，还集成了 InnoDB 存储引擎。

2005 年，MySQL 5.0 发布，加入了视图、游标、存储过程、触发器，并且支持事务。在 MySQL 5.0 之后的版本中，MySQL 开始向高性能数据库的方向发展。

2008 年，MySQL AB 公司被 Sun 公司收购。MySQL 5.1 发布，加入了分区、事件管理、行复制等功能，并修复了大量 Bug。

2009 年，Oracle 公司收购 Sun 公司，MySQL 进入了 Oracle 时代。

2010 年，MySQL 5.5 发布，进行了诸多重要特性的更新，InnoDB 存储引擎代替 MyISAM 存储引擎成为 MySQL 默认的存储引擎。

2013 年，MySQL 5.6～5.7 版本依次发布，进行了大量优化调整，稳定性强，使用广泛。

2016 年，Oracle 公司直接跳过 5.x 命名系列，并抛弃之前的 MySQL 6 和 MySQL 7 两个分支，直接进入 MySQL 8 版本命名，自此正式进入 MySQL 8.0 时代。

1.2.2 MySQL 8 的新特性

MySQL 从 5.7 版本直接跳跃到了 8.0 版本，可见这是一个里程碑版本。MySQL 8 在功能上做了显著的改进和增强，为用户带来了更好的性能体验，其新特性如下。

1. 默认字符集由 latin1 变为 utf8mb4

在 8.0 版本之前，MySQL 数据库的默认字符集为 latin1，utf8 字符集指向的是 utf8mb3。从 8.0 版本开始，MySQL 数据库的默认字符集为 utf8mb4，utf8 字符集默认指向的是 utf8mb4。

2. MyISAM 系统表全部换成 InnoDB 表

InnoDB 是 MySQL 8.0 默认的存储引擎，是事务型数据库的首选引擎，支持事务安全表（ACID）、行锁定和外键。InnoDB 存储引擎在自增、索引、加密、死锁、共享锁等方面做了大量的改进和优化，并且支持原子数据定义语言（DDL）语句，提高了数据安全性，对事务提供更好的支持。在 MySQL 8 中，系统表全部换成了事务型的 InnoDB 表，默认的 MySQL 实例将不包含任何 MyISAM 表，除非手动创建 MyISAM 表。

3. 持久化自增变量

在之前的版本中，自增主键 AUTO_INCREMENT 的值若大于 max(primary key)+1，则在 MySQL 数据库重启后会重置 AUTO_INCREMENT=max(primary key)+1，这种现象在某些情况下会导致业务主键冲突或其他难以发现的问题。MySQL 8 解决了数据库重启后自增主键的值重置问题，即对自增主键 AUTO_INCREMENT 的值进行持久化，在 MySQL 数据库重启后，该值将不会改变。

4. DDL 原子化

InnoDB 表的 DDL 支持事务完整性，即 DDL 操作要么成功，要么回滚，不再进行部分提交。

5. 更完善的 JSON 支持

MySQL 8 大幅改进了对 JSON 的支持，添加了基于路径查询参数从 JSON 字段中抽取数据的 JSON_EXTRACT( )函数，以及用于将数据分别组合到 JSON 数组和对象中的 JSON_ARRAYAGG( )和 JSON_OBJECTAGG( )聚合函数。

6. 更好的索引

在查询中正确地使用索引可以提高查询的效率。从 MySQL 8 开始，MySQL 数据库新增了隐藏索引和降序索引。隐藏索引可以用来测试去掉索引对查询性能的影响。当查询中混合存在多列索引时，使用降序索引可以提高查询的性能。

7. GROUP BY 不再隐式排序

从 MySQL 8 开始，GROUP BY 字段不再支持隐式排序，若需要排序，则必须显式加上 ORDER BY 子句。

8. 增加角色管理

角色是一些权限的集合，若为用户赋予统一的角色，则可以直接通过角色对权限进行修改，而不需要为每个用户单独授权，使数据库管理员能够更灵活地进行账户管理工作。

9. 新增事务数据字典

在之前的版本中，字典数据都存储在元数据文件和非事务表中。从 MySQL 8 开始，MySQL 数据库新增了事务数据字典，其中存储着数据库对象信息，这些数据字典存储在内部事务表中。

10. 增强资源管理

从 MySQL 8 开始，MySQL 数据库支持创建和管理资源组，允许将服务器内运行的线程分配给特定的分组，以便线程根据组内可用资源执行。组属性能够控制组内资源，启用或限制组内资源消耗。数据库管理员能够根据不同的工作负载适当地更改这些属性。

11. 支持窗口函数

从 MySQL 8 开始，MySQL 数据库支持窗口函数。在之前的版本中已经存在的大部分聚合函数在 MySQL 8 中也可以作为窗口函数使用。

12. 支持正则表达式

MySQL 8.0.4 之后的版本采用支持 Unicode 的国际化组件库实现正则表达式操作，这种方式不仅能提供完全的 Unicode 支持，也提供多字节安全编码。

13. 增强的 MySQL 复制

MySQL 8 复制支持对 JSON 文档进行部分更新的二进制日志记录，该记录使用紧凑的二进制格式，从而节省记录完整 JSON 文档的空间。

1.2.3　MySQL 8 的配置文件

安装好 MySQL 8 数据库后，安装盘的..\ProgramData\MySQL\MySQL Server 8.0 路径下会生成一个配置文件 my.ini。MySQL 服务启动时会读取这个配置文件，可以由记事本工具打开、查看和修改，达到更改 MySQL 服务配置参数的目的。配置文件中的内容变更后，要重启 MySQL 服务，更新参数才会生效。下面以 Windows 系统的配置文件 my.ini 为例，介绍 MySQL 配置文件的主要参数。

1. [client]

[client]用于设置客户端的各种配置。

① port=3306：设置客户端默认连接端口。

② socket=MYSQL：设置用于本地连接的 socket 套接字。

③ default_character_set=utf8：设置默认字符集。

2. [mysqld]

[mysqld]用于设置服务端的基本配置。

① port=3306：设置 mysqld 服务端监听端口。

② character-set-server=utf8mb4：设置服务端使用的默认字符集。

③ datadir=C:/ProgramData/MySQL/MySQL Server 8.0\Data：设置数据库根目录地址。

④ max_allowed_packet=4M：设置允许最大接收数据包的大小，防止服务器发送过大的数据包。

⑤ default_storage_engine=InnoDB：设置创建数据表时默认使用的存储引擎。

⑥ max_connections=100：设置最大连接数，MySQL 数据库允许并发连接的最大数量。

⑦ max_user_connections=50：设置用户最大的连接数。

⑧ thread_cache_size=64：设置线程缓存大小，表示可以重新使用保存在缓存中的线程数，当对方断开连接时，如果缓存还有空间，那么客户端的线程会被放入缓存，以便提高系统性能。

⑨ default-time_zone='+8:00'：配置时区。

1.2.4 安装和配置 MySQL 8 及 MySQL 服务的启动和停止

1. 在 Windows 系统中安装和配置 MySQL 8

（1）在 MySQL 数据库的官网上下载 Windows 版本 MySQL 8 的安装程序。

微课 1-4

（2）双击安装程序，会出现如图 1-17 所示的对话框，询问是否允许 MySQL 安装程序运行。单击"是"按钮，允许运行 MySQL 安装程序。

（3）MySQL 安装程序运行后，会进入选择安装类型界面，如图 1-18 所示。若用户是数据库开发人员，则建议选中"Developer Default"单选按钮；若只想安装 MySQL 数据库服务器，则建议选中"Server only"单选按钮；若只想安装 MySQL 数据库客户端，则建议选中"Client only"单选按钮；若想安装 MySQL 数据库的所有功能，则建议选中"Full"单选按钮；若想自定义安装，则建议选中"Custom"单选按钮。本任务选中"Developer Default"单选按钮，并单击"Next"按钮。

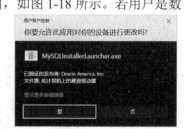

图 1-17 提醒对话框

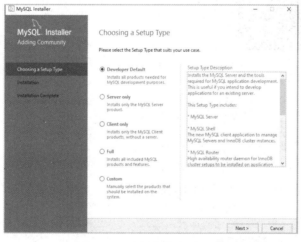

图 1-18 选择安装类型界面

（4）进入 MySQL 依赖检测界面，如图 1-19 所示。MySQL 安装程序会自动检测所需的所有依赖，并以列表的形式罗列出来。单击"Next"按钮，进行下一步安装。

（5）安装 MySQL 所需要的依赖，图 1-20 为安装 Microsoft Visual C++ 2015-2019 运行库，勾选"我同意许可条款和条件"复选框后单击"安装"按钮，开始安装该运行库。Microsoft Visual C++ 2015-2019 运行库安装完毕，单击"关闭"按钮，结束该运行库的安装。

（6）MySQL 所需的依赖安装完毕，出现如图 1-21 所示的窗口，左侧图标已勾选的项目表示已经正确安装。其中，"MySQL for Visual Studio 1.2.9"项为手动安装项，若想 MySQL 与 Visual Studio 相连接，则需要手动安装，否则单击"Next"按钮，进行下一步安装。

（7）若有手动安装项还没有被安装，则 MySQL 会提示，如图 1-22 所示，单击"Yes"按钮，继续下一步安装。

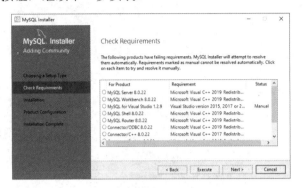

图 1-19　MySQL 依赖检测界面

图 1-20　安装运行库

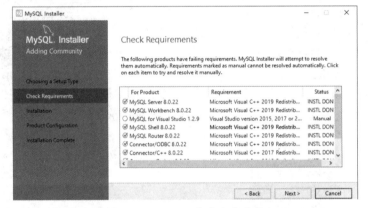

图 1-21　MySQL 依赖安装完毕

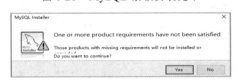

图 1-22　提示有依赖项还没有安装

（8）待安装的功能列表如图 1-23 所示，用于确认将要安装的功能是否齐全，单击"Execute"按钮，开始安装。

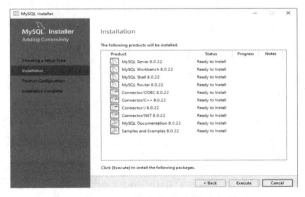

图 1-23　待安装的功能列表界面

（9）所有功能安装完成后，界面如图 1-24 所示，单击"Next"按钮，进行下一步安装。

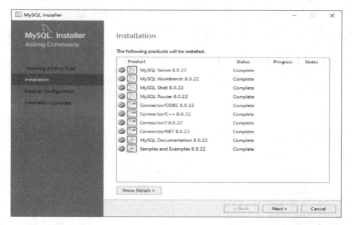

图 1-24　所有功能安装完成后的功能列表界面

（10）进入产品配置界面，如图 1-25 所示，显示接下来将对哪些产品或功能进行相关的配置，单击"Next"按钮，开始配置 MySQL Server。

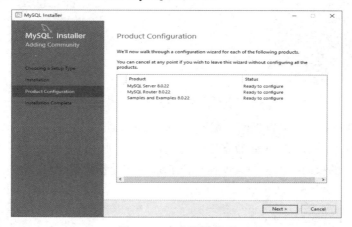

图 1-25　产品配置界面

（11）进入类型和网络配置界面，选择 MySQL 的配置类型和网络，如图 1-26 所示。其

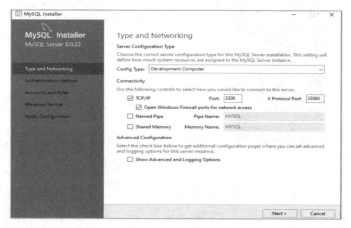

图 1-26　类型和网络配置界面

中，数据库类型选项包括"Development Computer"（开发计算机）、"Server Computer"（服务器计算机）和"Dedicated Computer"（专用计算机），"Dedicated Computer"只运行 MySQL 数据库服务，不运行其他服务。数据库类型、联网协议、端口号等都采用默认配置即可。单击"Next"按钮，进行下一步安装。

（12）进入授权方式配置界面，配置授权方式，如图 1-27 所示，默认使用 SHA256 算法，单击"Next"按钮，进行下一步安装。

图 1-27　授权方式配置界面

（13）进入账户和角色配置界面，配置 Root 账户的密码，如图 1-28 所示。Root 账户密码要记住，因为后面登录 MySQL 数据库时会进行校验。还可以创建其他用户，并赋予其访问 MySQL 数据库的权限，以及为其设置角色 Role，如数据库管理员、数据库设计者等。单击"Next"按钮，进行下一步安装。

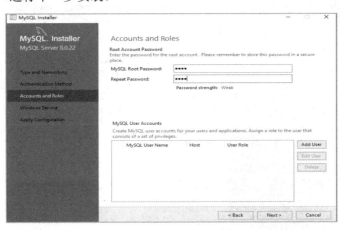

图 1-28　账户和角色配置界面

（14）进入 Windows 服务配置界面，如图 1-29 所示，设置 MySQL 的 Windows 服务的名字，以及是否启动 Windows 时就启动 MySQL 服务，一般默认即可。单击"Next"按钮。

（15）进入应用配置界面，如图 1-30 所示，单击"Execute"按钮，进行应用配置。

（16）当所有配置应用完毕，各项左侧的图标会显示已勾选，如图 1-31 所示。单击"Finish"按钮，完成 MySQL Server 的配置。

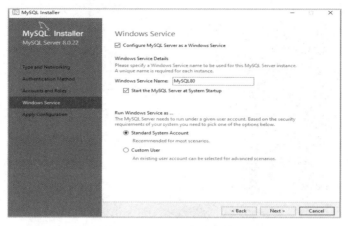

图 1-29　Windows 服务配置界面

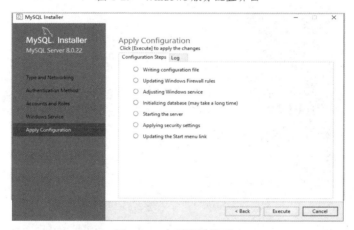

图 1-30　应用配置界面 1

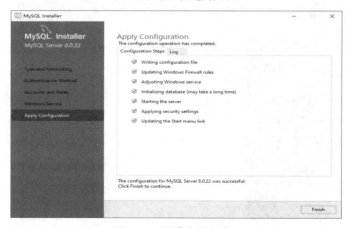

图 1-31　配置应用完毕 1

（17）配置 MySQL Router，如图 1-32 所示。MySQL Router 是 MySQL 官方推出的一个轻量级 MySQL 中间件，可以在应用程序和后端 MySQL 服务器之间提供透明路由。单击

"Next"按钮，开始配置。在此不启用 MySQL Router 的 bootstrap 模式，如图 1-33 所示，直接单击"Finish"按钮，结束 MySQL Router 的配置。

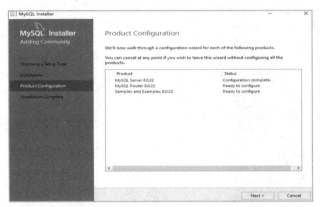

图 1-32　准备配置 MySQL Router

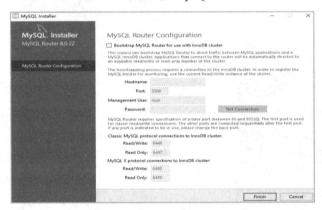

图 1-33　不启用 MySQL Router 的 bootstrap 模式

（18）配置 Samples and Examples，如图 1-34 所示。Samples and Examples 是安装和配置 MySQL 数据的示例数据库，单击"Next"按钮，开始安装。

图 1-34　准备配置 Samples and Examples

（19）进入连接到数据库配置界面，如图 1-35 所示，输入登录 MySQL 的账户和密码，单击"Check"按钮，进行连接测试，当连接测试通过后，界面如图 1-36 所示。

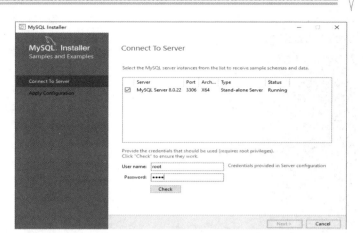

图 1-35　连接到数据库配置界面

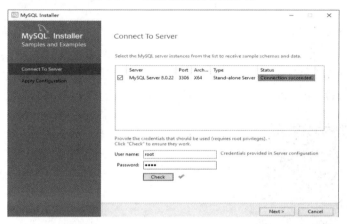

图 1-36　连接测试通过

（20）单击"Next"按钮，进入应用配置界面后单击"Execute"按钮，应用配置。配置应用完毕，界面如图 1-37 所示，单击"Finish"按钮，完成 Samples and Examples 的配置。由图 1-38 可以看到，MySQL Server、MySQL Router 和 Samples and Examples 均配置成功。

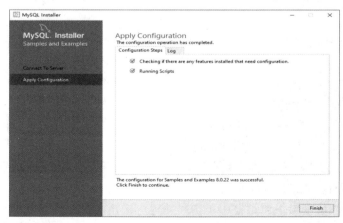

图 1-37　配置应用完毕

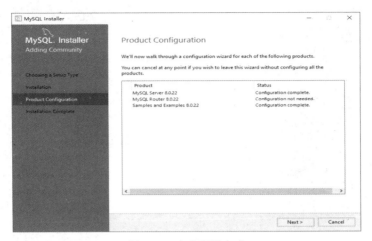

图 1-38　产品配置完成

（21）单击"Next"按钮，进入 MySQL 安装完成提示界面，如图 1-39 所示。单击"Copy Log to Clipboard"按钮，可以将安装日志复制到操作系统的剪切板；勾选"Start MySQL Workbench after setup"复选框，可以在 MySQL 安装成功后自动启动 MySQL Workbench；勾选"Start MySQL Shell after setup"复选框，可以在 MySQL 安装成功后自动启动 MySQL Shell。

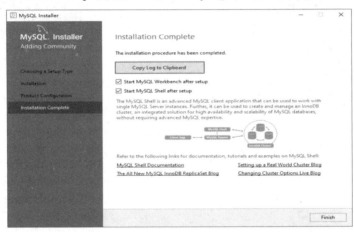

图 1-39　MySQL 安装完成提示界面

（22）配置系统环境变量 Path。为了操作方便，需要将 MySQL 8 的 bin 目录添加到系统环境变量 Path 中。

① 右击桌面上的"此电脑"图标，在弹出的快捷菜单中选择"属性"命令，在弹出的"设置"窗口左侧列表框中选择"关于"选项，在右侧"关于"界面的"相关设置"区域中单击"高级系统设置"，在弹出的"系统属性"对话框中选择"高级"选项卡，单击"环境变量..."按钮，打开"环境变量"对话框，如图 1-40 所示。

② 在"系统变量"列表框的"变量"列中选中"Path"，单击"编辑..."按钮，打开"编辑环境变量"对话框，如图 1-41 所示。

③ 在"编辑环境变量"对话框中单击"新建"按钮，在左侧光标处输入"C:\Program Files\MySQL\MySQL Server 8.0\bin"，如图 1-42 所示。最后单击"确定"按钮，完成环境变量的配置。

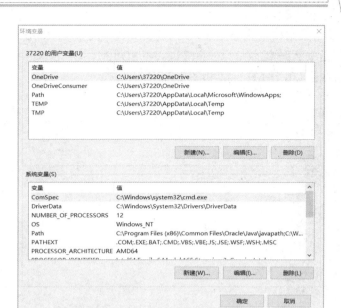

图 1-40 "环境变量"对话框

图 1-41 "编辑环境变量"对话框

图 1-42 添加环境变量

（23）安装后的目录结构。在 Windows 系统中安装和配置 MySQL 8 后，会产生两个重要的文件夹，分别是安装磁盘的..\Program Files\MySQL\MySQL Server 8.0 和..\ProgramData\MySQL\MySQL Server 8.0，如图 1-43 和图 1-44 所示。

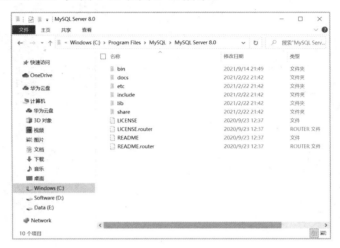

图 1-43　MySQL Server 8.0 安装目录

图 1-44　MySQL Server 8.0 数据目录

=学习提示=

① 存放 MySQL 可执行文件的 bin 文件夹、存放头文件的 include 文件夹、存放库文件的 lib 文件夹、存放字符集和语言信息的 share 文件夹，都在..\Program Files\MySQL\MySQL Server 8.0 路径下。

② 存放所有数据库及数据和日志文件的 Data 文件夹、MySQL 8 的配置文件 my.ini 都在..\ProgramData\MySQL\MySQL Server 8.0 路径下。

2. 在 Windows 系统中启动和停止 MySQL 服务

启动和停止 MySQL 服务的方法主要有以下两种。

第一种：通过 Windows 服务启动和停止 MySQL 服务。

在系统的搜索框中输入"services.msc"，按 Enter 键后，打开 Windows 系统的"服务"

窗口,从中找到 MySQL 服务"MySQL80",如图 1-45 所示,双击"MySQL80",打开"MySQL80 的属性(本地计算机)"对话框,如图 1-46 所示,可以通过单击"启动"或"停止"按钮来改变服务的状态。

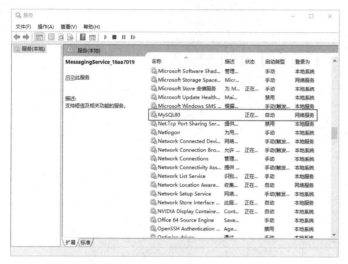

图 1-45 "服务"窗口

图 1-46 改变服务的状态

第二种:通过命令启动和停止 MySQL 服务。

在系统的搜索框中输入"cmd",在显示的搜索结果中右击"命令提示符"选项,在弹出的快捷菜单中选择"以管理员身份运行"命令,如图 1-47 所示。

在弹出的"管理员:命令提示符"窗口中输入"net start MySQL80"即可启动 MySQL 服务(MySQL80 是在安装 MySQL 服务器时指定的服务器实例名称),输入"net stop MySQL80"即可停止 MySQL 服务,如图 1-48 所示。

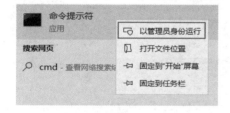

图 1-47 选择"以管理员身份运行"命令

图 1-48 通过命令启动和停止 MySQL 服务

3. 在 macOS 系统中安装和配置 MySQL 8

(1)在 MySQL 数据库的官网上下载 macOS 版本 MySQL 8 的 DMG 文件。下载完成后,双击该文件将得到 MySQL 数据库的安装包配置文件,如图 1-49 所示。

(2)双击 MySQL 数据库的安装包配置文件,开始安装 MySQL 8,此时会弹出询问是否允许安装提示窗口,如图 1-50 所示。单击"允许"按钮,允许安装 MySQL 8。

微课 1-5

(3)开始安装后,进入"介绍"界面,如图 1-51 所示,其中列出了与 MySQL 8 数据库有关的 3 个在线资源网站。单击"继续"按钮,进行下一步。

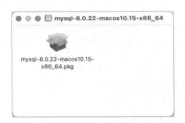

图 1-49　MySQL 数据库的安装包配置文件

图 1-50　询问是否允许安装提示窗口

图 1-51　"介绍"界面

（4）进入"许可"界面，如图 1-52 所示。在该界面中展示了软件许可协议。单击"继续"按钮后，会弹出询问是否同意软件许可协议提示窗口，如图 1-53 所示，单击"同意"按钮，同意软件许可协议中的条款。

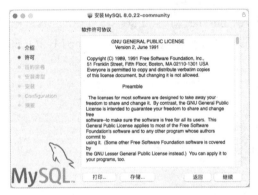

图 1-52　"许可"界面

图 1-53　询问是否同意软件许可协议提示窗口

（5）"安装类型"界面如图 1-54 所示。在该界面中，用户可以单击"自定"按钮来自定义需要安装的 MySQL 8 功能。在此，使用标准安装，单击"安装"按钮开始安装。

（6）在开始安装前，macOS 系统需要验证用户的身份，弹出的窗口如图 1-55 所示，在该窗口的相应文本框中分别输入 macOS 系统的用户名和密码，然后单击"安装软件"按钮。

（7）MySQL 8 安装完毕，将显示"Configuration"界面，从中选择要使用的加密方式，默认使用 SHA256 算法，如图 1-56 所示。单击"Next"按钮，进行下一步配置。

（8）配置 MySQL 8 数据库 root 账户的密码，如图 1-57 所示。输入 root 账户的密码后，单击"Finish"按钮，完成配置。

图 1-54　"安装类型"界面

图 1-55　验证用户的身份

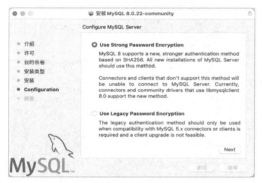

图 1-56　选择要使用的加密方式

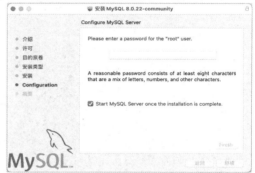

图 1-57　配置 root 账户的密码

（9）进行 RemotePluginService 的安装，在安装前，macOS 系统将再次验证用户的身份，如图 1-58 所示。

（10）用户身份验证完毕，安装程序自动完成 RemotePluginService 的安装。最后是"摘要"界面，用于提示安装成功，如图 1-59 所示。单击"关闭"按钮，结束 MySQL 8 的安装。

图 1-58　再次验证用户的身份

图 1-59　"摘要"界面

4. 在 macOS 系统中启动和停止 MySQL 服务

（1）打开 macOS 系统的"系统偏好设置"界面，如图 1-60 所示，单击 MySQL 图标。

（2）进入"MySQL"界面，从中可以查看、设置 MySQL 服务的状态。若 MySQL 服务处于停止状态，如图 1-61 所示，单击"Start MySQL Server"按钮，可以启动 MySQL 服务。若 MySQL 服务处于运行状态，如图 1-62 所示，则单击"Stop MySQL Server"按钮，可以停止 MySQL 服务。

图 1-60 "系统偏好设置"界面

图 1-61 MySQL 服务处于停止状态　　图 1-62 MySQL 服务处于运行状态

5. 在 Linux 系统中安装和配置 MySQL 8

下面以 CentOS 7 系统为例介绍 MySQL 8 的安装和配置。

（1）打开控制台，输入如下命令，进入 Downloads 目录，如图 1-63 所示。

```
[root@localhost admin]# cd Downloads
```

图 1-63 进入 Downloads 目录

微课 1-6

（2）使用如下命令下载 MySQL 8 数据库的 rpm 安装文件到 Downloads 目录中，如图 1-64 所示。

```
[root@localhost Downloads]# wget https://dev.mysql.com/get/mysql80-community-release-el7-5.noarch.rpm
```

（3）使用如下命令执行已下载的 "mysql80-community-release-el7-5.noarch.rpm" 文件，如图 1-65 所示。

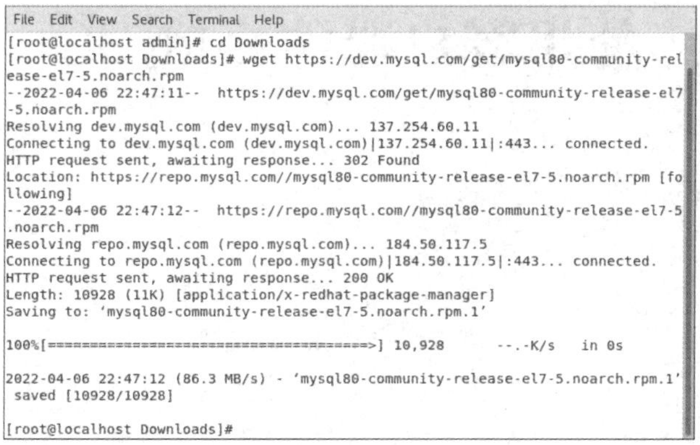

```
File  Edit  View  Search  Terminal  Help
[root@localhost admin]# cd Downloads
[root@localhost Downloads]# wget https://dev.mysql.com/get/mysql80-community-rel
ease-el7-5.noarch.rpm
--2022-04-06 22:47:11--  https://dev.mysql.com/get/mysql80-community-release-el7
-5.noarch.rpm
Resolving dev.mysql.com (dev.mysql.com)... 137.254.60.11
Connecting to dev.mysql.com (dev.mysql.com)|137.254.60.11|:443... connected.
HTTP request sent, awaiting response... 302 Found
Location: https://repo.mysql.com//mysql80-community-release-el7-5.noarch.rpm [fo
llowing]
--2022-04-06 22:47:12--  https://repo.mysql.com//mysql80-community-release-el7-5
.noarch.rpm
Resolving repo.mysql.com (repo.mysql.com)... 184.50.117.5
Connecting to repo.mysql.com (repo.mysql.com)|184.50.117.5|:443... connected.
HTTP request sent, awaiting response... 200 OK
Length: 10928 (11K) [application/x-redhat-package-manager]
Saving to: 'mysql80-community-release-el7-5.noarch.rpm.1'

100%[=====================================>] 10,928      --.-K/s   in 0s

2022-04-06 22:47:12 (86.3 MB/s) - 'mysql80-community-release-el7-5.noarch.rpm.1'
 saved [10928/10928]

[root@localhost Downloads]#
```

图 1-64　下载 MySQL 8 数据库的 rpm 安装文件

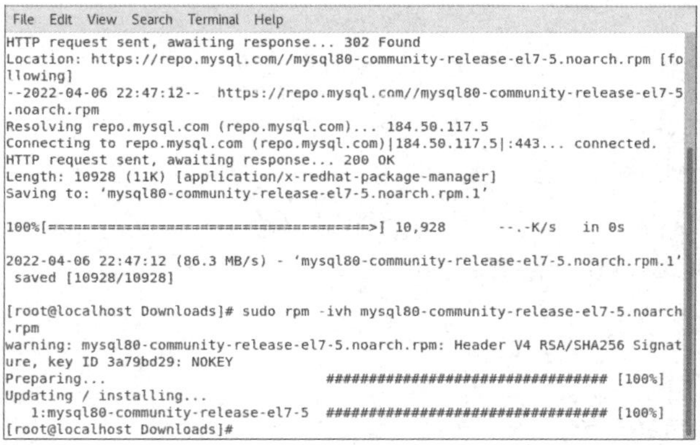

```
File  Edit  View  Search  Terminal  Help
HTTP request sent, awaiting response... 302 Found
Location: https://repo.mysql.com//mysql80-community-release-el7-5.noarch.rpm [fo
llowing]
--2022-04-06 22:47:12--  https://repo.mysql.com//mysql80-community-release-el7-5
.noarch.rpm
Resolving repo.mysql.com (repo.mysql.com)... 184.50.117.5
Connecting to repo.mysql.com (repo.mysql.com)|184.50.117.5|:443... connected.
HTTP request sent, awaiting response... 200 OK
Length: 10928 (11K) [application/x-redhat-package-manager]
Saving to: 'mysql80-community-release-el7-5.noarch.rpm.1'

100%[=====================================>] 10,928      --.-K/s   in 0s

2022-04-06 22:47:12 (86.3 MB/s) - 'mysql80-community-release-el7-5.noarch.rpm.1'
 saved [10928/10928]

[root@localhost Downloads]# sudo rpm -ivh mysql80-community-release-el7-5.noarch
.rpm
warning: mysql80-community-release-el7-5.noarch.rpm: Header V4 RSA/SHA256 Signat
ure, key ID 3a79bd29: NOKEY
Preparing...                          ################################# [100%]
Updating / installing...
   1:mysql80-community-release-el7-5  ################################# [100%]
[root@localhost Downloads]#
```

图 1-65　执行已下载的文件

```
[root@localhost Downloads]# sudo rpm -ivh mysql80-community-release-el7-5.noarch.rpm
```

（4）使用如下命令安装 MySQL 8 数据库，如图 1-66 所示。

```
[root@localhost Downloads]# sudo yum install -y mysql-community-server
```

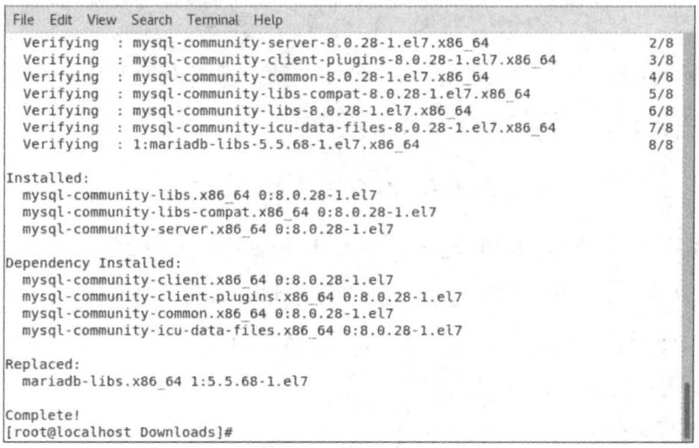

```
File  Edit  View  Search  Terminal  Help
  Verifying  : mysql-community-server-8.0.28-1.el7.x86_64                   2/8
  Verifying  : mysql-community-client-plugins-8.0.28-1.el7.x86_64           3/8
  Verifying  : mysql-community-common-8.0.28-1.el7.x86_64                   4/8
  Verifying  : mysql-community-libs-compat-8.0.28-1.el7.x86_64              5/8
  Verifying  : mysql-community-libs-8.0.28-1.el7.x86_64                     6/8
  Verifying  : mysql-community-icu-data-files-8.0.28-1.el7.x86_64           7/8
  Verifying  : 1:mariadb-libs-5.5.68-1.el7.x86_64                           8/8

Installed:
  mysql-community-libs.x86_64 0:8.0.28-1.el7
  mysql-community-libs-compat.x86_64 0:8.0.28-1.el7
  mysql-community-server.x86_64 0:8.0.28-1.el7

Dependency Installed:
  mysql-community-client.x86_64 0:8.0.28-1.el7
  mysql-community-client-plugins.x86_64 0:8.0.28-1.el7
  mysql-community-common.x86_64 0:8.0.28-1.el7
  mysql-community-icu-data-files.x86_64 0:8.0.28-1.el7

Replaced:
  mariadb-libs.x86_64 1:5.5.68-1.el7

Complete!
[root@localhost Downloads]#
```

图 1-66　安装 MySQL 8 数据库

6. 在 Linux 系统中启动和停止 MySQL 服务

在 CentOS 7 系统中，只需在控制台中输入如下命令，即可启动 MySQL 服务：

```
[root@localhost Downloads]# systemctl start mysqld
```

只需在控制台中输入如下命令，即可停止 MySQL 服务：

```
[root@localhost Downloads]# systemctl stop mysqld
```

任务 1.3 使用客户端登录 MySQL 8 服务器

【任务描述】

    MySQL 8 数据库管理系统安装完毕并启动 MySQL 服务后，需要登录 MySQL 8 服务器才能开始使用其中的数据库资源，以及创建和管理数据库与对象。G-EDU（格诺博教育）公司想要开发高校教学质量分析管理系统的后台数据库，首先要通过正确的用户名和密码登录 MySQL 8 服务器，然后才可以在命令行客户端或图形化客户端中进行数据库开发和管理操作。

【任务要领】

  ❖ 了解 MySQL 8 的常用命令行客户端
  ❖ 了解 MySQL 8 的常用图形化客户端
  ❖ 使用命令行客户端登录与退出 MySQL 8 服务器
  ❖ 使用 MySQL Workbench 登录 MySQL 8 服务器

1.3.1 MySQL 8 的常用命令行客户端

微课 1-7

1. Windows 系统命令行工具 cmd

    cmd（命令提示符）是在操作系统中提示进行命令输入的一种工作提示符，如图 1-67 所示。在 Windows 环境下，命令行程序为 cmd.exe，其是一个 32 位的命令行程序，是微软 Windows 系统基于 Windows 的命令解释程序，类似微软的 DOS 操作系统。我们可以借助 cmd 登录 MySQL 8 数据库，以及执行常用的数据库操作。

2. MySQL 8 自带的命令行工具 Command Line Client

    MySQL 8.0 Command Line Client 是 MySQL 8 数据库自带的一款 SQL 命令行工具，如图 1-68 所示，其与 MySQL 数据库之间有很好的兼容性。它支持交互式和非交互式两种使用方式：当以交互方式使用时，查询结果以 ASCII 表格的形式显示；当以非交互方式使用（如作为筛选器）时，结果以制表符分隔的格式显示。

图 1-67　Windows 系统命令行工具 cmd

图 1-68　MySQL 8.0 Command Line Client

    cmd 和 Command Line Client 登录 MySQL 数据库的区别是：在 cmd 中可以输入登录 MySQL 数据库的账户，而 Command Line Client 默认使用 root 账户登录 MySQL 数据库。

1.3.2　MySQL 8 的常用图形化客户端

命令行客户端的优点在于不需要额外安装，但命令行这种操作方式不够直观，需要用很多命令，并且操作数据及结果显示也不够清晰美观，而使用图形化客户端则可以非常方便地对数据库进行操作、管理、呈现。

MySQL 8 的常用图形化客户端有 MySQL Workbench、Navicat for MySQL、SQLyog、phpMyAdmin 等，其中 MySQL Workbench 是 MySQL 数据库官方客户端工具，因此本书选用 MySQL Workbench 作为图形化客户端进行数据库管理操作。

1. MySQL Workbench

MySQL Workbench 是 MySQL 8 安装包自带的一款面向数据库架构师、开发人员和数据库管理员的可视化工具，它提供了先进的数据库建模、灵活的 SQL 文本编辑器和全面的管理控制台，可以在 Windows、Linux 和 macOS 系统上使用。

在数据库设计方面，MySQL Workbench 使数据库架构师、开发人员和数据库管理员能够以可视化方式设计、建模、生成和管理数据库。

在数据库开发方面，MySQL Workbench 提供了用于创建、执行和优化 SQL 查询的可视化工具。SQL 文本编辑器提供颜色语法突出显示、自动完成、SQL 代码段重用，以及记录 SQL 语句的执行历史等功能。数据库连接面板使开发人员能够轻松地管理标准数据库连接。对象浏览器提供对数据库架构和对象的即时访问。

在数据库管理方面，MySQL Workbench 提供了一个可视化控制台，首页界面如图 1-69 所示。开发人员和数据库管理员可以使用可视化控制台来配置服务器、管理用户、执行备份和恢复、检查审核数据及查看数据库运行状况等。

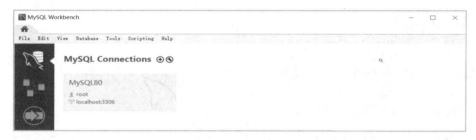

图 1-69　MySQL Workbench 首页界面

2. Navicat for MySQL

Navicat for MySQL 是管理和开发 MySQL 数据库的解决方案，是一款商业软件，需要付费使用，可以用来对本机或远程的 MySQL 数据库进行管理和开发，如图 1-70 所示。其可以运行在 Windows、macOS、Linux 系统中，可以提供数据传输、数据同步、结构同步、导入、导出、备份、还原等功能。

3. SQLyog

SQLyog 是一款由 Webyog 公司出品的具有图形化用户界面的 MySQL 数据库管理工具，如图 1-71 所示，试用期结束后需要付费使用。SQLyog 支持导入与导出 XML、HTML、CSV 等多种格式的数据，不仅能够帮助用户快速备份和恢复数据，还能够快速地运行 SQL 脚本文件，创建新的表、视图、存储过程、函数、触发器及事件等。

图 1-70　Navicat for MySQL 界面

图 1-71　SQLyog 界面

1.3.3　使用命令行客户端登录和退出 MySQL 8 服务器

1. Windows 系统命令行工具 cmd

（1）打开命令行工具 cmd，使用 mysql 命令登录 MySQL 服务器，语法格式如下：

```
mysql [-h IP 地址] [-P 端口号] -u 用户名 -p [登录密码]
```

说明：

① mysql：MySQL 服务器的登录命令名。mysql.exe 文件存放在 MySQL 程序目录的 bin 目录下。

② -h：指定登录的 MySQL 服务器地址（域名或 IP 地址）。本机地址可以用 localhost 或 127.0.0.1 表示。如果省略-h 参数，则表示默认连接本机 MySQL 服务器。

③ -P：指定连接的端口号。如果省略-P 参数，则表示连接 MySQL 默认端口号 3306。

④ -u：指定登录的用户名（-u 和用户名之间的空格可以省略）。MySQL 数据库在安装时，会默认创建一个名为 root 的超级管理员用户，其拥有最高权限，可以控制整个 MySQL 服务器，以及创建和设置其他用户。

⑤ -p：指定登录的密码。若在登录时不希望密码被直接看到，则可以省略"-p"后的密

码，按 Enter 键后，会提示输入密码，表示使用密码登录 MySQL 服务器。

这里使用 root 账户登录 MySQL 8 服务器并输入密码，如图 1-72 所示。

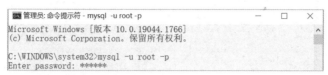

图 1-72　使用 root 账户登录 MySQL 8 服务器并输入密码

（2）mysql 命令执行完毕后，要求用户输入密码，按 Enter 键，验证密码信息。若输入的密码信息正确，则能成功登录 MySQL 8 服务器，如图 1-73 所示。

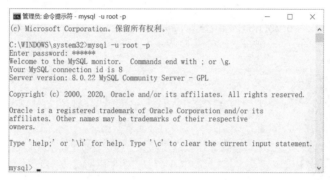

图 1-73　成功登录 MySQL 8 服务器

（3）输入 "exit" 或 "quit" 命令可以退出 MySQL 8 服务器，如图 1-74 所示。

图 1-74　退出 MySQL 8 服务器

2．MySQL 8 自带的命令行工具 Command Line Client

使用操作系统的命令行工具 cmd 登录 MySQL 8 服务器相对比较麻烦，而且命令中的参数较多，难以记忆。可以使用对应 MySQL 8 自带的命令行工具 Command Line Client 登录 MySQL 8 服务器，只要输入该 MySQL 8 服务器的登录密码，即可很便捷地直接登录。

（1）在 Windows 系统的搜索框中输入 "MySQL"，在显示的搜索结果中选择 "MySQL 8.0 Command Line Client" 选项，如图 1-75 所示。

（2）在打开的 "MySQL 8.0 Command Line Client" 窗口中直接输入 root 账户密码，按 Enter 键确认，如图 1-76 所示。若输入的密码正确，则能成功登录 MySQL 8 服务器，否则窗口将自动关闭。

图 1-75　选择 "MySQL 8.0 Command Line Client" 选项

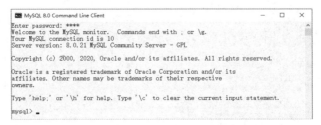

图 1-76 "MySQL 8.0 Command Line Client" 窗口

1.3.4 使用 MySQL Workbench 登录 MySQL 8 服务器

（1）打开 MySQL Workbench，如图 1-77 所示。

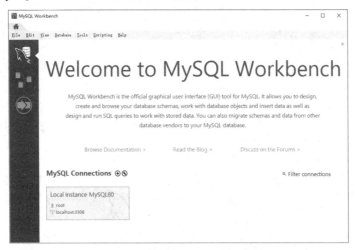

图 1-77 MySQL Workbench 界面

（2）单击界面左下角的"Local instance MySQL80"，准备登录 MySQL 8 服务器。

（3）弹出如图 1-78 所示的对话框，从中输入 root 账户密码，并单击"OK"按钮，确认登录。若输入的密码错误，则将弹出无法连接到数据库服务器的错误提示窗口，如图 1-79 所示；若输入的密码正确，则能成功登录 MySQL 8 服务器，如图 1-80 所示。

图 1-78 连接服务器

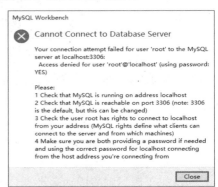

图 1-79 无法连接到数据库服务器的错误提示

图 1-80　成功登录 MySQL 8 服务器

 模块总结

本项目模块主要介绍了数据库的体系结构、数据模型、关系型数据库，以及 MySQL 8 的安装和配置、MySQL 服务的启动和停止、使用客户端登录 MySQL 8 服务器。具体的知识和技能点要求如下：

（1）数据库的三级模式、两层映射的体系结构。外模式、概念模式、内模式三个抽象模式中提供了两层映射，分别为外模式/概念模式映射和概念模式/内模式映射。

（2）数据模型。数据模型是数据特征的抽象，描述了系统的静态特征、动态行为和约束条件，为数据库系统的信息表示与操作提供一个抽象的框架。数据模型有三种：层次模型、网状模型和关系模型。

（3）关系型数据库。关系型数据库是应用非常广泛的数据库，采用由行和列组成的二维表来管理数据，所以简单易懂，同时使用 SQL 语句对数据进行操作。

（4）MySQL 8 的安装和配置。需要重点掌握 MySQL 8 的安装与配置，在安装过程中了解各安装步骤的作用，能根据实际情况配置安装过程中的各环节。在安装完毕，还需掌握 MySQL 8 的配置文件的使用，按照生产环境和需求的不同对 MySQL 的常见功能进行配置。

（5）MySQL 服务的启动和停止。需要掌握在不同操作系统下启动和停止 MySQL 服务的方法，熟练使用启动和停止 MySQL 服务的命令 "net start MySQL 8 服务器名" 和 "net stop MySQL 8 服务器名"。

（6）使用客户端登录 MySQL 8 服务器。当 MySQL 服务启动后，就可以使用客户端登录 MySQL 8 服务器。重点掌握在不同操作系统下使用命令行客户端和 MySQL Workbench 连接与登录 MySQL 8 服务器。熟练使用登录与退出 MySQL 8 服务器的命令 "mysql -u 用户名 -p 密码" 和 "quit" / "exit"。

思考探索

一、选择题

1. 在计算机系统中，能够实现对数据库资源进行统一管理和控制的是（   ）。

A. DBMS B. DBA
C. DBS D. DBAS

2. 在数据管理技术的发展过程中，经历了人工管理阶段、文件系统阶段和数据库系统阶段。在这 3 个阶段中，数据独立性最高的是（   ）阶段。

A. 人工管理阶段 B. 文件系统阶段
C. 数据库系统阶段 D. 算盘管理阶段

3. 在数据库中存储的是（   ）。

A. 数据 B. 数据模型
C. 数据及数据之间的联系 D. 信息

4. 数据库管理系统是位于用户与（   ）之间的数据管理软件。

A. 应用系统 B. 操作系统
C. 管理系统 D. 数据系统

5. 用二维表来表示数据的数据库是（   ）。

A. 层次型数据库 B. 网状型数据库
C. 关系型数据库 D. 交叉型数据库

6. 下面选项中，（   ）是 MySQL 用于放置可执行文件的目录。

A. bin 目录 B. data 目录
C. include 目录 D. lib 目录

7. 下面选项中，（   ）是 MySQL 用于放置数据库等数据文件的目录。

A. bin 目录 B. data 目录
C. include 目录 D. lib 目录

8. 下列关于启动 MySQL 服务的描述，错误的是（   ）。

A. Windows 下通过 DOS 命令启动 mysql 的命令是 "net start mysql"
B. MySQL 服务不仅可以通过 DOS 命令启动，还可以通过 Windows 服务管理器启动
C. 在使用 MySQL 前需要先启动 MySQL 服务，否则客户端无法连接数据库
D. MySQL 服务只能通过 Windows 服务管理器启动

二、填空题

1. 关系型数据库的标准语言是_____。
2. MySQL 数据库配置文件的文件名是_____。
3. 在 Windows 下通过 DOS 窗口停止 MySql 服务的命令是_____。
4. 在 MySQL 安装过程中"启用 TCP/IP 网络"，则 MySQL 默认选用端口号为_____。

三、简答题

1. 什么是 DBMS？有什么作用？
2. 什么是关系型数据库？

四、思考题

数据启示录

习近平总书记在党的二十大报告中作出"以新安全格局保障新发展格局"的战略部署，要求重点强化数据安全保障体系建设。随着数据成为重要的国家战略资源和推动经济发展质量变革、效率变革、动力变革的新型生产要素，数据安全对数据要素有序流通、护航数字经济发展、维护国家安全意义重大。

萨师煊教授和王珊教授等一大批专家学者抱着"中国要有自己的数据库"的坚定信念，通过敏锐的学术洞察力，20 世纪 70 年代末就率先将数据库概念和技术引入国内并开展数据库技术的教学与研究工作，经过 40 年呕心沥血地研究和夜以继日地攻关，中国数据库在经历了起步、跟踪、追赶和奔跑 4 个阶段后，已赫然跻身世界数据库之列。现在，我国数据库技术蓬勃发展，数据库产品百花齐放。王珊教授带领的人大数据库技术团队研发的金仓数据库 KingbaseES 是唯一入选国家自主创新产品目录的数据库产品；此外还有应用于央企、国家财政、军事等专用领域的达梦、神通、南大数据库。阿里巴巴和蚂蚁金服自主研发了金融级分布式关系数据库 OceanBase；阿里云公布国内首个自主研发企业级关系型云数据库 PolarDB 技术框架；华为公司发布全球首款人工智能原生数据库 GaussDB。中国数据库真正进入世界一流行列。

中国数据库技术行业从追赶者成为开拓者，老一辈专家学者为祖国数据库的发展事业勇担时代重任，年轻一代的我们更应不忘初心，要具有责任担当意识，为我国的数据保障体系、数字经济发展和国家安全做出自己的贡献。

同学们，你们有什么启示呢？

勇担时代使命，砥砺前行，树立"数据强国"思想

独立实训

eBank 怡贝银行业务管理系统数据库
"数据库认知"实训任务工作单

班　级		组　长		组　员	
任务环境	MySQL 8 服务器、命令行客户端、MySQL Workbench 客户端				
任务实训目的	（1）能够在 Windows 系统中正确安装与配置 MySQL 8 （2）能够熟练启动和停止 MySQL 服务，以及使用命令行客户端和 MySQL Workbench 登录与退出 MySQL 8 服务器				
任务清单	【任务 1】登录 MySQL 数据库官网，正确下载 Windows 版 MySQL 8 的安装程序，并运行该安装程序，安装 MySQL 8 【任务 2】完成系统环境变量配置和 MySQL 8 服务器配置 【任务 3】使用 net 命令启动和停止 MySQL 服务，并查看 MySQL 8 服务器的状态 【任务 4】使用命令行客户端登录与退出本机 MySQL 8 服务器 【任务 5】在 Windows 系统服务管理器中找到 MySQL 的服务，并启动和停止 MySQL 服务，查看 MySQL 8 服务器的状态 【任务 6】使用 MySQL Workbench 登录与退出本机 MySQL 8 服务器				

（续）

任务实施记录	（实现各任务的 SQL 语句、MySQL Workbench 的操作步骤、执行结果、SQL 语句出错提示与调试解决）
总结评价	（总结任务实施方法、SQL 语句使用和 MySQL Workbench 操作经验、收获体会等） 请对自己的任务实施做出星级评价 □ ★★★★★　　　□ ★★★★　　　□ ★★★　　　□ ★★　　　□ ★

项目模块 2

数据库管理

G-EDU（格诺博教育）公司想要开发高校教学质量分析管理系统，对教学质量相关数据（如评价评语、评价评分、评学考试分数、评教分数等）与教学实体相关数据（如教师、学生、课程、专业等）进行存储、管理和分析，需要先为系统创建后台数据库，并在其中建立相应的数据表来分类存放要管理和分析的数据，教学质量督导部门、教务处、各二级学院、教师和学生可以对各数据表中的相应数据进行添加、修改、删除。为了防止意外或误操作可能导致的数据损坏与丢失，以及迁移数据的需要，通过对数据进行备份、恢复、导出与导入的管理手段来保障数据的安全性和高可用性。

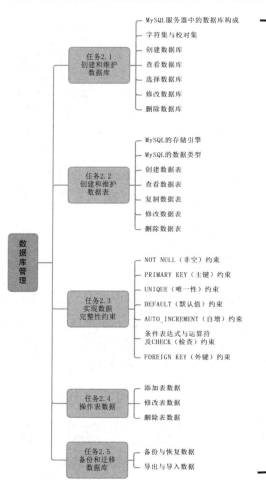

岗位工作能力：

- 能使用命令行客户端和 MySQL Workbench 创建与维护数据库
- 能使用命令行客户端和 MySQL Workbench 创建与维护数据表
- 能为数据表中的字段设置合理的约束
- 能使用 SQL 语句添加、修改、删除表数据
- 能使用命令行客户端和 MySQL Workbench 对数据库进行备份和恢复、导出和导入
- 能操作迁移数据库

技能证书标准：

- 为客户解答数据库、数据表管理的理论和操作问题
- 指导客户运用 SQL 的 DDL 语句创建、查看、修改、删除数据库与数据表
- 根据客户需求运用 SQL 的 DML 语句编写数据管理语句
- 推荐客户使用合理的备份容灾方案
- 为客户介绍数据完整性约束的基本概念、分类、作用，并使用 SQL 语句定义、命名、更新完整性约束

思政素养目标：

- 养成严谨细致的工作态度和操作习惯；认识到事物之间的有机统一和联系，强化制度约束
- 对工作任务的综合全面考虑的习惯，学会未雨绸缪的前瞻性
- 科技兴国的抱负，职业责任的担当，不畏困难积极创新的精神

任务 2.1 创建和维护数据库

【任务描述】

G-EDU（格诺博教育）公司想要开发高校教学质量分析管理系统，将所需管理和分析的原数据集中存放和共享，需要先为系统创建一个后台数据库 db_teaching。如果数据库的字符集或校对集设置不合适造成数据乱码，则可以重新修改或删除后重建 db_teaching 数据库。

【任务要领】

❖ MySQL 服务器中的数据库构成
❖ 根据存放数据需求，确定数据库的字符集和校对集
❖ 创建数据库
❖ 查看 MySQL 服务器中的数据库
❖ 选择当前数据库
❖ 修改数据库
❖ 删除数据库

微课 2-1

数据库是数据库管理系统的基础与核心，是存放有组织的数据集合的容器；数据库文件是数据库在磁盘中的物理存在形式；字符集和校对集分别是数据库存储和比较字符串数据的编码集合与校对规则。

2.1.1 MySQL 服务器中的数据库构成

MySQL 服务器中的数据库包括系统数据库和用户数据库。对于用户自定义的应用系统数据，需要用户创建新的数据库来存放和管理。MySQL 服务器中自带了 4 个系统数据库，如表 2-1 所示。开发者工作的过程应严谨细致，一旦删除了系统数据库，MySQL 将不能正常工作。MySQL 8 安装完成后，除了 4 个系统数据库，还提供了 sakila 和 world 这两个示例数据库。

表 2-1 MySQL 服务器中的系统数据库

系统数据库名	作 用
information_schema	主要存储 MySQL 服务器中所有数据库的信息，包括用户信息、字符集信息、分区信息，以及数据库名、表结构、访问权限等信息。因为该数据库中的表均为视图，所以在 MySQL 安装目录下没有对应数据文件

（续）

系统数据库名	作　用
mysql	主要以多个系统信息表的方式存储 MySQL 服务器的账户信息、权限信息、时区信息等
performance_schema	主要用于收集数据库服务器的性能参数
sys	sys 数据库通过视图的形式把 information_schema 和 performance_schema 结合起来，查询出令人更容易理解的数据，帮助数据库管理员和开发人员快速获取数据库对象信息、快速定位性能瓶颈

2.1.2　字符集和校对集

1. 认识字符集和校对集

计算机中存储的数据包括各种文字和符号，即字符（Character）。由于计算机采用二进制形式保存数据，因此需要将所有字符按照一定的规则转换为二进制数后保存，这个过程就是字符编码。将不同编码规则下的字符组合起来就形成了不同的字符集（Character Set/Charset）。使用错误的字符集存储数据，以及使用互不相同字符集的服务器端和客户端之间读取字符，就会造成乱码。

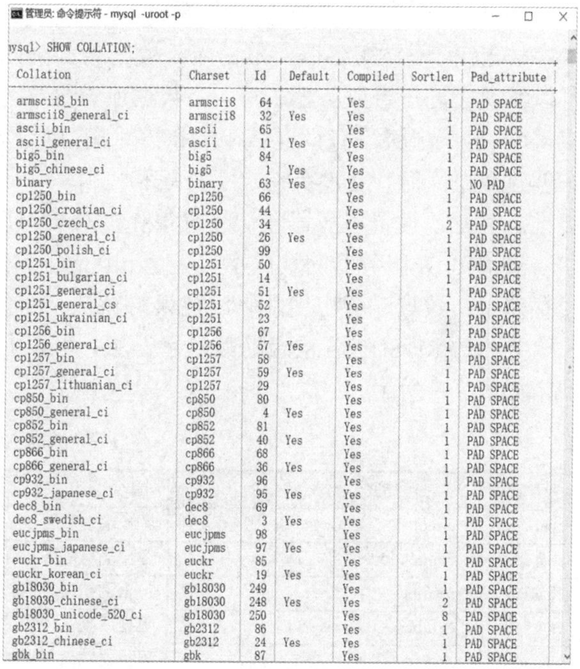

字符集定义了存储字符的方式，而校对集（Collation/Collate）则定义了比较这些字符的方式，校对集是在相应的字符集内用于对字符进行比较和排序的一套规则。

可以分别使用"SHOW CHARACTER SET"命令和"SHOW COLLATION"命令来查看 MySQL 数据库所支持的所有字符集和校对集，如图 2-1 和图 2-2 所示。

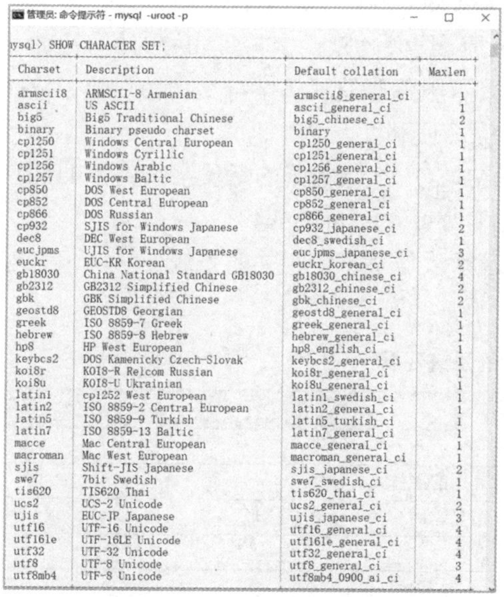

图 2-1　查看字符集

图 2-2　查看校对集

字符集和校对集是一对多的关系，每个字符集存在多个校对集，用于对字符进行不同规则的比较，每个字符集也都有一个默认的校对集。MySQL 常用的字符集及其默认校对集如表 2-2 所示。

表 2-2　MySQL 常用的字符集及其默认校对集

字符集	单字符编码长度	作　用	默认校对集
latin1	1 字节	MySQL 5.x 等低版本默认的字符集，用于对拉丁字母表中的字符进行编码，在 latin1 字符集下存入和读取中文字符时会出现乱码	latin1_swedish_ci
gb2312 gbk	2 字节	简体中文国标码。gbk 是对 gb2312 的扩展，用于对所有亚洲文字进行编码	gb2312_chinese_ci gbk_chinese_ci
utf8	3 字节	针对 Unicode 字符的国际编码，一个字符使用 4 字节编码，可以用于对全世界各国所有字符进行编码。但 MySQL 的 utf8 编码字符集只使用了 3 字节，因此当遇到占 4 字节的 UTF-8 编码字符（如 emoji 表情符号或复杂汉字等）时，就会导致存储异常	utf8_general_ci
utf8mb4	4 字节	MySQL 8 默认的字符集。mb4 是"most bytes 4"的意思，可以包含 4 字节在内的所有 Unicode 字符，是最全面的字符集	utf8mb4_0900_ai_ci

字符集的单字符编码所用的字节数越多，占用的存储空间越多，支持的语言也就越多。

当只设置了字符集时，MySQL 会将校对集自动设置为字符集中对应的默认校对集。

校对集遵从的命名规范是：以对应的字符集名称开头，中间包括国家语言名或规范版本号，以_ci（表示大小写不敏感）、_cs（表示大小写敏感）、_ai（表示不区分口音音调）或_bin（表示二进制比较、区分大小写）结尾，如图 2-3 所示。

图 2-3　校对集遵从的命名规范

2. 修改 MySQL 的默认字符集

MySQL 支持服务器、数据库、数据表、列四个层级的字符集和校对集的设置与使用，可以实现在同一台服务器、同一个数据库、同一个数据表中使用不同字符集或校对集来混合字符串。若某层级没有设置字符集和校对集，则继承上一层级的默认字符集和校对集。比如，在创建数据库时，若没有指定字符集和校对集，则采用服务器的默认字符集和校对集，依次类推。因此，设置服务器默认字符集和校对集可以提高便利性。

MySQL 8 服务器的默认字符集是 utf8mb4，但 MySQL 5 服务器的默认字符集是 latin1，当存储中文数据时会出现乱码，建议将默认字符集改为 utf8 或 utf8mb4。

要修改 MySQL 各层级的默认字符集，可以通过修改与字符集相关的系统变量的值来实现，如表 2-3 所示。

表 2-3　与字符集相关的系统变量

变量名	说　明
character_set_client	客户端的字符集
character_set_connection	客户端与服务器连接使用的字符集
character_set_results	将查询结果或错误消息返回给客户端的字符集
character_set_database	数据库默认使用的字符集
character_set_server	服务器默认使用的字符集
character_set_system	服务器用来存储标识符的字符集
character_set_filesystem	文件系统的字符集
character_sets_dir	安装字符集的目录

【例 2-1】查看当前 MySQL 8 服务器的字符集变量，将客户端、服务器、数据库等各层级的默认字符集统一设置为 utf8mb4，以避免在转码过程中可能出现的乱码问题。

（1）使用 SHOW VARIABLES 语句查看当前 MySQL 8 服务器的字符集变量。

```
mysql> SHOW VARIABLES LIKE 'CHARACTER%';
+--------------------------+--------------------------------------------------+
| Variable_name            | Value                                            |
+--------------------------+--------------------------------------------------+
| character_set_client     | gbk                                              |
| character_set_connection | gbk                                              |
| character_set_database   | utf8mb4                                          |
| character_set_filesystem | binary                                           |
| character_set_results    | gbk                                              |
| character_set_server     | utf8mb4                                          |
| character_set_system     | utf8                                             |
| character_sets_dir       | C:\Program Files\MySQL\MySQL Server 8.0\share\charsets\ |
+--------------------------+--------------------------------------------------+
8 rows in set, 1 warning (0.00 sec)
```

（2）由上述命令执行结果可知，当前 MySQL 8 的服务器、数据库的默认字符集是 utf8mb4，但其客户端、连接层和查询结果的字符集还是 gbk。

（3）通过"SET 变量名=值"格式的命令修改变量 character_set_client、character_set_connection、character_set_results 的值。

```
mysql> SET character_set_client = utf8mb4;
  Query OK, 1 row affected (0.01 sec)
mysql> SET character_set_connection = utf8mb4;
  Query OK, 0 rows affected (0.00 sec)
mysql> SET character_set_results = utf8mb4;
  Query OK, 0 rows affected (0.00 sec)
```

分别修改 3 个变量的命令输入比较麻烦，可以通过"SET names 字符集"格式的命令直接统一修改客户端、连接层、查询结果的字符集的 3 个变量。命令如下：

```
mysql> SET names utf8mb4;
Query OK, 1 row affected (0.00 sec)
```

2.1.3　创建数据库

微课 2-2

要在 MySQL 服务器中存储数据，首先需要创建一个数据库。创建数据库就是在数据库系统中划分一块存储数据的空间。

在 MySQL 中，可以使用 CREATE DATABASE 或 CREATE SCHEMA 语句创建数据库，语法格式如下：

```
CREATE DATABASE|SCHEMA [IF NOT EXISTS] 数据库名 [[DEFAULT] CHARACTER SET|CHARSET 字符集 [[DEFAULT]
COLLATE 校对集]];
```

说明：

① CREATE DATABASE 或 CREATE SCHEMA 为创建数据库的命令动词关键字。

② MySQL 命令解释器对大小写不敏感。

③ MySQL 中的 SQL 语句可以单行或多行书写，多行书写时可按 Enter 键换行，每个 SQL 语句完成时以英文分号";"或"/g"结尾。

④ 数据库名可以是由字母、数字、下画线组成的字符串，不能用 MySQL 关键字作为数

据库名和数据表名；在默认情况下，在 Windows 系统中，数据库名和数据表名对大小写是不敏感的，但在 Linux 系统中，数据库名和数据表名对大小写是敏感的，为了便于数据库在平台间移植，建议用小写字母来定义数据库名和数据表名。

⑤ IF NOT EXISTS：MySQL 不允许在同一服务器中创建两个同名的数据库，若创建的数据库已存在，则命令执行会报错。可以在数据库名前添加 IF NOT EXISTS 关键字，表示当指定的数据库不存在时才执行创建操作，当指定的数据库已存在时，则忽略此创建操作，从而避免出现创建重名数据库的问题。

⑥ DEFAULT：指定默认字符集或校对集。

⑦ CHARACTER SET 或 CHARSET：指定数据库的字符集。

⑧ COLLATE：指定数据库的校对集。

【例 2-2】创建一个名称为"test_db1"的数据库，采用字符集 gb2312 和校对集 gb2312_chinese_ci。

```
mysql> CREATE DATABASE test_db1 CHARSET gb2312 COLLATE gb2312_chinese_ci;
Query OK, 1 row affected (0.01 sec)
```

在上述命令执行结果中，"Query OK"表示命令执行成功，"1 row affected"表示 1 行受到影响。

如果执行创建 test_db1 数据库的命令时报错"ERROR 1007 (HY000): Can't create database 'test_db1'; database exists"，表示该数据库已经存在，不能重复创建。可使用如下 SQL 命令：

```
mysql> CREATE DATABASE IF NOT EXISTS test_db1 CHARSET gb2312;
Query OK, 1 row affected, 1 warning (0.01 sec);
```

通过在数据库名前添加 IF NOT EXISTS 关键字，系统在创建数据库前会判断该数据库是否存在，只有当要创建的数据库不存在时才会执行创建操作，避免出现数据库已经存在而再新建重名数据库的错误。

【例 2-3】创建一个名称为"test_db2"的数据库，采用 MySQL 8 服务器的默认字符集 utf8mb4 及其默认校对集 utf8mb4_0900_ai_ci。

```
mysql> CREATE DATABASE test_db2;
Query OK, 1 row affected, 1 warning (0.01 sec);
```

—— =学习提示= ——

① 在创建数据库时，如果指定了字符集而没有指定校对集，则采用该字符集对应的默认校对集。如果字符集和校对集都没有指定，则默认采用 MySQL 8 服务器的字符集 utf8mb4 和对应的服务器校对集 utf8mb4_0900_ai_ci。

② 在 MySQL 8 服务器中创建一个数据库后，文件系统会在其存储数据的文件夹 Data 中生成一个与数据库同名的文件夹，用于保存与此数据库相关的对象内容。MySQL 8 的默认数据存储路径为 C:\ProgramData\MySQL\MySQL Server 8.0\Data。

2.1.4 查看数据库

1. 查看 MySQL 服务器中的所有数据库

数据库创建完成后，可以查看服务器中的所有数据库，以确认数据库是否创建成功。在实际应用中，在创建数据库前最好先查看服务器中是否存在重名数据库。查看 MySQL 服务

器中所有数据库的语法格式如下:

```
SHOW DATABASES;
```

2. 查看指定数据库的创建信息

查看某个指定数据库的创建信息及其字符集与校对集的语法格式如下:

```
SHOW CREATE DATABASE 数据库名 ;
```

2.1.5 选择数据库

MySQL 服务器中存在多个数据库,只有在选择某个数据库成为当前数据库后,才能对该数据库及数据库中的对象进行操作。在创建数据库后,该数据库并不会自动成为当前数据库。使用 USE 语句可以实现选择一个数据库作为当前数据库,其语法格式如下:

```
USE 数据库名;
```

在用户登录 MySQL 服务器时,也可以直接选择要操作的当前数据库,语法格式如下:

```
MYSQL -u 用户名 -p [登录密码] 数据库名
```

【例 2-4】在登录 MySQL 服务器的同时选择 test_db1 数据库作为当前数据库,登录后,将当前数据库更换为 test_db2 数据库。

```
C:\WINDOWS\system32> mysql -u root -p test_db1
mysql> USE test_db2;
Database changed
```

2.1.6 修改数据库

在 MySQL 中,可以对已存在的数据库进行修改,不过只可以修改数据库相关参数,不能修改数据库名。使用 ALTER DATABASE 语句修改数据库的语法格式如下:

```
ALTER DATABASE|SCHEMA [IF NOT EXISTS] 数据库名 [[DEFAULT] CHARACTER SET|CHARSET 字符集名 [[DEFAULT]
COLLATE 校对集名]];
```

【例 2-5】将 test_db1 数据库的字符集和校对集分别修改为 MySQL 8 服务器的默认字符集 utf8mb4 及其默认校对集 utf8mb4_0900_ai_ci。

```
mysql> ALTER DATABASE test_db1 CHARSET utf8mb4;
Query OK, 1 row affected (0.01 sec)
```

2.1.7 删除数据库

在 MySQL 中,如果要清除数据库中的所有数据,并回收为数据库分配的存储空间,则可使用 DROP DATABASE 或 DROP SCHEMA 语句删除已经存在的数据库,语法格式如下:

```
DROP DATABASE|SCHEMA [IF EXISTS] 数据库名 ;
```

【例 2-6】删除 test_db1 数据库。

```
mysql> DROP DATABASE test_db1;
Query OK, 0 row affected (0.01 sec)
```

=学习提示=

① 在执行删除数据库操作前,一定要备份需要保留的数据,确保数据的安全。养成严谨的工作态度和操作习惯,才能避免操作失误的严重后果。

─── =学习提示= ───

② 在使用 DROP DATABASE 语句删除数据库时，如果待删除的数据库不存在，则 MySQL 服务器会报错。因此，在删除数据库时，可以在 DROP DATABASE 语句中的数据库名前使用 "IF EXISTS" 选项，系统在删除数据库前会判断该数据库是否存在，只有当待删除的数据库存在时，才会执行删除操作，避免产生异常。

2.1.8 使用命令行客户端创建与管理数据库

（1）创建高校教学质量分析管理系统的后台数据库 db_teaching。采用 MySQL 8 服务器的默认字符集 utf8mb4 及其默认校对集，如图 2-4 所示。

（2）查看 MySQL 服务器中已有的数据库清单，如图 2-5 所示。

图 2-4　创建 db_teaching 数据库　　　　图 2-5　查看 MySQL 服务器中已有的数据库清单

（3）查看 db_teaching 数据库的创建信息，如图 2-6 所示。

（4）选择 db_teaching 数据库作为当前数据库，如图 2-7 所示。

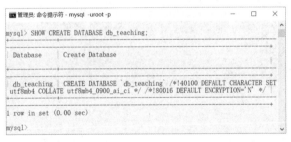

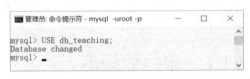

图 2-6　查看 db_teaching 数据库的创建信息　　　图 2-7　选择 db_teaching 数据库作为当前数据库

2.1.9 使用 MySQL Workbench 创建和管理数据库

使用命令行客户端创建和管理数据库需要记住 SQL 语句，这对于初学者来说比较困难。在实际应用中，用户可以使用图形化客户端来创建与管理数据库。

在 MySQL Workbench 界面左侧的导航窗格中，在 "Schema" 选项卡内列出了当前连接的 MySQL 服务器中已存在的数据库。

MySQL Workbench 会在相应操作完成时自动生成该操作对应的 SQL 语句。

（1）创建高校教学质量分析管理系统的后台数据库 db_teaching，采用 MySQL 8 服务器的默认字符集 utf8mb4 及其默认校对集，并刷新查看服务器中创建的所有数据库，将 db_teaching 数据库选为当前数据库。

① 打开 MySQL Workbench，连接 MySQL 8 服务器。

② 单击工具栏的 ⬡ 按钮，或者右击"Schema"选项卡的空白处，在弹出的快捷菜单中选择"Create Schema..."命令，打开创建数据库窗口，如图 2-8 所示。

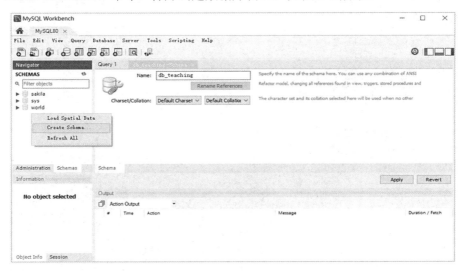

图 2-8　打开创建数据库窗口

③ 在"Name"文本框中输入数据库名称，在"Charset/Collation"右侧的两个下拉列表中分别选择数据库的字符集与校对集（不需进行下拉选择，MySQL Workbench 自动默认采用 MySQL 8 服务器的字符集 utf8mb4 和对应校对集），单击"Apply"按钮。

④ 在弹出的"Apply SQL Script to Database"对话框的审查 SQL 脚本界面中，确定 SQL 语句准确无误后，单击"Apply"按钮；进入应用 SQL 脚本界面，如图 2-9 所示，单击"Finish"按钮，完成 db_teaching 数据库的创建。

图 2-9　审查 SQL 脚本界面与应用 SQL 脚本界面

⑤ 单击"Schema"选项卡中右上角的刷新按钮 ，在左侧导航窗格中可以查看到 MySQL 8 服务器中已经存在 db_teaching 数据库了。

⑥ 在左侧导航窗格中双击 db_teaching 数据库，将其选择为当前数据库。

（2）查看 db_teaching 数据库的信息。将鼠标指针放置在导航窗格中的数据库名 db_teaching 上，在数据库名的右侧会出现两个按钮，单击其中的 按钮，可以打开数据库信息窗口，如图 2-10 所示。该窗口有 10 个选项卡，可以查看 db_teaching 数据库的基本信息，以及该数据库中的数据表、列、索引等数据库对象信息。

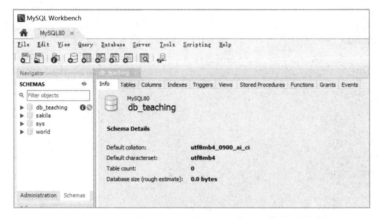

图 2-10　查看服务器中的 db_teaching 数据库信息

（3）将 db_teaching 数据库的字符集修改为 utf8。将鼠标指针放置在导航窗格中的数据库名 db_teaching 上，在数据库名的右侧会出现两个按钮，单击其中的 按钮，可以打开数据库修改窗口，通过"Charset/Collation"右侧的下拉列表可以将 db_teaching 数据库的字符集修改为 utf8，如图 2-11 所示。

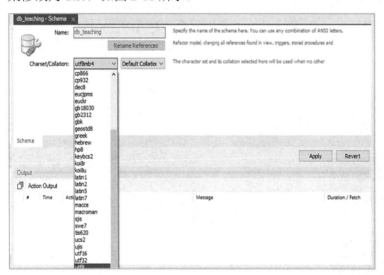

图 2-11　修改 db_teaching 数据库的字符集

图 2-12　删除 db_teaching 数据库

（4）删除 db_teaching 数据库。在导航窗格中右击数据库名 db_teaching，在弹出的快捷菜单中选择"Drop Schema..."命令，在弹出的对话框中单击"Drop Now"按钮，如图 2-12 所示，即可删除 db_teaching 数据库。

任务 2.2　创建和维护数据表

任务分析

【任务描述】

G-EDU 公司创建完成高校教学质量分析管理系统的后台数据库 db_teaching 后，学生、教师、课程、督导专家、学院、班级、专业、评学评教成绩及教学质量评价等方面的数据，需要相应的数据表进行存放和管理。因此，需要在 db_teaching 数据库中建立相应的数据表，用来分别存储不同的数据记录，并能灵活修改数据表的结构以能正确存放数据，可以随时删除无意义的数据表，以释放存储空间。

【任务要领】

❖ 为数据库选择合适的 MySQL 存储引擎
❖ 认识 MySQL 的数据类型，并为数据表字段正确设置数据类型
❖ 创建数据表
❖ 查看数据库中的数据表，查看数据表的创建语句或数据表的信息，查看数据表的表结构
❖ 通过复制数据表生成新表
❖ 修改数据表
❖ 删除数据表

技术准备

微课 2-3

2.2.1　MySQL 的存储引擎

在 MySQL 数据库中，针对不同的数据存储需求，可以选择不同的存储引擎。存储引擎就是存储数据、建立索引、更新查询数据等技术的实现方式。存储引擎是基于表而不是基于库的，所以存储引擎也可被称为表类型。MySQL 提供了多种存储引擎，每种存储引擎对应一种存储方式。每种存储引擎都有自己的优点和缺点，用户可以根据对数据处理的需求选择不同的存储引擎。

1. 查看 MySQL 8 服务器支持的存储引擎

通过 SHOW ENGINES 语句可查看 MySQL 8 服务器支持的存储引擎，如图 2-13 所示。MySQL 8 服务器支持的存储引擎包括 9 种，其中 InnoDB 为默认存储引擎（如表 2-4 所示）。

查看结果表格标题中的 "Support" 表示当前 MySQL 服务器是否支持该类存储引擎，"Transactions" 表示该类存储引擎是否支持事务处理，"XA" 表示是否支持分布式交易处理的 XA 规范，"Savepoints" 表示该类存储引擎是否支持保存点，以便事务回滚到保存点。

```
管理员: 命令提示符 - mysql -uroot -p                                                    —    □    ×
mysql> SHOW ENGINES;

Engine              Support    Comment                                                      Transactions  XA     Savepoints

MEMORY              YES        Hash based, stored in memory, useful for temporary tables    NO            NO     NO
MRG_MYISAM          YES        Collection of identical MyISAM tables                        NO            NO     NO
CSV                 YES        CSV storage engine                                           NO            NO     NO
FEDERATED           NO         Federated MySQL storage engine                               NULL          NULL   NULL
PERFORMANCE_SCHEMA  YES        Performance Schema                                           NO            NO     NO
MyISAM              YES        MyISAM storage engine                                        NO            NO     NO
InnoDB              DEFAULT    Supports transactions, row-level locking, and foreign keys   YES           YES    YES
BLACKHOLE           YES        /dev/null storage engine (anything you write to it disappears) NO          NO     NO
ARCHIVE             YES        Archive storage engine                                       NO            NO     NO

9 rows in set (0.00 sec)

mysql>
```

图 2-13　查看 MySQL 8 服务器支持的存储引擎

表 2-4　MySQL 常见存储引擎

存储引擎	引擎描述	适用情况
MyISAM	支持全文索引、压缩存放、空间索引（空间函数）、表级锁、延迟更新索引键	选择密集型的表：MyISAM 存储引擎筛选大量数据时非常迅速；插入密集型的表：MyISAM 存储引擎的并发插入特性允许同时选择和插入数据
InnoDB	MySQL 8 的默认存储引擎，是一个健壮的事务型存储引擎，提供具有提交、回滚、崩溃恢复能力的事务安全机制	需要事务处理的场景。需要使用外键，只有 InnoDB 存储引擎支持外键约束。更新密集的场景
MEMORY	使用存在于内存中的内容来创建表，主要目的是得到最快的响应时间	表内容变化不频繁，并且数据量较小。数据是临时的，需要作为统计操作的中间临时表。若存储在 MEMORY 表中的数据丢失，则不会对应用产生明显的负面影响
MRG_MYISAM	一组 MyISAM 表的集合，表结构相同	服务器日志。Merge 表（MRG_MYISAM 存储引擎使用的表）的优点在于突破了单个 MyISAM 表大小的限制，并且可以将不同的表分布在多个磁盘上，有效改善访问效率，因此适用于数据仓储
CSV	基于 CSV 格式文件来存储数据	所有列都必须强制指定 NOT NULL。创建表后会生成 3 个文件：XXX.csm 文件，存储元信息（表中保存的数据量）；XXX.csv 文件，存储数据；XXX.frm 文件，存储表结构

2. 查看和修改 MySQL 8 服务器的默认存储引擎

1）查看 MySQL 8 服务器的默认存储引擎

通过 SHOW VARIABLES 语句可以查看 MySQL 8 服务器的默认存储引擎，如图 2-14 所示。查看的结果显示，MySQL 8 服务器的默认存储引擎是 InnoDB。

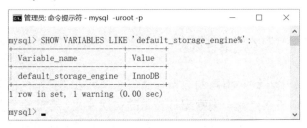

图 2-14　查看 MySQL 8 服务器的默认存储引擎

2）修改 MySQL 8 服务器的默认存储引擎

使用 SET 语句可以为 default_storage_engine 变量赋值为要修改的存储引擎名，从而临时修改服务器和数据库的默认存储引擎。

将 MySQL 8 服务器和数据库的默认存储引擎由 InnoDB 临时修改为 MyISAM，执行语句和运行结果如图 2-15 所示。执行语句后，MySQL 8 服务器的默认存储引擎已经变成了 MyISAM。但是当再次重启连接 MySQL 8 服务器的客户端时，MySQL 8 服务器的默认存储引擎仍然是 InnoDB。

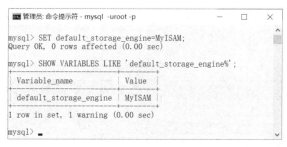

图 2-15　临时修改 MySQL 8 服务器的默认存储引擎

若确定要修改 MySQL 8 服务器和数据库的默认存储引擎，则需要修改配置文件 my.ini，先将该文件中的"default-storage-engine=InnoDB"修改为"default-storage-engine= MyISAM"，再重启 MySQL 服务，设置即可生效。

=学习提示=

① MySQL 服务器和数据库首选 InnoDB 作为默认存储引擎。

② InnoDB 是 MySQL 8 服务器和数据库的默认事务型存储引擎，也是具有高可靠性和高性能的通用存储引擎，支持事务处理，是为 MySQL 处理巨大数据量时的最大性能而设计的。InnoDB 存储引擎完全与 MySQL 服务器整合，InnoDB 表文件大小不受限制，能够自动从灾难中恢复，支持自增列 AUTO_INCREMENT 属性。而且 MySQL 支持外键完整性约束的存储引擎只有 InnoDB。

如果提供提交、回滚和崩溃恢复能力的事务安全机制，并能实现并发控制，那么默认的 InnoDB 存储引擎是最好的选择。如果数据库中的数据表主要用来添加和查询数据记录，那么 MyISAM 存储引擎能提供较高的处理效率。如果只是临时存放数据，数据量不大且不需要较高的数据安全性，那么可以选择 MEMORY 存储引擎。

因此，具体使用哪一种存储引擎应根据项目系统的需要灵活选择，一个数据库中的多个表也可使用不同存储引擎，以满足各种性能和实际需求。选择使用合适的数据库存储引擎会提升整个数据库的性能。

2.2.2　MySQL 的数据类型

在 MySQL 数据库的数据表中存储数据时，数据的表示形式（即数据类型）决定了数据的存储格式和有效范围等，代表了不同的信息类型，每个列字段、变量、表达式和参数等都有各自的数据类型。

微课 2-4

在创建数据表时，根据要存放和管理的数据的特征，为每个列字段设置合适的数据类型，对数据库的优化非常重要，有助于对数据进行正确排序和最优化磁盘使用。MySQL 支持多种数据类型，主要分为整数类型、浮点与定点类型、字符串类型、日期时间类型、二进制类型和 JSON 类型。

1. 整数类型

MySQL 的整数类型用于存储整数。整数类型所占用的存储字节数越小，其取值范围也越小。不同整数类型的取值范围可以根据字节数计算出来，1 字节是 8 位，占用 1 字节的整数类型所能表示的无符号数的最大值是 2^8-1（255），所能表示的有符号数的最大值是 2^7-1（127）。其他各整数类型的取值范围同理。整数类型如表 2-5 所示。

表 2-5　整型类型

数据类型	字节数	取值范围（无符号数）	取值范围（有符号数）	用途
TINYINT	1	0～255	−128～127	定义小整数值
SMALLINT	2	0～65535	−32768～32767	定义较大整数值
MEDIUMINT	3	0～16 777 215	−8 388 608～8 388 607	定义大整数值
INT 或 INTEGER	4	0～2^{32}-1	-2^{31}～2^{31}-1	定义大整数值
BIGINT	8	0～2^{64}-1	-2^{63}～2^{63}-1	定义极大整数值

— =学习提示= —

① 各整数类型的字节数和取值范围是确定的，所以无须在类型名称后面指定数据宽度。

② 若在整数类型名称后面指定宽度，则指定的是显示宽度，即数据能够显示的最大位数。比如，INT(5)表示该数最大能够显示 5 位的整数值，但数据的取值范围仍是-2^{31} ～ 2^{31}-1。

2. 浮点类型与定点类型

在 MySQL 中，使用浮点数和定点数来表示小数。浮点数在数据库中存放的是近似值，包括单精度浮点数（单精度浮点类型是 FLOAT）和双精度浮点数（双精度浮点类型是 DOUBLE）；定点数在数据库中存放的是精确值，定点类型是 DECIMAL。浮点类型与定点类型如表 2-6 所示。

表 2-6　浮点类型与定点类型

数据类型	字节数	取值范围（无符号数）	取值范围（有符号数）	用　途
FLOAT	4	0 和 175 494 351E−38～ 3.402 823 466 351E+38	−3.402 823 466E+38～ −1.175 494 351E−38，0，1.175 494 351E−38～ 3.402 823 466E+38	定义单精度浮点数值
DOUBLE	8	0 和 2 250 738 585 072E−308～ 1.797 693 134 862 3E+308	−1.797 693 134 86E+308 ～−2.225 073 858 50E−308，0，2.225 073 858 50E−308～ 1.797 693 134 86E+308	定义双精度浮点数值
DECIMAL(M,D) DEC(M,D)	若 M>D，则为 M+2 若 M<D，则为 D+2	依赖于 M 和 D 的值	依赖于 M 和 D 的值	定义精确小数值

定点类型 DECIMAL 的有效取值范围由 M 和 D 分别设置位数和精度。M 表示数值总位数（不包括 "." 和符号），最大值为 65，默认 10 位；D 表示小数位数，最大值为 30，默认 0 位。比如，DECIMAL(5,2)表示数值有 5 位，其中小数部分有 2 位，即整数部分有 3 位，取值范围就是-999.99～999.99。

— =学习提示= —

① 浮点类型也可以设置位数和精度，但仍有可能损失精度。在实际应用中，浮点数的定义不建议使用位数和精度，以免影响数据库的迁移，并且避免使用浮点类型，以免出现不能人为控制的问题。

② 对于小数的数据类型的设置，推荐使用定点类型 DECIMAL 并设置合理范围，这样可以使数值的使用和计算更准确。

3. 字符串类型

在 MySQL 中，用字符串类型存储字符数据，字符串类型包括 CHAR、VARCHAR、TEXT、ENUM、SET 等类型，如表 2-7 所示。

表 2-7　字符串类型

数据类型	字符数	用　途
CHAR	0～255	定义定长字符串
VARCHAR	0～65535	定义变长字符串
TINYTEXT	0～255	定义短文本数据
TEXT	0～65535	定义长文本数据
MEDIUMTEXT	0～16 777 215	定义中等长度文本数据
LONGTEXT	0～4 294 967 295	定义极大文本数据
ENUM	取决于枚举值的数目，数目最大值为 65535	定义可单选的枚举字符串对象
SET	取决于集合成员的数量，最多有 64 个成员	定义可多选的字符串对象，可以选有 0 或多个 SET 成员

各种字符串类型各有特点，可以根据存储数据的需求进行选择，具体情况如下。

1）CHAR 和 VARCHAR 类型

CHAR 和 VARCHAR 类型都用于存储较短的字符串，二者在创建表时都要指定长度或最大长度。其定义时的语法格式如下：

```
CHAR(M)
VARCHAR(M)
```

参数 M 表示字符串的长度或最大长度。

CHAR 类型与 VARCHAR 类型的主要区别在于：CHAR 类型的长度固定为创建表时声明的长度，长度可以为 0～255 之间的任意整数值，存储长度与声明时的长度一致；VARCHAR 类型的长度是可变的，在创建表时指定最大长度，长度最大值可以为 0～65525 之间的任意整数值，但存储长度由字符串的实际长度决定。在检索时，CHAR 列会删除尾部的空格，而 VARCHAR 列则保留这些空格。

比如，CHAR(2)表示定义的 CHAR 类型的字符串数据的长度为 2；VARCHAR(10)表示定义的 VARCHAR 类型的字符串数据的最大长度为 10，但并不是每个字符串数据都要占用 10 字节，而是在这个 10 的最大值范围内使用多少就分配多少。

2）TEXT 类型

TEXT 类型是一种特殊的字符串类型，只能用于存储字符数据，一般用于存储比较大的文本，如新闻内容等。根据允许的长度和存储空间不同，TEXT 类型可以分为 TINYTEXT、TEXT、MEDIUMTEXT 及 LONGTEXT 这 4 种类型。

3）ENUM 类型

ENUM 类型又称枚举类型，它的取值范围需要在创建表时通过枚举方式显示指定。其定义时的语法格式如下：

```
ENUM('值1','值2', …, '值n')
```

其中，"'值 1'、'值 2'、…、'值 n'"称为枚举列表，ENUM 类型的数据只能从枚举列表中取值，并且只能选取其中一个值。比如，ENUM('男','女')表示该数据的值只能选取"男"或"女"，并且只能选取其中一个。

4）SET 类型

SET 类型是一组字符串值。SET 类型和 ENUM 类型非常相似，它的取值范围是在创建表时规定的列表值，其定义时的语法格式如下：

SET('*值1*','*值2*',…,'*值n*')

SET 类型的列表中可以包含 0～64 个成员，SET 类型的数据也只能从列表中取值，但可以同时选取多个值。比如，类型被定义为 SET('one', 'two')的列，合法的值可以是"one"或"two"，或者是"one"和"two"。

──═学习提示═──

① ENUM 类型的数据只能取枚举列表中的一个值，枚举列表中最多只能有 65535 个值。枚举列表中的每个值都有一个顺序排列的编号，MySQL 中存入的是这个编号，而不是枚举列表中的值。若 ENUM 类型加上了"NOT NULL"属性，则其默认值为枚举列表中的第一个元素，否则 ENUM 类型将允许插入 NULL，并且 NULL 为默认值。

② ENUM 类型与 SET 类型的区别：SET 类型数据一次可以从列表中选取多个成员，而 ENUM 类型数据一次只可以从枚举列表中选取一个值。相当于 ENUM 类型是单选，SET 类型是多选。

4. 日期时间类型

日期时间类型用于在数据库中存储日期和时间数据。日期时间类型包括 DATE、TIME、YEAR、DATETIME 和 TIMESTAMP 这 5 种类型，如表 2-8 所示。"YYYY"表示年份，"MM"表示月份，"DD"表示日，"HH:MM:SS"分别表示小时数、分钟数和秒钟数。

表 2-8　日期时间类型

数据类型	字节数	取值范围	格 式	用 途
DATE	3	1000-01-01～9999-12-31	YYYY-MM-DD	日期值
TIME	3	-838:59:59～838:59:59	HH:MM:SS	时间值或持续时间
YEAR	1	1901～2155	YYYY	年份值
DATETIME	8	1000-01-01 00:00:00～9999-12-31 23:59:59	YYYY-MM-DD HH:MM:SS	混合日期和时间值
TIMESTAMP	4	1980-01-01 00:00:01 UTC～2040-01-19 03:14:07 UTC	YYYYMMDD HHMMSS	混合日期和时间值，时间戳

1）YEAR 类型

YEAR 类型是用于表示年份的数据类型，有 4 位和 2 位的格式，默认为 4 位的格式，允许的值是 1901～2155 和 0000。给 YEAR 类型的字段赋值的方法有以下 3 种。

① 直接插入 4 位字符串或 4 位数字。

② 插入 2 位字符串。在这种情况下，若插入'00'[①]～'69'，则相当于插入 2000～2069；如果插入'70'～'99'，则相当于插入 1970～1999。在使用第二种方法时，如果插入的是'0'，则与插入'00'的效果相同，都相当于插入 2000 年。

③ 插入 2 位数字，与第二种方法（插入 2 位字符串）的不同之处仅在于：若插入的是一位数字 0，则表示的是 0000，而不是 2000 年。所以，在给 YEAR 类型赋值时，一定要分清 0 和'0'，虽然两者仅相差一对"'"，但是实际效果相差了"2000 年"。

---

① 在 MySQL 中，字符串可以使用"'"括起来，也可以使用"""括起来。本书统一使用"'"将字符串括起来。

2）TIME 类型

TIME 类型是用于表示时、分、秒的数据类型，其显示形式为"HH:MM:SS"。"HH"表示小时数，取值范围是-838～838；"MM"和"SS"分别表示分钟数和秒钟数，取值范围均是 0～59。给 TIME 类型的字段赋值的方法有以下 3 种。

① 以'D HH:MM:SS'字符串格式表示。其中，"D"表示日，可以取 0～34 之间的值，在插入数据时，小时的值等于"D×24+HH"。例如，赋值'1 10:20:30'，则插入数据库中的日期为"34:20:30"。

② 以'HHMMSS'字符串格式或 HHMMSS 数字格式表示。例如，输入'112233'或 112233，则插入数据库中的日期为"11:22:33"。

③ 使用 CURRENT_TIME( )函数来插入当前的系统时间。

3）DATE 类型

DATE 类型是用于表示年月日格式的数据类型，其值以 YYYY-MM-DD 格式来显示，在插入数据时，数据可以保持这种格式。另外，MySQL 支持一些不严格的语法格式，分隔符"-"可以用"@""." "/"等符号替代。在插入数据时，也可以使用"YY-MM-DD"格式，"YY"转化成对应的年份的规则与 YEAR 类型类似；还可以使用 CURRENT_DATE( )函数来插入当前的系统日期。

4）DATETIME 类型

DATETIME 类型是用于表示日期和时间的数据类型，其值的显示形式为'YYYY-MM-DD HH:MM:SS'。在 MySQL 中，可以使用以下 4 种方法来指定 DATETIME 类型的值。

① 以'YYYY-MM-DD HH:M:SS'或'YYYYMMDDHHMMSS'字符串格式表示日期和时间，取值范围为'1000-01-01 00:00:00'～'9999-12-3 23:59:59'。例如，赋值'2022-04-05 18:33:12'或 20220405183312，则插入数据库中的 DATETIM 值都为"2014-01-22 09:01:23"。

② 以'YY-MM-DDH:MM:SS'或'YYMMDDHHMMSS'字符串格式表示日期和时间，其中"YY"表示年，取值范围为'00'～'99'。与 DATE 类型中的"YY"相同，'00'～'69'范围的值会被转换为 2000～2069 范围的值，'70'～'99'范围的值会被转换为 1970～1999 范围的值。

③ 以 YYYYMMDDHHMMSS 或 YYMMDDHHMMSS 数字格式表示日期和时间。例如，插入 20220405183312 或 220405183312，则插入数据库中的 DATETIME 值都为"2022-04-05 18:33:12"。

④ 可以使用 NOW( )函数来插入当前的系统日期和时间。

5）TIMESTAMP 类型

TIMESTAMP 类型和 DATETIME 类型类似，也是用于表示日期和时间的数据类型，取值范围是'1970-01-01 00:00:01' UTC～'2038-01-19 03:14:07' UTC。TIMESTAMP 类型的取值范围相对于 DATETIME 类型的取值范围比较小，该类型数据的插入方法也与 DATETIME 类型数据的插入方法类似，二者插入数据方法的不同点如下：

① TIMESTAMP 类型在插入当前时间时，除了可以使用 DATETIME 类型数据的插入方法，还可以使用 CURRENT_TIMESTAMP( )函数。

② 当 TIMESTAMP 类型输入 NULL 或无任何输入时，会自动输入当前的系统时间。

还有很特殊的一点，TIMESTAMP 类型的数值是与时区相关的。

> **=学习提示=**
> 日期时间类型中的每种数据类型都有一个有效取值范围，当插入值超出有效取值范围时，系统会报错，并将零值插入数据库。

5. 二进制类型

二进制类型是用于存储二进制数据的数据类型，包括 BINARY、VARBINARY、BIT、TINYBLOB、BLOB、MEDIUMBLOB 和 LONGBLOB，如表 2-9 所示。

表 2-9　二进制类型

数据类型	字节数	用　途
BINARY	0～255	定长二进制字符串
VARBINARY	0～65535	变长二进制字符串
BIT(M)	0～8	M 位二进制数据
TINYBLOB	0～255	不超过 255 字节的二进制字符串
BLOB	0～65535	二进制形式的长文本数据
MEDIUMBLOB	0～16 777 215	二进制形式的中等长度文本数据
LONGBLOB	0～4 294 967 295	二进制形式的极大文本数据

1）BINARY 和 VARBINARY 类型

BINARY 和 VARBINARY 类型与 CHAR 和 VARCHAR 类型类似，只是它们存储的是二进制字符串，而非字符型字符串。也就是说，BINARY 和 VARBINARY 类型没有字符集的概念，对其排序和比较都是按照二进制值进行对比的。其定义时的语法格式如下：

```
BINARY(M)
VARBINARY(M)
```

其中，参数 M 表示字符串的字节长度或最大长度。

2）BIT 类型

BIT 类型是用于存储二进制位（bit）值的数据类型。其定义时的语法格式如下：

```
BIT(M)
```

BIT(M)代表可以存储 M 位，M 的取值范围为 1～64。若输入 bit 值，则可以使用 b'value' 格式，如 b'101'和 b'10000000'分别代表 5 和 128。

6. JSON 类型

JSON 类型是 MySQL 中用于存储 JSON 数据的数据类型。JSON 是一种轻量级的文本数据交换格式，采用了独立于语言的文本格式，易读且易编写。MySQL 中的 JSON 数据一般都表现为 JSON 数组和 JSON 对象。

JSON 数组放在"[ ]"中，一个数组可以包含多个对象，如["Tom",18,True,null,{"语文":97,"数学":88}]。

JSON 对象放在"{ }"中，对象可以包含多个 key/value（键/值）对。key 必须是字符串，value 可以是合法的 JSON 类型数据（字符串、数字、对象、数组、逻辑值、null）。key 和 value 之间用"："隔开；每个 key/value 对之间用"，"隔开。例如，{"name":"Tom", "age":18, "subject":["语文", "数学"]}。

在 MySQL 中，给 JSON 类型的字段插入数据时可以使用字符串的方式。

2.2.3　创建数据表

数据表是数据库中存储数据的基本单位，是存放数据的对象实体。在创建数据库后，就可以在其中创建数据表，一个数据库中可以包含多个数据表。

创建数据表的过程是规定数据列的属性的过程，即定义表结构的过程，也是实施数据完整性（包括实体完整性、域完整性和参照完整性）约束的过程。

在 MySQL 中，可以使用 CREATE TABLE 语句创建数据表，其语法格式如下：

```
CREATE [TEMPORARY] TABLE [IF NOT EXISTS] 数据表名
(字段名1 数据类型 [列级字段完整性约束定义] [COMMENT 字段1 注释],
 字段名2 数据类型 [列级字段完整性约束定义] [COMMENT 字段2 注释],
 …[,]
 [表级字段完整性约束定义[,…]]);
```

说明：

① TEMPORARY：使用该关键字，表示创建的是临时表，否则表示创建的是持久表。

② 在创建数据表前，要使用"USE 数据库名"格式的命令明确是在哪个数据库中创建，否则会出现"No database selected"错误。

③ 数据表名：必须符合标识符命名规则，长度最好不超过 30 个字符，可以由英文字母、数字或下画线组成，并以英文字母开头，不能用 SQL 的关键字命名表名；同一个数据库中不能出现同名的数据表。

④ 字段名：数据表中列的名字，必须符合标识符命名规则，长度不能超过 64 个字符，并且同一个数据表中不能出现同名的字段；若有 MySQL 保留字，则必须用反单引号"`"括起来；多个字段的定义之间用","隔开。

⑤ 数据类型：指字段的数据类型，有些数据类型需要指明长度并用"( )"括起来。

⑥ 字段完整性约束定义：在创建数据表的同时可以为表字段设置完整性约束，包括 NOT NULL（非空）约束、PRIMARY KEY（主键）约束、UNIQUE（唯一性）约束、DEFAULT（默认值）约束、AUTO_INCREAMENT（自增）约束、CHECK（检查）约束、FOREIGN KEY（外键）约束等。其中，FOREIGN KEY（外键）约束只能在表级定义。

【例 2-7】在高校教学质量分析管理系统的后台数据库 db_teaching 中创建一个名称为"tb_teacher"（教师信息表）的数据表，表结构如表 2-10 所示。

表 2-10　教师信息表 tb_teacher 的表结构

字段名称	数据类型	字段说明
Teacher_No	char(6)	教师编号
Teacher_Name	char(4)	教师姓名
Teacher_Login_Name	varchar(10)	教师登录名
Teacher_Password	varchar(20)	教师登录密码
Gender	enum('男','女')	性别
Staff_No	char(6)	所属教研室编号
Birthday	date	出生日期
Work_Date	date	参加工作日期
Positional_Title	enum('助教','讲师','副教授','教授')	职称
Edu_Background	enum('大专','本科','研究生','博士生')	学历
Degree	enum('学士','硕士','博士')	学位
Wages	decimal(8,2)	工资

```
mysql> USE db_teaching;
Database changed
mysql> CREATE TABLE tb_teacher (
  -> Teacher_No char(6) comment '教师编号',
  -> Teacher_Name char(4) comment '教师姓名',
  -> Teacher_Login_Name varchar(10) comment '教师登录名',
  -> Teacher_Password varchar(6) comment '教师登录密码',
  -> Gender enum('男','女') comment '性别',
  -> Staff_No char(6) comment '所属教研室编号',
  -> Birthday date comment '出生日期',
  -> Work_Date date comment '参加工作日期',
  -> Positional_Title enum('助教','讲师','副教授','教授') comment '职称',
  -> Edu_Background enum('大专','本科','研究生','博士生') comment '学历',
  -> Degree enum('学士','硕士','博士') comment '学位',
  -> Wages decimal(8,2) comment '工资'
  -> );
Query OK, 0 rows affected (0.14 sec)
```

2.2.4 查看数据表

微课 2-5

1. 查看指定数据库中的数据表

在创建数据表后，可以使用 SHOW TABLES 语句查看 MySQL 服务器中当前数据库里已创建成功的数据表，其语法格式如下：

```
SHOW TABLES [LIKE 匹配模式];
```

说明：

① SHOW TABLES：查看当前数据库中的所有数据表。

② LIKE 匹配模式：将按照匹配模式查看当前数据库中相应的数据表。匹配模式符有两种，"%"表示匹配 0 个或多个字符，"_"表示匹配一个字符。

【例 2-8】查看目前高校教学质量分析管理系统的后台数据库 db_teaching 中已有的数据表清单。

```
mysql> USE db_teaching;
Database changed
mysql> SHOW TABLES;
  +----------------------+
  | Tables_in_db_teaching |
  +----------------------+
  | tb_teacher           |
  +----------------------+
1 row in set (0.01 sec)
mysql> SHOW TABLES LIKE 'tb_%';
  +---------------------------+
  | Tables_in_db_teaching (tb_%) |
  +---------------------------+
  | tb_teacher                |
  +---------------------------+
1 row in set (0.00 sec)
```

2. 查看数据表的信息

除了可以查看指定数据库中有哪些数据表，还可以使用 SHOW TABLE STATUS 语句查看指定数据表的具体信息，包括数据表的名称、创建时间、存储引擎等。语法格式如下：

```
SHOW TABLE STATUS [FROM 数据库名] [LIKE 匹配模式];
```

【例 2-9】查看高校教学质量分析管理系统的后台数据库 db_teaching 中教师信息表 tb_teacher 的表信息详情。

```
mysql> SHOW TABLE STATUS FROM db_teaching LIKE 'tb_tea%';
+----------+------+-------+------------+-----+----------------+-------------+-----------------+--------------+
| Name     |Engine|Version|Row_format  |Row  |Avg_row_length  |Data_length  |Max_data_length  | Index_length |
+----------+------+-------+------------+-----+----------------+-------------+-----------------+--------------+
|tb_teacher|InnoDB|  10   | Dynamic    | 0   |      0         |    16384    |       0         |      0       |
+----------+------+-------+------------+-----+----------------+-------------+-----------------+--------------+

+----------+--------------+---------------------+---------------------+------------+------------------+----------+
|Data_free |Auto_increment| Create_time         | Update_time         | Check_time | Collation        | Checksum |
+----------+--------------+---------------------+---------------------+------------+------------------+----------+
|   0      |   NULL       |2022-04-05 21:18:14  |2022-04-05 21:18:14  |   NULL     |utf8mb4_0900_ai_ci|  NULL    |
+----------+--------------+---------------------+---------------------+------------+------------------+----------+
1 row in set (0.01 sec)
```

3. 查看数据表的创建语句

在 MySQL 中，可以使用 SHOW CREATE TABLE 语句查看数据表的创建语句，也可以查看数据表的存储引擎和字符集。SHOW CREATE TABLE 语句的语法格式如下：

```
SHOW CREATE TABLE 数据表名;
```

【例 2-10】查看高校教学质量分析管理系统的后台数据库 db_teaching 中教师信息表 tb_teacher 的创建语句。

```
mysql> SHOW CREATE TABLE tb_teacher;
+----------+------------------------------------------------------------------------------------+
| Table    | Create Table                                                                       |
+----------+------------------------------------------------------------------------------------+
|tb_teacher| CREATE TABLE `tb_teacher` (                                                         |
|          |  `Teacher_No` char(6) DEFAULT NULL COMMENT '教师编号',                               |
|          |  `Teacher_Name` char(4) DEFAULT NULL COMMENT '教师姓名',                             |
|          |  `Teacher_Login_Name` char(10) DEFAULT NULL COMMENT '教师登录名',                     |
|          |  `Teacher_Password` char(6) DEFAULT NULL COMMENT '教师登录密码',                       |
|          |  `Gender` enum('男','女') DEFAULT NULL COMMENT '性别',                                |
|          |  `Staff_No` char(6) DEFAULT NULL COMMENT '所属教研室编号',                            |
|          |  `Birthday` date DEFAULT NULL COMMENT '出生日期',                                     |
|          |  `Work_Date` date DEFAULT NULL COMMENT '参加工作日期',                                |
|          |  `Positional_Title` enum('助教','讲师','副教授','教授') DEFAULT NULL COMMENT '职称',  |
|          |  `Edu_Background` enum('大专','本科','研究生','博士生') DEFAULT NULL COMMENT '学历', |
|          |  `Degree` enum('学士','硕士','博士') DEFAULT NULL COMMENT '学位',                    |
|          |  `Wages` decimal(8,2) DEFAULT NULL COMMENT '工资'                                     |
|          |  ) ENGINE=InnoDB DEFAULT CHARSET=utf8mb4 COLLATE=utf8mb4_0900_ai_ci                  |
+----------+------------------------------------------------------------------------------------+
1 row in set (0.04 sec)
```

4. 查看数据表的表结构

在 MySQL 中，可以使用 DESCRIBE 语句查看数据表的表结构，其语法格式如下：

```
DESCRIBE|DESC 数据表名;
```

【例 2-11】查看高校教学质量分析管理系统的后台数据库 db_teaching 中教师信息表 tb_teacher 的表结构。

```
mysql> DESCRIBE tb_teacher;
+-------------------+--------------------------------------+------+-----+---------+-------+
| Field             | Type                                 | Null | Key | Default | Extra |
+-------------------+--------------------------------------+------+-----+---------+-------+
| Teacher_No        | char(6)                              | YES  |     | NULL    |       |
| Teacher_Name      | char(4)                              | YES  |     | NULL    |       |
| Teacher_Login_Name| char(10)                             | YES  |     | NULL    |       |
| Teacher_Password  | char(6)                              | YES  |     | NULL    |       |
| Gender            | enum('男','女')                      | YES  |     | NULL    |       |
| Staff_No          | char(6)                              | YES  |     | NULL    |       |
| Birthday          | date                                 | YES  |     | NULL    |       |
| Work_Date         | date                                 | YES  |     | NULL    |       |
| Positional_Title  | enum('助教','讲师','副教授','教授')  | YES  |     | NULL    |       |
| Edu_Background    | enum('大专','本科','研究生','博士生')| YES  |     | NULL    |       |
| Degree            | enum('学士','硕士','博士')           | YES  |     | NULL    |       |
| Wages             | decimal(8,2)                         | YES  |     | NULL    |       |
+-------------------+--------------------------------------+------+-----+---------+-------+
12 rows in set (0.01 sec)
```

2.2.5 复制数据表

通过对表的复制操作，可以直接生成与源表相同或相似的新表。在 MySQL 中，对表的复制操作包括两种：只复制表结构生成新表，复制表结构和数据生成新表。

1. 只复制表结构生成新表

如果只需要复制源表的结构来生成新表的结构，则可以使用 CREATE TABLE...LIKE... 语句，其语法格式如下：

```
CREATE TABLE 目标新表名 LIKE 源表名;
```

【例 2-12】复制高校教学质量分析管理系统的后台数据库 db_teaching 中教师信息表 tb_teacher 的表结构，复制后的数据表的名称为"tb_teacher_copy"，并查看复制后 db_teaching 数据库中的数据表。

```
## 复制 tb_teacher 数据表
mysql> CREATE TABLE tb_teacher_copy LIKE tb_teacher;
Query OK, 0 rows affected (0.12 sec)
## 查看 db_teaching 数据库中的数据表
mysql> SHOW TABLES;
+-----------------------+
| Tables_in_db_teaching |
+-----------------------+
| tb_teacher            |
| tb_teacher_copy       |
+-----------------------+
2 rows in set (0.01 sec)
```

2. 复制表结构和数据生成新表

若需要复制源表的表结构和数据来生成新的数据表，则可以使用 CREATE TABLE...

SELECT…语句实现，其语法格式如下：

```
CREATE TABLE 目标新表名 SELECT * FROM 源表名;
```

【例 2-13】复制高校教学质量分析管理系统的后台数据库 db_teaching 中教师信息表 tb_teacher 的表结构和数据，复制后的数据表的名称为"tb_teacher_copy_1"。

```
mysql> CREATE TABLE tb_teacher_copy_1 SELECT * FROM tb_teacher;
Query OK, 2 rows affected (0.16 sec)
```

2.2.6　修改数据表

数据表创建完成后，可能需要对数据表的名称或数据表的结构进行修改，如修改数据表名、修改字段名或字段的数据类型及宽度、增加或删除字段等。在 MySQL 中，可以使用 ALTER TABLE 语句来对数据表进行修改。

1. 修改数据表名

ALTER TABLE 语句用关键字 RENAME 修改数据表名，而不改变数据表的结构，其语法格式如下：

```
ALTER TABLE 原表名 RENAME [TO] 新表名;
```

【例 2-14】将 db_teaching 数据库中 tb_teacher_copy 数据表的名称改为"tb_teacher1"，并查看数据表名是否修改成功。

```
mysql> ALTER TABLE tb_teacher_copy RENAME TO tb_teacher1;
Query OK, 0 rows affected (0.00 sec)
## 查看数据表名是否修改成功
mysql> SHOW TABLES;
+----------------------+
| Tables_in_db_teaching |
+----------------------+
| tb_teacher1          |
+----------------------+
1 rows in set (0.01 sec)
```

2. 修改字段名

ALTER TABLE 语句用关键字 CHANGE 修改字段名和字段的数据类型，其语法格式如下：

```
ALTER TABLE 数据表名 CHANGE 旧字段名 新字段名 数据类型;
```

【例 2-15】将 db_teaching 数据库的 tb_teacher1 数据表中的"Teacher_Name"字段的名称改为"T_Name"，将该字段的数据类型改为"VARCHAR(10)"，并查看修改后的效果。

```
mysql> ALTER TABLE tb_teacher1 CHANGE Teacher_Name T_Name VARCHAR(10);
Query OK, 0 rows affected (0.11 sec)
## 查看 tb_teacher1 数据表的表结构，检查是否修改成功
mysql> DESC tb_teacher1;
+-------------------+--------------+------+-----+---------+-------+
| Field             | Type         | Null | Key | Default | Extra |
+-------------------+--------------+------+-----+---------+-------+
| Teacher_No        | char(6)      | YES  |     | NULL    |       |
| T_Name            | varchar(10)  | YES  |     | NULL    |       |
| Teacher_Login_Name| varchar(10)  | YES  |     | NULL    |       |
| Teacher_Password  | varchar(20)  | YES  |     | NULL    |       |
| Gender            | enum('男','女') | YES |    | NULL    |       |
```

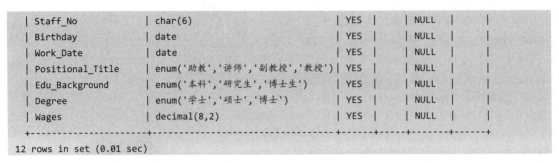

	char(6)		YES		NULL		
Staff_No							
Birthday	date		YES		NULL		
Work_Date	date		YES		NULL		
Positional_Title	enum('助教','讲师','副教授','教授')		YES		NULL		
Edu_Background	enum('本科','研究生','博士生')		YES		NULL		
Degree	enum('学士','硕士','博士')		YES		NULL		
Wages	decimal(8,2)		YES		NULL		

```
12 rows in set (0.01 sec)
```

3. 修改字段的数据类型

ALTER TABLE 语句用关键字 MODIFY 修改字段的数据类型、宽度及约束，而不改变字段名，其语法格式如下：

ALTER TABLE *数据表名* **MODIFY** *字段名 新数据类型* [*字段完整性约束定义*]；

【例 2-16】将 db_teaching 数据库的 tb_teacher1 数据表中的 "Teacher_Password" 字段的数据类型改为 "CHAR(8)"，并查看修改后的效果。

```
mysql> ALTER TABLE tb_teacher1 MODIFY Teacher_Password CHAR(8);
Query OK, 0 rows affected (0.09 sec)
Records: 0  Duplicates: 0  Warnings: 0
mysql> DESC tb_teacher1;
```

Field	Type	Null	Key	Default	Extra
Teacher_No	char(6)	YES		NULL	
T_Name	varchar(10)	YES		NULL	
Teacher_Login_Name	varchar(10)	YES		NULL	
Teacher_Password	char(8)	YES		NULL	
Gender	enum('男','女')	YES		NULL	
Staff_No	char(6)	YES		NULL	
Birthday	date	YES		NULL	
Work_Date	date	YES		NULL	
Positional_Title	enum('助教','讲师','副教授','教授')	YES		NULL	
Edu_Background	enum('本科','研究生','博士生')	YES		NULL	
Degree	enum('学士','硕士','博士')	YES		NULL	
Wages	decimal(8,2)	YES		NULL	

```
12 rows in set (0.01 sec)
```

—— =学习提示= ——

关键字 MODIFY 和 CHANGE 在 ALTER TABLE 语句中都可以修改字段的数据类型，但不同的是，关键字 MODIFY 只修改字段的数据类型，而关键字 CHANGE 不仅可以修改字段的数据类型，还可以修改字段名。

4. 增加字段

ALTER TABLE 语句用关键字 ADD 在数据表中添加新字段或约束，其语法格式如下：

ALTER TABLE *数据表名* **ADD** *新增字段名 数据类型* [*字段完整性约束定义*] [**FIRST|AFTER** *已有字段名*]；

说明：

① FIRST：对新增的字段排列位置，将新增字段排在数据表的第一列。

② AFTER 已有字段名：对新增的字段排列位置，将新增字段排在指定已有字段后面。

③ 当不指定新增字段的位置时，默认新增字段排在数据表的最后一个字段位置。

【例 2-17】向 db_teaching 数据库的 tb_teacher1 数据表中增加"Telphone"（联系电话）字段，定义该字段的数据类型为"CHAR(11)"，并查看修改后的效果。

```
mysql> ALTER TABLE tb_teacher1 ADD Telphone CHAR(11);
Query OK, 0 rows affected (0.05 sec)
Records: 0  Duplicates: 0  Warnings: 0
mysql> DESC tb_teacher1;
+-------------------+----------------------------------------+------+-----+---------+-------+
| Field             | Type                                   | Null | Key | Default | Extra |
+-------------------+----------------------------------------+------+-----+---------+-------+
| Teacher_No        | char(6)                                | YES  |     | NULL    |       |
| T_Name            | varchar(10)                            | YES  |     | NULL    |       |
| Teacher_Login_Name| varchar(10)                            | YES  |     | NULL    |       |
| Teacher_Password  | char(8)                                | YES  |     | NULL    |       |
| Gender            | enum('男','女')                         | YES  |     | NULL    |       |
| Staff_No          | char(6)                                | YES  |     | NULL    |       |
| Birthday          | date                                   | YES  |     | NULL    |       |
| Work_Date         | date                                   | YES  |     | NULL    |       |
| Positional_Title  | enum('助教','讲师','副教授','教授')      | YES  |     | NULL    |       |
| Edu_Background    | enum('本科','研究生','博士生')           | YES  |     | NULL    |       |
| Degree            | enum('学士','硕士','博士')              | YES  |     | NULL    |       |
| Wages             | decimal(8,2)                           | YES  |     | NULL    |       |
| Telphone          | char(11)                               | YES  |     | NULL    |       |
+-------------------+----------------------------------------+------+-----+---------+-------+
13 rows in set (0.01 sec)
```

5. 删除字段

ALTER TABLE 语句用关键字 DROP 删除字段，其语法格式如下：

ALTER TABLE *数据表名* **DROP** *字段名*；

【例 2-18】将 db_teaching 数据库的 tb_teacher1 数据表中的"Telphone"字段删除，并查看删除后的效果。

```
mysql> ALTER TABLE tb_teacher1 DROP Telphone;
Query OK, 0 rows affected (0.05 sec)
Records: 0  Duplicates: 0  Warnings: 0
mysql> DESC tb_teacher1;
+-------------------+----------------------------------------+------+-----+---------+-------+
| Field             | Type                                   | Null | Key | Default | Extra |
+-------------------+----------------------------------------+------+-----+---------+-------+
| Teacher_No        | char(6)                                | YES  |     | NULL    |       |
| T_Name            | varchar(10)                            | YES  |     | NULL    |       |
| Teacher_Login_Name| varchar(10)                            | YES  |     | NULL    |       |
| Teacher_Password  | char(8)                                | YES  |     | NULL    |       |
| Gender            | enum('男','女')                         | YES  |     | NULL    |       |
| Staff_No          | char(6)                                | YES  |     | NULL    |       |
| Birthday          | date                                   | YES  |     | NULL    |       |
| Work_Date         | date                                   | YES  |     | NULL    |       |
| Positional_Title  | enum('助教','讲师','副教授','教授')      | YES  |     | NULL    |       |
| Edu_Background    | enum('本科','研究生','博士生')           | YES  |     | NULL    |       |
```

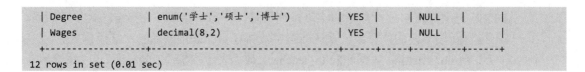

```
| Degree            | enum('学士','硕士','博士')        |  YES  |     | NULL    |      |
| Wages             | decimal(8,2)                     |  YES  |     | NULL    |      |
+-------------------+----------------------------------+-------+-----+---------+------+
12 rows in set (0.01 sec)
```

2.2.7　删除数据表

在 MySQL 中，可以使用 DROP TABLE 语句删除数据表，在删除一个数据表时，该数据表的结构、约束、索引及权限等都将被删除。语法格式如下：

DROP TABLE [IF EXISTS] *数据表名*；

【例 2-19】删除 db_teaching 数据库中的 tb_teacher1 数据表，并查看删除后的效果。

```
mysql> DROP TABLE IF EXISTS tb_teacher1;
  Query OK, 0 rows affected (0.05 sec)
mysql> SHOW TABLES;
```

根据查看数据表的执行结果，当前数据库中已没有 tb_teacher1 数据表了，说明该数据表删除成功了。

2.2.8　使用命令行客户端创建与管理数据表

（1）为高校教学质量分析管理系统的后台数据库 db_teaching 继续创建所需数据表。通过命令行客户端创建学生信息表 tb_student 如图 2-16 所示，表结构如表 2-11 所示。

表 2-11　学生信息表 tb_student 的表结构

字段名称	数据类型	字段说明
Stu_No	char(12)	学号
Stu_Name	char(4)	学生姓名
Stu_Login_Name	varchar(20)	学生登录名
stu_Password	char(6)	学生登录密码
Class_No	char(10)	所在班级编号
Gender	enum('男','女')	性别
Political_Sta	enum('共青团员','预备党员','中共党员','群众')	政治面貌
Identity_No	char(18)	身份证号
Birthday	date	出生日期
Nation	varchar(10)	民族
Address	varchar(50)	家庭住址
Zip	char(6)	邮政编码
Phone	char(20)	联系电话

（2）查看 db_teaching 数据库中的数据表信息，如图 2-17 所示。

（3）查看创建好的 tb_student 表的表结构，如图 2-18 所示。

（4）查看 tb_student 数据表的创建语句，如图 2-19 所示。

（5）将 tb_student 数据表中的"Identity_No"字段的名称改为"ID_No"，将该字段的宽度改为 20 位，如图 2-20 所示。

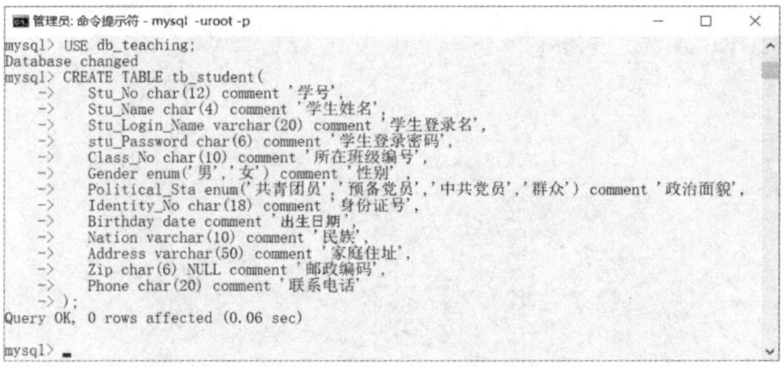

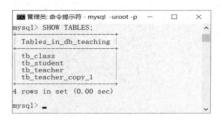

图 2-16　使用命令行客户端创建 tb_student 数据表　　图 2-17　查看 db_teaching 数据库中的数据表信息

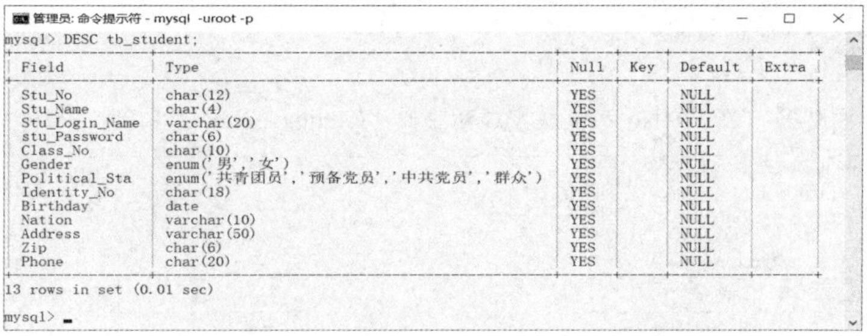

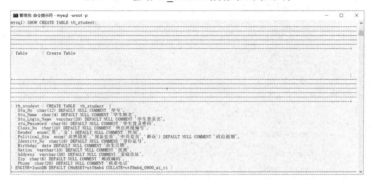

图 2-18　查看 tb_student 数据表的表结构

图 2-19　查看 tb_student 数据表的创建语句

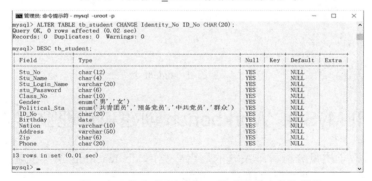

图 2-20　修改"Identity_No"字段的名称和宽度

（6）在 tb_student 数据表的"ID_No"字段后增加新字段"Gradua_School"（毕业中学），定义该字段的数据类型为"VARCHAR(20)"，如图 2-21 所示。

（7）删除 tb_student 数据表中的"Zip"字段，如图 2-22 所示。

（8）删除 tb_student 数据表，如图 2-23 所示。

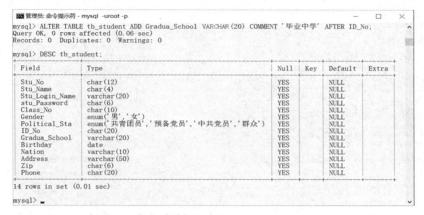

图 2-21　在 ID_No 字段后增加新字段"Gradua_School"（毕业中学）

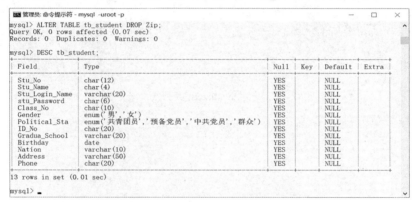

图 2-22　删除"Zip"字段

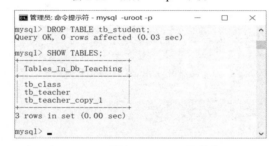

图 2-23　删除 tb_student 数据表

2.2.9　使用 MySQL Workbench 创建和管理数据表

（1）为高校教学质量分析管理系统的后台数据库 db_teaching 继续创建所需数据表。使用 MySQL Workbench 创建学生信息表 tb_student。

① 右击导航窗格的 db_teaching 下的"Tables"，在弹出的快捷菜单中选择"Create Table ..."命令，打开创建数据表窗口，如图 2-24 所示。

② 在"Table Name"文本框中输入数据表名称；单击窗口中的 ⌃ 按钮，显示字段设置列表框；双击"Column Name"列和"DataType"列中的空白文本框，分别添加数据表字段和字段的数据类型，如图 2-25 所示。

图 2-24　打开创建数据表窗口

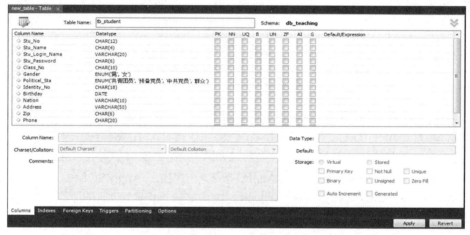

图 2-25　添加数据表字段和字段的数据类型

③ 单击"Apply"按钮，在弹出的"Apply SQL Script to Database"对话框的审查 SQL 脚本界面中，如图 2-26 所示，确定 SQL 语句准确无误后，单击"Apply"按钮，进入应用 SQL 脚本界面，单击"Finish"按钮，完成 tb_student 数据表的创建。

④ 单击"Schema"选项卡的刷新按钮 ，在导航窗格中可以查看到 db_teaching 下的数据表名 tb_student，如图 2-27 所示。

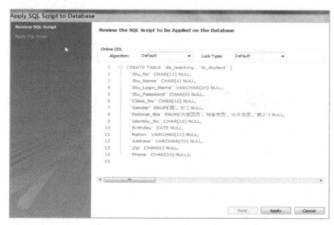

图 2-26　审查 SQL 脚本界面

图 2-27　查看数据库中的数据表

（2）查看 db_teaching 数据库中的 tb_student 数据表信息。将鼠标指针放置在导航窗格中的数据表名 tb_student 上，在数据表名的右侧会出现 3 个按钮，单击其中的 ❶ 按钮，可以打开数据表信息窗口，如图 2-28 所示，其中有 8 个选项卡，可以查看 tb_student 数据表的基本信息，以及该数据表的结构、索引等数据表信息。

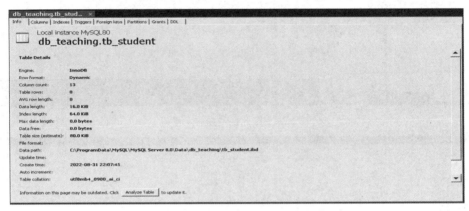

图 2-28　数据表信息窗口

（3）为 tb_student 数据表增加"remark"字段，定义该字段的数据类型为"VARCHAR(45)"。

将鼠标指针放置在导航窗格中的数据表名 tb_student 上，在数据表名的右侧会出现 3 个按钮，单击其中的 ❷ 按钮，可以打开数据表修改窗口，在该窗口中为 tb_student 数据表增加"remark"字段后，如图 2-29 所示；单击"Apply"按钮，在弹出的 Apply SQL Script to Database"对话框的审查 SQL 脚本界面中，确定 SQL 语句准确无误后，单击"Apply"按钮，进入应用SQL 脚本界面；单击"Finish"按钮，完成字段的添加。

图 2-29　为 tb_student 数据表增加"remark"字段

（4）删除 tb_student 数据表中的"Zip"字段。右击字段设置列表框的"Column Name"列中的"Zip"，在弹出的快捷菜单中选择"Delete Selected"命令；然后单击"Apply"按钮，在弹出的"Apply SQL Script to Database"对话框的审查 SQL 脚本界面中，确定 SQL 语句准确无误后，单击"Apply"按钮，进入应用 SQL 脚本界面；单击"Finish"按钮，完成字段的删除。

（5）删除 tb_student 数据表。在导航窗格中右击数据表名 tb_student，在弹出的快捷菜单中选择"Drop Table..."命令，在弹出的对话框中单击"Drop Now"按钮，即可删除 tb_student 数据表。

任务 2.3　实现数据完整性约束

 **任务分析**

【任务描述】

G-EDU 公司在高校教学质量分析管理系统的后台数据库中，已创建好用来存放学生、教师、课程、督导专家、学院、班级、专业、评学评教成绩及教学质量评价等数据的数据表，现在需要向相应的数据表中添加数据。为了防止在数据表中添加错误的数据，需要先为相应的数据表定义一些能尽量避免操作数据错误的规则，包括设置数据表中的某个字段数据不允许为空、所有数据不能重复、某个字段的数据有默认值、数据要满足自定义范围或取值的要求、保证表间的数据变化的一致性和正确性等。该公司决定通过对表结构设置约束来实施简单的数据完整性保障规则。

【任务要领】

❖ NOT NULL（非空）约束
❖ PRIMARY KEY（主键）约束
❖ UNIQUE（唯一性）约束
❖ DEFAULT（默认值）约束
❖ AUTO_INCREMENT（自增）约束
❖ CHECK（检查）约束
❖ FOREIGN KEY（外键）约束
❖ MySQL 中的条件表达式与运算符

 技术准备

为了防止在数据表中错误地添加、修改、删除数据，需要在数据库中为相应的数据表定义一些维护数据库数据完整性的规则，只有满足这些规则，才可以添加、修改、删除数据，我们把这些规则称为表的约束。也就是说，表的约束是实现数据完整性的一种方式，主要包括非空约束、主键约束、唯一性约束、默认值约束、自增约束、检查约束和外键约束。

数据完整性是指存储在数据库中的数据应该保持准确性和一致性。数据完整性又分为实体完整性、域完整性和参照完整性。

① 实体完整性是指数据表中行数据的完整性，要求数据表中的所有行数据都有唯一的标识符。例如，学号有相同的数据就是错误的。实体完整性可以通过设置主键约束和唯一性

约束来实现。

② 域完整性是指保证数据表中的数据是合法的数据。例如，描述学生性别的数据只能是"男"或"女"，而不能随意设置其他值。域完整性可以通过设置检查约束、默认值约束和非空约束来实现。

③ 参照完整性是指数据表与数据表之间的数据参照引用，即数据表中某字段的值必须与其他数据表中该字段的值匹配一致。例如，学生信息表中"班级编号"字段的数据必须是班级信息表中"班级编号"字段存在的数据。参照完整性可以通过设置外键约束来实现。

2.3.1 NOT NULL 约束

微课 2-6

MySQL 的 NOT NULL（非空）约束是指字段的值不能为空。若数据表中的字段设置了非空约束，而用户在添加数据时没有为该字段指定值，则数据库系统就会报出错误。

1. 创建数据表时创建非空约束

非空约束的添加可以通过在创建数据表时在字段的数据类型后添加关键字 NOT NULL 或 NULL 的方式实现。字段设置部分的语法格式如下：

```
字段名 数据类型 NOT NULL|NULL
```

说明：

① NOT NULL：设定字段的值不能为空。

② NULL：设定字段的值允许为空。在省略关键字的情况下，默认值为 NULL。

2. 为已存在的数据表添加非空约束

在 MySQL 中，想要为数据库中已存在的数据表的字段添加非空约束，可以使用 ALTER TABLE 修改表结构的语句实现，其语法格式如下：

```
ALTER TABLE 数据表名 MODIFY 字段名 数据类型 NOT NULL|NULL;
```

3. 删除非空约束

在 MySQL 中，可以使用 ALTER TABLE 修改表结构的语句删除数据表中字段的非空约束，其语法格式如下：

```
ALTER TABLE 数据表名 MODIFY 字段名 数据类型;
```

2.3.2 PRIMARY KEY 约束

若数据表中的字段设置了 PRIMARY KEY（主键）约束，则该字段称为主键字段，主键用于唯一标识数据表中的每条记录，也就是设置为主键的字段的取值既不允许重复，也不允许为 NULL。每个数据表必须有且只能有一个主键字段，主键约束确保了实体的实例都是唯一不重复的，确保了实体完整性。MySQL 中有单一主键约束和复合主键约束两种。

1. 创建数据表时创建主键约束

1）单一主键约束

想要为单个字段添加主键约束，可以通过在创建数据表时在字段的数据类型后添加关键字 PRIMARY KEY 的方式实现，即列级约束。字段设置部分的语法格式如下：

```
字段名 数据类型 PRIMARY KEY
```

2）复合主键约束

在 MySQL 中，想要添加由多个字段组成的复合主键约束，可以通过在创建数据表的定义语句后添加 PRIMARY KEY(字段名 1，字段名 2，…，字段名 n)的方式实现，即表级约束。其语法格式如下：

```
PRIMARY KEY(字段名1，字段名2，…，字段名n)
```

2. 为已存在的数据表添加主键约束

在 MySQL 中，想要为数据库中已存在的数据表的字段添加主键约束，可以使用 ALTER TABLE 修改表结构的语句实现，其语法格式如下：

```
ALTER TABLE 数据表名 ADD [CONSTRAINT 约束名] PRIMARY KEY(字段名);
ALTER TABLE 数据表名 MODIFY 字段名 数据类型 PRIMARY KEY;
```

说明：

CONSTRAINT 约束名：为约束指定约束名，如果没有指定约束名，则系统将自动为新添加的约束命名。可以通过 SHOW CREATE TABLE 语句查看数据表的创建语句，从而查看到字段上所建的约束的名称。主键约束没有指定约束名时，可以用 PRIMAY KEY 表示。

3. 删除主键约束

在 MySQL 中，可以使用 ALTER TABLE 修改表结构的语句删除数据表中字段的主键约束，其语法格式如下：

```
ALTER TABLE 数据表名 DROP PRIMARY KEY;
```

2.3.3　UNIQUE 约束

MySQL 中的 UNIQUE（唯一性）约束用于非主键字段限定其取值同样具有唯一性、不能重复。设置了唯一性约束的字段的取值可以为 NULL。唯一性约束确保了实体的实例都是唯一不重复的，确保了实体完整性。唯一性约束也可以设置在列级或表级。

1. 创建数据表时创建唯一性约束

设置列级唯一性约束，字段设置部分的语法格式如下：

```
字段名 数据类型 UNIQUE
```

设置表级唯一性约束，语法格式如下：

```
UNIQUE(字段名)
```

2. 为已存在的数据表添加唯一性约束

在 MySQL 中，想要为数据表中的字段添加唯一性约束，可以使用 ALTER TABLE 修改表结构的语句实现，其语法格式如下：

```
ALTER TABLE 数据表名 ADD [CONSTRAINT 约束名] UNIQUE(字段名1[，字段名2，…]);
ALTER TABLE 数据表名 MODIFY 字段名 数据类型 UNIQUE;
```

3. 删除唯一性约束

在 MySQL 中，可以使用 ALTER TABLE 修改表结构的语句删除数据表中字段的唯一性约束，其语法格式如下：

```
ALTER TABLE 数据表名 DROP INDEX 唯一性约束名;
```

── ＝学习提示＝ ──────────────────────────

① 删除唯一性约束时，若不知要删除的唯一性约束名，则可使用"SHOW CREATE TABLE 数据表名"语句或"SHOW INDEX FROM 数据表名"语句查看数据表的唯一性约束名。

② 如果没有指定字段的唯一性约束名，那么系统自动以该字段名命名为唯一性约束名。

③ 创建唯一性约束时，系统同时创建了对应的唯一索引。在删除唯一性约束删除时，按照 index 索引的方式删除。

2.3.4　DEFAULT 约束

MySQL 中的 DEFAULT（默认值）约束用于设定字段的默认值，当向数据表中插入数据时，若没有对设置了默认值约束的字段赋值，则系统将会把默认值赋给该字段。

1. 创建数据表时创建默认值约束

默认值约束的添加可以通过在创建数据表时在字段的数据类型后添加关键字 DEFAULT 的方式实现。字段设置部分的语法格式如下：

```
字段名 数据类型 DEFAULT 默认值
```

2. 为已存在的数据表添加默认值约束

在 MySQL 中，想要为数据表中的字段添加默认值约束，可以使用 ALTER TABLE 修改表结构的语句实现，其语法格式如下：

```
ALTER TABLE 数据表名 MODIFY 字段名 数据类型 DEFAULT 默认值;
```

3. 删除默认值约束

在 MySQL 中，可以使用 ALTER TABLE 修改表结构的语句删除数据表中字段的默认值约束，其语法格式如下：

```
ALTER TABLE 数据表名 MODIFY 字段名 数据类型;
```

2.3.5　AUTO_INCREMENT 约束

MySQL 中的 AUTO_INCREMENT（自增）约束用于设定字段值的自动增长，以实现自动生成字段的值，从而防止添加重复值。

1. 创建数据表时创建自增约束

自增约束的添加可以通过在创建数据表时在字段的数据类型后添加关键字 AUTO_INCREMENT 的方式实现。字段设置部分的语法格式如下：

```
字段名 数据类型 AUTO_INCREMENT
```

2. 为已存在的数据表添加自增约束

在 MySQL 中，想要为数据表中的字段添加自增约束，可以使用 ALTER TABLE 修改表结构的语句实现，其语法格式如下：

```
ALTER TABLE 数据表名 MODIFY 字段名 数据类型 AUTO_INCREMENT;
```

=学习提示=

① 只有数据类型为整数类型的字段才能设置自增约束。

② 每个数据表只能给一个字段设置自增约束，并且必须在该字段上设置主键约束或唯一性约束。

③ 字段的自动增长值从 1 开始自增，每次加 1。若在该字段插入的值大于自动增长的值，则下一条插入的自动增长值会自动使用最大值加 1；若在该字段插入的值小于自动增长的值，则不会对自动增长值产生影响。

④ 若给自增字段插入了 NULL、0、DEFAULT，或者在插入值时省略该字段，则该字段会直接使用自动增长值；若给自增字段插入了一个具体值，则不会使用自动增长值。

⑤ 若删除了自增字段的某个值（删除记录），则自动增长值不会减小或填补空缺。

3. 删除自增约束

在 MySQL 中，可以使用 ALTER TABLE 修改表结构的语句删除数据表中字段的自增约束，其语法格式如下：

```
ALTER TABLE 数据表名 MODIFY 字段名 数据类型;
```

【例 2-20】在 db_teaching 数据库中创建教师信息表 tb_teacher 时，为该数据表的部分字段设置指定约束：

（1）除了"Wages""Birthday""Work_Date"字段的值允许为空，其余字段都设置非空约束。

（2）将"Teacher_No"字段设置为显示宽度 6 位的整数类型，并设置主键约束，编号自增。

（3）为"Teacher_Login_Name"字段设置唯一性约束。

（4）为"Gender"字段设置默认值约束，默认值为"男"。

```
mysql> USE db_teaching;
Database changed
mysql> CREATE TABLE tb_teacher (
    -> Teacher_No int(6) AUTO_INCREAMENT PRIMARY KEY NOT NULL COMMENT '教师编号',
    -> Teacher_Name char(4) NOT NULL COMMENT '教师姓名'
    -> Teacher_Login_Name varchar(10) UNIQUE NOT NULL COMMENT '教师登录名',
    -> Teacher_Password varchar(20) NOT NULL COMMENT '教师登录密码',
    -> Gender enum('男','女') DEFAULT '男' NOT NULL COMMENT '性别',
    -> Staff_No char(6) NOT NULL COMMENT '所属教研室编号',
    -> Birthday date COMMENT '出生日期',
    -> Work_Date date COMMENT '参加工作日期',
    -> Positional_Title enum('助教','讲师','副教授','教授') NOT NULL COMMENT '职称',
    -> Edu_Background enum('大专','本科','研究生','博士生') NOT NULL COMMENT '学历',
    -> Degree enum('学士','硕士','博士') NOT NULL COMMENT '学位',
    -> Wages decimal(8,2) COMMENT '工资'
    -> );
Query OK, 0 rows affected (0.14 sec)
```

【例 2-21】删除教师信息表 tb_teacher 已有的部分约束，包括"Teacher_No"字段的主键约束和自增约束、"Teacher_Login_Name"字段的唯一性约束、"Gender"字段的默认值约束。

```
## 删除 "Teacher_No" 字段的主键约束
mysql> ALTER TABLE tb_teacher DROP PRIMARY KEY;
Query OK, 0 rows affected (0.11 sec)
```

```
## 删除 "Teacher_No" 字段的自增约束
mysql> ALTER TABLE tb_teacher MODIFY Teacher_No char(6) COMMENT '教师编号';
Query OK, 0 rows affected (0.11 sec)
## 删除 "Teacher_Login_Name" 字段的唯一性约束
mysql> ALTER TABLE tb_teacher DROP INDEX Teacher_Login_Name;
Query OK, 0 rows affected (0.05 sec)
## 删除 "Gender" 字段的默认值约束
mysql> ALTER TABLE tb_teacher MODIFY Gender enum('男','女') char(6);
Query OK, 0 rows affected (0.02 sec)
```

【例 2-22】在已建立基本表结构的教师信息表 tb_teacher 中，为 "Teacher_No" 字段添加自增约束和主键约束，为 "Teacher_Login_Name" 字段添加唯一性约束，为 "Gender" 字段添加默认值约束，默认值为 "男"。

```
## 为 "Teacher_No" 字段添加自增约束
mysql> ALTER TABLE tb_teacher MODIFY Teacher_No INT(6) AUTO_INCREMENT;
Query OK, 0 rows affected (0.11 sec)
## 为 "Teacher_No" 字段添加主键约束
mysql> ALTER TABLE tb_teacher ADD PRIMARY KEY(Teacher_No);
Query OK, 0 rows affected (0.05 sec)
## 为 "Teacher_Login_Name" 字段添加唯一性约束
mysql> ALTER TABLE tb_teacher ADD CONSTRAINT Teacher_Login_Name UNIQUE(Teacher_Login_Name);
Query OK, 0 rows affected (0.08 sec)
## 为 "Gender" 字段添加默认值约束
mysql> ALTER TABLE tb_teacher MODIFY Gender enum('男','女') DEFAULT '男';
Query OK, 0 rows affected (0.02 sec)
```

【例 2-23】在 db_teaching 数据库中创建班级开课信息表 tb_class_course 时，设置 "Class_No" 字段、"Teacher_No" 字段、"Course_No" 字段为该数据表的复合主键，设置 "Num" 字段的值唯一。

```
mysql> CREATE TABLE tb_class_course (
    -> Class_No char(10) NOT NULL COMMENT '班级编号',
    -> Teacher_No char(6) NOT NULL COMMENT '教师编号',
    -> Course_No char(6) NOT NULL COMMENT '课程编号',
    -> Num int NOT NULL COMMENT '开班序号',
    -> School_Year_Term char(15) NOT NULL COMMENT '开课学年学期',
    -> PRIMARY KEY(Class_No,Teacher_No,Course_No),
    -> UNIQUE(Num)
    -> );
Query OK, 0 rows affected (0.14 sec)
```

2.3.6 条件表达式与运算符及 CHECK 约束

1. MySQL 中的条件表达式与运算符

条件表达式是通过相应的运算符将字段、常量、变量、函数等元素进行组合，表达一个逻辑值 TRUE 或 FALSE 的结果，以示一个条件的成立与否。其中使用的运算符包括算术运算符、比较运算符、逻辑运算符、BETWEEN AND 范围运算符、IN 列表运算符、LIKE 匹配运算符、REGEXP 正则运算符等。

微课 2-7

1）算术运算符

MySQL 中的算术运算符用于各类数值运算，包括加（+）、减（-）、乘（*）、除（/）、取余（或称模运算，%），具体情况如表 2-12 所示。

由表 2-12 可知，在 MySQL 中，可以使用 SELECT 语句查看表达式的运行结果，具体情况如下：

表 2-12　算术运算符

运算符	作　用	示　例
+	加法运算	SELECT 1+2;
-	减法运算	SELECT 4-2;
*	乘法运算	SELECT 3*2;
/或 DIV	除法运算	SELECT 5/2,5 DIV 2;
%或 MOD	取余运算	SELECT 7%2,7 MOD 2;

```
mysql> SELECT 1+2,4-2,3*2,5/2,5 DIV 2,7%2,7 MOD 2;
+-----+-----+-----+-------+---------+-----+--------+
| 1+2 | 4-2 | 3*2 | 5/2   | 5 DIV 2 | 7%2 |7 MOD 2 |
+-----+-----+-----+-------+---------+-----+--------+
|  3  |  2  |  6  | 2.5000|    2    |  1  |    1   |
+-----+-----+-----+-------+---------+-----+--------+
1 row in set (0.05 sec)
```

— =学习提示=

① "/" 运算符与 "DIV" 运算符的区别：在使用 "/" 运算符进行除法运算时，运算结果为浮点类型数据；在使用 "DIV" 运算符进行除法运算时，运算结果为舍去小数部分的整数。

② 使用 "%" 运算符和 "MOD" 运算符进行取余运算的效果一样。

2）比较运算符

比较运算符用于比较运算，包括大于（>）、小于（<）、等于（=）、大于或等于（>=）、小于或等于（<=）、不等于（!=），具体情况如表 2-13 所示。

表 2-13　比较运算符

运算符	作　用	示　例
=	等于	SELECT 1=2;
<=>	安全等于	SELECT 4<=>2;
<> 或 !=	不等于	SELECT 3<>2,3!=2;
<	小于	SELECT 3<2;
>	大于	SELECT 3>2;
<=	小于或等于	SELECT 5<=2;
>=	大于或等于	SELECT 7<=2;
IS	判断数据是否是 TRUE 或 FALSE，或者是否为 NULL，若是，则返回 1，否则返回 0	SELECT 1 IS True,1 IS FALSE,1 IS NULL;
IS NOT	判断数据是否不是 TRUE 或 FALSE，或者是否不为 NULL，若不是，则返回 1，否则返回 0	SELECT 1 IS NOT True,1 IS NOT FALSE, 1 IS NOT NULL;

在 MySQL 中，当使用由表 2-13 中的比较运算符组成的表达式进行运算时，若两个操作数的数据类型不同，则 MySQL 会自动先将其转换成相同的数据类型再进行比较运算。例如：

```
mysql> SELECT '6' >= 5,5 <> 5.0;
+----------+----------+
| '6' >= 5 | 5 <> 5.0 |
+----------+----------+
|        1 |        0 |
+----------+----------+
1 row in set (0.00 sec)
```

在上述运算过程中，MySQL 会先将'6'和 5 自动转换成相同的数据类型，再进行比较，结果显示为 1（表示 TRUE）；5 和 5.0 进行不等于比较，MySQL 同样会先将它们自动转换成同一种数据类型，再进行比较，结果显示为 0（表示 FALSE）。

表 2-13 中的"="和"<=>"运算符都用于进行数据是否相等的比较运算，其区别在于："<=>"运算符可以对 NULL 值进行等于比较，而"="运算符则不可以对 NULL 值进行等于比较。例如：

```
mysql> SELECT NULL = NULL,NULL = 5, NULL <=> NULL,NULL <=> 5;
+-------------+----------+---------------+------------+
| NULL = NULL | NULL = 5 | NULL <=> NULL | NULL <=> 5 |
+-------------+----------+---------------+------------+
|        NULL |     NULL |             1 |          0 |
+-------------+----------+---------------+------------+
1 row in set (0.00 sec)
```

在 MySQL 中，"IS"和"IS NOT"运算符用于判断数据是否是 TRUE 或 FALSE。例如：

```
mysql> SELECT ('a'='a') IS TRUE,('a'!='a') IS TRUE,
    ->        ('a'='a') IS FALSE,('a'!='a') IS FALSE;
+-------------------+--------------------+--------------------+---------------------+
| ('a'='a') IS TRUE | ('a'!='a') IS TRUE | ('a'='a') IS FALSE | ('a' != 'a') IS FALSE |
+-------------------+--------------------+--------------------+---------------------+
|                 1 |                  0 |                  0 |                   1 |
+-------------------+--------------------+--------------------+---------------------+
1 row in set (0.00 sec)
```

"IS NULL"和"IS NOT NULL"运算符用于判断数据是否为 NULL。例如：

```
mysql> SELECT 5 IS NULL,NULL IS NULL,5 IS NOT NULL,NULL IS NOT NULL;
+-----------+--------------+---------------+------------------+
| 5 IS NULL | NULL IS NULL | 5 IS NOT NULL | NULL IS NOT NULL |
+-----------+--------------+---------------+------------------+
|         0 |            1 |             1 |                0 |
+-----------+--------------+---------------+------------------+
1 row in set (0.00 sec)
```

=学习提示=
在 MySQL 中，可以使用 1 表示 TRUE，使用 0 表示 FALSE。

3）逻辑运算符

逻辑运算符常与比较运算符结合使用，只用于对 TRUE 或 FALSE 数据进行运算。逻辑运算的返回结果均为 TRUE、FALSE 或 NULL，在 MySQL 中分别体现为 1（TRUE）、0（FALSE）和 NULL，如表 2-14 所示。

表 2-14　逻辑运算符

运算符	作　　用	示　　例
NOT 或!	逻辑非。当操作数为 TRUE 时，返回结果为 0，否则返回结果为 1	SELECT NOT TRUE,!FALSE;
AND 或&&	逻辑与。当操作数都为 TRUE 时，返回结果为 1，否则返回结果为 0	SELECT TRUE AND TRUE,TRUE && FALSE;
OR 或||	逻辑或。只要一个操作数为 TRUE，返回结果为 1，否则返回结果为 0	SELECT TRUE OR TRUE,TRUE || FALSE;
XOR	逻辑异或。当只有操作数都为 TRUE 或都为 FALSE 时，返回结果为 0，否则返回结果为 1	SELECT TRUE XOR TRUE,TRUE XOR FALSE;

表 2-14 中的示例的运算结果如下：

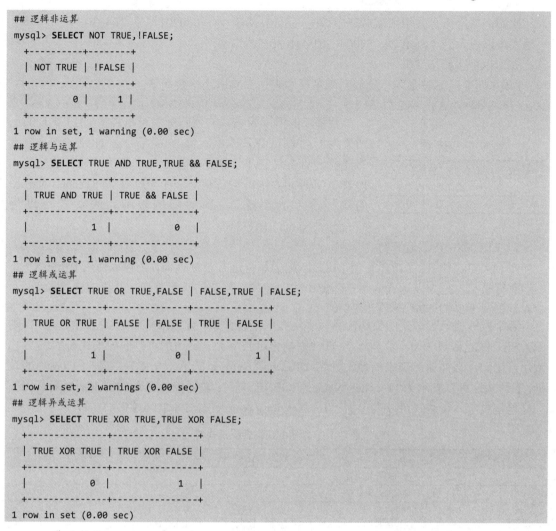

```
## 逻辑非运算
mysql> SELECT NOT TRUE,!FALSE;
  +----------+--------+
  | NOT TRUE | !FALSE |
  +----------+--------+
  |        0 |      1 |
  +----------+--------+
1 row in set, 1 warning (0.00 sec)
## 逻辑与运算
mysql> SELECT TRUE AND TRUE,TRUE && FALSE;
  +---------------+---------------+
  | TRUE AND TRUE | TRUE && FALSE |
  +---------------+---------------+
  |             1 |             0 |
  +---------------+---------------+
1 row in set, 1 warning (0.00 sec)
## 逻辑或运算
mysql> SELECT TRUE OR TRUE,FALSE | FALSE,TRUE | FALSE;
  +--------------+---------------+--------------+
  | TRUE OR TRUE | FALSE | FALSE | TRUE | FALSE |
  +--------------+---------------+--------------+
  |            1 |             0 |            1 |
  +--------------+---------------+--------------+
1 row in set, 2 warnings (0.00 sec)
## 逻辑异或运算
mysql> SELECT TRUE XOR TRUE,TRUE XOR FALSE;
  +---------------+----------------+
  | TRUE XOR TRUE | TRUE XOR FALSE |
  +---------------+----------------+
  |             0 |              1 |
  +---------------+----------------+
1 row in set (0.00 sec)
```

— =学习提示= —

　　在 MySQL 中，逻辑运算符可以针对结构为 TRUE 或 FALSE 的表达式进行运算，如 4>3 &&'a'<>'b'。

　　4）BETWEEN AND 范围运算符

　　BETWEEN AND 范围运算符用于判断某字段的值是否在给定的范围内，其语法格式如下：

字段名|*表达式* [NOT] BETWEEN *下限值* AND *上限值*

　　比如，班级信息表中班级人数（Per_Quantity）为 35～55，表达式可以表示为"Per_Quantity BETWEEN 35 and 55"。

　　教师教学质量评价表中的评价评分（Evalu_Score）高于 80 分且低于 60 分，即不在 60～80 之间，表达式可以表示为"Evalu_Score NOT BETWEEN 60 AND 80"。

　　5）IN 列表运算符

　　IN 列表运算符用于判断操作数是否为 IN 列表中的一个值，其语法格式如下：

字段名|*表达式* [NOT] IN(*常量1，常量2，…，常量n*)

　　若字段的值或表达式的值等于集合（常量 1、常量 2、…、常量 n）中的任意一个值，则 IN 的返回值为 1，否则 IN 的返回值为 0。若加入 NOT，则是否定的情况。

比如，教师信息表中所属教研室编号（Staff_No）为"040201"或"040301"的教师，表达式可以表示为"Staff_No IN('040201','040301')"。

6）LIKE 匹配运算符

LIKE 匹配运算符常用于模糊匹配条件的表达，其语法格式如下：

`字段名|表达式 [NOT] LIKE 匹配字符串`

表 2-15 通配符

通配符	说　明
_	表示任意单个字符
%	表示任意长度的字符串

若字段的值或表达式的值匹配字符串常量，则 LIKE 的返回值为 1，否则 LIKE 的返回值为 0。若加入 NOT，则是否定的情况。"匹配字符串"中可以包含"%"和"_"两种通配符，如表 2-15 所示。比如，教师信息表中教师姓名（Teacher_Name）的第一个字为"陈"，即姓陈的教师，表达式可以为"Teacher_Name LIKE '陈%'"。

7）REGEXP 正则运算符

在 MySQL 中，除了可以使用 LIKE 匹配运算符进行模糊查询，还可以使用 REGEXP 正则运算符来指定正则表达式的字符匹配模式，完成更复杂的匹配查询。其语法格式如下：

`字段名|表达式 REGEXP|RLIKE [NOT] 正则通配字符串`

若字段的值或表达式的值匹配正则表达式的字符模式，则 REGEXP 的返回值为 1，否则 REGEXP 的返回值为 0。若加入 NOT，则是否定的情况。常用的正则匹配模式符如表 2-16 所示。比如，教师信息表中的教师姓名（Teacher_Name）的第一个字为"陈"，即姓陈的教师，表达式还可以表示为"Teacher_Name REGEXP '^陈'"；教师登录密码（Teacher_Password）的结尾是数字，表达式可以表示为"Teacher_Password REGEXP '[0-9]$'"。

表 2-16 常用的正则匹配模式符

正则匹配模式符	说　明
^	匹配输入字符串的开始位置
$	匹配输入字符串的结束位置
.	匹配任意单个字符
[...]	字符集合。匹配所包含的任意一个字符。例如，'[abc]'可以匹配'plain'中的'a'
[^...]	负值字符集合。匹配未包含的任意字符。例如，'[^abc]'可以匹配除了 a、b、c 的其他任何一个字符
p1|p2|p3	匹配 p1 或 p2 或 p3。例如，'z|food'能匹配'z'或'food'，'(z|f)ood'则匹配'zood'或'food'
*	匹配前面的子表达式零次或多次。例如，'zo*'能匹配'zo'及'zoo'。"*"等价于{0,}匹配模式
+	匹配前面的子表达式一次或多次。例如，'zo+'能匹配'zo'及'zoo'，但不能匹配'z'。"+"等价于{1,}匹配模式
{n}	n 是一个非负整数，匹配确定的 n 次。例如，'o{2}'不能匹配'Bob'中的'o'，但是能匹配'food'中的'oo'
{n,m}	m 和 n 均为非负整数，其中 n<=m。最少匹配 n 次且最多匹配 m 次

2. CHECK（检查）约束

MySQL 中的 CHECK（检查）约束用于限制和检查字段中的值是否达到正确要求，即如果在列级对某字段设置检查约束，则该字段只允许满足检查条件的特定值。需要注意的是，在 MySQL 8.0.16 版本后才支持对写入数据的检查约束。

1）创建数据表时创建检查约束

检查约束的添加可以通过在创建数据表时在字段的数据类型后添加 CHECK 语句的方式实现。字段设置部分的语法格式如下：

`CHECK(检查条件表达式)`

说明："检查条件表达式"指需要检查的条件，在创建的数据表中添加新数据或更新数据时，MySQL 就会检查新数据是否满足检查条件，只有满足条件的数据才会添加或更新成功，否则 MySQL 将报违反检查约束的错误，导致数据操作失败。

【例 2-24】在 db_teaching 数据库中创建教师信息表 tb_teacher 时，限定设置为字符类型的"Teacher_No"字段的数据只能由 6 位数字组成，限定"Birthday"字段的数据必须在 1950 年 1 月 1 日以后。

```
mysql> USE db_teaching;
mysql> CREATE TABLE tb_teacher (
    -> Teacher_No char(6) PRIMARY KEY NOT NULL CHECK(Teacher_No REGEXP '[0-9]{6}') COMMENT '教师编号',
    -> Teacher_Name char(4) NOT NULL COMMENT '教师姓名',
    -> Teacher_Login_Name varchar(10) UNIQUE NOT NULL COMMENT '教师登录名',
    -> Teacher_Password varchar(6) NOT NULL COMMENT '教师登录密码',
    -> Gender char(1) COMMENT '性别',
    -> Staff_No char(6) COMMENT '所属教研室编号',
    -> Birthday date CHECK(Birthday > '1950-1-1') COMMENT '出生日期',
    -> Work_Date date COMMENT '参加工作日期',
    -> Positional_Title enum('助教','讲师','副教授','教授') NOT NULL COMMENT '职称',
    -> Edu_Background enum('大专', '本科', '研究生', '博士生') NOT NULL COMMENT '学历',
    -> Degree enum('学士','硕士','博士') NOT NULL COMMENT '学位',
    -> Wages decimal(8, 2) COMMENT '工资'
    -> );
```

2）为已存在的数据表添加检查约束

在 MySQL 中，想要为数据表中的字段添加检查约束，可以使用 ALTER TABLE 修改表结构的语句实现，其语法格式如下：

ALTER TABLE *数据表名* ADD [CONSTRAINT *约束名*] CHECK(*检查条件表达式*);

【例 2-25】限定教师信息表 tb_teacher 中，设置为字符类型的"Gender"字段的取值只能是"男"或"女"，限定"Staff_No"字段的取值范围为'010101'～'101010'。

```
## 限定"Gender"字段的取值只能是"男"或"女"
mysql> ALTER TABLE tb_teacher
    -> ADD CONSTRAINT chk_Gender_1 CHECK(Gender IN('男','女'));
Query OK, 0 rows affected (0.10 sec)
## 限定"Staff_No"字段的取值范围为'010101'～'101010'
mysql> ALTER TABLE tb_teacher
    -> ADD CONSTRAINT chk_Staff_No_1 CHECK(Staff_No BETWEEN '010101' AND '101010');
Query OK, 0 rows affected (0.13 sec)
```

3）删除检查约束

在 MySQL 中，可以使用 ALTER TABLE 修改表结构的语句删除数据表中字段的检查约束，其语法格式如下：

ALTER TABLE *数据表名* DROP CONSTRAINT *约束名*;

【例 2-26】删除教师信息表 tb_teacher 中"Gender"字段的检查约束。

```
mysql> ALTER TABLE tb_teacher DROP CONSTRAINT chk_Gender_1;
Query OK, 0 rows affected (0.02 sec)
```

2.3.7 FOREIGN KEY 约束

外键是相对主键而言的，指引用另一个数据表中的一列或多列，被引用的列应具有主键约束或唯一约束，其中被引用的主键的数据表称为主表，包

微课 2-8

含外键的数据表称为从表。因此，FOREIGN KEY（外键）约束建立了主表与从表之间的关联关系，确保了不同数据表之间的参照完整性。

如果教师教学质量评价表中添加了并不存在的督导专家的编号及其对教师教学质量的评价评语与评价评分记录，就会出现数据信息保存不对等的情况。只要在教师教学质量评价表中对"督导专家编号"字段设置外键约束，与督导专家信息表建立引用关联关系，那么在教师教学质量评价表中就只能添加督导专家信息表中含有的督导专家编号及评价评语与评价评分记录，保证了不同数据表中相同含义数据的一致性和正确性。

1. 创建数据表时创建外键约束

在 MySQL 中，外键约束是表级完整性约束，创建数据表时创建外键约束，其创建语句不能写在字段后面。表级外键约束部分的语法格式如下：

```
[CONSTRAINT 外键约束名] FOREIGN KEY(外键字段名)
REFERENCES 主表名(主键字段名)
[ON DELETE RESTRICT|CASCADE|SET NULL|NO ACTION]
[ON UPDATE RESTRICT|CASCADE|SET NULL|NO ACTION];
```

说明：

① 外键字段名：表示在从表中需要添加外键约束的字段。

② 主表名(主键字段名)：被从表外键所依赖的主表的名称，和主表的主键字段的名称。

③ ON DELETE 与 ON UPDATE：用于设置当主表中的数据被删除或修改时，从表对应数据的处理办法。

④ RESTRICT：限制。默认处理方式，同 NO ACTION，拒绝主表删除或修改存在从表外键关联字段对应的数据。

⑤ CASCADE：级联。当主表中的数据被删除或修改时，同时自动删除或修改从表中关联对应的数据。

⑥ SET NULL：设置空值。当主表中的数据被删除或修改时，使用 NULL 值替换从表中关联对应的数据，但不适用于 NOT NULL 字段。

【例 2-27】教师与所在教研室有关，因此教师信息表 tb_teacher 与教研室信息表 tb_staffroom 需建立关联。教研室信息表的主键字段为"Staff_No"字段，在创建教师信息表时，为其中的"Staff_No"字段创建相应外键约束，以建立两表间的关联关系。

```
mysql> CREATE TABLE tb_teacher (
    -> Teacher_No char(6) PRIMARY KEY NOT NULL CHECK(Teacher_No REGEXP '[0-9]{6}') COMMENT '教师编号',
    -> Teacher_Name char(4) NOT NULL COMMENT '教师姓名',
    -> Teacher_Login_Name varchar(10) NOT NULL UNIQUE COMMENT '教师登录名',
    -> Teacher_Password varchar(20) NOT NULL COMMENT '教师登录密码',
    -> Gender enum('男','女') COMMENT '性别',
    -> Staff_No char(6) NOT NULL COMMENT '所属教研室编号',
    -> Birthday date CHECK(Birthday > '1950-1-1') COMMENT '出生日期',
    -> Work_Date date COMMENT '参加工作日期',
    -> Positional_Title enum('助教','讲师','副教授','教授') NOT NULL COMMENT '职称',
    -> Edu_Background enum('大专','本科','研究生','博士生') NOT NULL COMMENT '学历',
    -> Degree enum('学士','硕士','博士') COMMENT '学位',
    -> Wages decimal(8,2) COMMENT '工资',
    -> CONSTRAINT fk_tb_teacher_tb_Staff FOREIGN KEY(Staff_No) REFERENCES tb_staffroom(Staff_No);
    -> );
Query OK, 0 rows affected (0.14 sec)
```

2. 为已存在的数据表添加外键约束

在 MySQL 中，想要为已存在的数据表中的字段添加外键约束，可以使用 ALTER TABLE 修改表结构的语句实现，其语法格式如下：

```
ALTER TABLE 从表名 ADD [CONSTRAINT 外键约束名] FOREIGN KEY(外键字段名)
REFERENCES 主表名(主键字段名)
[ON DELETE RESTRICT|CASCADE|SET NULL|NO ACTION]
[ON UPDATE RESTRICT|CASCADE|SET NULL|NO ACTION];
```

【例 2-28】在 db_teaching 数据库中，已建有院系信息表 tb_department 和专业信息表 tb_profession，需要为专业信息表 tb_profession 中的"Dep_No"字段创建以院系信息表 tb_department 为主表的外键约束，以建立两表间的关联关系，并设置为级联效果的外键约束。

```
mysql> ALTER TABLE tb_profession ADD CONSTRAINT fk_tb_profession_tb_department
    -> FOREIGN KEY(Dep_No) REFERENCES tb_department(Dep_No) ON DELETE CASCADE ON UPDATE CASCADE;
Query OK, 3 rows affected (0.07 sec)
```

3. 删除外键约束

在 MySQL 中，可以使用 ALTER TABLE 修改表结构的语句删除数据表中字段的外键约束，其语法格式如下：

```
ALTER TABLE 数据表名 DROP FOREIGN KEY 外键约束名;
```

【例 2-29】在 db_teaching 数据库中，删除专业信息表 tb_profession 中名为"fk_tb_profession_tb_department"的外键约束。

```
mysql> ALTER TABLE tb_profession DROP FOREIGN KEY fk_tb_profession_tb_department;
```

—— =学习提示= ——

① 为数据表建立外键约束是建立主表与从表之间的关联关系，主要是约束主表与从表中数据的一致性和正确性，即当主表或从表中一个表的数据发生变更时，另一个表中与之对应的数据也必须有相应的限制或变化。

② 一个数据表中可以有一个字段或多个字段设置外键约束，即可以与一个或多个数据表之间都建立关联关系。

③ 在设置外键约束时，必须先为主表定义了主键，并且主键不能包含空值，但允许在外键中出现空值。也就是说，只要外键的每个非空值出现在指定的主键中，这个外键的内容就是正确的。外键字段的数据类型必须和主表主键字段的数据类型一致。

任务实施

2.3.8　使用命令行客户端设置约束

（1）为高校教学质量分析管理系统的后台数据库 db_teaching 继续创建数据表。创建班级信息表 tb_class，表结构如表 2-17 所示，同时完成相应的约束设置，如图 2-30 所示。

（2）前面在高校教学质量分析管理系统的后台数据库 db_teaching 中创建学生信息表 tb_student 时，只创建了基本的字段信息，现在为该数据表中的字段添加相应的约束。学生信息表 tb_student 的表结构如表 2-18 所示。

① 为学生信息表 tb_student 中的"Stu_No"字段添加主键约束，如图 2-31 所示。

表 2-17　班级信息表 tb_class 的表结构

字段名称	数据类型	约　　束	字段说明
Class_No	char(10)	主键约束、非空约束	班级编号
Class_Name	varchar(20)	唯一性约束、非空约束	班级名称
Profession_No	char(4)	检查约束：4 位数字组成；非空约束 外键约束：关联专业信息表 tb_profession(Profession_No)	专业编号
Per_Quantity	tinyint(3)	检查约束：至少 25 人，不超过 60 人	人数
Len_Schooling	tinyint(3)	默认值约束：3；非空约束	学制
CS_No	char(6)	外键约束：关联辅导员信息表 tb_counsellor(CS_No)	辅导员编号
Monitor	char(4)		班长
Secretary	char(4)		书记

```
mysql> USE db_teaching;
Database changed
mysql> CREATE TABLE tb_class(
    -> Class_No char(10) comment '班级编号' PRIMARY KEY NOT NULL,
    -> Class_Name varchar(20) comment '班级名称' UNIQUE NOT NULL,
    -> Profession_No char(4) comment '专业编号' CHECK(Profession_No RLIKE '[0-9][0-9][0-9][0-9]') NOT NULL,
    -> Per_Quantity tinyint comment '人数' CHECK(Per_Quantity BETWEEN 25 AND 55),
    -> Len_Schooling tinyint comment '学制' NOT NULL DEFAULT 3,
    -> CS_No char(6) comment '辅导员编号',
    -> Monitor char(4) comment '班长',
    -> Secretary char(4) comment '书记',
    -> CONSTRAINT fk_class_profe FOREIGN KEY(Profession_No) REFERENCES tb_profession(Profession_No),
    -> FOREIGN KEY(CS_No) REFERENCES tb_counsellor(CS_No)
    -> );
Query OK, 0 rows affected (0.04 sec)

mysql>
```

图 2-30　创建班级信息表 tb_class 时创建约束

表 2-18　学生信息表 tb_student 的表结构

字段名称	数据类型	约　　束	字段说明
Stu_No	char(12)	主键约束、非空约束	学号
Stu_Name	char(4)	非空约束	学生姓名
Stu_Login_Name	varchar(20)	唯一性约束	学生登录名
Stu_Password	char(6)		学生登录密码
Class_No	char(10)	外键约束：关联班级信息表 tb_class(Class_No)	班级编号
Gender	enum('男','女')		性别
Political_Sta	enum('共青团员','预备党员','中共党员','群众')		政治面貌
Identity_No	char(18)	唯一性约束	身份证号
Birthday	date		出生日期
Nation	varchar(10)	默认值约束：'汉族'	民族
Address	varchar(50)		家庭地址
Zip	char(6)	检查约束：6 位数字	邮政编码
Phone	char(20)		联系电话

```
mysql> ALTER TABLE tb_student ADD PRIMARY KEY(Stu_No);
Query OK, 0 rows affected (0.10 sec)
Records: 0  Duplicates: 0  Warnings: 0

mysql>
```

图 2-31　为"Stu_No"字段添加主键约束

② 为学生信息表 tb_student 中的"Stu_Login_Name"字段和"Identity_No"字段添加唯一性约束，如图 2-32 所示。

```
mysql> ALTER TABLE tb_student ADD CONSTRAINT unq_login_name UNIQUE(Stu_Login_Name);
Query OK, 0 rows affected (0.04 sec)
Records: 0  Duplicates: 0  Warnings: 0

mysql> ALTER TABLE tb_student ADD UNIQUE(Identity_No);
Query OK, 0 rows affected (0.04 sec)
Records: 0  Duplicates: 0  Warnings: 0
```

图 2-32　为"Stu_Login_Name"字段和"Identity_No"字段添加唯一性约束

③ 为学生信息表 tb_student 中的 "Class_No" 字段添加外键约束，如图 2-33 所示。

图 2-33　为 "Class_No" 字段添加外键约束

④ 为学生信息表 tb_student 中的 "Nation" 字段添加默认值约束，默认值为 "汉族"，如图 2-34 所示。

图 2-34　为 "Nation" 字段添加默认值约束

⑤ 为学生信息表 tb_student 中的 "Zip" 字段添加检查约束，如图 2-35 所示。

```
mysql> ALTER TABLE tb_student ADD CONSTRAINT chk_zipnum CHECK(Zip REGEXP '[0-9][0-9][0-9][0-9][0-9][0-9]');
Query OK, 0 rows affected (0.08 sec)
Records: 0  Duplicates: 0  Warnings: 0
```

图 2-35　为 "Zip" 字段添加检查约束

2.3.9　使用 MySQL Workbench 设置约束

使用 MySQL Workbench 完成对学生信息表 tb_student 的相应约束设置。

（1）将鼠标指针放置在导航窗格中的数据表名 tb_student 上，在数据表名的右侧会出现 3 个按钮，单击其中的 ● 按钮，可以打开数据表修改窗口设置约束。

（2）在数据表修改窗口的字段设置列表框中，勾选 "Stu_No" 字段右侧 "PK" 列中对应的复选框，设置主键约束；勾选 "Stu_Name" 字段右侧 "NN" 列中对应的复选框，设置非空约束；分别勾选 "Stu_Login_Name" 字段和 "Identity_No" 字段右侧 "UQ" 列中对应的复选框，设置唯一性约束；在 "Nation" 字段右侧的 "Default/Expression" 列对应的文本框中输入默认值 "汉族"，如图 2-36 所示。

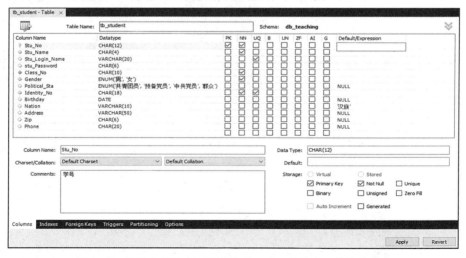

图 2-36　设置主键约束、非空约束、唯一性约束、默认值约束

数据表修改窗口的字段设置复选框的含义如下：

① PK（PRIMARY KEY）：主键约束。

② NN（NOT NULL）：非空约束。

③ UQ（UNIQUE）：唯一键约束。

④ B（BINARY）：二进制数据。

⑤ UN（UNSIGNED）：无符号数。

⑥ ZF（ZERO FILL）：数值前面填充 0。

⑦ AI（AUTO INCREMENT）：自增约束。

⑧ G（GENERATED）：计算生成列，也称虚拟列，列值由指定的表达式自动计算生成。如果某个数值类型的列勾选了"G"，则计算表达式输入在对应"Default/Expression"框中。SQL 语句可以用"GENERATED ALWAYS AS（表达式）VIRTUAL|STORED"描述在字段的数据类型之后。计算生成列的值，默认存储方式为 VIRTUAL，即列值不存储、不占用存储空间，而 STORE 方式则会在添加或更新行时计算并存储列值、需要占用存储空间。

（3）选择数据表修改窗口下方的"Foreign Keys"选项卡，首先在左侧区域的"Foreign Key Name"列的对应文本框中输入外键约束名称，接着在"Referenced Table"列中选择当前数据库中的 tb_class 数据表作为主表，然后在"Column"区域中勾选当前从表 tb_student 的外键字段"Class_No"和主表的主键字段"Class_No"左侧的复选框，在右侧的"Foreign Key Options"区域的"On Update"和"On Delete"下拉列表中均选择"RESTRICT"选项，完成学生信息表中"Class_No"字段与班级信息表关联的外键约束的添加，如图 2-37 所示。

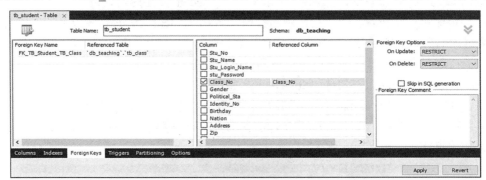

图 2-37　添加外键约束

（4）单击数据表修改窗口中右下角的"Apply"按钮，弹出"Apply SQL Script to Database"对话框；审查 SQL 脚本，确定 SQL 语句准确无误后，单击"Apply"按钮，进入应用 SQL 脚本界面；单击"Finish"按钮，完成主键约束、外键约束、唯一性约束、默认值约束、非空约束的添加。

（5）为学生信息表 tb_student 中的"Zip"字段添加 CHECK 检查约束，限定"Zip"字段的取值必须且只能是 6 位数字。由于检查约束只能通过 SQL 语句实施，因此需要在 MySQL Workbench 的 SQL 文本编辑器窗口中输入 SQL 语句并执行。在 MySQL WorkBench 中，单击菜单栏下方工具栏中的🗒按钮，新建 SQL 文本编辑器窗口，从中输入添加 CHECK 检查约束的语句，选中该 SQL 语句后，单击工具栏的⚡按钮，执行该 SQL 语句。

（6）查看学生信息表中已设置的所有约束，并查看 CHECK 检查约束是否添加成功。将鼠标指针放置在导航窗格中的数据表名 tb_student 上，在数据表名的右侧会出现 3 个按钮，单击其中的ⓘ按钮，可以打开数据表信息窗口，选择"DDL"选项卡，如图 2-38 所示，即可查看到数据表创建语句，包括已添加的约束。

图 2-38　数据表信息窗口的"DDL"选项卡

任务 2.4　操作表数据

任务分析

【任务描述】

在高校教学质量分析管理系统的后台数据库中，创建完成用来存放学生、教师、课程、督导专家、学院、班级、专业、评学评教成绩及教学质量评价等数据的数据表后，需要向相应的数据表中添加数据，并根据实际需求对这些数据进行添加、修改、删除等操作。

【任务要领】

❖ 添加表数据
❖ 修改表数据
❖ 删除表数据

技术准备

微课 2-9

2.4.1　添加表数据

在 MySQL 中创建好数据表后，使用 INSERT INTO 语句不仅可以向数据表中添加一行或多行数据，还可以向数据表中添加其他数据表中的数据。

1. 向数据表中添加一行或多行数据

在数据表中，使用 INSERT INTO 语句添加一行或多行数据的语法格式如下：

```
INSERT [INTO] 数据表名 [(字段列表)] VALUES(值列表1)[,(值列表2),…];
```

说明：

① 字段列表：指定需要添加数据的字段名。字段名之间用英文逗号","隔开，并用英文圆括号"()"将字段列表括起来。若对数据表中的所有字段都添加值，则字段列表可省略。

② 命令的字段列表中没有列出的字段表示不会有值添加，则这些字段必须是可以为空、有默认值或值自动增长的字段。

③ VALUES：指定要添加的数据值。每个值之间用英文逗号","隔开，并用英文圆括号"()"将值列表括起。VALUES 值列表中值的数量、顺序、数据类型必须与命令的字段列表或表全部列一一对应。

④ 字符型和日期时间型的数据值在添加时要用"'"括起来。

【例 2-30】为教师信息表 tb_teacher 添加如表 2-19 所示的记录。

表 2-19　教师信息表 tb_teacher 要添加的记录

教师编号	教师姓名	教师登录名	教师登录密码	性别	所属教研室编号	出生日期	参加工作日期	职称	学历	学位	工资
000001	周成功	zhoucg	123	男	040201	1969-05-18	1992-09-01	副教授	本科	学士	1.00
000002	郭瑞	guor	123	男	020101	1974-07-26	1996-09-01	副教授	本科	学士	2.00
000003	陈静婷	chenjt	123	女	010301			讲师	本科	学士	3.00
000004	马惠君	mahj	1234	女	040101	1976-02-26	1998-09-01	讲师	本科	学士	4.00
000005	张奇峰	zhangqf	123	男	030101		2008-09-01	助教	研究生	硕士	5.00

```
## 添加第一条记录（全列数据输入_指定字段列表）
mysql> INSERT INTO tb_teacher
    -> (Teacher_No,Teacher_Name,Teacher_Login_Name,Teacher_Password, Gender, Staff_No,
Birthday, Work_Date, Positional_Title, Edu_Background, Degree, Wages)
    -> VALUES('000001','周成功','zhoucg','123','男','040201','1969-05-18','1992-09-01','副教授','本科','学士',1.00);
Query OK, 1 row affected (0.01 sec)
## 添加第二条记录（全列数据输入_省略字段列表）
mysql> INSERT INTO tb_teacher
    -> VALUES('000002','郭瑞','guor','123','男','020101','1974-07-26','1996-09-01','副教授','本科','学士',2.00);
Query OK, 1 row affected (0.01 sec)
## 添加第三条记录（部分列数据输入_必须指定输入数据的字段列表）
MySQL> INSERT INTO tb_teacher
    -> (Teacher_No,Teacher_Name,Teacher_Login_Name, Teacher_Password, Gender, Staff_No,
Positional_Title, Edu_Background, Degree, Wages)
    -> VALUES('000002','陈静婷','chenjt','123','女','010301','讲师','本科','学士',3.00);
Query OK, 1 row affected (0.01 sec)
## 同时添加第四条和第五条记录
mysql> INSERT INTO tb_teacher
    -> VALUES('000004','马惠君','mahj','1234','女','040101','1976-02-26','1998-09-01','讲师','本科','学士',4.00),
    ->       ('000005','张奇峰','zhangqf','123','男', '030101',NULL,'2008-09-01','助教','研究生','硕士',5.00);
Query OK, 2 rows affected (0.01 sec)
```

=学习提示=

① 如果添加的数据内容包含表中所有字段的数据，则在使用 INSERT 语句添加数据时，可以省略字段列表，但添加数据的书写顺序必须和数据表中字段的先后顺序一致。

② 如果数据表中有自增字段，则在添加数据时，可以不再输入对应的数据，系统会自动生成在数据表最后一条记录的基础上自动加 1 的数据。

2. 向数据表中添加其他数据表中的数据

在 MySQL 中，还可以将其他数据表中的数据添加到指定的数据表中，语法格式如下：

```
INSERT [INTO] 目标表名 [(字段列表 1)]
SELECT (*|字段列表 2) FROM 源表名 [WHERE 条件表达式];
```

说明：

① 字段列表 1：指定需要添加数据的字段名。字段名之间用"，"隔开，并用"()"将字段列表括起来。如果对数据表中的所有字段都添加值，则字段列表中可以省略。

② 字段列表 2：指数据源表中的字段名。"*"指数据源表中的所有字段名。

③ 字段列表 1 与字段列表 2 的顺序类型及数量必须对应一致。

上述语句的含义是将从数据源表中查询出的指定字段的值添加到目标数据表的指定字段中。

【例 2-31】将教师信息表 tb_teacher 中女教师的数据添加到数据表 tb_teacher_copy 中。

```
mysql> INSERT tb_teacher_copy SELECT * FROM tb_teacher WHERE gender = '女';
Query OK, 5 rows affected (0.01 sec)
```

2.4.2　修改表数据

在 MySQL 中，如果数据表中的数据发生变化，就需要对其进行修改。修改数据的操作又称更新操作，可以使用 UPDATE 语句来完成。修改数据表中的数据的语法格式如下：

微课 2-10

```
UPDATE 数据表名 SET 字段名 = 数据值|表达式 [,…]) [WHERE 条件表达式];
```

说明：

① SET：为指定字段赋予新值，新值可以是数据或表达式。如果有多个字段要修改值，则字段赋值表达式之间用英文逗号"，"隔开。

② WHERE 条件表达式：只有满足条件的记录才会被修改。如果省略 WHERE 子句，则所有记录的指定字段值都将被修改。

在使用 UPDATE 语句修改表数据时，要注意字段的唯一性约束和数据表间的外键约束，否则 MySQL 会拒绝该语句对字段数据的修改。

【例 2-32】更新教师信息表 tb_teacher 中的记录，将"周成功"老师的登录密码修改为"456"，将其职称修改为"教授"。

```
mysql> UPDATE tb_teacher SET Teacher_Password = '456', Positional_Title = '教授'
    -> WHERE Teacher_Name = '周成功';
Query OK, 1 row affected (0.01 sec)
```

2.4.3　删除表数据

1. 使用 DELETE 语句删除表数据

DELETE 语句可以删除数据表中不再需要的数据，其语法格式如下：

微课 2-11

```
DELETE FROM 数据表名 [WHERE 条件表达式];
```

说明：

① WHERE 条件表达式：只有满足条件的记录才会被删除。若省略 WHERE 子句，则

数据表中的所有记录都将被删除。

② 在使用 DELETE 语句删除表数据时，要注意数据表间的外键约束，否则 MySQL 会拒绝该语句对记录的删除。

【例 2-33】删除教师信息表 tb_teacher 中女教师的记录。

```
mysql> DELETE FROM tb_teacher WHERE Gender = '女';
Query OK, 2 row affected (0.01 sec)
```

2. 使用 TRUNCATE 语句删除表数据

也可以使用 TRUNCATE 语句删除数据表中的所有数据，即清空表，其语法格式如下。

TRUNCATE TABLE *数据表名*;

【例 2-34】删除教师信息表 tb_teacher 中的所有数据。

```
mysql> TRUNCATE TABLE tb_teacher;
Query OK, 0 rows affected (0.05 sec)
```

或者

```
mysql> DELETE FROM tb_teacher;
Query OK, 0 rows affected (0.07 sec)
```

> ═学习提示═
>
> DELETE 语句和 TRUNCATE 语句都能实现删除数据表中的所有记录，但有以下区别：
>
> ① DELETE 语句先筛选满足条件的记录，再删除；TRUNCATE 语句直接删除数据表中的所有记录。
>
> ② 对于自增字段的值，DELETE 语句删除数据表中的所有记录后，再重新向数据表中添加记录时，自增字段的值将继续从自增字段原来最大值+1 开始编号；TRUNCATE 语句删除数据表中的所有记录后，再重新向数据表中添加记录时，自增字段的值默认重新从 1 开始。
>
> ③ 对于删除数据表中所有记录的操作来说，TRUNCATE 语句的效率高于 DELETE 语句的效率。
>
> ④ 对于删除的记录内容，DELETE 语句删除的记录都在系统操作日志中，而 TRUNCATE 语句删除的记录不在系统操作日志中。

2.4.4 使用命令行客户端添加、修改、删除表数据

（1）在高校教学质量分析管理系统的后台数据库 db_teaching 中，为学生信息表 tb_student 添加 4 条新记录，如图 2-39 所示，具体数据如表 2-20 所示。

```
管理员：命令提示符 - mysql -uroot -p                                        □  ×
mysql> INSERT INTO tb_student
    -> VALUES ('201902016201', '张驰', 'zhangc', '110026', '2019020101', '女', '共青团员', '140303200007180048', '2000-07-18',
'苗族', '湖南省永州市深圳街', '415000', '0732-4023355'),
    -> ('201902016203', '苗壮丽', 'miaozl', '110028', '2019020101', '女', '预备党员', '1424242000119262x', '2000-11-09', '汉族',
'湖南省永州市一矿路', '415008', '0731-4023309'),
    -> ('201902016204', '文静', 'wenj', '110029', '2019020101', '女', '共青团员', '1424242000096264x', '2000-09-06', '汉族',
'湖南省衡阳市大庆北路', '416000', '0734-2623349'),
    -> ('202002016201', '肖颖', 'xiaoy', '110030', '2020020101', '女', '共青团员', '130229200101304842', '2001-01-30', '维吾尔族
', '河北唐山玉田窝洛沽镇小肖庄', '613000', '0315-6423916');
Query OK, 4 rows affected (0.01 sec)
Records: 4  Duplicates: 0  Warnings: 0
```

图 2-39　为学生信息表 tb_student 添加 4 条记录

表 2-20　学生信息表 tb_student 要添加的表数据

学号	学生姓名	学生登录名	学生登录密码	所在班级编号	性别	政治面貌	身份证号	出生日期	民族	家庭住址	邮政编码	联系电话
2019020 16201	张驰	zhangc	110026	2019020101	女	共青团员	140303200007180048	2000-07-18	苗族	湖南省永州市深圳街	415000	0732-4023355
2019020 16203	苗壮丽	miaozl	110028	2019020101	女	预备党员	1424242000119262x	2000-11-09	汉族	湖南省永州市一矿路	415008	0731-4023309
2019020 16204	文静	wenj	110029	2019020101	女	共青团员	1424242000096264x	2000-09-06	汉族	湖南省衡阳市大庆北路	416000	0734-2623349
2019020 16205	肖颖	xiaoy	110030	2020020101	女	共青团员	130229200101304842	2001-01-30	维吾尔族	河北唐山玉田窝洛沽镇小肖庄	613000	0315-6423916

（2）在学生信息表 tb_student 中，将"张驰"的性别改为"男"，如图 2-40 所示。

图 2-40　修改学生信息表 tb_student 中的记录

（3）在学生信息表 tb_student 中，删除学号为"201902016201"的记录，如图 2-41 所示。

图 2-41　使用 DELETE 语句删除学生信息表 tb_student 中的记录

（4）删除学生信息表 tb_student 中的所有记录，如图 2-42 所示。

图 2-42　使用 TRUNCATE 语句删除学生信息表 tb_student 中的所有记录

2.4.5　使用 MySQL Workbench 添加、修改、删除表数据

将鼠标指针放置在导航窗格中的数据表名 tb_student 上，在数据表名的右侧会出现 3 个按钮，单击 按钮，可以打开表数据显示修改窗口，从中可对表数据进行添加、修改和删除。

（1）向学生信息表 tb_student 中添加 4 条新记录。在表数据显示修改窗口中，在最后的空记录的单元格中依次填写每条记录，结果如图 2-43 所示。

图 2-43　向学生信息表 tb_student 中添加 5 条新记录

（2）在学生信息表 tb_student 中，将"张驰"的性别改为"男"。在表数据显示修改窗口中，双击数据显示的单元格即可修改该单元格的数据。

（3）在学生信息表 tb_student 中，删除学号为"201902016201"的记录。在表数据显示修改窗口的"Filter Rows"文本框中输入"201902016201"后按 Enter 键，即可搜索出学号为"201902016201"的记录，如图 2-44 所示，选中要删除的记录，单击  按钮，或者右击该记录，在弹出的快捷菜单中选择"Delete Row(s)"命令，即可删除该记录。

图 2-44　搜索出学号为"201902016201"的记录进行操作

（4）单击表数据显示修改窗口右下角的"Apply"按钮，审查和应用 SQL 脚本界面后，单击"Finish"按钮，即完成对表数据的添加、修改、删除。

（5）删除学生信息表 tb_student 中的所有记录。右击导航窗格中的数据表名 tb_student，在弹出的快捷菜单中选择"Truncate Table..."命令，弹出如图 2-45 所示的对话框，单击"Truncate"按钮，即可清空数据表中的所有记录。

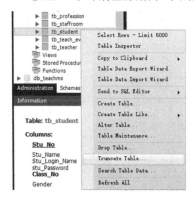
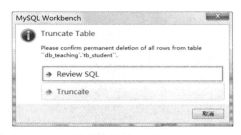

图 2-45　删除学生信息表 tb_student 中所有记录

任务 2.5　备份和迁移数据库

 任务分析

【任务描述】

　　G-EDU 公司开发的高校教学质量分析管理系统处于运行状态，为了防止数据库中的数据丢失，保证系统正常运行，需要对系统进行维护，因此需要根据实际需求对数据库及其数据进行备份、恢复、导出和导入等操作。

【任务要领】

　　❖　备份与恢复数据库和数据表
　　❖　导出与导入数据库和数据表

 **技术准备**

随着信息技术不断与各行各业深度融合，企业对信息系统的依赖性越来越高，信息系统的核心——数据也越来越具有价值，如果发生数据丢失，损失就会非常严重。为了防止数据丢失，MySQL 不仅能对数据进行备份和恢复，还能对数据库中的数据进行导出和导入，提供了完善的容灾安全机制。

2.5.1 备份和恢复数据

微课 2-12

1. 备份数据

在 MySQL 中，可以使用 MYSQLDUMP 命令实现对数据的备份。直接在 Windows 命令行工具 cmd 窗口的操作系统提示符下执行 MYSQLDUMP 命令即可，无须登录 MySQL 数据库服务器。MYSQLDUMP 命令可以将数据库和数据表的结构与数据保存到一个指定的.sql 文本文件中。使用 MYSQLDUMP 命令备份数据的语法格式如下。

（1）备份一个数据库或其中的指定数据表的语法格式如下：

```
MYSQLDUMP -u 用户名 -h 主机名 -p [登录密码] 数据库名 [表1 表2 ...] > 备份文件.sql
```

（2）备份多个数据库的语法格式如下：

```
MYSQLDUMP -u 用户名 -h 主机名 -p [登录密码] --databases 数据库名1[数据库名2 数据库名3 …] > 备份文件.sql
```

（3）备份所有数据库的语法格式如下：

```
MYSQLDUMP -u 用户名 -h 主机名 -p [登录密码] --all-databases > 备份文件.sql
```

【例 2-35】备份高校教学质量分析管理系统的后台数据库 db_teaching 中的教师信息表 tb_teacher 到计算机的 D 盘 backup 文件夹中，备份文件名为"tb_teacher.sql"。

```
C:\WINDOWS\system32> MYSQLDUMP -u root -p db_teaching tb_teacher > D:\backup\tb_teacher.sql
Enter password:******
```

执行上述备份命令后，在计算机的 D 盘 backup 文件夹中就存在了了名为"tb_teacher.sql"的文件，可以使用 MySQL Workbench 打开该文件，该文件中的内容如图 2-47 所示。

【例 2-36】备份高校教学质量分析管理系统的后台数据库 db_teaching 到计算机的 D 盘，备份文件名为"db_teaching.sql"。

```
C:\WINDOWS\system32> MYSQLDUMP -u root -p db_teaching > D:\db_teaching.sql
Enter password:******
```

【例 2-37】备份当前 MySQL 8 服务器中的默认数据库 mysql 和高校教学质量分析管理系统的后台数据库 db_teaching 到计算机的 D 盘，备份文件名为"db_mysql_teaching.sql"。

```
C:\WINDOWS\system32> MYSQLDUMP -u root -p --databases mysql db_teaching > D:\db_mysql_teaching.sql
Enter password:******
```

【例 2-38】备份当前 MySQL 8 服务器中的所有数据库到计算机的 D 盘 backup 文件夹中，备份文件名为"all_db.sql"。

```
C:\WINDOWS\system32> MYSQLDUMP -u root -p --all-databases > D:\backup\all_db.sql
Enter password:******
```

— =学习提示= —

由备份文件中的信息可知，MYSQLDUMP 语句备份一个数据库或其中的指定数据表时，备份的是该数据库中的数据表和数据，没有备份 CREATE DATEBASE 的数据库创建信息。

图 2-47 单个数据库备份文件中的内容

2. 恢复数据

当数据库中的数据遭到损坏或破坏时，可以通过数据的备份文件将数据恢复到备份时的状态。在 Windows 命令行工具 cmd 窗口的操作系统提示符下执行 MYSQL 命令就可以将数据恢复，不需登录 MySQL 服务器。其语法格式如下：

```
MYSQL -u 用户名 -h 主机名 -p [登录密码] 数据库名 < 备份文件.sql
```

【例 2-39】当前 MySQL 8 服务器中的数据库 db_teaching 被误删除了，需要使用计算机的 D 盘中名为"db_teaching.sql"的备份文件进行恢复。

```
## 创建数据库 db_teaching
mysql> CREATE DATABASE db_teaching;
Query OK, 1 row affected (0.01 sec)
## 退出当前 MySQL 8 服务器
mysql> exit
## 通过备份文件恢复 mysql 数据库
C:\WINDOWS\system32> MYSQL -u root -p db_teaching < D:\db_teaching.sql
Enter password:******
```

—— =学习提示= ——

由于对单个数据库的备份文件中只备份了该数据库中的数据表和数据，没有备份 CREATE DATEBASE 的数据库创建信息，因此在通过这样的备份文件恢复数据库前，要先确保该数据库在 MySQL 8 服务器中已被创建。

2.5.2 导出和导入数据

当需要在不同的 MySQL 数据库服务器之间，或者不同的数据库服务器（如 Oracle、SQL Server 等）之间进行数据转移时，除了可以通过备份和恢复的方法，还可以通过对数据库数据进行导出和导入来实现。导出操作

微课 2-13

是将 MySQL 的指定数据库数据复制到.sql、.txt、.csv 等外部文件中，导入操作是将数据从外部文件中加载到 MySQL 的指定数据库里。

1. 导出数据

1）使用 MYSQLDUMP 语句导出数据

不需登录 MySQL 服务器，在 Windows 命令行工具 cmd 窗口的操作系统提示符下，使用 MYSQLDUMP 语句导出数据的语法格式如下：

```
MYSQLDUMP -u 用户名 -p [登录密码] -T 导出文件 数据库名 数据表名 [参数]
```

说明：

① 导出文件：由文件路径和文件名组成。

② 参数有 6 个常用选项，具体情况如下。

❖ FIELDS-TERMINATED-BY = '字符串'：设置字段的分隔符为特定字符串，默认分隔符为'\t'。

❖ FIELDS-ENCLOSED-BY = '字符'：设置包裹字段的字符，默认不使用任何字符。

❖ FIELDS-OPTIOINALLY-ENCLOSED-BY = '字符'：设置包裹 CHAR、VARCHAR 等字符型数据的字符。

❖ FIELDS-ESCAPED-BY = '字符'：设置转义字符的字符，默认为'\'。

❖ LINES-STARTING-BY = '字符串'：设置每行开始的字符串，默认不使用任何字符串。

❖ LINES-TERMINATED-BY = '字符串'：设置每行结束的字符串，默认为'\n'。

③ 在 Windows 命令行工具 cmd 中执行 MYSQLDUMP 语句导出数据时，要将 MySQL 的 my.ini 文件中参数 secure-file-priv 的值设置为空字符串，即 secure-file-priv="。

【例 2-40】将高校教学质量分析管理系统的后台数据库 db_teaching 中教师信息表 tb_teacher 的所有数据导出到计算机 D 盘中，导出文件名为"export_tb_teacher.txt"。

```
C:\WINDOWS\system32> MYSQLDUMP -u root -p -T D:\export_tb_teacher.txt db_teaching tb_teacher
Enter password:******
```

2）使用 MYSQL 语句导出数据

不需登录 MySQL 服务器，在 Windows 命令行工具 cmd 窗口的操作系统提示符下，使用 MYSQL 语句导出数据的语法格式如下：

```
MYSQL -u 用户名 -p [登录密码] -e|--execute= "SELECT 语句" 数据库名 > 导出文件
```

说明：

① -e|--execute=：用于执行 SQL 语句，"-e"参数后面接"SELECT 语句",它们之间可以没有空格，"SELECT 语句"必须用英文双引号括起来。

② 导出文件：由文件路径和文件名组成，当导出文件没有给出路径时，导出文件默认存放在 C:\Windows\System32 目录中。

【例 2-41】将高校教学质量分析管理系统的后台数据库 db_teaching 中班级信息表 tb_class 的所有数据导出到计算机 D 盘中，导出文件名为"export_tb_class.txt"。

```
C:\WINDOWS\system32> MYSQL -u root -p -e "SELECT * FROM tb_class" db_teaching > D:\export_tb_class.txt
Enter password:******
```

3）使用 SELECT...INTO OUTFILE 语句导出数据

登录 MySQL 服务器后,也可使用 SELECT...INTO OUTFILE 语句导出数据表中的数据，语法格式如下：

```
SELECT 字段列表 FROM 数据表名 [WHERE 条件表达式]
INTO OUTFILE '导出文件' [参数];
```

说明：

① 一般由文件路径和文件名组成。导出文件路径需要使用 SHOW VARIABLES LIKE

'%secure%'语句查询 MySQL 中参数"secure_file_priv"的值，并将查询到的值作为文本文件路径，但当查询到的值是以"\"作为路径分隔符时，需要将"\"改为"/"，见例 2-42。

② 参数有 6 个常用选项，具体情况如下。

❖ FIELDS TERMINATED BY '字符串'：设置字段的分隔符为特定字符串，默认分隔符为'\t'。

❖ FIELDS ENCLOSED BY '字符'：设置包裹字段的字符，默认不使用任何字符。

❖ FIELDS OPTIOINALLY ENCLOSED BY '字符'：设置包裹 CHAR、VARCHAR 等字符型数据的字符。

❖ FIELDS ESCAPED BY '字符'：设置转义字符的字符，默认为'\'。

❖ LINES STARTING BY '字符串'：设置每行开始的字符串，默认不使用任何字符串。

❖ LINES TERMINATED BY '字符串'：设置每行结束的字符串，默认为'\n'。

【例 2-42】将高校教学质量分析管理系统的后台数据库 db_teaching 中教师信息表 tb_teacher 的所有数据导出到计算机中，导出文件名为"export_tb_teacher.sql"。

```
mysql> SHOW VARIABLES LIKE '%secure%';
    +-------------------------+------------------------------------------------+
    | Variable_name           | Value                                          |
    +-------------------------+------------------------------------------------+
    | require_secure_transport| OFF                                            |
    | secure_file_priv        | C:\ProgramData\MySQL\MySQL Server 8.0\Uploads\ |
    +-------------------------+------------------------------------------------+
2 rows in set, 1 warning (0.01 sec)
mysql> SELECT * FROM tb_teacher INTO OUTFILE 'C:/ProgramData/MySQL/MySQL Server 8.0/Uploads/
export_tb_teacher.sql';
Query OK, 12 rows affected (0.00 sec)
```

2. 导入数据

1）使用 MYSQLIMPORT 语句导入数据

不需登录 MySQL 服务器，在 Windows 命令行工具 cmd 窗口的操作系统提示符下，使用 MYSQIMPORT 语句导入数据的语法格式如下：

```
MYSQLIMPORT -u 用户名 -p [登录密码] 数据库名 导入文件 [参数]
```

说明：

① 导入文件：由文件路径和文件名组成。

② 参数有 6 个常用选项，与导出数据语句中参数的选项相同。

【例 2-43】使用 MYSQIMPORT 语句将计算机 D 盘内的文件 export_tb_teacher.txt 中的数据导入高校教学质量分析管理系统的后台数据库 db_teaching。

```
C:\WINDOWS\system32> MYSQLIMPORT -u root -p db_teaching D:\export_tb_teacher.txt
Enter password:******
```

2）使用 LOAD DATA INFILE 语句导入数据

登录 MySQL 服务器后，使用 LOAD DATA INFILE 语句导入数据的语法格式如下：

```
LOAD DATA INFILE 导入文件 INTO TABLE 数据表名 [参数] [IGNORE number LINES]
```

说明：

① 导入文件：由文件路径和文件名组成，用"/"指定文件路径。

② 参数有 6 个常用选项，与导出数据语句中参数的选项相同。

③ IGNORE number LINES：指忽略导入文件开始处的行数，"number"表示忽略的行数。

任务实施

2.5.3　使用命令行客户端备份和恢复数据

（1）备份高校教学质量分析管理系统的后台数据库 db_teaching 中的学生信息表 tb_student 和教师信息表 tb_teacher 到计算机的 D 盘 backup 文件夹中，备份文件名为"tb_student_teacher.sql"，如图 2-47 所示。

```
管理员: 命令提示符                                                    —  □  ×

C:\WINDOWS\system32>MYSQLDUMP -uroot -p db_teaching tb_student tb_teacher > D:\backup\tb_student_teacher.sql
Enter password: ******

C:\WINDOWS\system32>_
```

图 2-47　备份数据表

（2）备份高校教学质量分析管理系统的后台数据库 db_teaching 到计算机的 D 盘 backup 文件夹中，备份文件名为"db_teaching.sql"，如图 2-48 所示。

```
管理员: 命令提示符                                                    —  □  ×

C:\WINDOWS\system32>MYSQLDUMP -uroot -p db_teaching > D:\backup\db_teaching.sql
Enter password: ******

C:\WINDOWS\system32>_
```

图 2-48　备份 db_teaching 数据库

（3）db_teaching 数据库中的学生信息表 tb_student 和教师信息表 tb_teacher 被误删除，使用计算机的 D 盘 backup 文件夹中名为"tb_student_teacher.sql"的备份文件进行恢复，如图 2-49 所示。

```
管理员: 命令提示符                                                    —  □  ×

mysql>
mysql> DROP TABLE tb_student;
Query OK, 0 rows affected (0.03 sec)

mysql> DROP TABLE tb_teacher;
Query OK, 0 rows affected (0.03 sec)

mysql> exit;
Bye

C:\WINDOWS\system32>MYSQL -uroot -p db_teaching < D:\backup\tb_student_teacher.sql
Enter password: ******
```

图 2-49　恢复数据表

（4）高校教学质量分析管理系统的后台数据库 db_teaching 被误删除了，使用计算机的 D 盘 backup 文件夹中名为"db_teaching.sql"的备份文件进行恢复，如图 2-50 所示。

```
管理员: 命令提示符                                                    —  □  ×

mysql> DROP DATABASE db_teaching;
Query OK, 0 rows affected (0.02 sec)

mysql> ## 创建数据库db_teaching
mysql> CREATE DATABASE db_teaching;
Query OK, 1 row affected (0.01 sec)

mysql> exit;
Bye

C:\WINDOWS\system32>MYSQL -uroot -p db_teaching < D:\backup\db_teaching.sql
Enter password: ******
```

图 2-50　恢复 db_teaching 数据库

2.5.4 使用 MySQL Workbench 导出和导入数据

（1）将高校教学质量分析管理系统的后台数据库 db_teaching 中的所有数据表导出到 D:\backup\export_db_teaching.sql 中。

① 在导航窗格中选择"Administration"选项卡，单击"Data Export"，打开如图 2-51 所示的数据导出界面。

② 在数据导出界面的"Object Selection"选项卡的"Objects to Export"选区中，选择是否与数据表同时导出对象，包括 Procedures（存储过程）、Functions（函数）、Events（事件）、Triggers（触发器）。这里勾选 3 个复选框，即一同导出。

③ 在"Export Options"选区中选择导出备份文件的方式。若选中"Export to Dump Project Folder"，则在设置导出备份文件的文件夹路径后，会将数据库的每个表都单独导出到不同的文件中，速度较慢；若选中"Export to Self-Contained File"单选按钮，则在设置导出备份文件的文件夹路径后，会将数据库中的所有对象都导出到同一个文件中。这里选中"Export to Self-Contained File"单选按钮，并设置导出的备份文件名为"export_db_ teaching.sql"。

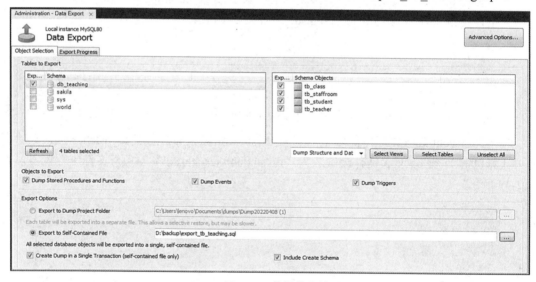

图 2-51　数据导出界面

注意，"Include Create Schema"复选框选项表示是否在导出的备份文件中生成数据库的创建语句。这里勾选该复选框，则导出的备份文件中将自动生成数据库的创建语句，这样之后如果使用该备份文件导入数据，就不必先创建数据库了，而是可以直接执行导入操作。

④ 单击"Export Progress"选项卡中的"Star Export"按钮，导出数据。

（2）高校教学质量分析管理系统的后台数据库 db_teaching 被误删除了，导入计算机的 D 盘 backup 文件夹中的 export_db_teaching.sql 文件进行恢复。

① 在导航窗格中选择"Administration"选项卡，然后单击"Data Import/ Restore"，打开如图 2-52 所示的数据导入界面。

② 在数据导入界面的"Import from Disk"选项卡的"Import Option"选区中选中"Import from Self-Contained File"单选按钮，设置导入文件所在路径。

③ 单击"Import Progress"选项卡中的"Star Import"按钮导入数据。

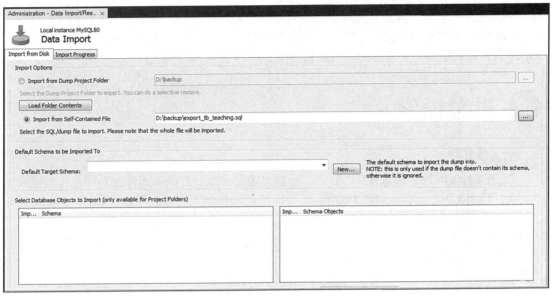

图 2-52 数据导入界面

 # 模块总结

本项目模块主要介绍了应用系统中数据库与数据表的创建和管理，数据表中数据的添加、修改、删除，以及数据库及其数据的备份、还原、导入与导出等的操作方法。具体知识和技能点要求如下：

（1）MySQL 数据库的构成。MySQL 服务器中的数据库包括系统数据库和用户数据库。对于用户自定义的应用系统数据，需要用户创建新的数据库来存放和管理。对于 MySQL 的重要系统信息，通过 MySQL 服务器中自带的 4 个系统数据库来存放和管理。

（2）使用命令行客户端对用户数据库和数据表进行管理的方法。重点掌握在命令行客户端中使用 CREATE DATABASE、ALTER DATABASE、DROP DATABASE、CREATE TABLE、ALTER TABLE、DROP TABLE 等语句实现创建和维护数据库、数据表的相关操作。

（3）使用 MySQL Workbench 对用户数据库和数据表进行管理的方法。重点掌握使用 MySQL Workbench 实现创建和维护数据库、数据表的相关操作。

（4）数据操作方法。重点掌握在命令行客户端中使用 INSERT、DELETE、UPDATE 语句分别实现添加、修改、删除表数据的相关操作。

（5）数据的备份、恢复、导出、导入方法。重点掌握使用 MYSQLDUMP 语句备份数据，使用 MySQL 语句恢复数据，使用 MYSQL、SELECT...INTO OUTFILE、MYSQLDUMP 语句导出数据，以及使用 MYSQLIMPORT、LOAD DATA INFILE 语句导入数据的相关操作。并能使用 MySQL Workbench 对数据进行导出与导入。

（6）数据库字符集的使用。难点在于理解字符集、校对集和存储引擎的含义，注意 MySQL 8 服务器的默认字符集是 utf8mb4，默认存储引擎是 InnoDB。

（8）数据表字段的数据类型。正确设置数据表字段的数据类型及合适的约束是数据库管理模块的难点。尤其每个表都必须有且只有一个主键字段，必须是值不为空且唯一的字段才能作为主键字段，表间关系是通过主键和外键实现的，外键有 4 种不同的关系效果；检查约束和 JSON 类型都是 MySQL 8 新增的，通过检查约束中的限制条件能实现更精确的约束，JSON 类型是大数据分析所需的关键数据类型。

 思考探索

一、选择题

1. 在 MySQL 中，通常使用（　　）语句来指定一个已有数据库作为当前工作数据库。

A. USING　　　　　　B. USED　　　　　　C. USES　　　　　　D. USE

2. 如果要删除数据库中已经存在的数据表 S，则可以使用（　　）语句。

A. DELETE TABLE S　B. DELETE S　　　C. DROP S　　　　D. DROP TABLE S

3. 向数据表中添加一条记录可以使用（　　）语句。

A. CREATE　　　　　B. INSERT　　　　　C. SAVE　　　　　D. UPDATE

4. 修改数据表的表结构可以使用（　　）语句。

A. CREATE　　　　　B. INSERT　　　　　C. UPDATE　　　　D. ALTER

5. 下面添加数据的语句错误的是（　　）。

A. INSERT　数据表名　VALUE(值列表)

B. INSERT INTO　数据表名　VALUES(值列表)

C. INSERT　数据表名　VALUES(值列表)

D. INSERT　数据表名　(值列表)

6. 下面关于自增字段的说法错误的是（　　）。

A. 一个数据表只能有一个自增字段　　　B. 自增字段必须定义为主键

C. 自增字段的数据类型没有限制　　　　D. 以上答案都不正确

7. 使用 MYSQLDUMP 语句备份的文件，使用（　　）语句可以恢复。

A. MYSQLDUMP　　B. RESTORE　　　C. MYSQL　　　　D. LOAD DATA

8. 使用（　　）语句可以将数据表的内容导出成一个文本文件。

A. SELECT …INTO　　　　　　　　B. SELETC …INTO OUTFILE

C. MYSQLDUMP　　　　　　　　　D. MYSQLIMPORT

二、填空题

1. 在 MySQL 中，表示字符集的关键字是＿＿＿＿＿，表示校对集的关键字是＿＿＿＿＿。

2. 在 MySQL 中，删除数据表所使用的语句是＿＿＿＿＿。

3. 在 MySQL 中，手机号码应该采用＿＿＿＿＿类型来存储。

4. 如果需要修改数据表中字段的位置，则可以使用＿＿＿＿＿语句来实现。

三、简答题

1. MySQL 8 服务器的默认字符集是什么？

2. MySQL 8 服务器的默认存储引擎是什么？具有什么特点？

3. 什么是数据完整性？如何实现数据完整性？有几种类型的约束？其作用分别是什么？

四、思考题

数据启示录

科技基础能力是国家综合科技实力的重要体现，是国家创新体系的重要基石，是实现高水平科技自立自强的战略支撑。党的二十大报告提出，加强科技基础能力建设。这是在我国科技创新发展新阶段立足当前、面向长远的一项重大任务部署。科技设施、各类资源库、数据和期刊等设施条件是开展科技创新活动的物质技术基础，需要紧密结合不同区域的创新特色和优势，统筹推进科学数据库、实验材料资源库等科技基础条件的体系化、集约化布局建设。

中国药科大学 2020 年 3 月 26 日发布消息，该校基础医学与临床药学学院 2018 级药理学专业博士生孙庆荣带领其团队成功开发了冠状病毒资源数据库。这是一个专为冠状病毒科研工作者开发的资源数据库平台，旨在使学者可以便捷、迅速地查找冠状病毒（包括新冠病毒）的相关研究文献，尽管从建立到完善仅花费了 32 天，但是该数据库中整合的文献资源数却不容小觑，共收集了 9556 篇英文研究文献、3052 篇中文研究文献、25 个英文数据资源平台、6 个中文数据资源平台及 18 个与病毒学相关的主要分析工具等。由于是跨领域研究，在研究过程中，孙庆荣发现自己对病毒的前期研究和分析不太娴熟，他便萌生了开发、创建一个整合冠状病毒资源和相关研究的数据库的想法，从而方便非病毒学专业的科研人员从事相关研究。于是，孙庆荣与来自药学、临床药学、中药学、生物制药等多个专业的 11 位本科生迅速组建了团队。

孙庆荣坦言，冠状病毒资源数据库的建立并不是一个轻松的过程，在数据库服务器基础环境的构建、数据整合、信息展示等环节都曾遇到各种各样的困难。面对诸多的"拦路虎"，孙庆荣通过对数据板块合理规划，高效带领团队进行了数据收集和整合。

习近平总书记深刻指出，历史经验表明，那些抓住科技革命机遇走向现代化的国家，都是科学基础雄厚的国家。我们要不断夯实科技基础，筑牢科技自立自强的根基。

（来源：中国新闻网）

同学们，你们有什么启示呢？

科技报国、责任担当、积极创新、不畏困难、团队协作

独立实训

eBank 怡贝银行业务管理系统数据库

"数据库和数据表的创建维护及其数据的管理、备份与迁移"实训任务工作单

班　级		组　长		组　员	
任务环境	MySQL 8 服务器、命令行客户端、MySQL Workbench 客户端				
任务实训目的	（1）能够熟练使用命令行客户端执行 SQL 语句，以及使用 MySQL Workbench 对数据库进行各项管理操作				
	（2）能够正确设置字符集与校对集，熟练创建数据库				
	（3）能够正确设置字段的数据类型、宽度及各类约束，熟练创建数据表				
	（4）能够对数据库和数据表进行查看、修改、删除操作				
	（5）能够对数据表中的数据进行添加、修改、删除操作				
	（6）能够熟练执行数据库的备份、恢复、导出、导入的备份迁移策略				

任务清单	【任务1】为 eBanK 怡贝银行业务管理系统创建后台数据库 db_ebank，采用默认字符集 utf8mb4 及默认校对集。
	【任务2】eBank 怡贝银行业务管理系统面向个人账户和企业账户，该系统要管理的数据主要分为用户存款取款的储蓄业务数据和 eBank 怡贝银行的分行网点与 ATM 终端设备信息。
	  在 db_ebank 数据库中创建相应的 8 个数据表，并设置约束实施数据完整性控制，设置主键和外键以建立表间关联（各数据表的表结构详细信息见教材附录或教学资源中的数据库脚本文件 db_ebank.sql）。
	  ① 银行客户的相应数据表：

① 银行客户的相应数据表：

tb_personal	tb_company	tb_customer
（个人账户信息表）	（企业账户信息表）	（客户表）

② 银行分行网点与 ATM 终端设备的相应数据表：

tb_bankoutlets	tb_machine
（银行分行网点表）	（网点 ATM 终端设备列表）

③ 储蓄业务的相应数据表：

tb_cardInfo	tb_deposit	tb_tradeInfo
（银行卡信息表）	（存款类型表）	（存款取款交易表）

【任务3】在 tb_personal 表中新增个人账户"张韵文"：
57896561 张韵文 350781199403072206 1 1994-03-07 小学 未婚
17632541845@qq.com 17632541845 四川省成都市武侯区 0 2008-01-16 10000
1 1 null 100

【任务4】在 tb_company 表中新增企业账户"好又来生物有限公司"：
90123655 赵其 635254215648427785 生物/医学 10000000.00 2021-01-27
河北石家庄 2022-02-15 93170112 好又来生物有限公司 18896854523
0 100000000 1 14 null

【任务5】在 tb_cardInfo 表中对应新增两个新账户的开卡记录：
6227266667679884 RMB 3 2008-01-16 10 10000 050050 0 57896561 0 0 0 1 储蓄卡
6227266667679501 RMB 3 2022-02-15 10000 200000 888888 0 90123655 0 0 0 15 储蓄卡

【任务6】张韵文取款 2000 元，在 tb_tradeInfo 表中新增存款取款储蓄业务记录，并且 tb_cardInfo 表中"张韵文"账户银行卡 6227266667679884 的余额对应减少。

【任务7】好又来生物有限公司要注销其在 eBanK 怡贝银行的账户，在 tb_company 表中删除该企业账户记录。

【任务8】每天银行结算时间段，备份并导出 db_ebank 数据库。

【任务9】删除 db_ebank 数据库。

【任务10】导入备份文件以恢复 db_ebank 数据库。

任务实施记录	（实现各任务的 SQL 语句、MySQL Workbench 的操作步骤、执行结果、SQL 语句出错提示与调试解决）

总结评价	（总结任务实施方法、SQL 语句使用和 MySQL Workbench 操作经验、收获体会等） 请对自己的任务实施做出星级评价 □ ★★★★★　　　□ ★★★★　　　□ ★★★　　　□ ★★　　　□ ★

项目模块 3

数据库查询

　　G-EDU（格诺博教育）公司开发的高校教学质量分析管理系统应能为学校的教学质量督导部门、教务处、各二级学院、教师、学生提供对教学质量相关数据和教学基础相关数据的查询服务，获得查询统计分析报表。根据学校用户提供的限定条件与要求，该系统通过MySQL 的 SELECT 语句，从后台数据库相应的一个或多个数据表中，运用连接、子查询、排序、分组统计、联合查询等不同方式提取有效数据，并设置合理的视图与索引方案来简化和加速对数据的查询、统计、分析。

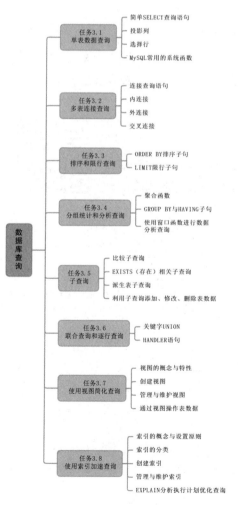

岗位工作能力：

☐ 能使用命令行客户端和 MySQL Workbench 对一个或多个数据表进行简单查询、连接查询、排序与限行查询、分组统计与分析查询、子查询、联合查询与逐行查询

☐ 能理解视图的概念、特性和作用

☐ 能理解索引的概念、设置原则和分类

☐ 能使用命令行客户端和 MySQL Workbench 为数据库创建和管理视图与索引

技能证书标准：

📖 解答客户对表数据各类查询的理论和操作问题

📖 根据客户需求运用 SQL 的 DML 语句编写数据查询语句

📖 推荐客户使用合理的视图与索引高效查询方案

思政素养目标：

Ⅴ 养成注重细节、精益求精的职业操守

Ⅴ 对解决问题积极探索，养成寻求高效、简明、优化手段的工匠精神

Ⅴ 保护数据的同时还要认识到片面性问题，用辩证的思维看待事物

任务 3.1 单表数据查询

【任务描述】

通过高校教学质量分析管理系统，教学质量督导部门、教务处、各二级学院等教学相关部门及教师本人，可以查看某个学期（如 2019—2020 学年第一学期）指定教师（如 000010 号教师）的同行及督导专家对其教学的评价评语与评价评分情况，并以此作为对该教师教学质量评判的参考指标之一，所需查询的数据源自教师教学质量评价表。

【任务要领】

❖ SELECT 查询语句的单表查询基本语法
❖ SELECT 语句中选择查询列、选择查询行
❖ SELECT 查询设置输出结果集中的列别名、去除重复值行
❖ 使用 MySQL 8 常用的数值处理函数、字符串处理函数、日期时间函数、数据类型转换函数、条件控制函数、JSON 操作函数等系统函数实现要求的数据操作

技术准备

单表查询是最简单且最基本的数据查询，只需从数据库的一个数据表中即可查询获取到符合用户要求条件的数据组合，并按照表的形式输出显示结果集。

微课 3-1

3.1.1 简单 SELECT 查询语句

SQL 语言的数据查询输出通过 SELECT 语句实现。SELECT 语句作为输出语句，如果输出的结果集数据来自数据库中的数据表，则可以结合 FORM 子句指定查询输出的数据源、结合 WHERE 子句指定查询数据的条件。语法格式如下：

查什么 ↔   `SELECT *|[ALL|DISTINCT]` *列表达式*, ...
从哪查 ↔   `FROM` *数据表名*
查啥样 ↔   `[WHERE` *条件表达式*`];`

说明：

① SELECT 子句：投影列，即选择查询结果集中要输出显示的字段或表达式，以及输出显示的顺序。在 SELECT 子句的查询列表中，字段的顺序是可以改变的，无须按照数据表中定义的顺序排列。

② FROM 子句：指定表，即选择查询的数据源表。

③ WHERE 子句：选择行，即选择查询行记录的条件。

3.1.2　投影列

1. 查询数据表中的所有列

在 SELECT 子句中，用"*"表示查询并返回 FROM 子句所指定源表或视图中的所有列，查询结果集中输出显示的列的顺序与源表中列的顺序相同。

【例 3-1】查询课程信息表 tb_course 中的所有课程信息。

```
mysql> USE db_teaching;
Database changed
mysql> SELECT * FROM tb_course;
+-----------+----------------------+--------+------------+--------+------------+-----------+
| Course_No | Course               | Dep_No | Class_Hour | Credit | Category   | Test_Type |
+-----------+----------------------+--------+------------+--------+------------+-----------+
| 900001    | 大学语文             | 0005   |       72.0 |    2.0 | 公共基础课 | 考试      |
| 900002    | 英语                 | 0005   |      144.0 |    4.0 | 公共基础课 | 考试      |
| 900003    | 会计实务             | 0002   |      144.0 |    4.0 | 专业课     | 考试      |
| 900004    | 会计电算化           | 0002   |       72.0 |    4.0 | 专业课     | 考试      |
| 900005    | Spark 数据分析       | 0004   |       64.0 |    2.0 | 专业课     | 考试      |
| 900006    | 大数据导论           | 0004   |       32.0 |    2.0 | 选修课     | 考查      |
| 900011    | Python 程序设计      | 0004   |      108.0 |    4.0 | 专业课     | 考试      |
| 900012    | 网页设计             | 0004   |       72.0 |    2.0 | 专业课     | 考查      |
| 900013    | SQL Server 管理与开发 | 0004   |      108.0 |    4.0 | 专业课     | 考试      |
| 900014    | 电子商务基础         | 0003   |       72.0 |    2.0 | 专业课     | 考查      |
+-----------+----------------------+--------+------------+--------+------------+-----------+
10 rows in set (0.00 sec)
```

2. 查询数据表中的指定列

在 SELECT 子句中，可以指定要查询的列，各列名之间用英文逗号","隔开，所指定的各列的顺序即查询结果集中各列呈现的顺序。

【例 3-2】查询课程信息表 tb_course 中所有课程的课程编号、课程名称和学分。

```
mysql> SELECT Course_No,Course,Credit FROM tb_course;
+-----------+----------------------+--------+
| Course_No | Course               | Credit |
+-----------+----------------------+--------+
| 900001    | 大学语文             |    2.0 |
| 900002    | 英语                 |    4.0 |
| 900003    | 会计实务             |    4.0 |
| 900004    | 会计电算化           |    4.0 |
| 900005    | Spark 数据分析       |    2.0 |
| 900006    | 大数据导论           |    2.0 |
| 900011    | Python 程序设计      |    4.0 |
| 900012    | 网页设计             |    2.0 |
| 900013    | SQL Server 管理与开发 |    4.0 |
| 900014    | 电子商务基础         |    2.0 |
+-----------+----------------------+--------+
10 rows in set (0.00 sec)
```

3. 查询表达式计算的列

在 SELECT 子句中，可以指定要查询的表达式结果，各表达式之间用英文逗号隔开。

【例 3-3】查询课程信息表 tb_course 中所有课程的课程编号、课程名称、学分增加 0.5 分后的结果，以及按 16 教学周计算课程所需的周课时数。

```
mysql> SELECT Course_No,Course,Credit+0.5,Class_Hour/16 FROM tb_course;
+-----------+---------------------+-----------+---------------+
| Course_No | Course              | Credit+0.5| Class_Hour/16 |
+-----------+---------------------+-----------+---------------+
| 900001    | 大学语文            |       2.5 |       4.50000 |
| 900002    | 英语                |       4.5 |       9.00000 |
| 900003    | 会计实务            |       4.5 |       9.00000 |
| 900004    | 会计电算化          |       4.5 |       4.50000 |
| 900005    | Spark 数据分析      |       2.5 |       4.00000 |
| 900006    | 大数据导论          |       2.5 |       2.00000 |
| 900011    | Python 程序设计     |       4.5 |       6.75000 |
| 900012    | 网页设计            |       2.5 |       4.50000 |
| 900013    | SQL Server 管理与开发|      4.5 |       6.75000 |
| 900014    | 电子商务基础        |       2.5 |       4.50000 |
+-----------+---------------------+-----------+---------------+
10 rows in set (0.00 sec)
```

4. 在查询结果集中显示列别名

在默认情况下，查询结果集中显示的列名就是 SELECT 子句指定的查询列或表达式的名称。若希望查询结果集中的列名称显示为自定义的列名称，则可以在 SELECT 子句中自定义列或表达式的别名。

为查询列或表达式设置别名的语法格式有两种："列名|表达式 AS 列别名"和"列名|表达式 列别名"。

【例 3-4】查询课程信息表 tb_course 中所有课程的课程编号、课程名称、学分增加 0.5 分后的结果，以及按 16 教学周计算课程所需的周课时数。输出结果集表头的学分和周课时数的计算所对应的列名分别显示为"Credit"和"Week_Class_Hour"。

```
mysql> SELECT Course_No,Course,Credit+0.5 AS Credit,Class_Hour/16 AS Week_Class_Hour
    -> FROM tb_course;
+-----------+---------------------+--------+----------------+
| Course_No | Course              | Credit |Week_Class_Hour |
+-----------+---------------------+--------+----------------+
| 900001    | 大学语文            |    2.5 |        4.50000 |
| 900002    | 英语                |    4.5 |        9.00000 |
| 900003    | 会计实务            |    4.5 |        9.00000 |
| 900004    | 会计电算化          |    4.5 |        4.50000 |
| 900005    | Spark 数据分析      |    2.5 |        4.00000 |
| 900006    | 大数据导论          |    2.5 |        2.00000 |
| 900011    | Python 程序设计     |    4.5 |        6.75000 |
| 900012    | 网页设计            |    2.5 |        4.50000 |
| 900013    |SQL Server 管理与开发|    4.5 |        6.75000 |
| 900014    | 电子商务基础        |    2.5 |        4.50000 |
+-----------+---------------------+--------+----------------+
10 rows in set (0.00 sec)
```

或者列名称及表达式与列别名之间省略关键字 AS，查询结果集是相同的：

```
mysql> SELECT Course_No,Course,Credit+0.5 Credit,Class_Hour/16 Week_Class_Hour
    -> FROM tb_course;
```

=学习提示=

① 在 SELECT 子句中设置列别名，改变的只是查询结果集中所显示的列标题，并没有改变数据表中的列名称。

② 当自定义的列别名中含有空格时，必须用英文引号将列别名括起来，如 SELECT Course,Credit+0.5 AS 'Add Credit' FROM tb_course;。

5. 查询过滤重复值的列

在 SELECT 子句中，可以在指定的一个列名称前使用关键字 DISTINCT 来获取该列去除了重复值的结果集。

【例 3-5】查询课程信息表 tb_course 中学校开设的课程类型。

```
mysql> SELECT DISTINCT Category FROM tb_course;
+-----------+
| Category  |
+-----------+
| 公共基础课 |
| 专业课     |
| 选修课     |
+-----------+
3 rows in set (0.00 sec)
```

=学习提示=

① 使用关键字 DISTINCT 过滤重复值的列只能指定一个。

② 若列值中有多个 NULL，则关键字 DISTINCT 会把这些 NULL 视为重复值。

3.1.3　选择行

如果应用程序只需获取满足要求的一部分数据行，则可以通过 WHERE 子句指定查询条件，以筛选出所需的数据行。

1. 查询所有行

省略 WHERE 子句的 SELECT 查询语句默认查询数据表中的所有数据行。

2. 查询筛选满足条件的行

使用比较运算符、IN 列表运算符、BETWEEN AND 范围运算符、LIKE 匹配运算符、REGEXP 正则运算符，以及 NOT、AND、OR 逻辑运算符定义的条件表达式，在 WHERE 子句中表示筛选行记录的条件。

【例 3-6】查询教师信息表 tb_teacher 中学历为研究生且职称为讲师或副教授的教师的姓名、参加工作时间、职称、学历情况。

```
mysql> SELECT Teacher_Name,Work_Date,Positional_Title,Edu_Background FROM tb_teacher
    -> WHERE Edu_Background = '研究生' AND Positional_Title IN('讲师','副教授');
```

```
+-------------+-------------+------------------+-----------------+
| Teacher_Name | Work_Date   | Positional_Title | Edu_Background  |
+-------------+-------------+------------------+-----------------+
| 郭启霞       | 2001-09-01  | 副教授            | 研究生           |
| 陈飞翔       | 2005-09-01  | 讲师              | 研究生           |
+-------------+-------------+------------------+-----------------+
2 rows in set (0.00 sec)
```

【例 3-7】查询人数在 45～50 人之间的班级信息。

```
mysql> SELECT Class_No,Class_Name,Per_Quantity FROM tb_class
    -> WHERE Per_Quantity BETWEEN 45 AND 50;
+------------+--------------+--------------+
| Class_No   | Class_Name   | Per_Quantity |
+------------+--------------+--------------+
| 2018020101 | 会计 1831     |           45 |
| 2018020201 | 理财 1831     |           46 |
| 2018040101 | 软件技术 1831 |           45 |
| 2019020201 | 理财 1931     |           50 |
| 2019040301 | 大数据 1931   |           50 |
| 2020020201 | 理财 2031     |           50 |
| 2021030101 | 电子商务 2131 |           45 |
| 2021040301 | 大数据 2131   |           45 |
+------------+--------------+--------------+
8 rows in set (0.00 sec)
```

【例 3-8】查询课程信息表 tb_course 中课程名结尾为"设计"两个字的专业课信息。

```
mysql> SELECT * FROM tb_course WHERE Course LIKE '%设计' AND Category='专业课';
+-----------+-------------+--------+------------+--------+----------+-----------+
| Course_No | Course      | Dep_No | Class_Hour | Credit | Category | Test_Type |
+-----------+-------------+--------+------------+--------+----------+-----------+
| 900011    | Python 程序设计| 0004  |     108.0  |    4.0 | 专业课    | 考试       |
| 900012    | 网页设计     | 0004  |      72.0  |    2.0 | 专业课    | 考查       |
+-----------+-------------+--------+------------+--------+----------+-----------+
8 rows in set (0.00 sec)
```

或者使用如下查询命令：

```
mysql> SELECT * FROM tb_course WHERE Course REGEXP '设计$' AND Category = '专业课';
```

3. 查询含空值的行

在 WHERE 子句中，使用 IS [NOT] NULL 可以筛选指定列值为（不为）空的行记录。

【例 3-9】查询评学评教成绩表 tb_grade 中还未进行评教的学生的学号、课程编号、任课教师编号、评教分数信息。

```
mysql> SELECT Stu_No,Course_No,Teacher_No,Teach_Evalu_Score FROM tb_grade
    -> WHERE Teach_Evalu_Score IS NULL;
+--------------+-----------+------------+-------------------+
| Stu_No       | Course_No | Teacher_No | Teach_Evalu_Score |
+--------------+-----------+------------+-------------------+
| 201803013205 | 900002    | 000003     |              NULL |
| 202003014005 | 900002    | 000003     |              NULL |
+--------------+-----------+------------+-------------------+
2 rows in set (0.00 sec)-
```

【例 3-10】查询教研室信息表 tb_staffroom 中已安排了教研室主任人选的教研室。

```
mysql> SELECT * FROM tb_staffroom WHERE Director IS NOT NULL;
+----------+--------------------+---------+
| Staff_No | Staffroom          | Director|
+----------+--------------------+---------+
| 010101   | 基础教研室          | 刘老师   |
| 010201   | 思政体育教研室       | 欧阳老师 |
| 010301   | 英语教研室          | 陈老师   |
| 020101   | 会计教研室          | 施老师   |
| 030101   | 电子商务教研室       | 杨老师   |
| 040101   | 软件教研室          | 肖老师   |
| 040201   | 移动应用开发教研室    | 谢老师   |
| 040301   | 大数据技术教研室      | 张老师   |
+----------+--------------------+---------+
8 rows in set (0.00 sec)
```

3.1.4　MySQL 常用的系统函数

微课 3-2

MySQL 提供了很丰富的系统函数，包括数值处理函数、字符串处理函数、日期时间函数、数据类型转换函数、条件控制函数、JSON 操作函数等。在 SELECT 子句和表达式中可以使用这些函数。

1. 常用的数值处理函数

常用的数值处理函数如表 3-1 所示。

表 3-1　常用的数值处理函数

数值处理函数	功　　能	示　　例	运行结果
ABS(n)	返回 n 的绝对值	ABS(-2.3)	2.3
RAND()	返回 0～1 内的随机数	RAND()	0～1 内的一个随机数
ROUND(n,±n1)	返回对 n 四舍五入到小数点前(-)或后(+)n1 位的数值	ROUND(12365.6789,2) ROUND(12365.6789,-2)	12365.68 12400
TRUNCATE(n,±n1)	返回对 n 保留小数点前(-)或后(+)n1 位的数值	TRUNCATE(12365.678,2) TRUNCATE(12365.678,-2)	12365.67 12300
FLOOR(n)	返回小于或等于 n 的最大整数	FLOOR(4.5) FLOOR(-4.5)	4 -5
CEIL(n)，CEILING(n)	返回大于或等于 n 的最小整数	CEILING(4.5) CEILING(-4.5)	5 -4
MOD(n1,n2)	返回 n1 除以 n2 的余数	MOD(5,3)	2
PI()	返回圆周率 π 的值	PI()	3.141593
SIGN(n)	返回 n 的符号。返回值-1、0、1 分别代表负数、0、正数	SIGN(-3.2) SIGN(3.2) SIGN(0)	-1 1 0
POW(n1,n2)，POWER(n1,n2)	返回 n1 的 n2 次方	POW(2,3)	
SQRT(n)	返回 n 的平方根	SQRT(2)	1.414
EXP(n)	返回 e 的 n 次方	EXP(1)	2.72
LOG(n)	返回以 e 为底的对数	LOG(5)	1.609
LOG10(n)	返回以 10 为底的对数	LOG10(5)	0.699
BIN(n)	返回 n 的二进制数	BIN(38)	100110
OCT(n)	返回 n 的八进制数	OCT(38)	46
HEX(n)	返回 n 的十六进制数	HEX(38)	26
RADIANS(n)	将角度 n 转换为弧度	RADIANS(45)	0.7853981633974483
DEGREES(n)	将弧度 n 转换为角度	DEGREES(45)	2578.3100780887044
SIN(n)	返回 n 的正弦值	SIG(RADIANS(30))	0.5
COS(n)	返回 n 的余弦值	COS(1.047)	0.5
TAN(n)	返回 n 的正切值	TAN(RADIANS(30))	0.577
COT(n)	返回 n 的余切值	COT(1.047)	0.577
ASIN(n)	返回 n 的反正弦值	ASIN(1)	1.57

（续）

数值处理函数	功 能	示 例	运行结果
ACOS(n)	返回 n 的反余弦值	ACOS(1)	0
ATAN(n)	返回 n 的反正切值	ATAN(1)	0.785

【例 3-11】查询课程信息表 tb_course 中所有公共基础课的整数学分（四舍五入）。

```
mysql> SELECT Course_No,Course,Category,ROUND(Credit,0) FROM tb_course
    -> WHERE Category = '公共基础课';
+-----------+---------+-------------+-----------------+
| Course_No | Course  | Category    | ROUND(Credit,0) |
+-----------+---------+-------------+-----------------+
| 900001    | 大学语文 | 公共基础课   |               2 |
| 900002    | 英语     | 公共基础课   |               4 |
+-----------+---------+-------------+-----------------+
2 rows in set (0.00 sec)
```

2. 常用的字符串处理函数

常用的字符串处理函数如表 3-2 所示。

表 3-2　常用的字符串处理函数

字符串处理函数	功 能	示 例	运行结果
LEFT(c,n)	从字符串 c 左边开始截取 n 个字符（返回字符串 c 的前 n 个字符）	LEFT('abcdefg',3)	abc
RIGHT(c,n)	从字符串 c 右边开始截取 n 个字符（返回字符串 c 的后 n 个字符）	RIGHT('abcdefg',3)	efg
SUBSTRING(c,n1,n2) MID(c,n1,n2)	从字符串 c 的第 n1 位开始截取 n2 个字符	SUBSTRING('abcdefg',2,3) MID('abcdefg',2,3)	bcd bcd
LPAD(c,n,c1)	将字符串 c1 填充到字符串 c 的左边（开始处），使字符串的长度达到 n	LPAD('abcd',6,'xyz')	xyabcd
RPAD(c,n,c1)	将字符串 c1 填充到字符串 c 的右边（结尾处），使字符串的长度达到 n	RPAD('abcd',6,'xyz')	abcdxy
LOCATE(c1,c) POSITION(c1 IN c)	返回字符串 c1 在字符串 c 中的起始位置（若字符串 c 中不包含字符串 c1，则返回 0）	LOCATE('bc','abcdef') LOCATE('bd','abcdef') POSITION('bc' IN 'abcde')	2 0 2
INSTR(c,c1)	返回字符串 c1 在字符串 c 中的起始位置（若字符串 c 中不包含字符串 c1，则返回 0）	INSTR('abcdef','bc') INSTR('abcdef','bd')	2 0
CONCAT(c1,c2,…)	将字符串 c1、c2 等多个字符串连接成一个字符串	CONCAT('I','love','China')	I love China
CONCAT_WS(c,c1,c2)	用指定分隔符 c 将字符串 c1 和 c2 连接成一个字符串	CONCAT_WS('-','Great','China')	Great-China
LTRIM(c)	去除字符串 c 的前导空格	LTRIM(' a b c ')	a b c
RTRIM(c)	去除字符串 c 的尾部空格	RTRIM(' a b c ')	a b c
TRIM(c)	去除字符串 c 的前后空格	TRIM(' a b c ')	a b c
UPPER(c) UCASE(c)	将字符串 c 的字母全部转换为大写字母	UPPER('AbCdEf') UCASE('AbCdEf')	ABCDEF ABCDEF
LOWER(c) LCASE(c)	将字符串 c 的字母全部转换为小写字母	LOWER('AbCdEf') LCASE('AbCdEf')	abcdef abcdef
LENGTH(c)	返回字符串 c 占用的字节位数（汉字 3 个字节）	LENGTH('我爱 China')	11
CHAR_LENGTH(c)	返回字符串 c 的字符个数	CHAR_LENGTH('我爱 China')	7
INSERT(c1,n1,n2,c2)	从字符串 c1 的第 n1 位开始，用字符串 c2 换掉 n2 个字符	INSERT('中国的大数据技术发展强劲',4,3,'人工智能')	中国的人工智能技术发展强劲
REPLACE(c,c1,c2)	用字符串 c2 换掉字符串 c 中的所有字符串 c1	REPLACE('中国的大数据技术发展强劲','大数据','人工智能')	中国的人工智能技术发展强劲
REVERSE(c)	将字符串 c 的字符顺序反转（逆序）	REVERSE('abcdefg')	gfedcba
REPEAT(c,n)	将字符串 c 重复 n 次	REPEAT('*-',3)	*-*-*-
SPACE(n)	返回 n 个空格的字符串	CONCAT('ab',SPACE(2),'AB')	ab AB
STRCMP(c1,c2)	比较字符串 c1 和字符串 c2。若 c1<c2，则返回值为-1；若 c1=c2，则返回值为 0；若 c1>c2，则返回值为 1	STRCMP('ABC','abc') STRCMP('123','abc') STRCMP('陈','abc')	0 -1 1

【例 3-12】查询督导专家信息表 tb_expert 中所有姓"王"的督导专家信息。

```
mysql> SELECT * FROM tb_expert WHERE Expert_Name LIKE '王%';
+----------+-------------+-------------------+-----------------+--------+
| Expert_No | Expert_Name | Expert_Login_Name | Expert_Password | Gender |
+----------+-------------+-------------------+-----------------+--------+
| 600003   | 王欣怡       | wxy111            | 132435          | 女      |
+----------+-------------+-------------------+-----------------+--------+
1 rows in set (0.00 sec)
```

或者

```
mysql> SELECT * FROM tb_expert WHERE Expert_Name REGEXP '^王';
```

或者

```
mysql> SELECT * FROM tb_expert WHERE LEFT(Expert_Name,1) = '王';
```

或者

```
mysql> SELECT * FROM tb_expert WHERE SUBSTRING(Expert_Name,1,1) = '王';
```

或者

```
mysql> SELECT * FROM tb_expert WHERE INSTR(Expert_Name,'王') = 1;
```

或者

```
mysql> SELECT * FROM tb_expert WHERE LOCATE('王',Expert_Name) = 1;
```

【例 3-13】查询督导专家表 tb_expert 中登录密码不足 6 位的督导专家信息。

```
mysql> SELECT * FROM tb_expert WHERE CHAR_LENGTH(Expert_Password) < 6;
```

3. 常用的日期时间函数

1）提取日期时间

常用的日期时间获取函数如表 3-3 所示。常用的日期时间元素如表 3-4 所示。

表 3-3　常用的日期时间获取函数

日期时间获取函数	功　能	示　例	运行结果
CURDATE() CURRENT_DATE()	获取 MySQL 服务器当前日期		
CURTIME() CURRENT_TIME()	获取 MySQL 服务器当前时间		
NOW() SYSDATE() CURRENT_TIMESTAMP() LOCATE_TIME()	获取 MySQL 服务器当前日期时间		
EXTRACT(日期时间元素 FROM d)	获取日期 d 中的指定日期时间元素	EXTRACT(MINUTE FROM NOW())	当前时间的分钟数
YEAR(d) EXTRACT(YEAR FROM d)	获取日期 d 的年份	YEAR('2022-02-08') EXTRACT(YEAR FROM '2022-02-08')	2022
MONTH(d) EXTRACT(MONTH FROM d)	获取日期 d 的月份	MONTH('2022-02-08') EXTRACT(MONTH FROM '2022-02-08')	2 2
MONTHNAME(d)	获取日期 d 的英文月份名称	MONTHNAME('2022-02-08')	February
DAY(d) DAYOFMONTH(d) EXTRACT(DAY FROM d)	获取日期 d 在当月的第几天	DAY('2022-02-08') DAYOFMONTH('2022-02-08') EXTRACT(DAY FROM '2022-02-08')	8 8 8
DATE(dt)	获取日期 d 的日期部分	DATE('2022-02-08 18:22:30')	2022-02-08
TIME(dt)	获取日期 d 的时间部分	TIME('2022-02-08 18:22:30')	18:22:30
WEEK(d) EXTRACT(WEEK FROM d)	获取日期 d 是当年中的第几个星期（范围为 0～53）	WEEK('2022-02-08') EXTRACT(WEEK FROM '2022-02-08')	6 6
DAYNAME(d)	获取日期 d 的英文星期名称	DAYNAME('2022-02-08')	Tuesday
DAYOFWEEK(d)	获取日期 d 是星期几（1 表示星期日）	DAYOFWEEK('2022-02-08')	3

（续）

日期时间获取函数	功　能	示　例	运行结果
WEEKDAY(d)	获取日期 d 是星期几（0 表示星期一）	WEEKDAY('2022-02-08')	1
DAYOFYEAR(d)	获取日期是当年中的第几天	DAYOFYEAR('2022-02-08')	39
HOUR(t)	获取时间 t 中的小时值	HOUR('2022-02-08 18:22:30')	18
MINUTE(t)	获取时间 t 中的分钟值	MINUTE('2022-02-08 18:22:30')	22
SECOND(t)	获取时间 t 中的秒值	SECOND('2022-02-08 18:22:30')	30

表 3-4　常用的日期时间元素

日期时间元素	含　义	日期时间元素	含　义
YEAR	年份	HOUR	小时
MONTH	月份	MINUTE	分钟
DAY	一个月中的第几天（天数）	SECOND	秒
WEEK	一年中的第几周（周数）		/

2）加减日期时间

运用日期时间加减函数（如表 3-5 所示）可以对两个日期进行比较，获得日期间相差的天数，也可以对日期与指定间隔的日期时间元素的数量值进行加减，获得指定日期之前或之后的一个新日期。

表 3-5　日期时间加减函数

日期时间加减函数	功　能	示　例	运行结果
DATEDIFF(d1,d2)	日期 d1 与日期 d2 之间相差的天数	DATEDIFF('2022-02-08', '2021-01-28') DATEDIFF('2021-01-28', '2022-02-08')	376 -376
DATE_SUB(d,INTERVAL n 日期时间元素) SUBDATE(d,INTERVAL n 日期时间元素)	从日期 d 中减去 n 个指定元素值，获得 d 之前的一个日期	DATE_SUB('2022-02-08', INTERVAL 3 MONTH)	2021-11-08
DATE_ADD(d,INTERVAL n 日期时间元素) ADDDATE(d,INTERVAL n 日期时间元素)	从日期 d 中增加 n 个指定元素值，获得 d 之后的一个日期	DATE_ADD('2022-02-08', INTERVAL 3 MONTH)	2022-05-08

【例 3-14】查询教师信息表 tb_teacher 中工龄未满 20 年的教师的编号、姓名、参加工作年份。

```
mysql> SELECT Teacher_No,Teacher_Name,YEAR(Work_Date) FROM tb_teacher
    -> WHERE YEAR(CURDATE())-YEAR(Work_Date) < 20;
+------------+--------------+-----------------+
| Teacher_No | Teacher_Name | YEAR(Work_Date) |
+------------+--------------+-----------------+
| 000005     | 张奇峰       |            2008 |
| 000007     | 陈飞翔       |            2005 |
| 000008     | 魏程程       |            2019 |
+------------+--------------+-----------------+
3 rows in set (0.00 sec)
```

或者

```
mysql> SELECT Teacher_No,Teacher_Name,YEAR(Work_Date) FROM tb_teacher
    -> WHERE EXTRACT(YEAR FROM CURDATE())-EXTRACT(YEAR FROM Work_Date) < 20;
```

或者

```
mysql> SELECT Teacher_No,Teacher_Name,YEAR(Work_Date) FROM tb_teacher
    -> WHERE ADDDATE(Work_Date,INTERVAL 20 YEAR) > CURDATE();
```

或者

```
mysql> SELECT Teacher_No,Teacher_Name,YEAR(Work_Date) FROM tb_teacher
```

```
    -> WHERE SUBDATE(CURDATE(),INTERVAL 20 YEAR) < Work_Date;
```

4. 常用的数据类型转换函数

在 MySQL 数据库的数据表中，数据是有类型区分的，对不同类型数据的处理操作也会不同。比如，对教师的教学质量评价的各指标以文本报告输出时，需要把教师的编号、姓名、学生评教分数、同行教师评价评分、督导专家评价评分等连接为字符串输出，由于评分都是数值类型数据，如果要与字符类型数据连接成字符串，则要在输出时将评分的数据类型转换为字符类型。常用的数据类型转换函数如表 3-6 所示。

表 3-6　常用的数据类型转换函数

数据类型转换函数	功　能	示　例	运行结果
CONVERT(x,转换后的类型)	将数据 x 转换成指定类型的数据	CONVERT(410008,char(6))	'410008'
CAST(x AS 转换后的类型)	将数据 x 转换成指定类型的数据	CAST(410008 AS char(6))	'410008'

【例 3-15】查询评学评教成绩表 tb_grade，得到大数据技术 2020 级班级中学号前 8 位为"20200403"且评学考试分数达到 85 分以上的评分信息的字符串报表，即输出为"大数据技术 2020 级班级 XXXXXX 号学生，XXXX 号课程评学分数：XX"。

```
mysql> SELECT CONCAT('大数据技术20级班级',Stu_No,'号学生,',Course_No,'号课程评学考试分数: ',CONVERT(Score,char(5)))
    -> FROM tb_grade WHERE score>85 AND LEFT(Stu_No,8) = '20200403';
    +-------------------------------------------------------------------------------+
    | CONCAT('大数据技术 2020 级班级',Stu_No,'号学生,',Course_No,'号课程评学考试分数: ', |
    | CONVERT(Score,char(5)))                                                       |
    +-------------------------------------------------------------------------------+
    | 大数据技术 2020 级班级 202004033102 号学生,900001 号课程评学考试分数: 86.0         |
    | 大数据技术 2020 级班级 202004033110 号学生,900001 号课程评学考试分数: 88.0         |
    | 大数据技术 2020 级班级 202004033103 号学生,900001 号课程评学考试分数: 97.0         |
    +-------------------------------------------------------------------------------+
3 rows in set (0.00 sec)
```

5. 常用的条件控制函数

条件控制函数的功能是根据条件表达式的值不同而选择返回不同的值。MySQL 中常用的条件控制函数有 IF()、IFNULL()、CASE()，如表 3-7 所示。

表 3-7　常用的条件控制函数

条件控制函数	说　明
IF(条件表达式,结果表达式 1,结果表达式 2)	若条件表达式的值为真，则返回结果表达式 1 的值，否则返回结果表达式 2 的值
IFNULL(表达式 1,表达式 2)	若表达式 1 的值不为空，则返回表达式 1 的值，否则返回表达式 2 的值
CASE 条件参数 　　WHEN 条件值 1 THEN 结果表达式 1 　　WHEN 条件值 2 THEN 结果表达式 2 　　… 　　[ELSE 结果表达式 n] END	条件参数与一组条件值进行比较，若某条件值与条件参数的值相等，则返回相应结果表达式的值；否则，若有 ELSE 子句，则返回其相应结果表达式的值，若没有 ELSE 子句，则返回 NULL 值
CASE 　　WHEN 条件表达式 1 THEN 结果表达式 1 　　WHEN 条件表达式 2 THEN 结果表达式 2 　　… 　　[ELSE 结果表达式 n] END	顺序测试每个条件表达式，当某个条件表达式的值为真时，则返回相应结果表达式的值；否则，若有 ELSE 子句，则返回其相应结果表达式的值，若没有 ELSE 子句，则返回 NULL 值

【例 3-16】查询教师信息表 tb_teacher 中副高以下职称级别的教师的职称与学历，助教

的职称级别为初级，讲师的职称级别为中级。

```
mysql> SELECT Teacher_No AS 教师编号,Teacher_Name AS 教师姓名,Positional_Title AS 职称,
    ->          IF(Positional_Title='助教','初级','中级') AS 职称级别,Edu_Background 学历
    -> FROM tb_teacher WHERE Positional_Title NOT LIKE '%教授%';
+----------+----------+--------+----------+--------+
| 教师编号 | 教师姓名 | 职称   | 职称级别 | 学历   |
+----------+----------+--------+----------+--------+
| 000003   | 陈静婷   | 讲师   | 中级     | 本科   |
| 000004   | 马惠君   | 讲师   | 中级     | 本科   |
| 000005   | 张奇峰   | 助教   | 初级     | 研究生 |
| 000007   | 陈飞翔   | 讲师   | 中级     | 研究生 |
| 000008   | 魏程程   | 助教   | 初级     | 研究生 |
| 000009   | 王新     | 讲师   | 中级     | 本科   |
+----------+----------+--------+----------+--------+
6 rows in set (0.00 sec)
```

或者

```
mysql> SELECT Teacher_No AS 教师编号,Teacher_Name AS 教师姓名,Positional_Title AS 职称,
    ->        CASE Positional_Title
    ->            WHEN '助教' THEN '初级'
    ->            WHEN '讲师' THEN '中级'
    ->        END AS 职称级别,Edu_Background 学历
    -> FROM tb_teacher WHERE Positional_Title NOT LIKE '%教授%';
```

【例 3-17】查询教师教学质量评价表 tb_teach_evaluation 中督导专家对教师编号为"000005"的教师教学质量的评价等级，评分在 90 分以上（包括 90 分）的评价等级为"优秀"，评分在 80～89 分的评价等级为"良好"，评分在 60～79 分的评价等级为"合格"，评分在 60 分以下的评价等级为"不合格"。

```
mysql> SELECT Teacher_No AS 教师编号,Evalu_Score AS 评分,
    -> IF(Evalu_Score>=90,'优秀',IF(Evalu_Score>=80,'良好',IF(Evalu_Score>=60,'合格','不合格'))) AS 评价等级
    -> FROM tb_teach_evaluation WHERE Appraiser='督导专家' AND Teacher_No='000005';
+----------+--------+----------+
| 教师编号 | 评分   | 评价等级 |
+----------+--------+----------+
| 000005   | 88.0   | 良好     |
| 000005   | 90.0   | 优秀     |
| 000005   | 79.0   | 合格     |
+----------+--------+----------+
2 rows in set (0.00 sec)
```

或者

```
mysql> SELECT Teacher_No AS 教师编号,Evalu_Score AS 评分,
    ->        CASE
    ->            WHEN Evalu_Score>=90 THEN '优秀'
    ->            WHEN Evalu_Score>=80 THEN '良好'
    ->            WHEN Evalu_Score>=60 THEN '合格'
    ->            ELSE '不合格'
    ->        END AS 评价等级
    -> FROM tb_teach_evaluation WHERE Appraiser='督导专家' AND Teacher_No='000005';
```

【例 3-18】查询评学评教成绩表 tb_grade 中作弊或缺考的学生的评学考试分数情况，并将作弊或缺考学生中未填评学考试分数的学生成绩统一改为 0 分。

```
mysql> SELECT Stu_No,Score,Mark,GPA FROM tb_grade WHERE Mark IN('作弊','缺考');
```

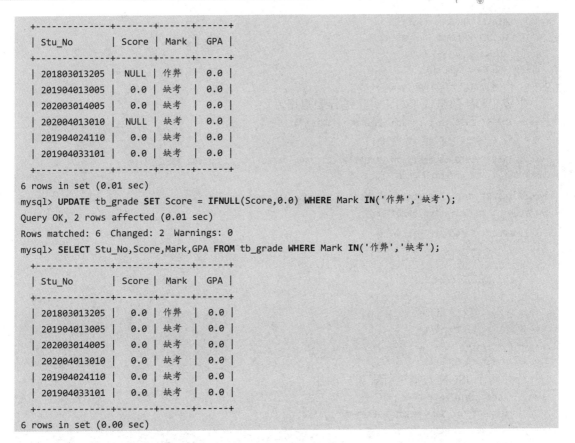

```
+--------------+-------+------+------+
| Stu_No       | Score | Mark | GPA  |
+--------------+-------+------+------+
| 201803013205 | NULL  | 作弊 | 0.0  |
| 201904013005 | 0.0   | 缺考 | 0.0  |
| 202003014005 | 0.0   | 缺考 | 0.0  |
| 202004013010 | NULL  | 缺考 | 0.0  |
| 201904024110 | 0.0   | 缺考 | 0.0  |
| 201904033101 | 0.0   | 缺考 | 0.0  |
+--------------+-------+------+------+
6 rows in set (0.01 sec)
mysql> UPDATE tb_grade SET Score = IFNULL(Score,0.0) WHERE Mark IN('作弊','缺考');
Query OK, 2 rows affected (0.01 sec)
Rows matched: 6  Changed: 2  Warnings: 0
mysql> SELECT Stu_No,Score,Mark,GPA FROM tb_grade WHERE Mark IN('作弊','缺考');
+--------------+-------+------+------+
| Stu_No       | Score | Mark | GPA  |
+--------------+-------+------+------+
| 201803013205 | 0.0   | 作弊 | 0.0  |
| 201904013005 | 0.0   | 缺考 | 0.0  |
| 202003014005 | 0.0   | 缺考 | 0.0  |
| 202004013010 | 0.0   | 缺考 | 0.0  |
| 201904024110 | 0.0   | 缺考 | 0.0  |
| 201904033101 | 0.0   | 缺考 | 0.0  |
+--------------+-------+------+------+
6 rows in set (0.00 sec)
```

— =学习提示= —

① CASE 语法与函数的语法并不完全相符，没有参数，称为表达式更合理。

② SQL 语句的表达式中都可以使用 MySQL 的系统函数，正确、熟练、灵活地运用系统函数，能够让我们更有效地解决数据的管理和查询操作。我们应当以深入理解、肯于背记、严谨认真的工匠精神和学习态度来掌握繁多的函数语法和使用方法。

6. 常用的 JSON 操作函数

为了方便对 JSON 类型的数据进行操作，MySQL 提供了很多关于 JSON 的函数，如创建 JSON 数组和对象、获取 JSON 中的数据、删除 JSON 中的数据等，如表 3-8 所示。

表 3-8　常用的 JSON 操作函数

JSON 操作函数	功　　能
JSON_ARRAY(值 1,值 2, …)	生成一个包含指定元素的 JSON 数组
JSON_OBJECT(键 1:值 1,键 2:值 2, …)	生成一个包含指定键/值对的 JSON 对象。如果有键的值为 NULL 或参数个数为奇数，则出错
JSON_SET()	当要添加的 JSON 数据不存在时，则添加，否则替换现有值
JSON_INSERT()	当要添加的 JSON 数据不存在时，则添加，否则保留现有值
JSON_REPLACE()	替换 JSON 现有值
JSON_REMOVE(JSON 数据, 数据路径)	删除指定路径的 JSON 数据
JSON_MERGE_PRESERVE(JSON 数据 1,JSON 数据 2, …)	将多个 JSON 数据合并
JSON_MERGE_PATCH(JSON 数据 1,JSON 数据 2, …)	将多个 JSON 数据合并
JSON_EXTRACT(JSON 数据, 数据路径, …)	根据 JSON 路径获取对应的 JSON 数据。若有参数为 NULL 或路径不存在，则返回 NULL；若待提取值的路径有多个，则返回的数据封闭在一个 JSON 数组中

【例 3-19】创建一个含 JSON 类型的数据表，并运用函数对 JSON 字段进行操作。

```
mysql> CREATE TABLE tb_testjson
    -> (Id INT PRIMARY KEY NOT NULL,
    ->   D1 varchar(50) NULL,
    ->   D2 JSON NULL);
Query OK, 0 rows affected (0.04 sec)
```

生成 JSON 数组或 JSON 对象进行表数据添加：

```
mysql> INSERT INTO tb_testjson VALUES(1,'1','{"a":1,"a": "2"}');
Query OK, 1 row affected (0.02 sec)

mysql> INSERT INTO tb_testjson VALUES(2,'2',JSON_OBJECT("a":1,"b":"2"));
Query OK, 1 row affected (0.01 sec)

mysql> INSERT INTO tb_testjson VALUES(3,'3',JSON_ARRAY("arr",1,2));
Query OK, 1 row affected (0.01 sec)

mysql> SELECT * FROM tb_testjson;
+----+------+------------------+
| Id | D1   | D2               |
+----+------+------------------+
|  1 | 1    | {"a":"2"}        |
|  2 | 2    | {"a":1,"b":"2"}  |
|  3 | 3    | ["arr",1,2]      |
+----+------+------------------+
3 rows in set (0.00 sec)
```

合并两个 JSON 数据进行表数据添加：

```
mysql> INSERT INTO tb_testjson
    -> VALUES(4,'4',JSON_MERGE_PRESERVE('{"a":4,"b":"4"}','{"c":4,"d":"4"}'));
Query OK, 1 row affected (0.01 sec)

mysql> SELECT * FROM tb_testjson;
+----+------+------------------------------+
| Id | D1   | D2                           |
+----+------+------------------------------+
|  1 | 1    | {"a":"2"}                    |
|  2 | 2    | {"a":1,"b":"2"}              |
|  3 | 3    | ["arr",1,2]                  |
|  4 | 4    | {"a":4,"b":"4","c":4,"d":"4"}|
+----+------+------------------------------+
4 rows in set (0.00 sec)
```

从 D2 字段中查询提取 a 的值：

```
mysql> SELECT JSON_EXTRACT(D2,'$.a') FROM tb_testjson;
+------------------------+
| JSON_EXTRACT(D2,'$.a') |
+------------------------+
| "2"                    |
| 1                      |
| NULL                   |
| 4                      |
+------------------------+
4 rows in set (0.00 sec)
```

3.1.5　使用命令行客户端实施数据查询

查看 2019—2020 学年第一学期同行教师及督导专家对 000010 号教师的教学质量评价评语与评价评分情况，如图 3-1 所示。

```
管理员: 命令提示符 - mysql -uroot -p                                  —    □    ×
mysql> SELECT Teacher_No, Appraiser, Evalu_Score, Evalu_Comment, Evalu_Term
    -> FROM tb_teach_evaluation
    -> WHERE Teacher_No='000010' AND Evalu_Term='2019-2020学年一';
+-----------+------------+-------------+------------------------------+-----------------+
| Teacher_No | Appraiser  | Evalu_Score | Evalu_Comment                | Evalu_Term      |
+-----------+------------+-------------+------------------------------+-----------------+
| 000010    | 同行教师   |        88.0 | 授课生动，逻辑性强            | 2019-2020学年一 |
| 000010    | 督导专家   |        80.0 | 重点难点突出，还可多增加师生互动 | 2019-2020学年一 |
| 000010    | 同行教师   |        85.0 | 讲课条理明晰，实践较少        | 2019-2020学年一 |
| 000010    | 督导专家   |        82.0 | 操作演示细致，原理分析形象生动  | 2019-2020学年一 |
+-----------+------------+-------------+------------------------------+-----------------+
4 rows in set (0.00 sec)
```

图 3-1　使用命令行客户端查询教师教学质量评价评语与评价评分情况

3.1.6　使用 MySQL Workbench 实施数据查询

（1）在 MySQL Workbench 界面左侧导航窗格中，将鼠标指针放置在数据表名 tb_teach_evaluation 上，在数据表名的右侧会出现 3 个按钮，单击其中的█按钮，可以打开该表所有数据的浏览窗口，即执行了全表查询语句"SELECT * FROM db_teaching.tb_teach_evaluation;"后显示的结果集，如图 3-2 所示。

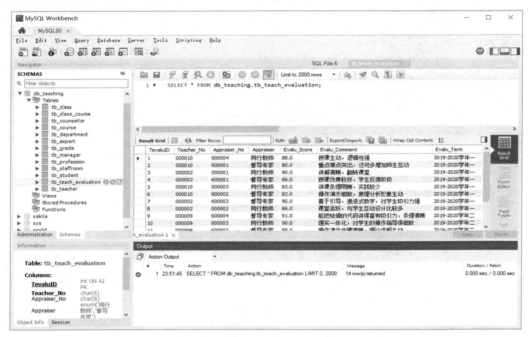

图 3-2　全表查询浏览数据

（2）单击菜单栏下方工具栏中的█按钮，在导航窗格右侧新建的 SQL 文本编辑器窗口

中可以输入 SQL 语句并调试执行，如图 3-3 所示，查看 2019—2020 学年第一学期同行教师
及督导专家对 000010 号教师的教学质量评价评语与评分情况。

① 在图 3-3 所示的 SQL 文本编辑器窗口中输入命令关键字 SELECT、FROM、WHERE。

② 在关键字 SELECT 后指定查询输出的字段表达式，对于其中的字段名，可以通过双
击导航窗格中 tb_teach_evaluation 下的列名直接选定并输入 SQL 文本编辑器窗口。

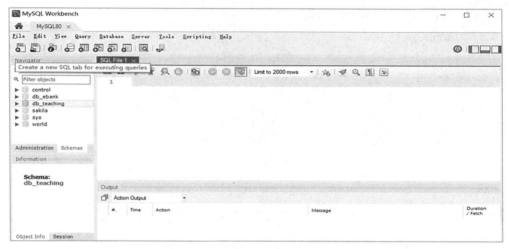

图 3-3　新建 SQL 文本编辑器窗口

③ 将导航窗格中的数据表名 tb_teach_evaluation 拖曳到 SQL 文本编辑器窗口中的关键
字 FROM 后，即可输入被查询的数据表的名称 tb_teach_evaluation。

④ 在关键字 WHERE 后输入查询条件表达式。使用英文分号";"结尾。

⑤ 选中 SELECT 所有命令行，单击工具栏中的 ▨ 按钮，则下方结果集输出窗口中会显
示数据查询结果，如图 3-4 所示。

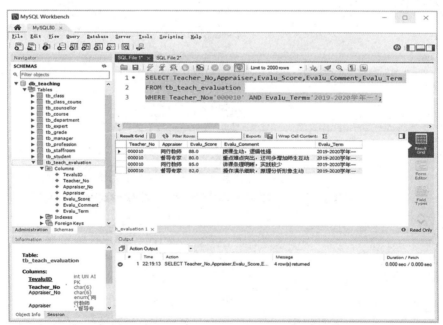

图 3-4　使用 MySQL Workbench 查询教师教学质量评价评语与评价评分情况

任务 3.2 多表连接查询

任务分析

【任务描述】

学生、教师、各二级学院、教务处、教学质量督导部门可以通过高校教学质量分析管理系统查看指定学生在一学期中各门课程的评学考试成绩、所获绩点，分析其学习情况，从而了解该学生的学习质量，帮助该学生制定提升学习成绩的学习策略和计划。所需查询的指定学生信息、该学生所考的课程信息、评学考试成绩与所获绩点信息的数据，分别源自学生信息表、课程信息表、评学评教成绩表。

【任务要领】

❖ SELECT 查询语句的多表连接查询语法
❖ 多表的内连接查询
❖ 多表的外连接查询
❖ 多表的交叉连接查询

技术准备

在实际的应用系统开发过程中，对数据的查询往往涉及多个表，要从多个表中才能查找提取到所需数据，组成一个结果集。多表查询首先要通过各表间的相关列追溯各表间的逻辑关系，在这些表中建立连接，再进行查询。连接查询就是关系运算的连接运算，从多个数据源（FROM）查询满足一定条件的记录。

MySQL 的常用多表连接类型有 3 种：内连接（INNER JOIN）、外连接（OUTER JOIN）、交叉连接（CROSS JOIN）。

3.2.1 连接查询语句

连接查询由 SELECT 查询语句的关键字 FROM 来指定数据源表，由关键字 JOIN 来指定被连接的数据表，由关键字 ON 来指定数据表间的关联连接条件。语法格式如下：

```
SELECT [ALL|DISTINCT] *|列表达式,··· FROM 数据表名1 [数据表列名1]
[INNER][LEFT|RIGHT] OUTER|CROSS] JOIN 数据表名2 [数据表列名2] [ON 数据表名1.关联列=数据表名2.关联列] ···
[WHERE 条件表达式];
```

说明：

① FROM 子句：用于指定数据表，即选择查询的数据源表。

② JOIN：连接关键字，用于指定查询数据源表中所连接的数据表。当 JOIN 为内连接类型时可以省略 INNER，外连接类型有 LEFT OUTER 和 RIGHT OUTER 两种。

③ ON 连接条件表达式：通过两表间的相关字段值相等来指定表间连接的关联关系。

当使用关键字 CROSS 进行交叉连接时，则无连接条件的指定，即无该子句。

④ 在 SELECT 查询语句的列表达式列表中可以为列起别名，在多表连接查询语句的 FROM 和 JOIN 子句中也可以为表起别名。

3.2.2 内连接

内连接（INNER JOIN）是多表查询最常用的连接方式，关键字 INNER 可以省略。

微课 3-3

内连接通过 ON 或 WHERE 子句中指定的表间连接条件来比较两个数据表中公共字段的值，通常比较主表的主键字段与从表的外键字段的值，只有比较值满足连接条件的行才可以作为匹配行返回结果集。

在两表进行内连接时，通过连接条件进行比较的公共字段的名称可以不同，但必须具有相同的数据类型、宽度和精度，并且表达同一范畴的意义。

【例 3-20】查询软件学院所开设的专业情况，查询输出学院名称、学院编号、专业名称、专业编号。

```
mysql> SELECT Department,tb_department.Dep_No,Profession,Profession_No
    -> FROM tb_department JOIN tb_profession ON tb_department.Dep_No = tb_profession.Dep_No
    -> WHERE Department = '软件学院';
    +------------+--------+--------------+---------------+
    | Department | Dep_No | Profession   | Profession_No |
    +------------+--------+--------------+---------------+
    | 软件学院    | 0004   | 软件技术      | 0401          |
    | 软件学院    | 0004   | 移动应用开发   | 0402          |
    | 软件学院    | 0004   | 大数据技术    | 0403          |
    +------------+--------+--------------+---------------+
3 rows in set (0.00 sec)
```

=学习提示=

① 在进行连接查询时，若要用到的字段是主表和从表中都共有的同名字段，则必须在这样的共有同名字段的名称前加上数据表名进行区分，用"数据表名.字段名"来表示。

② 若数据表名太长，则可以在关键字 FROM 和 JOIN 的数据表名后为数据表名定义一个简短的别名，这样在连接查询语句中,公共字段名称前的数据表名标识可以用简短的别名代替。

```
mysql> SELECT Department,d.Dep_No,Profession,Profession_No
    -> FROM tb_department d JOIN tb_profession p ON d.Dep_No = p.Dep_No
    -> WHERE Department = '软件学院';
```

=学习提示=

① 当连接条件为比较运算符"="时，称为"等值连接"。

② 当等值连接所比较的两表公共字段的名称与数据类型都完全相同时,可以使用"USING(字段名)"子句取代 ON 子句来表达连接条件。

```
mysql> SELECT Department,d.Dep_No,Profession,Profession_No
    -> FROM tb_department d JOIN tb_profession p USING(Dep_No)
    -> WHERE Department = '软件学院';
```

内连接查询既可用关键字 JOIN…ON…指定关联连接表和连接条件，也可直接用关键字 FROM…WHERE…指定关联连接表和连接条件，FROM 指定的数据表名之间用"，"隔开。

```
mysql> SELECT Department,d.Dep_No,Profession,Profession_No
    -> FROM tb_department d,tb_profession p
    -> WHERE Department = '软件学院' AND d.Dep_No = p.Dep_No;
```

【例 3-21】查询 2019—2020 学年第一学期督导专家对崔美娇老师的教学质量的评价评分与评价评语情况。查询输出被评价老师的姓名与编号、评价人类型、督导专家姓名、评价评分、评价评语。

```
mysql> SELECT Teacher_Name,t.Teacher_No,Appraiser,Expert_Name,Evalu_Score,Evalu_Comment
    -> FROM tb_teacher t JOIN tb_teach_evaluation te ON t.Teacher_No = te.Teacher_No
    -> JOIN tb_expert e ON te.Appraiser_No = e.Expert_No
    -> WHERE Teacher_Name = '崔美娇' AND Appraiser = '督导专家' AND Evalu_Term = '2019-2020学年一';
+------------+----------+---------+-----------+-----------+-----------------------------------+
|Teacher_Name|Teacher_No|Appraiser|Expert_Name|Evalu_Score|Evalu_Comment                      |
+------------+----------+---------+-----------+-----------+-----------------------------------+
| 崔美娇      | 000010   | 督导专家 | 成和平     | 80.0      | 重点难点突出，还可多增加师生互动    |
| 崔美娇      | 000010   | 督导专家 | 马镇       | 82.0      | 操作演示细致，原理分析形象生动      |
+------------+----------+---------+-----------+-----------+-----------------------------------+
2 rows in set (0.00 sec)
```

或者

```
mysql> SELECT Teacher_Name,t.Teacher_No,Appraiser,Expert_Name,Evalu_Score,Evalu_Comment
    -> FROM tb_teacher t,tb_teach_evaluation te,tb_expert e
    -> WHERE Teacher_Name = '崔美娇' AND Appraiser = '督导专家' AND Evalu_Term = '2019-2020学年一'
    ->       AND t.Teacher_No = te.Teacher_No AND Appraiser_No = Expert_No;
```

① 内连接还有一种特殊情况：将一个数据表与其自身进行连接，即连接的两个数据表是同一个数据表，称为"自连接"。它是指相互连接的数据表在物理上为同一个数据表，但逻辑上分为两个数据表，所以在使用自连接时，需要为该数据表指定两个别名，并且对所有字段的引用均要在字段名前面标识数据表别名。

② 若在一个数据表中查找具有相同字段值的行数据，则可以使用自连接。

【例 3-22】查询与周成功老师属于同一个教研室的教师的姓名、编号与所在教研室。

```
mysql> SELECT t2.Teacher_Name,t2.Staff_No,s.Staffroom
    -> FROM tb_teacher t1 JOIN tb_teacher t2 ON t1.Staff_No = t2.Staff_No
    -> JOIN tb_staffroom s ON s.Staff_No = t1.Staff_No
    -> WHERE t1.Teacher_Name = '周成功';
+--------------+----------+-------------------+
| Teacher_Name | Staff_No | Staffroom         |
+--------------+----------+-------------------+
| 周成功        | 040201   | 移动应用开发教研室 |
| 崔美娇        | 040201   | 移动应用开发教研室 |
| 秦奋          | 040201   | 移动应用开发教研室 |
+--------------+----------+-------------------+
3 rows in set (0.00 sec)
```

3.2.3 外连接

在内连接方式下，只有满足连接条件的、在两个数据表中均匹配的行才在查询结果集中显示。而在外连接（OUTER JOIN）方式下，可以只限制一个数据表，对另一个数据表不加限制，使另一个数据表中的所有行都显示在查询结果集中。

微课 3-4

外连接含左外连接（LEFT OUTER JOIN）、右外连接（RIGHT OUTER JOIN），左和右是相对关键字 JOIN 的左表和右表而言的，其中关键字 OUTER 可以省略。

1. 左外连接

查询结果集中除了满足连接条件的匹配行，还有 JOIN 左表中的全部行。以左表中的每一行数据去匹配右表中的数据，不匹配的右表列值将填为 NULL 显示在查询结果集中。

2. 右外连接

查询结果集中除了满足连接条件的匹配行，还有 JOIN 右表中的全部行。以右表中的每一行数据去匹配左表中的数据，不匹配的左表列值将填为 NULL 显示在查询结果集中。

【例 3-23】查询大数据技术 2020 级及以后的各班学生的课程评学考试成绩，包括刚入学还没考试过的学生。

```
mysql> SELECT s.Stu_No,Stu_Name,g.Course_No,Score
    -> FROM tb_student s LEFT JOIN tb_grade g ON s.Stu_No = g.Stu_No
    -> WHERE s.Stu_No REGEXP '202[0-9]0403';
+--------------+-----------+-----------+-------+
| Stu_No       | Stu_Name  | Course_No | Score |
+--------------+-----------+-----------+-------+
| 202004033102 | 仇旭红    | 900002    | 60.0  |
| 202004033102 | 仇旭红    | 900001    | 86.0  |
| 202004033103 | 李美玉    | 900002    | 78.0  |
| 202004033103 | 李美玉    | 900001    | 97.0  |
| 202004033105 | 王佳人    | 900002    | 0.0   |
| 202004033105 | 王佳人    | 900001    | 78.0  |
| 202004033110 | 梁美娟    | 900002    | 60.0  |
| 202004033110 | 梁美娟    | 900001    | 88.0  |
| 202004035002 | 方圆      | 900001    | 70.0  |
| 202004035005 | 李建芳    | 900001    | 85.0  |
| 202104034302 | 徐佳莉    | NULL      | NULL  |
| 202104034312 | 黄伟      | NULL      | NULL  |
+--------------+-----------+-----------+-------+
12 rows in set (0.00 sec)
```

或者

```
mysql> SELECT s.Stu_No,Stu_Name,g.Course_No,Score
    -> FROM tb_grade g RIGHT JOIN tb_student s ON s.Stu_No = g.Stu_No
    -> WHERE s.Stu_No REGEXP '202[0-9]0403';
```

【例 3-24】查询督导专家及同行教师对软件学院所有教师的教学质量的评价评分与评价评语情况，包括待评价的教师。

```
mysql> SELECT t.Teacher_No,Teacher_Name,Appraiser,Evalu_Score,Evalu_Comment
    -> FROM tb_teacher t LEFT JOIN tb_teach_evaluation te ON t.Teacher_No = te.Teacher_No
```

```
    -> LEFT JOIN tb_department d ON LEFT(t.Staff_No,2) = RIGHT(d.Dep_No,2)
    -> WHERE Department = '软件学院';
+----------+------------+----------+------------+------------------------------------+
|Teacher_No|Teacher_Name| Appraiser|Evalu_Score |Evalu_Comment                       |
+----------+------------+----------+------------+------------------------------------+
| 000001   | 周成功     | NULL     |     NULL   | NULL                               |
| 000004   | 马惠君     | 督导专家 |     78.0   | 教学氛围有些沉闷呆滞               |
| 000004   | 马惠君     | 同行教师 |     80.0   | 教师学识素养高，教学欠生动         |
| 000004   | 马惠君     | 督导专家 |     77.0   | 授课条理欠清晰，操作演示较快       |
| 000004   | 马惠君     | 同行教师 |     78.0   | 代码操作较快，学生有点儿跟不上     |
| 000006   | 郭启霞     | NULL     |     NULL   | NULL                               |
| 000009   | 王新       | 督导专家 |     91.0   | 能把枯燥的代码讲得富有吸引力，条理清晰|
| 000009   | 王新       | 同行教师 |     90.0   | 理实一体化，对学生的操作指导很细致 |
| 000009   | 王新       | 督导专家 |     88.0   | 操作演示步骤清晰，理论讲解生动     |
| 000009   | 王新       | 同行教师 |     86.0   | 授课生动有激情，课件制作精美       |
| 000009   | 王新       | 督导专家 |     90.0   | 生动有趣的课堂，学生学习积极性高   |
| 000009   | 王新       | 督导专家 |     88.0   | 讲解生动，课件可适当使用动画演示   |
| 000009   | 王新       | 同行教师 |     91.0   | 师生互动好，教学效果好             |
| 000010   | 崔美娇     | 同行教师 |     88.0   | 授课生动，逻辑性强                 |
| 000010   | 崔美娇     | 督导专家 |     80.0   | 重点难点突出，还可多增加师生互动   |
| 000010   | 崔美娇     | 同行教师 |     85.0   | 讲课条理明晰，实践较少             |
| 000010   | 崔美娇     | 督导专家 |     82.0   | 操作演示细致，原理分析形象生动     |
| 000010   | 崔美娇     | 同行教师 |     84.0   | 语速节奏合适，操作演示细致         |
| 000010   | 崔美娇     | 督导专家 |     85.0   | 概念讲解清楚，操作指导到位         |
| 000011   | 秦奋       | NULL     |     NULL   | NULL                               |
+----------+------------+----------+------------+------------------------------------+
20 rows in set (0.00 sec)
```

3.2.4　交叉连接

交叉连接（CROSS JOIN）是在没有 ON 或 WHERE 子句指定两表间连接条件的情况下，会把一个数据表的所有行与另一个数据表的所有行一一连接组合，构成两个数据表中所有数据记录行的笛卡儿积，即查询结果集的记录行数会是这两个数据表记录行数的乘积。

【例 3-25】查询每个二级学院可能开设的公共基础课程情况，查询输出各二级学院的名称、公共基础课程的课程编号、课程名称、课程类型。

```
mysql> SELECT Department,Course_No,Course,Category FROM tb_department CROSS JOIN tb_course
    -> WHERE Category = '公共基础课';
+--------------+-----------+----------+------------+
| Department   | Course_No | Course   | Category   |
+--------------+-----------+----------+------------+
| 旅游学院     | 900001    | 大学语文 | 公共基础课 |
| 旅游学院     | 900002    | 英语     | 公共基础课 |
| 会计学院     | 900001    | 大学语文 | 公共基础课 |
| 会计学院     | 900002    | 英语     | 公共基础课 |
| 经济贸易学院 | 900001    | 大学语文 | 公共基础课 |
| 经济贸易学院 | 900002    | 英语     | 公共基础课 |
| 软件学院     | 900001    | 大学语文 | 公共基础课 |
| 软件学院     | 900002    | 英语     | 公共基础课 |
| 文化创意学院 | 900001    | 大学语文 | 公共基础课 |
```

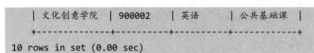

```
        | 文化创意学院  | 900002    | 英语      | 公共基础课  |
        +--------------+-----------+-----------+------------+
10 rows in set (0.00 sec)
```
或者
```
mysql> SELECT Department,Course_No,Course,Category FROM tb_department,tb_course
    -> WHERE Category = '公共基础课';
```

由以上查询结果集可见，学院信息表 tb_department 中 5 个学院记录的每一条都会与课程信息表 tb_course 中的两条公共基础课记录逐行逐条连接，因此交叉连接查询结果集中有 5×2 =10 个记录行。

> **=学习提示=**
>
> 交叉连接产生笛卡儿积的查询结果集，在规范化的数据库中并无太多应用价值。因为没有指定表间连接条件，所以查询结果集内会出现两表中并不匹配的无意义的连接数据行。

3.2.5 实施多表连接查询

查看软件技术 1931 班指定学生王新方在 2019—2020 学年第一学期各门课程的评学考试成绩、所获绩点情况。

（1）使用命令行客户端实施多表连接查询，如图 3-5 所示。

```
管理员: 命令提示符 - mysql -uroot -p                                        —    □    ×
mysql> SELECT Class_Name, g.Stu_No, Stu_Name, g.Course_No, Course,g.Test_Type, Score, Mark, GPA
    -> FROM tb_class cl JOIN tb_student s ON cl.Class_No = s.Class_No
    -> JOIN tb_grade g ON s.Stu_No = g.Stu_No
    -> JOIN tb_course co ON g.Course_No = co.Course_No
    -> WHERE Class_Name = '软件技术1931' AND Stu_Name = '王新方' AND Test_Term = '2019-2020学年一';

+------------+--------------+----------+-----------+-----------------------+-----------+-------+------+-----+
| Class_Name | Stu_No       | Stu_Name | Course_No | Course                | Test_Type | Score | Mark | GPA |
+------------+--------------+----------+-----------+-----------------------+-----------+-------+------+-----+
| 软件技术1931 | 201904013003 | 王新方    | 900012    | 网页设计               | 考查       | NULL  | 及格  | 3.0 |
| 软件技术1931 | 201904013003 | 王新方    | 900013    | SQL Server管理与开发    | 考试       | 48.0  | NULL | 0.0 |
| 软件技术1931 | 201904013003 | 王新方    | 900001    | 大学语文               | 考试       | 89.0  | NULL | 4.0 |
+------------+--------------+----------+-----------+-----------------------+-----------+-------+------+-----+
3 rows in set (0.00 sec)

mysql> SELECT Class_Name, g.Stu_No, Stu_Name, g.Course_No, Course,g.Test_Type, Score, Mark, GPA
    -> FROM tb_class cl, tb_student s, tb_grade g, tb_course co
    -> WHERE Class_Name = '软件技术1931' AND Stu_Name = '王新方' AND Test_Term = '2019-2020学年一'
    -> AND cl.Class_No = s.Class_No AND s.Stu_No = g.Stu_No AND g.Course_No = co.Course_No;

+------------+--------------+----------+-----------+-----------------------+-----------+-------+------+-----+
| Class_Name | Stu_No       | Stu_Name | Course_No | Course                | Test_Type | Score | Mark | GPA |
+------------+--------------+----------+-----------+-----------------------+-----------+-------+------+-----+
| 软件技术1931 | 201904013003 | 王新方    | 900012    | 网页设计               | 考查       | NULL  | 及格  | 3.0 |
| 软件技术1931 | 201904013003 | 王新方    | 900013    | SQL Server管理与开发    | 考试       | 48.0  | NULL | 0.0 |
| 软件技术1931 | 201904013003 | 王新方    | 900001    | 大学语文               | 考试       | 89.0  | NULL | 4.0 |
+------------+--------------+----------+-----------+-----------------------+-----------+-------+------+-----+
3 rows in set (0.00 sec)
```

图 3-5　使用命令行客户端实施多表连接查询

（2）使用 MySQL Workbench 实施多表连接查询。

① 单击 MySQL Workbench 菜单栏下方工具栏中的 按钮,在导航窗格右侧新建的 SQL 文本编辑器窗口中输入命令关键字 SELECT、FROM、WHERE。

② 可以使用 JOIN 连接语法。双击导航窗格中对应数据表下的相应列名，输入 SELECT 后的字段列表，字段名之间使用英文逗号","隔开；拖曳导航窗格中主表名 tb_class 至 FROM 后，拖曳被连接从表名 tb_student 至 JOIN 后；在关键字 ON 后输入两表间的连接条件，即主表的主键字段（"Class_No"字段）与从表的外键字段（"Class_No"字段）的值相等。其

余连接表和连接条件也依照上述步骤设置完成。FROM 和 JOIN 的数据表名后分别设置各数据表的别名，并对应在公有字段名称前标识数据表别名。

③ 也可以使用 SELECT…FROM…WHERE 基本查询语法。双击导航窗格中对应数据表下的列名以输入 SELECT 后的字段列表，字段名之间用英文逗号"，"隔开；拖曳连接的各数据表名依次到 FROM 后，各数据表名之间用英文逗号"，"隔开，并在各数据表名后设置其别名；Where 筛选记录的条件中除了筛选条件，依次使用关键字 AND 加入各数据表连接条件，使用英文分号"；"结尾。

④ 选中 SELECT 所有命令行，单击工具栏中的 执行按钮，则下方结果集输出窗口中会显示数据查询结果，如图 3-6 所示。

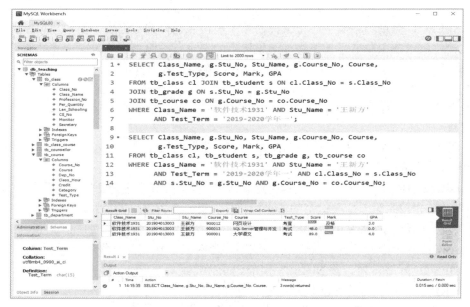

图 3-6 使用 MySQL Workbench 实施多表连接查询

任务 3.3 排序和限行查询

【任务描述】

在高校教学质量分析管理系统中，无论是教师、学生、专业、课程等教学基础相关数据，还是各学期的评学分数与评教分数等教学质量相关数据，数据量都很大，经常需要在查询查看数据时进行排序，使关心的数据显示到最前面，方便进一步分析，还需通过对操作的数据进行限行的方式提高执行效率。在学期末，学校教学质量督导部门和教务处要对督导专家评分最高的前 3 位教师进行评优，将指定课程评学考试成绩最高的前 3 名学生评定为该门课程的学习标兵，对指定课程评学考试成绩最低的 3 名学生提出对该门课程学习的帮助，因此需对相关数据记录进行排序和限行查询。

【任务要领】

❖ ORDER BY 排序子句的基本语法
❖ LIMIT 限行子句的用法
❖ 使用 ORDER BY 子句结合 LIMIT 子句实现对数据的排序和限行查询、修改、删除

微课 3-5

3.3.1　ORDER BY 排序子句

在 SELECT 查询结果集中，记录行的顺序是按照它们在数据表中的物理顺序进行排列的。可以使用 ORDER BY 子句将查询结果集中的记录行按照指定字段表达式的值重新排序输出，既可以规定升序（从小到大），也可以规定降序（从大到小）。

ORDER BY 子句的语法格式如下：

`ORDER BY 列名1|表达式1|列编号 [ASC|DESC] [,…, n]`

说明：

① 列名、表达式、列编号都可以作为排序关键字，列编号是要排序的列在 SELECT 选择列表中所处位置的序号。

② ORDER BY 可以按照多个关键字进行排序，多个关键字之间使用英文逗号","隔开。查询结果会首先按照第一个关键字的值进行排序，第一个关键字的值相同的数据行，再按照第二个关键字的值进行排序，以此类推。

③ ASC：升序排列（也是默认排序顺序）。含 NULL 空值的记录行将最先显示。

④ DESC：降序排列。含 NULL 空值的记录行将最后显示。

⑤ ORDER BY 子句要写在 WHERE 子句后。

【例 3-26】查询软件学院（学院编号为 0004）所有班级的人数，按照人数升序排列输出。

```
mysql> SELECT * FROM tb_class WHERE SUBSTRING(Class_No,5,2) = '04' ORDER BY Per_Quantity;
+----------+------------+-------------+------------+-------------+--------+--------+---------+
|Class_No  | Class_Name |Profession_No|Per_Quantity|Len_Schooling| CS_No  |Monitor |Secretary|
+----------+------------+-------------+------------+-------------+--------+--------+---------+
|2019040101|软件技术1931 | 0401        |         30 |           3 | 100401 | 史无例 | 王骁勇  |
|2020040101|软件技术2031 | 0401        |         30 |           3 | 100402 | 李伟   | 姚朋    |
|2020040301|大数据2031   | 0403        |         31 |           3 | 100402 | 孟婷婷 | 陈民    |
|2018040201|移动应用开发1831| 0402     |         33 |           3 | 100401 | 慕青   | 何凤光  |
|2021040202|移动应用开发2132| 0402     |         33 |           3 | 100401 | 秦和平 | 郑磊    |
|2019040201|移动应用开发1931| 0402     |         35 |           3 | 100401 | 张三   | 李四    |
|2021040201|移动应用开发2131| 0402     |         39 |           3 | 100401 | 冷风   | 崔梦玲  |
|2018040301|大数据1831   | 0403        |         40 |           3 | 100401 | 何建国 | 唐伟    |
|2020040201|移动应用开发2031| 0402     |         41 |           3 | 100402 | 齐国峰 | 闫丹    |
|2018040101|软件技术1831 | 0401        |         45 |           3 | 100401 | 王琦   | 张美美  |
|2021040301|大数据2131   | 0403        |         45 |           3 | 100401 | 曹倩   | 孟小小  |
|2019040301|大数据1931   | 0403        |         50 |           3 | 100401 | 崔琳琳 | 肖建    |
+----------+------------+-------------+------------+-------------+--------+--------+---------+
12 rows in set (0.00 sec)
```

或者

```
mysql> SELECT * FROM tb_class JOIN tb_department ON SUBSTRING(Class_No,5,2) = RIGHT(Department_No,2)
    -> WHERE Department ='软件学院' ORDER BY Per_Quantity ASC;
```

【例 3-27】查询指定课程"Python 程序设计"（课程编号为 900011）的所有考试成绩，按照分数从高到低输出，如果有同分的记录，则按照考试学期时间从早到晚排列。

```
mysql> SELECT g.Stu_No,Stu_Name,g.Course_No,Course,Score,GPA,g.Test_Term
    -> FROM tb_course c JOIN tb_grade g ON c.Course_No = g.Course_No
    -> JOIN tb_student s ON g.Stu_No = s.Stu_No
    -> WHERE Course = 'Python 程序设计' ORDER BY Score DESC ,Test_Term;
+--------------+---------+-----------+----------------+-------+------+------------------+
| Stu_No       |Stu_Name| Course_No| Course         | Score | GPA  | Test_Term        |
+--------------+---------+-----------+----------------+-------+------+------------------+
| 201804013001 | 苗妙    | 900011    | Python 程序设计| 90.0  | 4.5  | 2019-2020 学年一 |
| 201804013006 | 赵勇    | 900011    | Python 程序设计| 90.0  | 4.5  | 2019-2020 学年一 |
| 201804033106 | 刘静晶  | 900011    | Python 程序设计| 90.0  | 4.5  | 2019-2020 学年一 |
| 201904013003 | 王新方  | 900011    | Python 程序设计| 90.0  | 4.5  | 2019-2020 学年二 |
| 202004013004 | 容颜    | 900011    | Python 程序设计| 90.0  | 4.5  | 2020-2021 学年一 |
| 201904013005 | 王潇潇  | 900011    | Python 程序设计| 80.0  | 4.0  | 2019-2020 学年二 |
| 201904013007 | 秦潞燕  | 900011    | Python 程序设计| 80.0  | 4.0  | 2019-2020 学年二 |
| 202004013002 | 何方    | 900011    | Python 程序设计| 70.0  | 3.5  | 2020-2021 学年一 |
| 202004013008 | 芦彦    | 900011    | Python 程序设计| 70.0  | 3.5  | 2020-2021 学年一 |
| 201904013009 | 赵宜静  | 900011    | Python 程序设计| 69.0  | 3.0  | 2019-2020 学年二 |
| 202004013010 | 杨志强  | 900011    | Python 程序设计| NULL  | 0.0  | 2020-2021 学年一 |
+--------------+---------+-----------+----------------+-------+------+------------------+
11 rows in set (0.00 sec)
```

或者

```
mysql> SELECT g.Stu_No,Stu_Name,g.Course_No,Course,Score,GPA,g.Test_Term
    -> FROM tb_course c JOIN tb_grade g ON c.Course_No = g.Course_No
    -> JOIN tb_student s ON g.Stu_No = s.Stu_No
    -> WHERE Course = 'Python 程序设计' ORDER BY 5 DESC ,7;
```

3.3.2 LIMIT 限行子句

在 SELECT 语句中，可以使用 LIMIT 子句来限定查询输出的记录数量，指定查询结果集是从哪条记录开始及查询多少行记录。LIMIT 子句的语法格式如下：

LIMIT [偏移量,] 记录数

说明：

① 偏移量：设置从查询结果的哪条记录开始。默认第 1 条记录的偏移量为 0，第 2 条记录的偏移量为 1，以此类推。

② 记录数：表示限定查询返回的最大记录数。当限定的记录数大于数据表中符合要求的实际记录数时，以实际记录数为准。

③ 当 LIMIT 子句中只限定了记录数，没有指定偏移量时，默认表示从查询结果的第 1 条记录开始，返回限定数量的数据记录。

④ LIMIT 子句也可以与 ORDER BY 子句连用，要写在 WHERE 子句、ORDER BY 子句后。

【例 3-28】查询显示班级开课信息表 tb_class_course 中前 3 个班级的排课情况。

```
mysql> SELECT * FROM tb_class_course LIMIT 3;
```

```
+----+------------+------------+-----------+--------------------+
| id | Class_No   | Teacher_No | Course_No | School_Year_Term   |
+----+------------+------------+-----------+--------------------+
|  1 | 2019020201 | 000002     | 900004    | 2019-2020 学年一   |
|  2 | 2019020201 | 000008     | 900003    | 2019-2020 学年二   |
|  3 | 2019030101 | 000005     | 900014    | 2019-2020 学年一   |
+----+------------+------------+-----------+--------------------+
3 rows in set (0.00 sec)
```

【例 3-29】查询显示第 10~20 行的学生记录的学号、姓名、登录名与登录密码。

```
mysql> SELECT Stu_No,Stu_Name,Stu_Login_Name,Stu_Password FROM tb_student LIMIT 9,11;
+--------------+-----------+----------------+--------------+
| Stu_No       | Stu_Name  | Stu_Login_Name | Stu_Password |
+--------------+-----------+----------------+--------------+
| 201804023508 | 白文静    | baiwj          | 110047       |
| 201804024102 | 任重      | renz           | 110012       |
| 201804024104 | 黄玉洁    | huangyj        | 110014       |
| 201804024105 | 闫晓雨    | yanxy          | 110015       |
| 201804024106 | 牛芳芳    | niuff          | 110016       |
| 201804024108 | 李小慧    | lixh           | 110018       |
| 201804033106 | 刘静晶    | liujj          | 110006       |
| 201804033108 | 陈钧      | chenj          | 110008       |
| 201804035001 | 乔美佳    | qiaomj         | 110021       |
| 201902015903 | 毋刚勇    | wugy           | 110051       |
| 201902015904 | 王跃进    | wangyj         | 110052       |
+--------------+-----------+----------------+--------------+
11 rows in set (0.00 sec)
```

【例 3-30】查询显示学生人数最多的 5 个班级的编号、名称、辅导员姓名、人数。

```
mysql> SELECT Class_No,Class_Name,CS_Name,Per_Quantity
    -> FROM tb_Class cl JOIN tb_counsellor cu ON cl.CS_No = cu.CS_No
    -> ORDER BY Per_Quantity DESC LIMIT 5;
+------------+------------+---------+--------------+
| Class_No   | Class_Name | CS_Name | Per_Quantity |
+------------+------------+---------+--------------+
| 2019020101 | 会计 1931  | 任续桥  |           62 |
| 2020020101 | 会计 2031  | 张宏建  |           55 |
| 2020020201 | 理财 2031  | 张宏建  |           50 |
| 2019020201 | 理财 1931  | 任续桥  |           50 |
| 2018020201 | 理财 1831  | 任续桥  |           46 |
+------------+------------+---------+--------------+
5 rows in set (0.00 sec)
```

— =学习提示= —

① 在 MySQL 中，除了对 SELECT 查询记录时进行排序和限行，对数据表中记录的更新
（UPDATE）和删除（DELETE）操作也可以进行排序和限行，表示根据指定字段按照顺序对符
合条件的限定数量条记录进行更新或删除。

② 若 UPDATE 和 DELETE 语句中没有使用关键字 WHERE 来指定操作记录的条件，则
LIMIT 子句可以用来直接限定更新和删除的记录数量。

【例 3-31】将指定课程（如课程编号为 900011 的课程"Python 程序设计"）评学考试成

绩最低的 5 名学生的成绩增加 3 分。

```
mysql> UPDATE tb_grade SET Score = Score+3 WHERE Course_No = '900011' ORDER BY Score LIMIT 5;
Query OK, 5 rows affected (0.01 sec)
```

【例 3-32】删除最后添加的 5 条评学考试成绩记录。

```
mysql> DELETE FROM tb_grade ORDER BY ID DESC LIMIT 5;
Query OK, 5 rows affected (0.01 sec)
```

任务实施

3.3.3　实施排序和限行查询

1. 使用命令行客户端实施排序与限行查询

（1）学校教学质量督导部门和教务处要对 2019—2020 学年第一学期督导专家评分最高的前 3 位教师进行评优，需要对相关数据记录进行排序与限行查询，如图 3-7 所示。

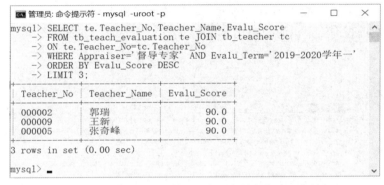

图 3-7　查询指定学期督导专家评分最高的前 3 位教师

（2）学校教学质量督导部门和教务处要将 2019—2020 学年第一学期指定课程（如英语）评学考试成绩最高的前 3 名学生评定为该门课程的学习标兵，需要对相关数据记录进行排序与限行查询，如图 3-8 所示。

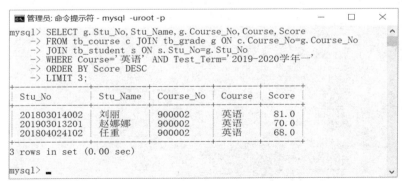

图 3-8　查询指定学期指定课程评学考试成绩最高的前 3 名学生

（3）学校教学质量督导部门和教务处要对 2019—2020 学年第一学期指定课程（如英语）评学考试成绩最低的 3 名学生提出对该门课程学习的帮助，需要对相关数据记录进行排序与限行查询，如图 3-9 所示。

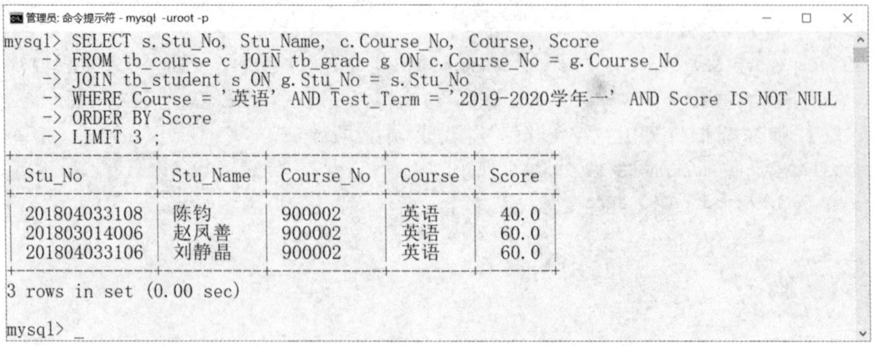

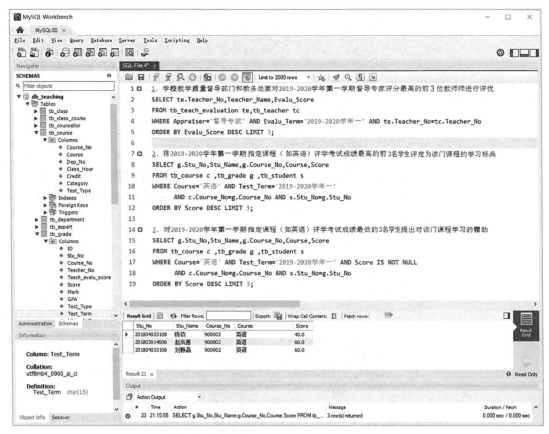

图 3-9 查询指定学期指定课程评学考试成绩最低的 3 名学生

2. 使用 MySQL Workbench 实施排序与限行查询

单击 MySQL Workbench 的菜单栏下方工具栏中的 按钮，在导航窗格右侧新建的 SQL 文本编辑器窗口中输入命令关键字 SELECT、FROM、WHERE 等。通过双击导航窗格中对应数据表下的列名及拖曳导航窗格中的数据表名至对应命令关键字后面等方式，补充查询的字段与数据表。选中 SELECT 所有命令行后，单击工具栏中的 按钮，则下方结果集输出窗口中会显示数据查询结果，如图 3-10 所示。

图 3-10 查询指定学期教师和学生的评教评学成绩情况

任务 3.4　分组统计和分析查询

任务分析

【任务描述】

在学期末，学校教学质量督导部门和教务处需要通过高校教学质量分析管理系统的数据统计功能，获得学生、教师、班级、专业、院系等不同范围的评学评教评分统计报表结果等（如按照学期对各学生的平均评学考试成绩与绩点汇总报表进行查询，对各专业或各学院的评学考试成绩均分统计报表进行查询等），实现一学期中对学生学习质量的多层级评估。

【任务要领】

❖ 聚合统计函数的语法和使用
❖ GROUP BY 分组统计查询子句的用法
❖ HAVING 子句对 GROUP BY 分组统计结果的条件筛选
❖ 使用窗口函数进行数据分析查询

技术准备

3.4.1　聚合函数

微课 3-6

聚合函数用于对列的一组值进行计算，然后返回单个值。常用聚合函数如表 3-9 所示。

表 3-9　常用聚合函数

常用聚合函数	功　能
SUM([ALL|DISTINCT] 列名|常量|表达式)	返回参数字段值的和（不统计 NULL 值）
AVG([ALL|DISTINCT] 列名|常量|表达式)	返回参数字段值的平均值（不统计 NULL 值）
COUNT([[ALL|DISTINCT] 列名|常量|表达式]|*)	返回参数字段值的数量（当参数为"*"时才统计 NULL 值，否则不统计）
MAX([ALL|DISTINCT] 列名|常量|表达式)	返回参数字段值中的最大值（不统计 NULL 值）
MIN([ALL|DISTINCT] 列名|常量|表达式)	返回参数字段值中的最小值（不统计 NULL 值）

说明：

① 聚合函数在统计参数字段值时，默认忽略 NULL 值；COUNT(*)用于统计所有记录行数（包含 NULL 值行）。

② DISTINCT：先去除参数字段值中的重复值，再进行聚合运算。

③ ALL：默认为 ALL，表示对所有非空值进行聚合运算。

【例 3-33】查询检索评学评教成绩表 tb_grade 中所有参加了评学考试或考查的学生人数、课程考查成绩的数量、已进行考试或考查的课程的门数、评学总分与平均分。

```
mysql> SELECT COUNT(DISTINCT Stu_No),COUNT(Mark),COUNT(DISTINCT Course_No),SUM(Score),AVG(Score)
    -> FROM tb_grade;
    +------------------------+-------------+---------------------------+------------+------------+
    | COUNT(DISTINCT Stu_No) | COUNT(Mark) | COUNT(DISTINCT Course_No) | SUM(Score) | AVG(Score) |
    +------------------------+-------------+---------------------------+------------+------------+
```

```
|                        78 |              25 |                    8 |   9680.0 |  72.23881 |
+---------------------------+-----------------+----------------------+----------+-----------+
1 rows in set (0.00 sec)
```

3.4.2　GROUP BY 与 HAVING 子句

微课 3-7

如果需要先按照某个字段的值进行分组，再对各组指定的数据进行统计查询，比如按照性别分别统计男生和女生的人数，按照专业统计各专业开设的班级数量，按照学号统计各学生某学期评学考试最低分是否达到奖学金评定分数线以进行奖学金资格审定，都要使用 GROUP BY 子句按照分组所根据的字段，通过相应聚合函数对查询结果集进行分组统计。

分组统计查询的语法格式如下：

```
SELECT [ALL|DISTINCT] 分组列表达式，…，聚合函数统计表达式，…
FROM 数据表名1 [数据表别名1] [，…]
[WHERE 条件表达式]
GROUP BY 分组依据列1 [，…] [WITH ROLLUP]
[HAVING 条件表达式];
```

说明：

① SELECT 子句中的聚合函数按照指定聚合字段对分组的数据行进行统计。

② WHERE：先对 FROM 中指定数据表的记录按照条件筛选，再对符合条件的记录进行分组统计。

③ GROUP BY：按照指定字段的值进行分组，字段的值相同的作为一组。可以按照多个字段进行分组，多个分组关键字段间使用"，"隔开。

④ WITH ROLLUP：使分组统计结果集中既包含 GROUP BY 分组的行也包含汇总行。

⑤ HAVING：对分组统计后的数据记录集按照条件进行筛选。

【例 3-34】查询统计学生信息表 tb_student 中男生和女生的人数。

```
mysql> SELECT Gender,COUNT(Gender) FROM tb_student GROUP BY Gender;
+--------+---------------+
| Gender | COUNT(Gender) |
+--------+---------------+
| 女     |            56 |
| 男     |            30 |
+--------+---------------+
2 rows in set (0.00 sec)
```

GROUP BY 子句带上 WITH ROLLUP 参数可以输出分组的汇总值。例如，查询统计学生信息表 tb_student 中男生和女生的人数和总人数：

```
mysql> SELECT Gender,COUNT(Gender) FROM tb_student GROUP BY Gender WITH ROLLUP;
+--------+---------------+
| Gender | COUNT(Gender) |
+--------+---------------+
| 男     |            30 |
| 女     |            56 |
| NULL   |            86 |
+--------+---------------+
3 rows in set (0.00 sec)
```

【例 3-35】查询统计 2019—2021 级专业总人数超过 100 的各专业所开设的班级数量及其总人数。

```
mysql> SELECT Profession_No,Class_Name,COUNT(Class_No),SUM(Per_Quantity) FROM tb_class
    -> WHERE LEFT(Class_No,4) BETWEEN '2019' AND '2021' AND SUM(Per_Quantity) > 100
    -> GROUP BY Profession_No;
ERROR 1111 (HY000): Invalid use of group function
```

— =学习提示= —

① WHERE 子句的筛选条件中不能包含聚合函数，只能对分组前的指定数据表中的记录进行筛选，所以 WHERE 子句在 FROM 子句后、在 GROUP BY 子句前。否则 WHERE 子句筛选包含聚合函数的条件会报错 "Invalid use of group function"（聚合函数的使用无效）。要筛选包含聚合函数的条件，只能通过 WHERE 子查询或 GROUP BY 的 HAVING 子句。

② HAVING 子句用于对分组后的统计结果记录集进行筛选，所以 HAVING 子句可以使用聚合函数筛选条件，并且只能与 GROUP BY 子句一起使用，写在 GROUP BY 子句后。

③ SELECT 分组统计查询各子句的执行顺序如下：执行 WHERE 子句，从数据表中选取满足条件的数据行；执行 GROUP BY 子句，对选取的数据行按照指定字段的值进行分组；执行 SELECT 子句中的聚合函数，对每组数据按照指定聚合要求进行统计；执行 HAVING 子句，对分组统计后的数据行再按照指定条件筛选出结果集数据。

```
mysql> SELECT Profession_No,Class_Name,COUNT(Class_No),SUM(Per_Quantity)
    -> FROM tb_class WHERE LEFT(Class_No,4) BETWEEN '2019' AND '2021'
    -> GROUP BY Profession_No HAVING SUM(Per_Quantity) > 100;
+---------------+-----------------+-----------------+-------------------+
| Profession_No | Class_Name      | COUNT(Class_No) | SUM(Per_Quantity) |
+---------------+-----------------+-----------------+-------------------+
| 0201          | 会计 1931        |               2 |               117 |
| 0202          | 理财 1931        |               3 |               140 |
| 0301          | 电子商务 1931    |               3 |               117 |
| 0402          | 移动应用开发 1931 |               4 |               148 |
| 0403          | 大数据 1931      |               3 |               126 |
+---------------+-----------------+-----------------+-------------------+
5 rows in set (0.00 sec)
```

— =学习提示= —

① 在 SELECT 子句的查询输出列表中，对于非分组依据和非聚合统计的列，默认只会输出该列在一组中的首值（如例 3-35 中的 Class_Name）。若需要输出该列在一组中包含的所有值，则可通过 GROUP_CONCAT() 函数实现同一分组中指定列的各值按照指定分隔符连接全部输出。

② GROUP_CONCAT() 函数必须和 GROUP BY 子句一起使用。

GROUP_CONCAT() 函数的语法格式如下：

```
GROUP_CONCAT([DISTINCT] 非分组统计列 [ORDER BY 列名] [SEPARATOR '分隔符'])
```

其中，DISTINCT 用于排除同一分组中该列的重复值；ORDER BY 用于将同一分组中的指定列值排序后再连接；SEPARATOR 用于指定同一分组中非分组统计列的各值连接时的分隔符，默认分隔符为英文逗号 ","。

```
mysql> SELECT Profession_No,GROUP_CONCAT(Class_Name),COUNT(Class_No),SUM(Per_Quantity)
    -> FROM tb_class WHERE LEFT(Class_No,4) BETWEEN '2019' AND '2021'
```

```
  -> GROUP BY Profession_No HAVING SUM(Per_Quantity)>100;
+------------+--------------------------------------------------------------------+----------------+------------------+
|Profession_No| GROUP_CONCAT(Class_Name)                                          |COUNT(Class_No)|SUM(Per_Quantity)|
+------------+--------------------------------------------------------------------+----------------+------------------+
|0201        |会计1931,会计2031                                                    |             2 |             117 |
|0202        |理财1931,理财2031,投资与理财2131                                      |             3 |             140 |
|0301        |电子商务1931,电子商务2031,电子商务213                                  |             3 |             117 |
|0402        |移动应用开发1931,移动应用开发2031,移动应用开发2131,移动应用开发2132    |             4 |             148 |
|0403        |大数据1931,大数据2031,大数据2131                                      |             3 |             126 |
+------------+--------------------------------------------------------------------+----------------+------------------+
5 rows in set (0.00 sec)
```

【例 3-36】查询 2019—2020 学年第一学期软件技术专业（学号的第 5、6 位为该生所在专业的编号 04）中，符合申报学校一等奖学金的学生的学号、姓名、评学考试分数及所获绩点情况。（申报学校一等奖学金的条件为评学考试平均绩点达 4.0、单科分数不低于 80 分。）

```
mysql> SELECT g.Stu_No,Stu_Name,MIN(Score),AVG(GPA)
  -> FROM tb_grade g JOIN tb_student s ON g.Stu_No = s.Stu_No
  -> WHERE Test_Term = '2019-2020 学年一' AND SUBSTRING(g.Stu_No,5,2) = '04'
  -> GROUP BY g.Stu_No,Stu_Name HAVING AVG(GPA) >= 4.0 AND MIN(Score) >= 80;
+--------------+-----------+------------+----------+
| Stu_No       | Stu_Name  | MIN(Score) | AVG(GPA) |
+--------------+-----------+------------+----------+
| 201804013014 | 李晶      |       98.0 |  4.50000 |
| 201804023508 | 白文静    |       81.0 |  4.00000 |
+--------------+-----------+------------+----------+
2 rows in set (0.00 sec)
```

3.4.3　使用窗口函数进行数据分析查询

MySQL 从 8.0 版本开始支持窗口函数，窗口函数也称 OLAP（Online Analytical Processing，联机分析处理）函数，可以对数据进行实时分析处理。窗口函数在统计类的需求中很常见，稍微复杂一点的统计查询需求就有可能用到窗口函数，使用窗口函数能极大地简化 SQL 语句。比如，每组内的排名、TOP n 问题等查询业务需求都需要使用窗口函数。

微课 3-8

1. 窗口函数的分类

窗口函数总体上可以分为非聚合的专用窗口函数和表 3-9 中的聚合函数，即聚合函数也可以作为窗口函数使用。区别是聚合函数会将多条记录聚合为一条；而窗口函数则会执行每条记录，有几条记录执行完还是几条。专用窗口函数如表 3-10 所示。

表 3-10　专用窗口函数

分类	函数名	说　明
序号函数	ROW_NUMBER()	为查询结果集按照指定值增加顺序排序行序号，如 1、2、3…
	RANK()	为查询结果集按照指定值增加排序行序号，如果存在相同的位次，则对并列排序行会跳过重复序号，如 1、1、3、5…
	DENSE_RANK()	为查询结果集按照指定值增加排序行序号，如果存在相同的位次，则对并列排序行不会跳过重复序号，如 1、1、2、3、5…
分布函数	PERCENT_RANK()	等级值百分比。其计算结果为小于该条记录值的所有记录的行数/(该分组的总行数-1)，因此该记录的返回值为[0,1]
	CUME_DIST()	累积分布值，即分组值<=当前值的行数与分组总行数的比值

（续）

分类	函数名	说　　明
前后函数	LAG(表达式,n)	返回当前行的前 n 行的表达式值
	LEAD(表达式,n)	返回当前行的后 n 行的表达式值
首尾函数	FIRST_VALUE(表达式)	返回分组内截止当前行的第一个表达式值
	LAST_VALUE(表达式)	返回分组内截止当前行的最后一个表达式值
其他函数	NTH_VALUE(表达式,n)	返回分组内截止当前行的第 n 个表达式值
	NTILE(n)	返回当前行在分组内的分桶编号，即计算时先将该分组内的所有有序数据分为 n 个桶，记录桶编号

对于专用窗口函数，本书仅介绍常用的序号函数。

2. 窗口函数的使用

窗口函数可以理解为记录集合，窗口函数就是在满足某种条件的记录集合上执行的特殊函数，集合中的每条记录都要在此窗口内执行函数。因为窗口函数是对 WHERE 或 GROUP BY 子句处理后的结果进行操作，主要功能是对查询结果记录集进行数据分析，所以窗口函数原则上只用在 SELECT 语句中。窗口函数的使用语法格式如下：

`窗口函数 OVER ([PARTITION BY 分组字段] [ORDER BY 排序字段 [ASC|DESC]) [[AS] 列名]`

说明：

① OVER：指定函数执行的窗口范围。若省略 OVER 后括号中的内容，则窗口会包含满足 WHERE 条件的所有行，窗口函数会基于所有满足 WHERE 条件的记录进行计算。

② PARTITION BY 子句：指定窗口函数按照哪些字段进行分组，分组后，窗口函数可以在每个分组中分别执行。

③ ORDER BY 子句：指定窗口函数按照哪些字段进行排序，执行排序操作使窗口函数按照排序后的数据记录的顺序进行编号。

【例 3-37】查询班级信息表 tb_class，对软件学院（专业编号前两位为"04"）的所有班级按照专业分析各专业的累积人数，累积人数统计列的名称为"Ac_Per"。查看各专业中对应班级的班级名称、专业编号、人数，以及各专业的累计人数。

```
mysql> SELECT Class_Name,Profession_No,Per_Quantity,
    -> SUM(Per_Quantity) OVER(PARTITION BY Profession_No ORDER BY Class_Name) AS Ac_Per
    -> FROM tb_class  WHERE LEFT(Profession_No,2) = '04';
+------------------+---------------+--------------+--------+
| Class_Name       | Profession_No | Per_Quantity | Ac_Per |
+------------------+---------------+--------------+--------+
| 软件技术 1831    | 0401          |           45 |     45 |
| 软件技术 1931    | 0401          |           30 |     75 |
| 软件技术 2031    | 0401          |           30 |    105 |
| 移动应用开发 1831| 0402          |           33 |     33 |
| 移动应用开发 1931| 0402          |           35 |     68 |
| 移动应用开发 2031| 0402          |           41 |    109 |
| 移动应用开发 2131| 0402          |           39 |    148 |
| 移动应用开发 2132| 0402          |           33 |    181 |
| 大数据 1831      | 0403          |           40 |     40 |
| 大数据 1931      | 0403          |           50 |     90 |
| 大数据 2031      | 0403          |           31 |    121 |
| 大数据 2131      | 0403          |           45 |    166 |
+------------------+---------------+--------------+--------+
12 rows in set (0.00 sec)
```

从上述分析结果可知，普通聚合函数 SUM( )后加上 OVER 子句就作为了窗口函数，按照"Profession_No"字段进行分组，累计各专业中对应班级的人数之和，Ac_Per 列中每组的最后一行值就是该专业组累计的人数总和。

> ══学习提示══
>
> ① 普通聚合函数和窗口函数的区别是：普通聚合函数会将多条记录聚合为一条；而窗口函数则会执行每条记录，有几条记录执行完还是几条。
>
> ② 窗口函数和 GROUP BY 子句在查询中对数据进行分组有类似之处，其区别在于：窗口函数会对每个分组之后的数据进行分别操作，也就是将分组的结果置于每条数据记录中；而 GROUP BY 子句则只对分组之后的数据使用聚合函数汇总，会把分组的结果聚合成一条记录。
>
> ③ 窗口函数适用的场景：对分组统计结果中的每条记录都进行计算的场景下使用窗口函数更好。（因为 MySQL 的普通聚合函数的 GROUP BY 分组统计结果是每组中只有一条记录。）

【例 3-38】查询教师教学质量评价表 tb_teach_evaluation，分析所有督导专家为教师教学质量评分的排名，并对每条记录排列序号。查看序号（列名 Num）、每位督导专家所评分的教师的编号、评价人编号、评价人类型、评分和评分排名（列名 Rank_Score、D_Rank_Score 降序排序）。

```
mysql> SELECT ROW_NUMBER() OVER(ORDER BY Evalu_Score DESC) AS Num,
    ->        Teacher_No,Appraiser_No,Appraiser, Evalu_Score,
    ->        RANK() OVER(ORDER BY Evalu_Score DESC) AS Rank_Score,
    ->        DENSE_RANK() OVER(ORDER BY Evalu_Score DESC) AS D_Rank_Score
    -> FROM tb_teach_evaluation WHERE Appraiser = '督导专家';
+-----+-----------+--------------+-----------+-------------+-----------+--------------+
| Num | Teacher_No| Appraiser_No | Appraiser | Evalu_Score | Rank_Scor | D_Rank_Score |
+-----+-----------+--------------+-----------+-------------+-----------+--------------+
|   1 | 000009    | 600004       | 督导专家  |        91.0 |         1 |            1 |
|   2 | 000002    | 600004       | 督导专家  |        91.0 |         1 |            1 |
|   3 | 000002    | 600003       | 督导专家  |        90.0 |         3 |            2 |
|   4 | 000009    | 600004       | 督导专家  |        90.0 |         3 |            2 |
|   5 | 000005    | 600003       | 督导专家  |        90.0 |         3 |            2 |
|   6 | 000002    | 600002       | 督导专家  |        89.0 |         6 |            3 |
|   7 | 000009    | 600002       | 督导专家  |        88.0 |         7 |            4 |
|   8 | 000009    | 600001       | 督导专家  |        88.0 |         7 |            4 |
|   9 | 000005    | 600005       | 督导专家  |        88.0 |         7 |            4 |
|  10 | 000002    | 600001       | 督导专家  |        86.0 |        10 |            5 |
|  11 | 000005    | 600005       | 督导专家  |        86.0 |        10 |            5 |
|  12 | 000010    | 600002       | 督导专家  |        85.0 |        12 |            6 |
|  13 | 000010    | 600002       | 督导专家  |        82.0 |        13 |            7 |
|  14 | 000010    | 600001       | 督导专家  |        80.0 |        14 |            8 |
|  15 | 000003    | 600004       | 督导专家  |        80.0 |        14 |            8 |
|  16 | 000004    | 600003       | 督导专家  |        78.0 |        16 |            9 |
|  17 | 000003    | 600002       | 督导专家  |        78.0 |        16 |            9 |
|  18 | 000004    | 600002       | 督导专家  |        77.0 |        18 |           10 |
|  19 | 000003    | 600001       | 督导专家  |        76.0 |        19 |           11 |
|  20 | 000003    | 600003       | 督导专家  |        75.0 |        20 |           12 |
+-----+-----------+--------------+-----------+-------------+-----------+--------------+
20 rows in set (0.00 sec)
```

从上述分析结果可知，ROW_NUMBER()函数为窗口数据范围内的每条记录都添加了连续自然数列的序号，RANK()和 DENSE_RANK()函数都针对窗口内数据的评分值高低进行了排名。只是 RANK()函数返回当前值在数据范围内的位次，因此会跳过重复的编号；而 DENSE_ RANK()函数则返回名次的序号值，因此不会跳过重复的编号。

3.4.4　实施分组统计查询

1. 使用命令行客户端实施分组统计查询

统计 2019—2020 学年第一学期各学院每名学生的评学考试平均分数、平均绩点，将查询结果集存入新表 summary_19201_learn，得到该学期各学院学生评学质量汇总报表。

（1）用 CREATE TABLE...SELECT...语句将 SELECT 查询结果集生成为一个新数据表。

（2）用 GROUP BY 子句按照评学评教成绩表中的学生学号进行分组，统计各学院每名学生的评学考试平均分数和平均绩点。

（3）用 ORDER BY 子句按照学生学号中包含的学院编号进行排序，使查询结果集中每名学生的分组统计数据可以按照学院编号顺序排列，如图 3-11 所示。注意，当同时使用 ORDER BY 子句和 GROUP BY 子句时，ORDER BY 子句要放在 GROUP BY 子句后。

```
管理员: 命令提示符 - mysql -uroot -p                                      —    □    ×
mysql> CREATE TABLE IF NOT EXISTS summary_19201_learn
    -> SELECT Department, g.Stu_no, Stu_Name, AVG(Score) 'Avg_Score', AVG(GPA) 'AVG_GPA', Test_Term
    -> FROM tb_grade g JOIN tb_student s ON g.Stu_No=s.Stu_No
    -> JOIN tb_department d ON SUBSTR(g.Stu_No,5,2)=RIGHT(Dep_No,2)
    -> WHERE Test_Term = '2019-2020学年一'
    -> GROUP BY g.Stu_No, Stu_Name
    -> ORDER BY SUBSTRING(g.Stu_No,5,2);
Query OK, 32 rows affected, 7 warnings (0.04 sec)
Records: 32  Duplicates: 0  Warnings: 7

mysql> _
```

图 3-11　使用命令行客户端生成各学院学生评学质量汇总报表

（4）查看 2019—2020 学年第一学期学生评学质量汇总报表 summary_19201_learn 中的数据记录，如图 3-12 所示。

```
管理员: 命令提示符 - mysql -uroot -p                                      —    □    ×
mysql> SELECT * FROM summary_19201_learn;
```

Department	Stu_No	Stu_Name	Avg_Score	AVG_GPA	Test_Term
会计学院	201902016201	张驰	87.00000	4.00000	2019-2020学年一
会计学院	201902016202	耿辉明	71.00000	3.50000	2019-2020学年一
会计学院	201902016203	苗壮丽	67.00000	3.00000	2019-2020学年一
会计学院	201902016204	文静	60.00000	3.00000	2019-2020学年一
会计学院	201802015905	刘美玲	90.00000	4.50000	2019-2020学年一
经济贸易学院	201903013201	赵娜娜	57.50000	1.75000	2019-2020学年一
经济贸易学院	201803013205	王宏	50.00000	2.25000	2019-2020学年一
经济贸易学院	201903013207	石磊	62.00000	3.00000	2019-2020学年一
经济贸易学院	201803014002	刘丽	81.50000	4.00000	2019-2020学年一
经济贸易学院	201803014006	赵凤春	74.00000	3.50000	2019-2020学年一
软件学院	201804013001	苗妙	86.33333	3.30000	2019-2020学年一
软件学院	201904013003	王新方	68.50000	2.33333	2019-2020学年一
软件学院	201804013005	王潇潇	45.00000	2.66667	2019-2020学年一
软件学院	201804013006	赵勇	79.66667	2.87500	2019-2020学年一
软件学院	201904013009	赵宜静	73.00000	2.66667	2019-2020学年一
软件学院	201904024101	于华	NULL	3.50000	2019-2020学年一
软件学院	201904024102	任重	79.00000	4.00000	2019-2020学年一
软件学院	201904024103	赵宏伟	NULL	3.50000	2019-2020学年一
软件学院	201904024104	黄玉洁	65.00000	3.75000	2019-2020学年一
软件学院	201904024105	闫晓雨	70.00000	3.75000	2019-2020学年一
软件学院	201804024106	牛芳芳	89.00000	3.50000	2019-2020学年一
软件学院	201904024108	李小蟹	89.00000	4.50000	2019-2020学年一
软件学院	201804033106	刘静晶	78.33333	3.83333	2019-2020学年一
软件学院	201804033108	陈钧	63.50000	2.00000	2019-2020学年一
软件学院	201804013014	李晶	98.00000	4.50000	2019-2020学年一
软件学院	201904023502	池跃敏	70.00000	3.50000	2019-2020学年一
软件学院	201904024110	胡燕燕	70.00000	3.50000	2019-2020学年一
软件学院	201904023503	史美霞	56.00000	0.00000	2019-2020学年一
软件学院	201804035001	乔美佳	73.00000	3.50000	2019-2020学年一
软件学院	201904023501	苏玉珍	73.00000	3.50000	2019-2020学年一
软件学院	201904033107	孙飞燕	63.50000	2.00000	2019-2020学年一
软件学院	201804023508	白文静	81.00000	4.00000	2019-2020学年一

图 3-12　查看学生评学质量汇总报表中的数据记录

2. 使用 MySQL Workbench 实施分组统计查询

分学院统计 2019—2020 学年第一学期各学院的评学平均分，得到该学期各学院评学质量汇总报表 summary_19201_Departments，如图 3-13 所示。

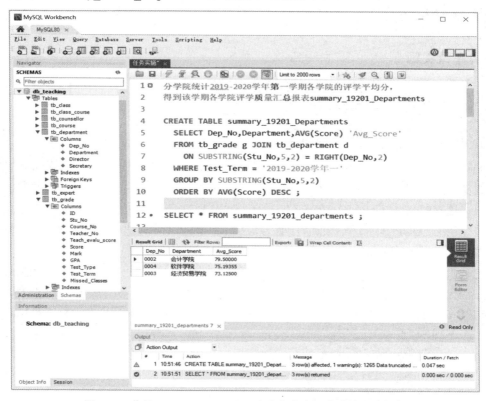

图 3-13   使用 MySQL Workbench 生成各学院评学质量汇总报表

任务 3.5   子查询

 任务分析

【任务描述】

在学期末，教学督导部门和教务处不仅需要通过高校教学质量分析管理系统中的评学评教数据，获得学生对各位教师的评教分数、以及同行教师与督导专家对各位教师的评价评语与评价评分的汇总报表，还需要分学院查看各专业教研室各位教师的教学质量数据，等等，实现一学期中对教师教学质量的多层级评估。

【任务要领】

❖ 单值比较运算符与多值比较运算符的嵌套比较子查询
❖ EXISTS（存在）相关子查询

❖ 将子查询结果作为派生表

❖ 运用子查询进行数据的添加、修改、删除、查询

子查询也是一个 SELECT 语句，它可以嵌套在 INSERT 语句、DELETE 语句、UPDATE 语句、SELECT 语句中，将子查询结果作为数据管理操作的条件值、对象或派生表。

子查询是把一个复杂的查询分解成一系列的逻辑步骤，使得可以使用单表查询命令的方式来解决复杂查询问题，也是多表查询的一种有效方法。

在含有子查询的语句中，子查询必须写在圆括号内。

3.5.1 比较子查询

子查询返回的结果值与外层数据操作命令的 WHERE 子句中指定的字段值进行比较，作为外层数据操作命令的条件来筛选记录。

根据子查询返回值的数量，使用不同比较运算符构成 WHERE 筛选记录条件。

1. 单值返回比较子查询

当子查询返回的结果为单个值时，可以使用=、>、<、>=、<=、<>、!=等比较运算符为外层数据操作的筛选记录条件提供比较值。

【例 3-39】查询与秦奋老师在同一教研室的所有教师的编号、姓名、所在教研室编号和职称信息。

```
mysql> SELECT Teacher_No,Teacher_Name,Staff_No,Positional_Title FROM tb_teacher
    -> WHERE Staff_No = (SELECT Staff_No FROM tb_teacher WHERE Teacher_Name = '秦奋');
+------------+--------------+----------+------------------+
| Teacher_No | Teacher_Name | Staff_No | Positional_Title |
+------------+--------------+----------+------------------+
| 000001     | 周成功        | 040201   | 副教授            |
| 000010     | 崔美娇        | 040201   | 副教授            |
| 000011     | 秦奋          | 040201   | NULL             |
+------------+--------------+----------+------------------+
3 rows in set (0.00 sec)
```

由上述内容可知，首先通过内层子查询在 tb_teacher 表中查询到秦奋老师所在的教研室编号（查询到"Staff_No"字段的值），然后根据子查询查询到的"Staff_No"字段的值"040201"，在外层查询的 tb_teacher 表中通过 WHERE 筛选条件查找"Staff_No"字段的值为"040201"的教研室中的教师的信息。

=学习提示=

嵌套比较子查询的执行顺序是"先内后外"，即先执行最内层的子查询，再将内层子查询的结果作为上一级外层查询的筛选条件值来执行外层查询。

【例 3-40】查询何方同学的网页设计课程的评学考试成绩，查看该学生的学号、课程编号、评学考试分数和成绩等级。

```
mysql> SELECT Stu_No,Course_No,Score,Mark  FROM tb_grade
    -> WHERE Stu_No = (SELECT Stu_No FROM tb_student WHERE Stu_Name = '何方')
    ->   AND Course_No = (SELECT Course_No FROM tb_course WHERE Course = '网页设计' );
+------------+-----------+-------+------+
| Stu_No     | Course_No | Score | Mark |
+------------+-----------+-------+------+
| 202004013002 | 900012    | NULL  | 及格 |
+------------+-----------+-------+------+
1 rows in se t (0.00 sec)
```

对比：如果使用连接查询的方式查询何方同学的网页设计课程的评学考试成绩，则可以查看到该学生的学号、姓名、课程编号、课程名称、评学考试分数和成绩等级。比较总结子查询与连接查询这两种数据查询方式有何不同。

```
mysql> SELECT g.Stu_No,Stu_Name,g.Course_No,Course,Score,Mark
    -> FROM tb_student s JOIN tb_grade g ON s.Stu_No = g.Stu_No JOIN tb_course c ON g.Course_No = c.Course_No
    -> WHERE Stu_Name = '何方' AND Course = '网页设计';
+------------+----------+-----------+----------+-------+------+
| Stu_No     | Stu_Name| Course_No | Course   | Score | Mark |
+------------+----------+-----------+----------+-------+------+
| 202004013002 | 何方     | 900012    | 网页设计 | NULL  | 及格 |
+------------+----------+-----------+----------+-------+------+
1 rows in set (0.00 sec)
```

> ═学习提示═
>
> 子查询与连接查询在很多情况下可以互换，两者的区别和互换原则如下：
>
> ① 当外层查询要输出的结果集中包含的字段来自多个数据表时，用连接查询。
>
> ② 当外层查询要输出的结果集中包含的字段只来自一个数据表但其 WHERE 子句筛选条件涉及另一个数据表时，常用子查询。
>
> ③ 几乎所有连接查询中使用关键字 JOIN 的查询部分都可以写成子查询，但连接查询的效率高于子查询的效率。

【例 3-41】查询软件学院超过了学校平均班级人数的班级的编号、班级名称、人数。

```
mysql> SELECT Class_No,Class_Name,Per_Quantity FROM tb_class
    -> WHERE Per_Quantity > AVG(Per_Quantity) AND SUBSTRING(Class_No,5,2) = (SELECT RIGHT(Dep_No,2)
    ->                                                                       FROM tb_department);
ERROR 1111 (HY000): Invalid use of group function
```

上述语句执行结果报错："Invalid use of group function"（聚合函数的使用无效）。

```
mysql> SELECT Class_No,Class_Name,Per_Quantity FROM tb_class
    -> WHERE Per_Quantity > (SELECT AVG(Per_Quantity) FROM tb_class)
    ->   AND SUBSTRING(Class_No,5,2) = (SELECT RIGHT(Dep_No,2) FROM tb_department
    ->                                  WHERE Department='软件学院');
+------------+--------------+--------------+
| Class_No   | Class_Name   | Per_Quantity |
+------------+--------------+--------------+
| 2018040101 | 软件技术 1831 |           45 |
| 2019040301 | 大数据 1931   |           50 |
| 2021040301 | 大数据 2131   |           45 |
+------------+--------------+--------------+
3 rows in set (0.00 sec)
```

WHERE 子句的条件表达式中不能直接比较聚合函数值。所以，当 WHERE 子句的筛选记录条件表达式涉及聚合函数计算进行数值比较时，要先用子查询来获得聚合函数的计算结果，再把这个计算结果代入外层数据操作的 WHERE 子句的条件表达式中进行比较。

2. 多值返回比较子查询

当子查询返回的结果为多个值时，可以使用 IN、ANY、ALL、SOME 等批量比较运算符，判断外层数据操作的筛选条件所比较的某个字段值是否在子查询返回的结果集中。其语法格式如下：

WHERE 表达式 [NOT] IN (子查询)

WHERE 表达式 比较运算符 [ANY|SOME|ALL] (子查询)

说明：

① IN：表达式的值只要与子查询返回的结果集中的某个值相等，即满足条件。

② ANY 和 SOME 是同义词：表达式的值只要与子查询返回的结果集中的某个值满足比较关系，即满足条件。

③ ALL：只有当表达式的值与子查询返回的结果集中的每个值都满足比较关系时，才满足条件。

【例 3-42】查询软件技术 2031 班开设的课程信息，查看所开课程的课程编号、课程名称、课程学时数、课程学分。

```
mysql> SELECT Course_No,Course,Class_Hour,Credit FROM tb_course
    -> WHERE Course_No IN (SELECT Course_No FROM tb_class_course
    ->                     WHERE Class_No = (SELECT Class_No FROM tb_class
    ->                                       WHERE Class_Name = '软件技术 2031'));
+-----------+---------------------+------------+--------+
| Course_No | Course              | Class_Hour | Credit |
+-----------+---------------------+------------+--------+
| 900011    | Python 程序设计      | 108.0      | 4.0    |
| 900012    | 网页设计            | 72.0       | 2.0    |
| 900013    | SQL Server 管理与开发 | 108.0      | 4.0    |
+-----------+---------------------+------------+--------+
3 rows in set (0.00 sec)
```

或者

```
mysql> SELECT Course_No,Course,Class_Hour,Credit FROM tb_course
    -> WHERE Course_No =ANY(SELECT Course_No FROM tb_class_course
    ->                      WHERE Class_No = (SELECT Class_No FROM tb_class
    ->                                        WHERE Class_Name = '软件技术 2031'));
```

子查询可以嵌套更深一级的子查询，最多可以嵌套 32 层。

【例 3-43】查询人数超过了大数据专业班级中最多人数班级的各班情况，查看这些班级的班级编号、班级名称、人数。

```
mysql> SELECT Class_No,Class_Name,Per_Quantity FROM tb_class
    -> WHERE Per_Quantity >ALL(SELECT Per_Quantity FROM tb_class WHERE Class_Name LIKE '大数据%');
```

```
+------------+-------------+--------------+
| Class_No   | Class_Name  | Per_Quantity |
+------------+-------------+--------------+
| 2019020101 | 会计1931    |           62 |
| 2020020101 | 会计2031    |           55 |
+------------+-------------+--------------+
2 rows in set (0.00 sec)
```

或者

```
mysql> SELECT Class_No,Class_Name,Per_Quantity FROM tb_class
    -> WHERE Per_Quantity > (SELECT MAX(Per_Quantity) FROM tb_class WHERE Class_Name LIKE '大数据%');
```

3.5.2　EXISTS 相关子查询

微课 3-10

EXISTS 表示存在，带关键字 EXISTS 的子查询不返回任何实际数据，仅返回一个逻辑值，作为外层查询 WHERE 筛选条件的结果。它关注的是子查询是否有记录返回，若子查询返回的结果集不为空，则 EXISTS 子查询返回 TRUE，否则返回 FALSE。语法格式如下：

```
WHERE [NOT] EXISTS (子查询)
```

说明：

① 由于带关键字 EXISTS 的子查询不需要返回实际数据，因此这种子查询的 SELECT 子句中结果列表达式用"*"表示，因为给出列名并没有意义。

② 由于带关键字 EXISTS 的子查询的 WHERE 条件要依赖于外层查询中的某个列值，因此称为相关子查询。

③ EXISTS（存在）相关子查询的处理过程是"反复逐行，先外后内"，即从外层查询的第 1 行记录开始，外层查询每查询一行，子查询就引用外层查询相关列值进行比较、执行一遍，若相关子查询返回 TRUE，则表示子查询有匹配记录行存在，外层查询取出该行放入结果集，然后外层查询继续查询下一行记录，子查询再次引用外层查询相关列值进行比较、执行一遍，如此子查询重复执行，直到处理筛查完外层查询的所有行。

【例 3-44】查询同行教师和督导专家对郭瑞老师的所有评价评分与评价评语情况，以及进行评价的学期。

```
mysql> SELECT Teacher_No,Evalu_Score,Evalu_Comment,Evalu_Term FROM tb_teach_evaluation
    -> WHERE EXISTS(SELECT * FROM tb_teacher WHERE Teacher_Name='郭瑞'
    ->                        AND tb_teacher.Teacher_No = tb_teach_evaluation.Teacher_No);
+------------+-------------+------------------------------------------+------------------+
| Teacher_No | Evalu_Score | Evalu_Comment                            | Evalu_Term       |
+------------+-------------+------------------------------------------+------------------+
| 000002     |        90.0 | 讲解清晰，翻转课堂                        | 2019-2020 学年一 |
| 000002     |        86.0 | 授课效果较好，学生反馈积极                | 2019-2020 学年一 |
| 000002     |        90.0 | 善于引导，递进式教学，对学生吸引力强      | 2019-2020 学年一 |
| 000002     |        86.0 | 课堂活跃，与学生互动设计比较多            | 2019-2020 学年一 |
| 000002     |        91.0 | 课堂有趣，互动性好                        | 2019-2020 学年二 |
| 000002     |        89.0 | 授课生动，讲解清晰                        | 2019-2020 学年二 |
| 000002     |        91.0 | 讲课对学生吸引力大                        | 2019-2020 学年二 |
+------------+-------------+------------------------------------------+------------------+
7 rows in set (0.00 sec)
```

=学习提示=

① 比较子查询的 SELECT 子句中的字段，与外层查询的 WHERE 筛选条件中的比较字段对应。EXISTS 相关子查询的 SELECT 子句中的字段为"*"，外层查询的 WHERE 筛选条件为使用关键字 EXISTS 判断子查询结果集是否存在。

② 比较子查询只执行一次，EXISTS 相关子查询要反复执行多次。

③ 比较子查询先内后外执行，EXISTS 相关子查询先外后内执行。

④ 比较子查询都能用 EXISTS 相关子查询等价替换，但不是所有的 EXISTS 相关子查询都能用比较子查询替换。

3.5.3　派生表子查询

派生表子查询是指子查询返回的结果集作为 FROM 子句的数据源。

当 FROM 子句的数据源是子查询返回的结果集时，可以将子查询返回的结果集视作派生表，它是一个虚拟表，并且必须为其设置一个别名，在 SELECT 查询语句中使用别名来引用派生表。

【例 3-45】查询年龄在 45 岁以下的青年教师的教师编号、教师姓名、年龄、职称信息。

```
mysql> SELECT *
    -> FROM (SELECT Teacher_No,Teacher_Name,YEAR(CURDATE())-YEAR(Birthday) Age, Positional_Title FROM tb_teacher) tt
    -> WHERE Age <= 45;
+------------+--------------+------+------------------+
| Teacher_No | Teacher_Name | Age  | Positional_Title |
+------------+--------------+------+------------------+
| 000005     | 张奇峰       |   39 | 助教             |
| 000007     | 陈飞翔       |   42 | 讲师             |
| 000008     | 魏程程       |   38 | 助教             |
| 000009     | 王新         |   44 | 讲师             |
| 000012     | 郑辉煌       |   43 | 教授             |
+------------+--------------+------+------------------+
5 rows in set (0.00 sec)
```

或者

```
mysql> SELECT Teacher_No,Teacher_Name,YEAR(CURDATE())-YEAR(Birthday) Age, Positional_Title
    -> FROM tb_teacher WHERE YEAR(CURDATE())-YEAR(Birthday) <= 45;
```

【例 3-46】查询督导专家和同行教师所给予评分中分数最高的教师的编号与评价评分。

```
mysql> SELECT a.Appraiser,a.Teacher_No,a.Evalu_Score
    -> FROM  tb_teach_evaluation a,(SELECT Appraiser,MAX(Evalu_Score) MaxScore
    ->                              FROM tb_teach_evaluation GROUP BY Appraiser) b
    -> WHERE a.Appraiser = b.Appraiser AND a.Evalu_Score = b.MaxScore;
+-----------+------------+-------------+
| Appraiser | Teacher_No | Evalu_Score |
+-----------+------------+-------------+
| 督导专家  | 000009     |        91.0 |
| 督导专家  | 000002     |        91.0 |
| 同行教师  | 000002     |        91.0 |
| 同行教师  | 000009     |        91.0 |
| 同行教师  | 000005     |        91.0 |
+-----------+------------+-------------+
```

```
5 rows in set (0.00 sec)
```

3.5.4　利用子查询添加、修改、删除表数据

微课 3-11

1．子查询用于添加表数据

INSERT 语句中的 SELECT 子查询可用于将子查询返回的结果集添加到指定数据表中，即同时添加多行数据，实现数据表复制，这种方式比使用多个单行的 INSERT 语句的效率要高。语法格式如下：

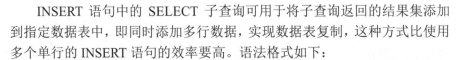

```
INSERT [INTO] 数据表名 [(列名1, 列名2, …)]
    SELECT 列表达式1, 列表达式2, …
    FROM 数据表名1 [数据表别名1] [INNER|OUTER|CROSS] [JOIN][, ] 数据表名2 [数据表别名2] …
        [ON 数据表名1.关联列 = 数据表名2.关联列] …
    [WHERE 条件表达式];
```

说明：

① 子查询中的 SELECT 语句与单表查询和多表查询中的 SELECT 语句的语法格式相同。

② INSERT 子句的目标表中列的顺序、数据类型及数量与 SELECT 子查询返回的结果集中对应列的顺序、数据类型及数量必须一致。

【例 3-47】创建退休教师信息表 tb_retiree，将每年数据审核时达到退休年龄 60 岁的教师记录添加到 tb_retiree 表中。

```
## 创建退休教师信息表 tb_retiree，其表结构与教师信息表 tb_teacher 的表结构相同
mysql> CREATE TABLE tb_retiree LIKE tb_teacher;
Query OK, 0 rows affected (0.05 sec)
## 将当年达到退休年龄 60 岁的教师记录添加到 tb_retiree 表中
mysql> INSERT INTO tb_retiree
    -> SELECT * FROM tb_teacher WHERE DATE_SUB(CURDATE(),INTERVAL 60 YEAR) >= Birthday;
Query OK, 2 rows affected (0.02 sec)
```

由上述 INSERT 语句执行结果可知，有两条当年退休教师记录添加到了 tb_retiree 表中。

2．子查询用于修改表数据

当被修改的数据需要依赖其他表数据时，可以将子查询返回的结果集作为 UPDATE 语句的 WHERE 条件的一部分，也可以将子查询返回的结果集作为 SET 语句修改的数据。

【例 3-48】将所有评学考试分数在 90 分以下少数民族学生的评学考试分数都增加 5 分。

```
mysql> UPDATE tb_grade SET Score = Score+5
    -> WHERE Stu_No IN (SELECT Stu_No FROM tb_student WHERE Nation <> '汉族') AND Score < 90;
Query OK, 26 rows affected (0.01 sec)
```

【例 3-49】在教师信息表 tb_teacher 中为每位教师设置一列"Quality_Score"（教学质量均分），统计教师教学质量评价表 tb_teach_evaluation 中督导专家和同行教师对各位教师的评价评分均分，更新教师信息表中对应教师的教学质量均分。

```
## 在教师信息表中设置一列"Quality_Score"，其与教师教学质量评价表中的"Evalu_Score"字段的数据类型相同
mysql> ALTER TABLE tb_teacher ADD COLUMN Quality_Score DECIMAL(4,1);
Query OK, 0 rows affected (0.10 sec)
Records: 0  Duplicates: 0  Warnings: 0
## 统计督导专家和同行教师对各位教师的评价评分均分，更新教师信息表中对应教师的教学质量均分
mysql> UPDATE tb_teacher
    -> SET Quality_Score = (SELECT AVG(Evalu_Score) FROM tb_teach_evaluation
```

```
                    WHERE tb_teacher.Teacher_No = tb_teach_evaluation.Teacher_No
                    GROUP BY Teacher_No);
Query OK, 12 rows affected, 0 warnings (0.00 sec)
```

3. 子查询用于删除表数据

当被删除数据的筛选条件需要依赖其他表数据进行判断时，可以将子查询返回的结果集作为 DELETE 语句的 WHERE 筛选删除记录条件的一部分。

【例 3-50】删除班级开课信息表 tb_class_course 中"网页设计"和"电子商务基础"两门课程的开课记录。

```
mysql> DELETE FROM tb_class_course
    -> WHERE Course_No IN(SELECT Course_No FROM tb_course WHERE Course IN('网页设计','电子商务基础'));
Query OK, 4 rows affected (0.01 sec)
```

> ── =学习提示= ─────
>
> 若 DELETE 语句要删除数据或 UPDATE 语句要修改数据的目标表与 SELECT 子查询的数据表一致，是同一个数据表，则 MySQL 是不支持的，即 MySQL 中不允许在对某数据表进行子查询的同时删除或修改该数据表中的数据。
>
> 解决办法为：将子查询返回的结果集作为一个派生表，为其起别名进行区分。

【例 3-51】删除班级开课信息表 tb_class_course 中班级编号相同的记录，只保留最小的 ID 对应的记录，即只保留各个开了课的相应班级。

```
mysql> DELETE FROM tb_class_course
    -> WHERE ID NOT IN(SELECT MIN(ID) FROM tb_class_course GROUP BY Class_No);
ERROR 1093 (HY000): You can't specify target table 'tb_class_course' for update in FROM clause
```

上述 DELETE 语句执行结果报错，意为"不能对 FROM 指定的'tb_class_course'目标表进行删除"，原因就是 SELECT 子查询的数据表与 DELETE 语句要删除数据的目标表是同一个数据表。解决方案如下：

```
mysql> DELETE FROM tb_class_course
    -> WHERE ID NOT IN(SELECT * FROM (SELECT MIN(ID) FROM tb_class_course GROUP BY Class_No) AS a);
Query OK, 10 rows affected (0.01 sec)
```

任务实施

3.5.5　实施子查询

1. 使用命令行客户端实施子查询

统计 2019—2020 学年第一学期同行教师与督导专家对各位教师的评价评语与评价评分均分，以及学生对各位教师的评教分数均分，将查询的教师教学质量评价数据记录存入新表 summary_19201_teach，得到该学期教师教学质量评价汇总报表。

（1）使用 CREATE TABLE...SELECT...语句将 SELECT 查询结果集直接生成为一个新数据表。

（2）对教师教学质量评价表进行子查询，将获得的同行教师与督导专家对各位教师的评价评分均分分组统计的结果集作为派生表 tb1。

（3）对评学评教成绩表进行子查询，将获得的学生对各位教师的评教分数均分分组统计的结果集作为派生表 tb2。

（4）将两个派生表连接，并连接教师信息表，3 个表连接查询出各位教师的编号、姓名、评价评语、评价评分均分、评教分数均分的报表数据，如图 3-14 所示。

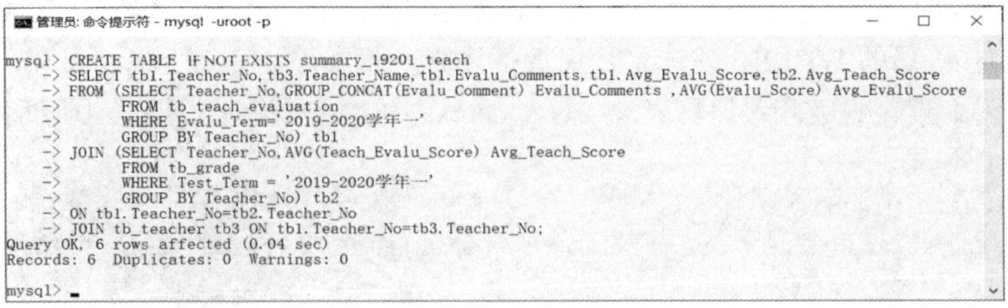

图 3-14　使用命令行客户端生成教师教学质量评价汇总报表

（5）查看 2019—2020 学年第一学期教师教学质量评价汇总报表 summary_19291_teach 中的数据记录，如图 3-15 所示。

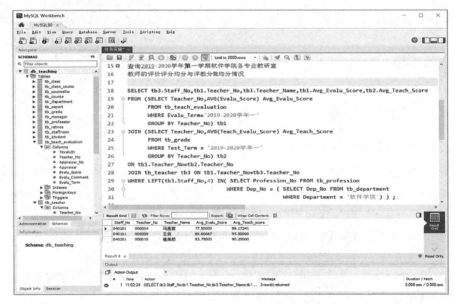

图 3-15　查看教师教学质量评价汇总报表中的数据记录

2. 使用 MySQL Workbench 实施子查询

查询 2019—2020 学年第一学期软件学院各专业教研室教师的评价评分均分与评教分数均分情况，如图 3-16 所示。

图 3-16　查询软件学院各专业教研室教师的评价评分均分与评教分数均分情况

任务 3.6　联合查询和逐行查询

【任务描述】

教学督导部门、教务处或各二级学院及教师对指定教师的教学质量量化值的查看，经常需要综合督导专家和同行教师的评价评语与评价评分、学生的评教分数，也就需要通过在高校教学质量分析管理系统后台数据库的不同数据表中，查询该教师的相应评分数据纵向合并查看。对于该教师任教课程班级的所有学生的评教分数，也能允许逐行逐条地查看。

【任务要领】

❖ UNION 联合查询合并结果集
❖ HANDLER 语句逐行查询浏览数据

3.6.1　关键字 UNION

微课 3-12

当要查询的数据在不同的结果集中，并且不能利用一个单独的查询语句得到时，可以使用关键字 UNION 合并多个结果集。

UNION 联合查询是将多个 SELECT 语句返回的结果集合并为单个结果集，该结果集包含了联合查询中每个查询结果集的全部行，而参与查询的 SELECT 语句中的字段的数量与顺序都必须相同，数据类型也必须兼容。语法格式如下：

```
SELECT 语句 1
UNION [ALL]
SELECT 语句 2
[UNION [ALL]
SELECT 语句 3]
[…];
```

说明：

① UNION：合并结果中会去除重复记录，所有返回的行都是唯一的。

② UNION ALL：合并结果中不删除重复行，返回所有行，也不对结果进行自动排序。

③ SELECT 语句：

❖ 联合查询的所有 SELECT 语句中的字段的个数必须相同，对应字段的数据类型必须相同或兼容。

❖ 联合查询的合并结果集中的字段名是第一个 SELECT 语句中的字段名。若为合并结果集中的字段指定别名，则必须在第一个 SELECT 语句中指定。

❖ 若对联合查询的记录进行排序等操作，则必须使用 "( )" 将每个 SELECT 语句括起来，并且在 ORDER BY 子句后添加关键字 LIMIT，限定联合查询排序的数量，通常用大于数据表记录数的任意值。

❖ 若在联合查询的最后进行 ORDER BY 排序，则只能使用第一个 SELECT 语句中的字段名。

【例 3-52】以联合查询方式查看副教授及以上职称教师的姓名、职称、参加工作日期、学位信息，按照职称降序显示，以及查看副教授以下职称教师的姓名、职称、出生日期、学历信息，按学历顺序显示。

```
mysql> (SELECT Teacher_Name,Positional_Title,Work_Date,Degree
    -> FROM tb_teacher WHERE Positional_Title LIKE '%教授' ORDER BY Positional_Title DESC LIMIT 100)
    -> UNION
    -> (SELECT Teacher_Name,Positional_Title,Birthday,Edu_Background
    -> FROM tb_teacher WHERE Positional_Title NOT LIKE '%教授' ORDER BY Edu_Background LIMIT 100);
+--------------+------------------+------------+----------+
| Teacher_Name | Positional_Title | Work_Date  | Degree   |
+--------------+------------------+------------+----------+
| 郑辉煌       | 教授             | 2006-09-01 | 博士     |
| 周成功       | 副教授           | 1992-09-01 | 学士     |
| 郭瑞         | 副教授           | 1996-09-01 | 学士     |
| 郭启霞       | 副教授           | 2001-09-01 | 硕士     |
| 崔美娇       | 副教授           | 1991-09-01 | 硕士     |
| 陈静婷       | 讲师             | 1961-09-18 | 本科     |
| 马惠君       | 讲师             | 1976-02-26 | 本科     |
| 王新         | 讲师             | 1978-05-19 | 本科     |
| 张奇峰       | 助教             | 1983-10-18 | 研究生   |
| 陈飞翔       | 讲师             | 1980-03-02 | 研究生   |
| 魏程程       | 助教             | 1984-12-20 | 研究生   |
+--------------+------------------+------------+----------+
11 rows in set (0.00 sec)
```

3.6.2 HANDLER 语句

微课 3-13

SELECT 语句查询返回的是包含记录行的结果集，HANDLER 语句查询则能一行一行地逐行查询结果记录，是 MySQL 专用的语句，不属于 SQL 标准，只适用于 InnoDB 和 MyISAM 存储引擎的数据表。

使用 HANDLER 语句逐行查询数据，必须先打开数据表，再开始逐条查询读取打开数据表中的记录行，查询完后关闭打开的数据表。

1. 打开数据表

使用 HANDLER OPEN 语句打开要查询的数据表，语法格式如下：

`HANDLER 数据表名 OPEN;`

2. 查询读取打开数据表中的记录行

使用 HANDLER READ 语句查询读取打开数据表中的记录行，语法格式如下：

`HANDLER 数据表名 READ FIRST|NEXT [WHERE 条件表达式];`

说明：

① FIRST：表示查询读取第一行；NEXT：表示查询读取下一行。

② WHERE：返回满足条件的行，同 SELECT 语句中的 WHERE 子句。但是这里的 WHERE 子句中的条件表达式不能使用子查询和访问其他数据表中的数据。

3. 关闭数据表

在记录行查询读取完后，必须使用 HANDLER CLOSE 语句关闭之前打开的数据表，语法格式如下：

```
HANDLER 数据表名 CLOSE;
```

【例 3-53】逐行查询读取软件学院开设的所有专业的信息。

```
## 打开专业信息表 tb_profession
mysql> HANDLER tb_profession OPEN;
Query OK, 0 rows affected (0.00 sec)
## 读取满足条件的第一行
mysql> HANDLER tb_profession READ FIRST WHERE LEFT(Profession_No,2)='04';
  +---------------+------------+--------+
  | Profession_No | Profession | Dep_No |
  +---------------+------------+--------+
  | 0401          | 软件技术    | 0004   |
  +---------------+------------+--------+
1 row in set (0.00 sec)
## 继续读取下一行
mysql> HANDLER tb_profession READ NEXT;
  +---------------+------------+--------+
  | Profession_No | Profession | Dep_No |
  +---------------+------------+--------+
  | 0402          | 移动应用开发| 0004   |
  +---------------+------------+--------+
1 row in set (0.00 sec)
## 继续读取下一行
mysql> HANDLER tb_profession READ NEXT;
  +---------------+------------+--------+
  | Profession_No | Profession | Dep_No |
  +---------------+------------+--------+
  | 0403          | 大数据技术  | 0004   |
  +---------------+------------+--------+
1 row in set (0.00 sec)
## 继续读取下一行，已将满足条件的记录读取完毕
mysql> HANDLER tb_profession READ NEXT;
Empty set (0.00 sec)
## 关闭专业信息表
mysql> HANDLER tb_profession CLOSE;
```

━ =学习提示= ━

① HANDLER 查询每次返回一行，SELECT 查询一次返回所有相关行。

② HANDLER 查询涉及的分析较少，比 SELECT 查询更快。

3.6.3 实施联合查询和逐行查询

1. 使用命令行客户端实施联合查询

综合查看指定教师郭瑞的教学质量的各方数据，包括同行教师、督导专家的评价评语与评价评分，以及学生对教师郭瑞任教课程的评教分数均分。

（1）SELECT 语句 1：查询教师教学质量评价表中督导专家对教师郭瑞的评价评语与评价评分，包括该教师的编号、评价人类型、评价评语、评价评分 4 项数据。

（2）SELECT 语句 2：查询教师教学质量评价表中同行教师对教师郭瑞的评价评语与评价评分，包括该教师的编号、评价人类型、评价评语、评价评分 4 项数据。

（3）SELECT 语句 3：分组统计查询评学评教成绩表中教师郭瑞不同任教课程下学生所给的评教分数均分，包括该教师编号、评教人类型、任教课程编号、评教分数均分 4 项数据。

（4）使用 UNION 联合查询关键字纵向合并 SELECT 语句 1、SELECT 语句 2、SELECT 语句 3 的结果集，如图 3-17 所示。

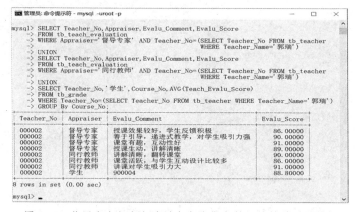

图 3-17 使用命令行客户端联合查询指定教师的教学质量数据

2. 使用 MySQL Workbench 实施逐行查询

逐行查看指定教师郭瑞任教课程所在班级的学生给予的评教分数情况，如图 3-18 所示。

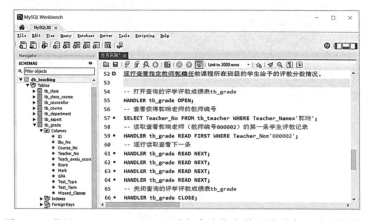

图 3-18 使用 MySQL Workbench 逐行查询指定教师的学生评教分数情况

图 3-18 使用 MySQL Workbench 逐行查询指定教师的学生评教分数情况（续）

任务 3.7 使用视图简化查询

任务分析

【任务描述】

质量督导部门、教务处、各二级学院、教师、学生作为高校教学质量分析管理系统的用户，在对系统的后台数据库 db_teaching 中的众多数据表进行数据的添加、删除、修改、查询等管理操作时，不同用户所关心和需求的数据内容会各不相同。并且对教师教学质量评价评语与评价评分、学生评学考试分数和成绩等级等教学质量相关数据的查询，也是系统常被使用的功能，如果每次对同样相关数据的查询都要进行多表连接或更复杂的数据访问，则会降低系统数据管理效率。因此，G-EDU（格诺博）公司的开发人员需要根据用户观点来提供特定的数据视图，以简化查询和数据操作，提高数据使用效率和保护数据安全。

【任务要领】

❖ 认识和创建视图
❖ 管理和维护视图
❖ 通过视图对表数据进行添加、修改和删除操作

技术准备

3.7.1 视图的概念和特性

微课 3-14

在实际的应用过程中，一个数据库中存储的数据表和数据会比较多，但对用户而言，他们只会关心与自身管理需求相关的一部分数据，这就需要 MySQL 等数据库管理系统能根据用户需求从一个或多个数据表中导出特定关心的数据，形成可操作访问的虚拟表。这样的数据视图以虚拟表的形式存在逻辑结构，和普通的真实数据表一样，视图包含一系列带有名称的列和行数据，但其实视图中所对应的数据并不在视图中进行实际物理存储，而是存储在普通的真实数据表中，这些普通的真实数据表被称为与视图关联的基本表，即基表。

因此，视图（View）就是从用户角度出发，从基表中筛选特定数据形成的虚拟表，即视图是由 SELECT 查询语句定义的。视图中存储的只是一条 SELECT 查询语句，并不存储数据。视图作为一种数据库对象，在数据库中也只存储视图的定义。对视图数据进行添加、删除、修改、查询等操作时，根据视图的定义，MySQL 实际操作的是与视图的 SELECT 查询相关联的基表中的数据。也就是说，当基表中的数据发生变化时，视图中的数据也会发生变化，反之，当对视图中的数据进行修改时，修改的其实是基表中的数据。

1. 视图与数据表的区别

视图一经定义后就可以像数据表一样被查询、添加、修改、删除数据，但视图并不同于数据表，根据视图的特点，它们的区别在于以下几点：

① 视图不是数据库中真实的数据表，而是一个虚拟表，其结构和数据是建立在对真实数据表的查询基础上的。

② 存储在数据库中的查询操作 SQL 语句定义了视图的内容，列字段和行数据均来自视图查询所引用的实际数据表，在引用视图时动态生成这些数据。

③ 视图没有实际的物理记录，不是以数据集的形式存储在数据库中的，它所对应的数据实际上是存储在视图所引用的真实数据表中的。

④ 视图是数据的窗口，而数据表是内容。数据表是实际数据的存放单位，而视图则只是以不同的显示方式展示数据，其数据来源还是实际数据表。

⑤ 视图是查看数据表的一种方法，可以查询数据表中某些字段构成的数据，其只是一些 SQL 语句的集合。从安全的角度来看，视图的数据安全性更高，使用视图的用户不会接触数据表，不知道表结构。

⑥ 视图的建立和删除只影响视图本身，不影响对应的实际数据表，即基表。

2. 视图的特性

① 聚焦性。在实际的应用过程中，系统不同的用户可能对不同的数据有不同的要求，可以根据需求定制让不同的用户查看、使用各自关注的特定数据。比如，安排学生查看自己基本信息的视图、查看评学和录入评教信息的视图，安排教师查看评教与评价信息的视图和录入评学信息的视图。

② 简单性。视图不仅可以简化用户对数据的理解，也可以简化用户的操作。可以将那些经常被使用的查询定义为视图，使用户不必在以后每次的操作中都要去指定全部的条件。比如，查询聚合函数分组统计数据结果，同时显示其他字段的信息，可能还需要关联到其他数据表，这样查询操作的 SQL 语句会很长，如果这个动作频繁发生，就可以创建视图来简化操作。

③ 安全性。视图是虚拟的，物理上是不存在的。因此，可以只授予用户使用视图的权限，而不具体指定使用数据表的权限，从而保护基础数据的安全。

④ 独立性。视图可以帮助用户屏蔽真实表结构变化所带来的影响，具有逻辑数据独立性。比如，当其他系统也查询这些数据时，如果直接查询数据表，一旦表结构发生改变，则查询用的 SQL 语句就要相应改变，系统程序也需随之更改，但如果为系统提供视图，则修改表结构后只需修改视图对应的 SELECT 语句即可，而不需要修改系统程序。

⑤ 共享性。通过使用视图，每个用户不必都定义和存储自己所需的数据，可以共享数据库中的数据，同样的数据只需要存储一次。

⑥ 重用性。视图提供的是对查询操作的封装，本身不包含数据，所呈现的数据是根据视图定义从基表中检索出来的，若基表中的数据新增或删除，则视图呈现的也是更新后的数据。视图定义后，编写完所需的查询，可以方便地重用该视图。

＝学习提示＝

视图虽然具有以上优点特性，但是存在表依赖关系的影响，由于视图是根据数据库中的基表创建的，因此每当更改与其相关联的基表结构时，都必须更改刷新视图。

---

3. 视图的作用

① 通过定义视图，将频繁使用的 SELECT 语句保存，以提高数据管理和查询的效率。

② 通过定义视图，使用户看到的数据更加清晰。

③ 通过定义视图，不对外公开数据表的全部字段，增强数据的保密性。

④ 通过定义视图，减少数据冗余。

3.7.2　创建视图

视图可以建立在一个表上，也可以建立在多个表或已有的视图上。通过 CREATE VIEW 语句可以创建视图，语法格式如下：

```
CREATE [OR REPLACE] VIEW 视图名 [(列名列表)]
AS
    SELECT 语句 [WITH [CASCADED|LOCAL] CHECK OPTION];
```

说明：

① CREATE VIEW：创建新视图。

② CREATE OR REPLACE VIEW：重新创建，以替换已有的同名视图，从而刷新视图。

③ 视图名：视图不能与基表同名。

④ 列名列表：为视图中的列定义名称，视图必须具有唯一的列名，不得重复。当视图使用与基表或视图中相同的列名时，可以省略。也就是说，若创建视图命令中没有列名列表的话，则视图列将与 SELECT 语句中的列具有相同的名称。若视图中的某一列是计算列或与来自多个数据表的列相同，则必须为视图中的该列定义一个名称。多个列名之间使用英文逗号"，"隔开，并且列名数目必须与 SELECT 语句查询的列数相同。

⑤ SELECT 语句：定义视图的查询语句。该语句可以从一个或多个数据表（或其他视图）查询，但有以下限制：

❖ 定义视图的 SELECT 语句中，FROM 子句所引用的数据表或视图必须存在，并且若引用的不是当前数据库中的数据表或视图，则要在数据表名或视图名前加上数据库名称。

❖ FROM 子句中不能使用子查询。

❖ 不能引用系统变量或用户变量。

❖ 定义视图的 SELECT 语句中允许使用 ORDER BY，若是从特定视图中进行的查询，而该视图使用了自己的 ORDER BY 语句，则定义该视图的 SELECT 语句中的 ORDER BY 将被忽略。

❖ 定义视图的 SELECT 语句中不能引用 TEMPORARY 表（临时表），不能创建

TEMPORARY 视图。

⑥ WITH CHECK OPTION：强制所有通过视图修改（UPDATE、INSERT、DELETE）的记录满足定义视图的 SELECT 语句中指定的限制条件，以确保数据修改后，仍可以通过视图看到修改的数据。

⑦ 当视图根据另一个视图定义时，WITH CHECK OPTION 给出 CASCADED 和 LOCAL 两个参数，它们决定了检查测试的范围。

❖ CASCADED：默认参数，使 CHECK OPTION 会对所有视图进行检查，表示更新视图时需要满足与该视图相关的所有基表或视图的条件。

❖ LOCAL：使 CHECK OPTION 只对定义的视图进行检查，表示更新视图时只需满足该视图本身的定义条件。

【例 3-54】在 db_teaching 数据库中创建一个名称为"vw_softstu1"的视图，该视图中的数据为软件学院 2020 级班级（班级编号以"202004"为开头）所有学生的信息，包含学生的学号、学生姓名、班级编号、身份证号。

```
mysql> CREATE VIEW  vw_softstu1
    -> AS
    -> SELECT Stu_No,Stu_Name,Class_No,Identity_No FROM tb_student  WHERE LEFT(Class_No,6) = '202004';
Query OK, 0 rows affected (0.03 sec)
mysql> SELECT * FROM vw_softstu1;
+--------------+----------+------------+--------------------+
| Stu_No       | Stu_Name | Class_No   | Identity_No        |
+--------------+----------+------------+--------------------+
| 202004013002 | 何方     | 2020040101 | 14243020011130819  |
| 202004013004 | 容颜     | 2020040101 | 142424200203292624 |
| 202004013008 | 芦彦     | 2020040101 | 140402200110162029 |
| 202004013010 | 杨志强   | 2020040101 | 142424200106232624 |
| 202004013013 | 阎诚实   | 2020040101 | 142424200109120624 |
| 202004023504 | 刘玉琴   | 2020040201 | 14220120011117144x |
| 202004023506 | 冀红     | 2020040201 | 142301200109172721 |
| 202004024109 | 石丽丽   | 2020040201 | 140105200104243323 |
| 202004033102 | 仇旭红   | 2020040301 | 140105200201281343 |
| 202004033103 | 李美玉   | 2020040301 | 142424200107172624 |
| 202004033105 | 王佳人   | 2020040301 | 14010720020326064x |
| 202004033110 | 梁美娟   | 2020040301 | 14011200020121342x |
| 202004035002 | 方圆     | 2020040301 | 14020220010511302x |
| 202004035005 | 李建芳   | 2020040301 | 140311200108213644 |
+--------------+----------+------------+--------------------+
14 rows in set (0.00 sec)
```

─ ＝学习提示＝ ─

视图创建后，可以通过 SELECT 语句查看视图中的数据。以后如果要查看同样的信息，只需执行对视图的简单查询就可以实现，大大简化了操作。

【例 3-55】在 db_teaching 数据库中创建一个名称为"vw_softstu2"的视图，该视图中的数据为软件学院 2020 级班级（班级编号以"202004"为开头）所有学生的信息，包含学生的学号、学生姓名、班级名称、身份证号、年龄，在视图中自定义中文列名。

```
mysql> CREATE VIEW vw_softstu2 (学号，学生姓名，班级名称，身份证号，年龄)
    -> AS
```

```
    -> SELECT Stu_No,Stu_Name,Class_Name,Identity_No,YEAR(CURDATE())-YEAR(Birthday)
    -> FROM tb_student s JOIN tb_class c ON s.Class_No = c.Class_No
    -> WHERE LEFT(s.Class_No,6) = '202004';
Query OK, 0 rows affected (0.03 sec)
mysql> SELECT * FROM vw_softstu2;
+--------------+-----------+-----------------+--------------------+------+
|    学号      | 学生姓名  |    班级名称     |      身份证号      | 年龄 |
+--------------+-----------+-----------------+--------------------+------+
| 202004013002 | 何方      | 软件技术 2031   | 1424302001111308192 |  21  |
| 202004013004 | 容颜      | 软件技术 2031   | 1424242002032926204 |  20  |
| 202004013008 | 芦彦      | 软件技术 2031   | 1404022001101620029 |  21  |
| 202004013010 | 杨志强    | 软件技术 2031   | 1424242001062326204 |  21  |
| 202004013013 | 阎诚实    | 软件技术 2031   | 1424242001091206204 |  21  |
| 202004023504 | 刘玉琴    | 移动应用开发 2031| 14220120011117144x |  21  |
| 202004023506 | 冀红      | 移动应用开发 2031| 1423012001091727201 |  21  |
| 202004024109 | 石丽丽    | 移动应用开发 2031| 1401052001042433203 |  21  |
| 202004033102 | 仇旭红    | 大数据 2031     | 1401052002012813403 |  20  |
| 202004033103 | 李美玉    | 大数据 2031     | 1424242001071726204 |  21  |
| 202004033105 | 王佳人    | 大数据 2031     | 14010720020326064x |  20  |
| 202004033110 | 梁美娟    | 大数据 2031     | 14011220020121342x |  20  |
| 202004035002 | 方圆      | 大数据 2031     | 14020220010511302x |  21  |
| 202004035005 | 李建芳    | 大数据 2031     | 1403112001082136404 |  21  |
+--------------+-----------+-----------------+--------------------+------+
14 rows in set (0.01 sec)
```

　　由上述查询结果可知，vw_softstu2 视图已经成功创建。该视图中的数据来源于 tb_student 和 tb_class 两个基表，并且计算了学生的年龄；该视图自定义了列名，自定义列名的数量和顺序与 SELECT 语句中字段列表内字段名的数量和顺序一致。使用视图时与使用单表操作一样，用户不需了解基表的结构，更接触不到实际基表中的数据，从而保证了数据库的安全。

3.7.3　管理和维护视图

1. 查看视图

　　查看视图是指查看数据库中已经存在的视图的定义文本。查看视图的用户必须具有查看视图的权限，MySQL 系统数据库的 USER 表中的 show_view_priv 列存有该信息，默认值为表示允许的"Y"。MySQL 中查看视图的方法有 4 种。

　　（1）使用 SHOW CREATE VIEW 语句查看视图的定义文本，语法格式如下：

```
SHOW CREATE VIEW 视图名;
```

　　【例 3-56】查看 db_teaching 数据库中名称为"vw_softstu2"的视图的定义文本。

```
mysql> SHOW CREATE VIEW vw_softstu2;
+-------------+--------------------------------------------------+--------------------+--------------------+
| View        | Create View                                      |character_set_client|collation_connection|
+-------------+--------------------------------------------------+--------------------+--------------------+
|vw_softstu2  |CREATE ALGORITHM=UNDEFINED DEFINER=`root`@`localhost`| gbk              | gbk_chinese_ci     |
|             |SQL SECURITY DEFINER VIEW `vw_softstu2`           |                    |                    |
|             |('学号','学生姓名','班级名称','身份证号','年龄') AS |                    |                    |
|             | SELECT 's'.'Stu_No' AS 'Stu_No','s'.'Stu_Name' AS|                    |                    |
|             | 'Stu_Name','c'.'Class_Name' AS 'Class_Name','s'. |                    |                    |
```

```
|          | 'Identity_No' AS 'Identity_No', (YEAR(CURDATE())-        |                |                  |
|          | YEAR('s'.'Birthday')) AS YEAR(Birthday)`                 |                |                  |
|          | FROM ('tb_student' 's' JOIN 'tb_class' 'c' ON(('s'.      |                |                  |
|          | 'Class_No'='c'.'Class_No')))                             |                |                  |
|          | WHERE (LEFT('s'.'Class_No',6) = '202004');               |                |                  |
+----------+----------------------------------------------------------+----------------+------------------+
```

（2）使用 SHOW TABLE STATUS 语句查看视图的基本信息，语法格式如下：

SHOW TABLE STATUS LIKE '*视图名*';

要查看的视图的名称要用"'"括起来，可以是一个具体视图名，也可以包含通配符。

【例 3-57】查看 db_teaching 数据库中名称为"vw_softstu2"的视图的基本信息。

```
mysql> SHOW TABLE STATUS LIKE 'vw_softstu2'\G;              ## \G 表示纵向显示结果
*************************** 1. row ***************************
           Name: vw_softstu2
         Engine: NULL
        Version: NULL
     Row_format: NULL
           Rows: NULL
 Avg_row_length: NULL
    Data_length: NULL
Max_data_length: NULL
   Index_length: NULL
      Data_free: NULL
 Auto_increment: NULL
    Create_time: 2022-04-16 13:05:38
    Update_time: NULL
     Check_time: NULL
      Collation: NULL
       Checksum: NULL
 Create_options: NULL
        Comment: VIEW
1 row in set (0.00 sec)
```

（3）使用 DESCRIBE 语句查看视图的结构信息，语法格式如下：

DESCRIBE *视图名*;

其中，DESCRIBE 可以简写为 DESC。

【例 3-58】查看 db_teaching 数据库中名称为"vw_softstu2"的视图的结构信息。

```
mysql> DESC vw_softstu2;
+--------------+------------+------+-----+---------+-------+
| Field        | Type       | Null | Key | Default | Extra |
+--------------+------------+------+-----+---------+-------+
| 学号         | char(12)   | NO   |     | NULL    |       |
| 学生姓名     | char(4)    | NO   |     | NULL    |       |
| 班级名称     | varchar(20)| NO   |     | NULL    |       |
| 身份证号     | char(18)   | NO   |     | NULL    |       |
| 年龄         | int        | YES  |     | NULL    |       |
+--------------+------------+------+-----+---------+-------+
```

（4）在 views 表中查看视图的详细信息。

在 MySQL 中，系统数据库 information_schema 下的 views 表中存有所有视图的定义，因此查询该表就可以查看数据库中所有视图的详细信息。

【例 3-59】查看名称为"vw_softstu2"的视图的详细信息。

```
mysql> SELECT * FROM information_schema.views WHERE table_name = 'vw_softstu2' \G;
*************************** 1. row ***************************
TABLE_CATALOG: def
TABLE_SCHEMA: db_teaching
TABLE_NAME: vw_softstu2
VIEW_DEFINITION: SELECT 's'.'Stu_No' AS 'Stu_No', 's'.'Stu_Name'
                 AS 'Stu_Name','c'.'Class_Name` AS 'Class_Name',
                 's'.'Identity_No' AS 'Identity_No',
                 (YEAR(CURDATE())-YEAR('s'.'Birthday')) AS 'YEAR(CURDATE())-YEAR(Birthday) '
                 FROM ('db_teaching'.'tb_student' 's' JOIN 'db_teaching'. 'tb_class' 'c'
                 ON(('s'.'Class_No'='c'. 'Class_No')))  WHERE (LEFT('s'.'Class_No',6)= '202004')
CHECK_OPTION: NONE
IS_UPDATABLE: YES
DEFINER: root@localhost
SECURITY_TYPE: DEFINER
CHARACTER_SET_CLIENT: utf8mb4
COLLATION_CONNECTION: utf8mb4_0900_ai_ci
1 row in set (0.00 sec)
```

2. 修改视图

修改视图是指修改数据库中已经存在的视图的定义。当基表的某些字段结构发生改变时，也可以通过修改视图来保持视图和基表之间的一致性。

在 MySQL 中，既可以通过 CREATE OR REPLACE VIEW 语句来创建新视图或直接用新定义替换修改视图，也可以通过 ALTER VIEW 语句来修改视图。语法格式如下：

```
ALTER VIEW 视图名 [(列名列表)]
AS
SELECT 语句 [WITH [CASCADED|LOCAL] CHECK OPTION];
```

【例 3-60】修改 vw_softstu2 视图的信息，增加包含学生的辅导员姓名的字段，并在视图中修改列名为英文。

```
mysql> ALTER VIEW vw_softstu2 (Stu_No, Stu_Name, Class, Identity_No, Age, Counsellor)
    -> AS
    -> SELECT Stu_No,Stu_Name,Class_Name,Identity_No,YEAR(CURDATE())-YEAR(s.Birthday),CS_Name
    -> FROM tb_student s JOIN tb_class c ON s.Class_No = c.Class_No
    -> JOIN tb_counsellor co ON c.CS_No = co.CS_No
    -> WHERE LEFT(s.Class_No,6)='202004';
Query OK, 0 rows affected (0.02 sec)
```

Stu_No	Stu_Name	Class	Identity_No	Age	Counsellor
202004013002	何方	软件技术 2031	14243020011130819	21	曾新
202004013004	容颜	软件技术 2031	142424200203292624	20	曾新
202004013008	芦彦	软件技术 2031	140402200110162029	21	曾新
202004013010	杨志强	软件技术 2031	142424200106232624	21	曾新
202004023504	刘玉琴	移动应用开发 2031	14220120011117144x	21	曾新
202004023506	冀红	移动应用开发 2031	142301200109172721	21	曾新
202004024109	石丽丽	移动应用开发 2031	140105200104243323	21	曾新
202004033102	仇旭红	大数据 2031	140105200201281343	20	曾新
202004033103	李美玉	大数据 2031	142424200107172624	21	曾新

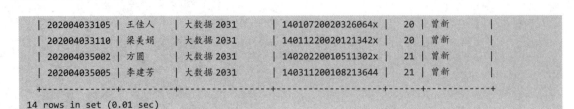

```
| 202004033105 | 王佳人    | 大数据 2031       | 14010720020326064x | 20 | 曾新        |
| 202004033110 | 梁美娟    | 大数据 2031       | 14011220020121342x | 20 | 曾新        |
| 202004035002 | 方圆      | 大数据 2031       | 14020220010511302x | 21 | 曾新        |
| 202004035005 | 李建芳    | 大数据 2031       | 1403112001082136444 | 21 | 曾新       |
+--------------+----------+------------------+--------------------+------+------------+
14 rows in set (0.01 sec)
```

3. 删除视图

在删除视图时，只能删除视图的定义，并不会删除该视图所关联的基表中的数据。

如果要从当前数据库中删除一个或多个视图，则可以通过执行 DROP VIEW 语句实现。前提是用户必须拥有 DROP 权限。语法格式如下：

```
DROP VIEW [IF EXISTS] 视图名1 [, 视图名2, …] [RESTRICT|CASCADE];
```

说明：

① IF EXISTS：可选参数，用于判断指定的视图是否存在，如果指定的视图存在，则执行删除，否则不执行。

② 视图名列表：指定要删除的视图，如果有多个视图，则各个视图名之间使用英文逗号隔开。

③ RESTRICT|CASCADE：RESTRICT 用于确保只有不存在相关视图和完整性约束的视图才能被删除；CASCADE 表示任何相关视图和完整性约束一并被删除。

④ 当一个视图被删除后，由该视图产生的其他视图也将失效，应该通过 DROP VIEW 语句将这些失效视图也删除。

【例 3-61】删除 vw_softstu1 和 vw_softstu2 视图。

```
mysql> DROP VIEW vw_softstu1, vw_softstu2;
Query OK, 0 rows affected (0.01 sec)
mysql> SHOW TABLE STATUS LIKE 'vw_softstu%';
Empty set (0.01 sec)                        ## 查看结果，表明视图已被成功删除
```

3.7.4　通过视图操作表数据

视图是一个虚拟表，一旦定义，用户可以像操作基表一样对视图进行查询、修改、添加、删除数据记录的操作。由于视图中的数据来源于基表，因此当基表中的数据发生变化时，视图中的数据也会发生变化，反之，当对视图中的数据进行修改时，修改的其实是基表的数据。

通过视图查询数据几乎没有限制，但当通过视图对基表中的数据进行修改、添加、删除操作时，有一定的限制。

1. 通过视图查询表数据

视图定义后，用户就可以像查询基表一样对视图进行查询，视图可以像基表一样用在 SELECT 查询语句的 FROM 子句中作为查询数据源。创建视图可以向最终用户隐藏基表结构、隐藏复杂的多表连接，从而简化用户的 SQL 程序设计。通常将频繁或反复进行的复杂查询创建为视图，然后通过视图进行数据检索。

【例 3-62】高校教学质量分析管理系统的后台数据库经常需要对各班级所开设课程的信息进行查询，为此创建一个视图 vw_classcourse，查询某班级（如软件技术 2031 班）的开课情况，包含班级名称、课程名称、安排的授课教师姓名。

```
mysql> CREATE VIEW vw_classcourse
    -> AS
    -> SELECT Class_Name, Course, Teacher_Name
    -> FROM tb_class cl JOIN tb_class_course cc ON cl.Class_No = cc.Class_No
    -> JOIN tb_course co ON cc.Course_No = co.Course_No
    -> JOIN tb_teacher t ON t.Teacher_No = cc.Teacher_No;
Query OK, 0 rows affected (0.03 sec)
mysql> SELECT * FROM vw_classcourse WHERE Class_Name = '软件技术 2031';
+------------------+------------------------+--------------+
| Class_Name       | Course                 | Teacher_Name |
+------------------+------------------------+--------------+
| 软件技术 2031    | Python 程序设计        | 王新         |
| 软件技术 2031    | 网页设计               | 崔美娇       |
+------------------+------------------------+--------------+
15 rows in set (0.01 sec)
```

　　由以上操作可知，通过视图进行的查询都是相当简单的，因为它将复杂的统计计算、多表连接或嵌套子查询等都屏蔽掉了，这样在编写程序代码时就避免了代码中出现复杂的查询语句。

　　── =学习提示= ──
　　当使用视图进行查询时，如果该视图所关联的基表中增加了新字段，则该视图中不会包含该新字段。

2. 通过视图更新表数据

　　由于视图是一个虚拟表，其中并没有数据，当通过视图更新数据时，其实是在更新基表中的数据，因此，如果使用 UPDATE、INSERT、DELETE 语句更新视图，实际上是在对视图所关联的基表中的数据进行修改、添加、删除操作。

　　但并不是所有的视图都可以更新，至少视图中的行与基表中的行之间必须具有一对一的关系。也就是说，若一个视图依赖于一个基表，则可以通过更新视图来更新基表中的数据；若一个视图依赖于多个基表，则对视图的一次更新只能更新其中一个基表中的数据，而不能同时更新多个基表中的数据。

　　── =学习提示= ──
　　若视图包含了以下情况中的任意一种，则该视图就是不可更新的：
　　① 定义视图的 SELECT 语句中包含子查询。
　　② 定义视图的 SELECT 语句中包含 SUM()、AVG()、COUNT()等聚合函数。
　　③ 定义视图的 SELECT 语句中包含 UNION、DISTINCT、ORDER BY、GROUP BY 和 HAVING 等关键字。
　　④ 由不可更新的视图所导出定义的视图。
　　⑤ 视图对应的基表上存在没有默认值且不为空的列，而该列又没有包含在视图中。

1）通过视图修改表数据

　　通过可更新的视图修改表数据与在基表中修改数据一样，可以使用 UPDATE 语句来实现。当视图中的数据来源于多个基表时，每次使用 UPDATE 语句修改视图只能更新一个基表中的数据。也就是说，当通过视图修改存在于多个基表中的数据时，要分别对不同的基表中的内容使用 UPDATE 语句进行修改。

【例 3-63】教务处要调整软件技术 2031 班的"网页设计"课程的任课教师，通过更新视图，将班级开课数据记录改为张奇峰老师授课。

```
mysql> UPDATE vw_classcourse SET Teacher_Name='张奇峰'
    -> WHERE Class_Name = '软件技术 2031' AND Course = '网页设计';
Query OK, 1 row affected (0.02 sec)
##查看视图中数据的变化
mysql> SELECT * FROM vw_classcourse WHERE Class_Name = '软件技术 2031' AND Course = '网页设计';
    +--------------+----------+--------------+
    | Class_Name   | Course   | Teacher_Name |
    +--------------+----------+--------------+
    | 软件技术 2031 | 网页设计  | 张奇峰        |
    +--------------+----------+--------------+
1  row in set (0.00 sec)
## 查看班级开课信息表中数据的变化
Mysql> SELECT Class_No,Course_No,Teacher_No FROM tb_class_course
    -> WHERE Class_No = (SELECT Class_No FROM tb_class WHERE Class_Name = '软件技术 2031')
    ->   AND Course_No = (SELECT Course_No FROM tb_course WHERE Course = '网页设计');
    +------------+-----------+------------+
    | Class_No   | Course_No | Teacher_No |
    +------------+-----------+------------+
    | 2020040101 | 900012    | 000010     |
    +------------+-----------+------------+
1 row in set (0.01 sec)
## 对比查看该教师编号对应的教师，结果显示是张奇峰老师
mysql> SELECT Teacher_No,Teacher_Name FROM tb_teacher WHERE Teacher_No = '000010';
    +------------+--------------+
    | Teacher_No | Teacher_Name |
    +------------+--------------+
    | 000010     | 张奇峰        |
    +------------+--------------+
1 row in set (0.00 sec)
```

2）通过视图添加表数据

通过可更新的视图添加表数据与向基表中添加数据一样，可以使用 INSERT 语句来实现。

添加数据的操作是针对可更新视图中字段的添加操作，而不是针对基表中所有字段的添加操作。因此，如果视图上没有包含基表中所有属性为"NOT NULL"的字段，则添加操作会因为那些字段存在 NULL 值而失败。

【例 3-64】vw_teacher1 视图包含所有副教授及以上职称教师的教师编号、教师姓名、性别、参加工作时间、职称，通过更新视图，向教师信息表 tb_teacher 中添加一位新调入的胡一帆教授的记录：教师编号 000099、男、1990 年 7 月 1 日参加工作。

```
mysql> CREATE VIEW vw_teacher1
    -> AS
    -> SELECT Teacher_No,Teacher_Name,Gender,Work_Date,Positional_Title FROM tb_teacher
    -> WHERE Positional_Title IN('副教授','教授') WITH CHECK OPTION;
Query OK, 0 rows affected (0.02 sec)
## 通过更新视图向基表中添加符合该视图定义的 WHERE 条件（副教授及以上职称）的记录
mysql> INSERT INTO vw_teacher1 VALUES('000099','胡一帆','男','1990-7-1','教授');
```

```
Query OK, 1 row affected (0.01 sec)
## 查看视图，添加了一条新记录
mysql> SELECT * FROM vw_teacher1;
+------------+--------------+--------+------------+------------------+
| Teacher_No | Teacher_Name | Gender | Work_Date  | Positional_Title |
+------------+--------------+--------+------------+------------------+
| 000001     | 周成功       | 男     | 1992-09-01 | 副教授           |
| 000002     | 郭瑞         | 男     | 1996-09-01 | 副教授           |
| 000006     | 郭启霞       | 女     | 2001-09-01 | 副教授           |
| 000010     | 张奇峰       | 女     | 1991-09-01 | 副教授           |
| 000012     | 郑辉煌       | 男     | 2006-09-01 | 教授             |
| 000099     | 胡一帆       | 男     | 1990-07-01 | 教授             |
+------------+--------------+--------+------------+------------------+
6 rows in set (0.00 sec)
## 查看基表，添加了一条新记录
mysql> SELECT * FROM tb_teacher WHERE Teacher_Name='胡--帆';
```

Teacher_No	Teacher_Name	Teacher_Login_Name	Teacher_Password	Gender	Staff_No	Birthday	Work_Date	Positional_Title	Edu_Background	Degree	Wages
000099	胡一帆	NULL	NULL	男	NULL	NULL	1990-07-01	教授	NULL	NULL	NULL

```
1 row in set (0.00 sec)
```

对比多表连接定义的视图 vw_classcourse，通过更新视图向其中一个基表 tb_teacher 中添加一位新教师记录，系统会报视图字段所在基表中没有默认值的错误。

```
mysql> INSERT INTO vw_classcourse (Teacher_Name) VALUES('赵倩倩');
ERROR 1423 (HY000): Field of view 'db_teaching.vw_classcourse' underlying table doesn't have a default value
```

― =学习提示= ―

① 当视图所引用的基表有多个时，不能向该视图添加数据，因为这样将会影响多个基表。

② 当使用 INSERT 语句通过更新视图向基表中添加数据时，定义该视图的 SELECT 语句的字段列表中必须包含基表的所有不能为空的字段。

③ 如果在创建视图时 CREATE VIEW 语句中有 WITH CHECK OPTION 子句，那么在通过该视图修改或添加数据时，会检查新数据是否符合视图定义语句中的 WHERE 子句条件。

3）通过视图删除表数据

通过可更新的视图删除表数据与在基表中删除数据一样，可以使用 DELETE 语句来实现。通过可更新的视图删除的数据实际上是视图所引用的基表中的数据。

【例 3-65】删除 vw_teacher1 视图中教师胡一帆的数据记录。

```
mysql> DELETE FROM vw_teacher1 WHERE Teacher_Name = '胡一帆';
Query OK, 1 row affected (0.01 sec)
## 查看视图，已删除教师胡一帆的记录
mysql> SELECT * FROM vw_teacher1;
+------------+--------------+--------+------------+------------------+
| Teacher_No | Teacher_Name | Gender | Work_Date  | Positional_Title |
+------------+--------------+--------+------------+------------------+
| 000001     | 周成功       | 男     | 1992-09-01 | 副教授           |
| 000002     | 郭瑞         | 男     | 1996-09-01 | 副教授           |
| 000006     | 郭启霞       | 女     | 2001-09-01 | 副教授           |
```

```
|   000010    |   张奇峰    |    女    |  1991-09-01 |   副教授     |          |
|   000012    |   郑辉煌    |    男    |  2006-09-01 |   教授       |          |
+-------------+-------------+---------+-------------+-------------------+--------+
5 rows in set (0.00 sec)
## 查看基表, 已删除教师胡一帆的记录
mysql> SELECT * FROM tb_teacher WHERE Teacher_Name='胡一帆';
Empty set (0.00 sec)
```

— =学习提示=

当视图所引用的基表有多个时，使用 DELETE 语句对该视图中的数据进行删除操作是不被允许的。

任务实施

学生通过高校教学质量分析管理系统会频繁查看自己的评学考试分数和成绩等级，以及给任课教师进行评教打分。为了提高数据管理效率，将这个频繁的复杂查询业务创建为视图 vw_stuscore，包含学生经常要访问的学号、姓名、班级名称、课程名称、任课教师姓名、评学考试分数、成绩等级、GPA、评学学期；将为任课教师评教打分的频繁操作业务创建为视图 vw_stuteacher，该视图包含学号、课程编号、课程名称、任课教师编号、教师姓名、评教分数。通过使用视图，能简化学生对评学评教情况进行查询、编辑、修改操作的代码。

3.7.5 使用命令行客户端创建和管理视图

（1）创建视图 vw_stuscore 和 vw_stuteacher，如图 3-19 和图 3-20 所示。

```
管理员: 命令提示符 - mysql -uroot -p                                       —    □    ×
mysql> CREATE VIEW vw_stuscore
    -> AS
    -> SELECT g.Stu_No, Stu_Name, Class_Name, Course, Teacher_Name, Score, Mark, GPA, Test_Term
    -> FROM tb_grade g, tb_student s, tb_class cl, tb_course co, tb_teacher t
    -> WHERE g.Stu_No=s.Stu_No AND s.Class_No=cl.Class_No
    -> AND g.Course_No=co.Course_No AND g.Teacher_No=t.Teacher_No;
Query OK, 0 rows affected (0.02 sec)
```

图 3-19 创建视图 vw_stuscore

```
管理员: 命令提示符 - mysql -uroot -p                                       —    □    ×
mysql> CREATE VIEW vw_stuteacher
    -> AS
    -> SELECT g.Stu_No, Stu_Name, g.Course_No, Course, g.Teacher_No, Teacher_Name, Teach_Evalu_Score
    -> FROM tb_grade g, tb_student s, tb_course c, tb_teacher t
    -> WHERE g.stu_No=s.Stu_No AND g.Course_No=c.Course_No AND g.Teacher_No=t.Teacher_No;
Query OK, 0 rows affected (0.01 sec)
```

图 3-20 创建视图 vw_stuteacher

（2）软件技术 1931 班的王新方同学查询自己在 2019—2020 学年第一学期各门课程的评学考试分数及所获绩点情况，如图 3-21 所示。

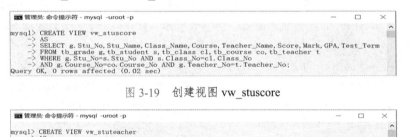

图 3-21 通过视图查看指定学生王新方的评学考试分数及所获绩点情况

（3）王新方同学为自己"网页设计"课程的任课教师评教打分 80 分，如图 3-22 所示。

图 3-22　通过视图设置教师评教分数

查看 vw_stuteacher 视图及其基表评学评教成绩表 tb_grade 中教师评教分数是否设置成功，如图 3-23 所示。

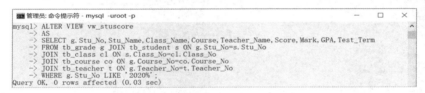

图 3-23　查看视图与基表中的数据变化

（4）修改 vw_stuscore 视图，使其仅包含 2020 级学生的评学考试分数，如图 3-24 所示。

图 3-24　修改 vw_stuscore 视图

（5）删除 vw_stuscore 视图，如图 3-25 所示。

图 3-25　删除 vw_stuscore 视图

3.7.6　使用 MySQL Workbench 创建和管理视图

（1）使用 MySQL Workbench 创建视图 vw_stuscore，以简化学生查询评学考试分数与成绩等级的操作。

① 在导航窗格的"Schemas"选项卡中选择当前数据库 db_teaching。

② 右击当前数据库 db_teaching 下的"Views"，在弹出的快捷菜单中选择"Create View..."命令，打开如图 3-26 所示的创建视图的编辑窗口。

③ 输入创建视图的 SQL 语句，如图 3-27 所示。

④ 单击"Apply"按钮，在弹出的"Apply SQL Script to Database"对话框的审查 SQL 脚本界面中（见图 3-28 左图），确定创建视图的 SQL 语句准确无误后，单击右下角的"Apply"按钮，进入应用 SQL 脚本界面（见图 3-28 右图），单击"Finish"按钮，完成视图的创建。

图 3-26　创建视图的编辑窗口

图 3-27　输入创建视图的 SQL 语句

图 3-28　审查 SQL 脚本界面和应用 SQL 脚本界面

⑤　在导航窗口中展开 Views，将鼠标指针放置在视图名 vw_stuscore 上，在视图名的右侧会出现 3 个按钮，单击其中的■按钮，可以打开该视图所有数据的浏览窗口，即执行了查询语句"SELECT * FROM db_teaching.vw_stuscore;"后显示的结果集，如图 3-29 所示。或者右击视图名 vw_stuscore，在弹出的快捷菜单中选择"Select Rows-Limit 2000"命令，也可以查看到该视图的数据查询结果。

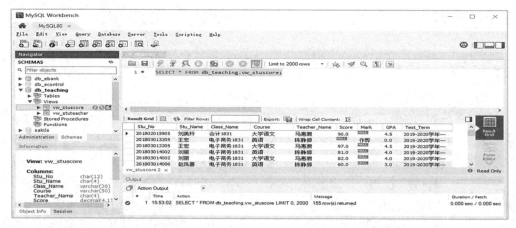

图 3-29　视图数据浏览窗口

（2）软件技术 1931 班的王新方同学查询自己各门课程的评学考试分数及所获绩点情况。在导航窗格中，将鼠标指针放置在视图名 vw_stuscore 上，在视图名的右侧会出现 3 个按钮，单击其中的 ▦ 按钮，可以打开该视图所有数据的浏览窗口，在浏览窗口上方的"Filter Rows"文本框中输入要查询的值，即学生姓名"王新方"，按 Enter 键后，就会查询显示视图中该学生的数据记录，如图 3-30 所示。

图 3-30 通过视图查看指定学生王新方的评学考试分数及所获绩点情况

（3）修改 vw_stuscore 视图，使其仅包含 2020 级学生的评学考试分数。

① 在导航窗格中，将鼠标指针放置在视图名 vw_stuscore 上，在视图名的右侧会出现 3 个按钮，单击其中的 ● 按钮，或者右击视图名 vw_stuscore，在弹出的快捷菜单中选择"Alter View..."选项，打开如图 3-31 所示的修改视图创建语句的编辑窗口。

图 3-31 修改视图创建语句的编辑窗口

② 在编辑窗口中输入修改语句"g.Stu_No LIKE '2020%';"；单击"Apply"按钮，在弹出的"Apply SQL Script to Database"对话框的审查 SQL 脚本界面中，确定 SQL 语句准确无误后，单击"Apply"按钮，进入应用 SQL 脚本界面；然后单击"Finish"按钮，完成视图的修改。

③ 在导航窗口中展开 Views，将鼠标指针放置在视图名 vw_stuscore 上，在视图名的右侧会出现 3 个按钮，单击其中的 ▦ 按钮，可以打开该视图所有数据的浏览窗口，即可查看到视图查询结果集已只包含 2020 级学生的评学考试分数。

（4）删除 vw_stuscore 视图。在导航窗格中，右击要删除的视图名 vw_stuscore，在弹出的快捷菜单中选择"Drop View..."命令，单击"Drop Now"按钮，即删除 vw_stuscore 视图。

任务 3.8 使用索引加速查询

【任务描述】

随着高校教学质量分析管理系统运行时间的增加，其数据量及数据访问量会不断增大，随之会带来查询数据的速度越来越慢、性能越来越低的问题。G-EDU 公司在系统的后台数据库的开发和维护过程中考虑到要加快查询速度、提升用户体验，因此在数据表中适当创建并运用索引，利用索引优化查询。

【任务要领】

❖ 索引的概念与设置原则
❖ 索引的分类
❖ 创建索引
❖ 查看索引信息
❖ 修改索引
❖ 删除索引
❖ EXPLAIN 分析执行计划优化查询

技术准备

为了在大量的数据中快速找到所需的数据，提升应用程序的性能，MySQL 提供了加速查询的索引结构。索引类似于图书的目录，根据目录中的页码可以快速找到所需的内容。而索引建立在数据表的字段上，能快速定位数据的具体位置。

3.8.1 索引的概念和设置原则

1. 索引的概念

微课 3-15

索引也称"键"（Key），是为了加快数据检索速度而创建的一种独立的、物理的、对数据表中一个或多个字段的值进行排序的数据结构。它是某表中一个字段的值或若干字段的值的集合和相应的指向数据表中物理标识这些值的数据页的逻辑指针清单。实际上，索引也是一个数据表，该数据表对创建了索引的字段的值进行排序存放，并且保存了主键与索引字段，并指向实体数据表的记录。在数据库中，当按照条件查询数据时，会先查询索引，再通过索引定位查询到相关的数据。

索引是创建在数据表上的。数据表的存储由两部分组成，一部分是数据表的数据页面，另一部分是索引页面。

例如，当执行 "SELECT * FROM tb_student WHERE Stu_Name= '池跃敏';" 语句，查找姓名为"池跃敏"的学生记录时，若"Stu_Name"列上没有创建索引，则只能逐行全表扫描查找；若"Stu_Name"列上建有索引，则会直接在索引页面中检索，如图 3-32 所示。索引页面是一个按照"Stu_Name"列的值排序的有序表，包括每个值对应的行号位置，当在索引页面中检索到"Stu_Name= '池跃敏'"的索引行后，通过行号位置直接提取索引所指向的数据记录行，从而不用扫描其余记录部分，大大加快了查找速度，提高了查找效率。

RowNo	Index
10	白文静
9	池跃敏
7	李晶
8	李晶
3	刘丽
1	刘美玲
5	苗妙
2	王宏
4	赵凤善
6	赵勇

Stu_No	Stu_Name	Stu_Login_Name	Stu_Password	Class_No
20180201595	刘美玲	liumm	110053	2018020101
20180301320	王宏	wangh	110036	2018030101
20180301400	刘丽	liul	110060	2018030101
20180301400	赵凤善	zhaofs	110064	2018030101
20180401300	苗妙	miaom	110067	2018040101
20180401300	赵勇	zhaoy	110072	2018040101
20180401301	李晶	lij	110077	2018040101
20180401301	李晶	lij	110080	2018040101
20180402350	池跃敏	chiym	110041	2018040201
20180402350	白文静	baiwj	110047	2018040201

图 3-32　学生信息表 tb_student 中"Stu_Name"列的索引页面和表数据页面

在数据库中，索引的主要作用如下：

① 索引可以加快查询数据的速度。

② 唯一索引可以确保数据表中的行数据具有唯一性。

③ 索引可以在实现数据表与数据表之间的参照完整性方面加速数据表间的连接。

④ 在使用 ORDER BY、GROUP BY 子句进行数据查询时，可以利用索引减少排序和分组的时间。

2. 索引的设置原则

在 MySQL 中，数据表的索引并非设置得越多越好，大量设置索引需要消耗更多的设置和维护时间；一个数据表中如果有过多的索引，不仅会占用更多的存储空间，还会影响添加、修改和删除等写操作的性能；而且在修改数据表时，索引必须进行更新或重构，这样也会降低数据维护速度。只有科学合理地设置索引，才能提升数据库的性能。索引的设置原则如下：

① 数据表的主键、唯一键和外键必须设置索引。

② 需要经常出现在 WHERE 子句中被查询筛选的条件字段应该建立索引。

③ 需要经常排序、分组和联合查询的字段应该建立索引。

④ 存储空间较小的类型字段、数值型字段适合建立索引。

⑤ 含有大量重复数据的字段不适合建立索引。

⑥ 更新频繁的字段不适合建立索引。

⑦ 尽量使用短索引，也就是选择在长度较短的数据类型的字段上建立索引。

⑧ 数据值很长的字段尽量使用值的前缀来索引。

⑨ 需要经常更新的数据表不能设置太多的索引。

⑩ 数据量小的数据表尽量不设置索引。

⑪ 不再使用或很少使用的索引应该及时删除。

3.8.2 索引的分类

索引可以根据不同的标准进行分类。从存储结构划分，索引可以分为 BTree 索引、Hash 索引、全文索引和 RTree 索引；从应用层次划分，索引可以分为普通索引、唯一索引、主键索引和复合索引；从索引键值类型划分，索引可以分为主键索引和辅助索引（二级索引）；从数据存储和索引键值逻辑关系划分，索引可以分为聚集索引（聚簇索引）和非聚集索引（非聚簇索引）。在 MySQL 中，常见的索引类型包括普通索引、唯一索引、主键索引、复合索引、空间索引等。

1. 普通索引

普通索引是 MySQL 中的基本索引类型，允许在创建了普通索引的字段中添加重复值和空值。普通索引的主要任务是加快对数据的访问速度，所以，普通索引一般应用在那些经常出现在查询条件或排序条件中的数据字段上。

2. 唯一索引

唯一索引与普通索引类似，不同之处在于创建了唯一索引的字段的值必须唯一，但允许为空值。

3. 主键索引

主键索引，又称主键，是一种特殊的唯一索引，由一个或多个字段组成，创建了主键索引的字段的值必须唯一，并且不允许有空值。一个数据表中最多只能有一个主键索引，一般在创建数据表的同时创建主键索引。

4. 复合索引

复合索引是指在数据表的多个字段组合上创建的索引，只有在查询条件中使用了这些字段的左边字段时，索引才会被使用，也就是使用复合索引时遵循"最左前缀集合"。

比如，由"Stu_No"、"Course_No"和"Teacher_No"这 3 个字段构成的复合索引，则索引可以搜索的字段组合包括（Stu_No，Course_No，Teacher_No）、（Stu_No，Course_No）或（Stu_No）。

5. 空间索引

空间索引是在 GEOMETRY、POINT、LINESTRING 和 POLYGON 这 4 种空间数据类型的字段上创建的索引。创建空间索引的字段，必须将其声明为 NOT NULL。空间索引仅适用于 InnoDB 和 MyISAM 存储引擎。从 MySQL 8.0.12 版本开始，在空间数据类型的字段上创建的索引必须是空间索引，并且仅用于单个空间数据类型的字段。

=学习提示=

只有使用 InnoDB 存储引擎的 MySQL 数据库才支持聚集索引和非聚集索引：

① 聚集索引：数据根据索引中的顺序进行排列组织，如主键索引就是聚集索引。索引中键值的逻辑顺序决定了数据表中相应行的物理顺序，即数据表中的所有数据都会按照主键索引顺序组织。聚集索引查询速度快，一个数据表中只能建立一个聚集索引。

---

② 非聚集索引：非主键创建的索引，索引中键值的逻辑顺序与数据表中相应行的物理存储顺序不同。一个数据表中除聚集索引以外的索引都是非聚集索引，分为普通索引、唯一索引、空间索引等。一个数据表中可以建立多个非聚集索引。

数据表的聚集索引和非聚集索引类似汉语字典的检索。汉语字典提供了拼音检索和部首笔画检索两类检索汉字的方式，汉语字典中所有汉字的排列顺序是按拼音顺序排列的，当按照拼音检索时，拼音相同的字在拼音索引中相邻，实际存储页码也相邻，很快就能找到汉字对应的页码，拼音检索就是聚集索引。而当按照部首笔画检索时，虽然部首笔画相同的字在部首笔画索引中相邻，但实际存储页码不相邻，部首笔画检索就是非聚集索引。

3.8.3　创建索引

创建索引的方法有两种，分别是创建数据表时创建索引和为已存在的数据表创建索引。创建数据表时创建索引可以使用 CREATE TABLE 语句实现，为已存在的数据表创建索引可以使用 ALTER TABLE 语句和 CREATE INDEX 语句实现。

1. 创建数据表时创建索引

使用 CREATE TABLE 语句在创建数据表时创建索引的语法格式如下：

```
CREATE [TEMPORARY] TABLE [IF NOT EXISTS] 数据表名
(字段名1 数据类型 [字段完整性约束定义] [COMMENT 字段1 注释],
 字段名2 数据类型 [字段完整性约束定义] [COMMENT 字段2 注释],
 …,
 字段名n 数据类型 [字段完整性约束定义] [COMMENT 字段n 注释],
 PRIMARY KEY (字段名1[, 字段名2, …]),
 [UNIQUE|SPATIAL] INDEX|KEY [索引名] (字段名 [ASC|DESC][, …])
);
```

说明：

① UNIQUE：表示唯一索引。

② SPATIAL：表示空间索引。

③ INDEX 或 KEY：表示的含义相同，都是索引关键字，在创建索引时可以任选其一。

④ 索引名：创建的索引的名称。如果省略索引名，则单列索引默认使用创建索引的字段名作为该索引的名称。

⑤ ASC 或 DESC：表示创建索引的排序方式，ASC 为升序，DESC 为降序，默认为 ASC，即升序。

【例 3-66】在 db_teaching 数据库中创建教师信息表 tb_teacher 时，为"Teacher_No"字段创建主键索引；为"Teacher_Name"字段创建普通索引，索引名为"Index_Teacher_Name"；为"Teacher_Login_Name"字段创建唯一索引，索引名为"Index_Teacher_Login_Name"，并按照降序排序。

```
mysql> CREATE TABLE tb_teacher (
    -> Teacher_No char(6) NOT NULL COMMENT '教师编号',
```

```
    -> Teacher_Name char(4) NOT NULL COMMENT '教师姓名',
    -> Teacher_Login_Name char(10) NOT NULL COMMENT '教师登录名',
    -> Teacher_Password char(6) NOT NULL COMMENT '教师登录密码',
    -> Gender enum('男','女') NOT NULL COMMENT '性别',
    -> Staff_No char(6) COMMENT '所属教研室编号',
    -> Birthday date COMMENT '出生日期',
    -> Work_Date date COMMENT '参加工作日期',
    -> Positional_Title enum('助教','讲师','副教授','教授') NOT NULL COMMENT '职称',
    -> Edu_Background enum('大专','本科','研究生','博士生') NOT NULL COMMENT '学历',
    -> Degree enum('学士','硕士','博士') NOT NULL COMMENT '学位',
    -> Wages decimal(8, 2) COMMENT '工资',
    -> ##为 "Teacher_No" 字段创建主键索引
    -> PRIMARY KEY(Teacher_No),
    -> ##为 "Teacher_Name" 字段创建普通索引
    -> INDEX Index_Teacher_Name(Teacher_Name),
    -> ##为 "Teacher_Login_Name" 字段创建唯一索引
    -> UNIQUE INDEX Index_Teacher_Login_Name(Teacher_Login_Name DESC)
    -> );
Query OK, 0 rows affected (0.11 sec)
```

2. 为已存在的数据表创建索引

1）使用 ALTER TABLE 语句创建索引

使用 ALTER TABLE 语句为已存在的数据表创建索引的语法格式如下：

```
ALTER TABLE 数据表名
ADD [PRIMARY|UNIQUE|SPATIAL] INDEX|KEY [索引名] (字段名 [ASC|DESC] [,…]);
```

【例 3-67】在 db_teaching 数据库的辅导员信息表 tb_counsellor 中，为 "CS_No" 字段创建主键索引；为 "CS_Name" 字段创建普通索引，索引名为 "Index_CS_Name"；为 "Phone" 字段创建唯一索引，默认索引名，并按照降序排序。

```
mysql> ALTER TABLE tb_counsellor ADD PRIMARY KEY(CS_No);
Query OK, 0 rows affected (0.04 sec)
mysql> ALTER TABLE tb_counsellor ADD INDEX Index_CS_Name(CS_Name);
Query OK, 0 rows affected (0.04 sec)
mysql> ALTER TABLE tb_counsellor ADD UNIQUE INDEX(Phone DESC);
Query OK, 0 rows affected (0.05 sec)
```

2）使用 CREATE INDEX 语句创建索引

使用 CREATE INDEX 语句可以为已存在的数据表创建索引，但是该语句不能创建主键索引，语法格式如下：

```
CREATE [UNIQUE|SPATIAL] INDEX 索引名 ON 数据表名 (字段名 [ASC|DESC] [,…]);
```

【例 3-68】在 db_teaching 数据库的辅导员信息表 tb_counsellor 中，为 "CS_Name" 字段和 "Dep_No" 字段创建复合索引，其中 "CS_Name" 字段降序排序，"Dep_No" 字段升序排序，索引名为 "Index_CS_Dep"；为 "Phone" 字段创建唯一索引，默认索引名。

```
mysql> CREATE INDEX Index_CS_Dep ON tb_counsellor (CS_Name DESC,Dep_No ASC);
Query OK, 0 rows affected (0.04 sec)
mysql> CREATE UNIQUE INDEX ON tb_counsellor (Phone);
Query OK, 0 rows affected (0.05 sec)
```

=学习提示=

复合索引是指在多个列上创建的索引。在复合索引中，索引的列的顺序非常重要，因为复合索引遵循"最左前缀"原则使用索引，即只有复合索引最左边开始的连续一个或几个列，才会匹配利用索引进行快速查询定位。（见例 3-72 的分析）

3.8.4　管理和维护索引

1. 查看索引信息

在数据表中创建索引后，可以使用 SHOW CREATE TABLE 或 SHOW INDEX 语句查看索引信息。

（1）使用 SHOW CREATE TABLE 语句查看索引信息的语法格式如下：

```
SHOW CREATE TABLE 数据表名;
```

（2）使用 SHOW INDEX 语句查看索引信息的语法格式如下：

```
SHOW INDEX|KEYS FROM 数据表名;
```

【例 3-69】在 db_teaching 数据库中查看教师信息表 tb_teacher 的索引信息。

```
mysql> SHOW INDEX FROM tb_teacher;
+-----------+------------+------------------------+--------------+-----------------+
|Table      | Non_unique|Key_name                 |Seq_in_index|Column_name        |
+-----------+------------+------------------------+--------------+-----------------+
|tb_teacher |          0 |PRIMARY                 |           1 |Teacher_No         |
|tb_teacher |          0 |Index_Teacher_Login_Name|           1 |Teacher_Login_Name |
|tb_teacher |          1 |Index_Teacher_Name      |           1 |Teacher_Name       |
|tb_teacher |          1 |Index_TName_SNo         |           1 |Teacher_Name       |
|tb_teacher |          1 |Index_TName_SNo         |           2 |Staff_No           |
+-----------+------------+------------------------+--------------+-----------------+
5 rows in set (0.01 sec)
mysql> SHOW CREATE TABLE tb_teacher;
+-----------+------------------------------------------------------------------------+
| Table     | Create Table                                                           |
+-----------+------------------------------------------------------------------------+
| tb_teacher| CREATE TABLE `tb_teacher` (                                            |
|           |   `Teacher_No` char(6) NOT NULL COMMENT '教师编号',                    |
|           |   `Teacher_Name` char(4) DEFAULT NULL COMMENT '教师姓名',              |
|           |   `Teacher_Login_Name` char(10) DEFAULT NULL COMMENT '教师登录名',      |
|           |   `Teacher_Password` char(6) DEFAULT NULL COMMENT '教师登录密码',       |
|           |   `Gender` enum('男','女') DEFAULT NULL COMMENT '性别',                 |
|           |   `Staff_No` char(6) DEFAULT NULL COMMENT '所属教研室编号',             |
|           |   `Birthday` date DEFAULT NULL COMMENT '出生日期',                      |
|           |   `Work_Date` date DEFAULT NULL COMMENT '参加工作日期',                 |
|           |   `Positional_Title` enum('助教','讲师','副教授','教授') DEFAULT NULL COMMENT '职称', |
|           |   `Edu_Background` enum('大专','本科','研究生','博士生') DEFAULT NULL COMMENT '学历', |
|           |   `Degree` enum('学士','硕士','博士') DEFAULT NULL COMMENT '学位',       |
|           |   `Wages` decimal(8,2) DEFAULT NULL COMMENT '工资',                     |
|           |   PRIMARY KEY (`Teacher_No`),                                          |
|           |   UNIQUE KEY `Index_Teacher_Login_Name` (`Teacher_Login_Name`),        |
|           |   KEY `Index_Teacher_Name` (`Teacher_Name`),                          |
|           |   KEY `Index_TName_SNo` (`Teacher_Name` DESC,`Staff_No`)              |
```

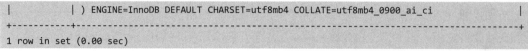

```
|              |  ) ENGINE=InnoDB DEFAULT CHARSET=utf8mb4 COLLATE=utf8mb4_0900_ai_ci    |
+-----------+-----------------------------------------------------------------------------+
1 row in set (0.00 sec)
```

上述 SHOW INDEX 语句执行结果中的参数"Non_unique"表示索引是否可以重复，0 表示索引不可以重复，1 表示索引可以重复；参数"Seq_in_index"表示建立索引的字段序号值，默认从 1 开始。

2. 修改索引

MySQL 没有提供修改索引的 SQL 命令，一般需要先删除原索引，再根据需要创建一个同名索引，从而实现修改索引的效果。使用 MySQL Workbench 可以很方便地修改索引的名称、类型、索引字段、索引参数等。

=学习提示=

当更新数据表中索引字段上的数据时，MySQL 会自动更新索引，使索引树总是和数据表的内容保持一致。这将会导致需要重新组织一个索引，如果一个数据表中的索引很多，则这将会很耗费时间。也就是说，数据表中的索引越多，更新数据表的时间就会越长。

3. 删除索引

想要从数据表中删除索引，可以使用 ALTER TABLE 或 DROP INDEX 语句实现。

（1）使用 ALTER TABLE 语句在修改数据表时删除索引，其语法格式如下：

ALTER TABLE *数据表名* DROP INDEX *索引名*;

（2）使用 DROP INDEX 语句直接删除索引，其语法格式如下：

DROP INDEX *索引名* ON *数据表名*;

=学习提示=

在 MySQL 中删除主键索引时，直接使用 DROP PRIMARY KEY 语句进行删除，不需要提供索引名称，因为一个表中只有一个主键索引。如果该主键设置了 AUTO_INCREMENT 约束，则需要先删除该约束，再删除该主键索引，否则直接删除这样的主键索引会报出错误提示：

ERROR 1075 (42000): Incorrect table definition; there can be only one auto column and it must be defined as a key

因此，当要删除设置了 AUTO_INCREMENT 约束的主键的主键索引时，应分以下两步。

① 删除主键字段的 AUTO_INCREMENT 约束，语法格式如下：

ALTER TABLE *数据表名* MODIFY *字段名 数据类型*;

② 删除主键索引，语法格式如下：

ALTER TABLE *数据表名* DROP PRIMARY KEY;

或者 DROP INDEX `PRIMARY` ON *数据表名*;

注意，DROP INDEX 后的 PRIMARY 是 MySQL 保留字，因此必须用反单引号 "`" 括起来。

若从数据表中删除字段，并且所删除字段为索引的组成部分，则该字段也将从索引中删除；若组成索引的所有字段都被删除，则整个索引将被删除。

【例 3-70】在 db_teaching 数据库的教师信息表 tb_teacher 中，删除在 "Teacher_Name" 字段上创建的名称为 "Index_TName_SNo" 的索引和在 "Teacher_Login_Name" 字段上创建的名称为 "Index_Teacher_Login_Name" 的索引。

```
mysql> ALTER TABLE tb_teacher DROP INDEX Index_TName_SNo;
Query OK, 0 rows affected (0.04 sec)
```

```
mysql> DROP INDEX Index_Teacher_Login_Name ON tb_teacher;
Query OK, 0 rows affected (0.06 sec)
```

3.8.5　EXPLAIN 分析执行计划优化查询

在 SQL 查询中，为了提高查询效率，可以采用相应措施（如使用索引等）对查询语句进行优化。而要优化查询，首先需要分析查询性能，以获知查询效率低下的原因，从而改进查询，让查询优化器能够更好地工作。

想要分析查询性能，可以通过在 SELECT 查询语句之前增加关键字 EXPLAIN 来实现。通过执行 EXPLAIN 语句可以获取 SELECT 查询语句的执行计划，即 SELECT 查询语句的执行情况信息。既然查询时使用索引可以减少查询的记录数，从而达到加速查询、优化查询的目的，那么利用 EXPLAIN 语句获取的执行计划就可以很好地观察索引是否实际使用了、是否加快了查询，以及数据表的读取顺序、数据读取操作的类型、表间的引用等信息，从而可以从对执行计划的分析中找到查询语句或表结构的性能瓶颈，有针对性地优化索引，提高查询语句的执行效率。EXPLAIN 语句的语法格式如下：

EXPLAIN [EXTENDED] *SELECT 语句* ：

说明：

① EXTENDED：表示 EXPLAIN 语句会产生附加信息。

② SELECT 语句：待进行分析的查询语句，包括 FROM 子句、WHERE 子句等。

【例 3-71】使用 EXPLAIN 语句分析查询教师信息的 SELECT 语句。

```
mysql> EXPLAIN SELECT * FROM tb_teacher;
+---+-----------+----------+----------+----+-------------+-----+-------+----+----+--------+------+
|id |select_type|table     |partitions|type|possible_keys| key |key_len|ref |rows|filtered| Extra|
+---+-----------+----------+----------+----+-------------+-----+-------+----+----+--------+------+
| 1 |SIMPLE     |tb_teacher| NULL     | ALL| NULL        | NULL| NULL  |NULL| 1  | 100.00 | NULL |
+---+-----------+----------+----------+----+-------------+-----+-------+----+----+--------+------+
1 row in set, 1 warning (0.01 sec)
```

EXPLAIN 语句执行结果中的各指标参数说明如下。

① id 参数。id 参数表示 SELECT 查询语句的序列号，以数字的形式表示查询中执行 SELECT 子句或操作表的顺序。

② select_type 参数。select_type 参数表示 SELECT 查询的类型，该参数的常见取值如表 3-11 所示。

表 3-11　select_type 参数的常见取值

查询类型	说　　明
SIMPLE	表示简单查询，该类型的查询中不包括 UNION 联合查询、连接查询和子查询
PRIMARY	表示在有子查询的语句中最外层的 SELECT 语句
UNION	表示 UNION 联合查询的第二个 SELECT 语句，连接查询后面的 SELECT 语句
UNION RESULT	表示从 UNION 的匿名临时表检索结果的 SELECT 语句
DEPENDENT UNION	表示子查询中的第二个 SELECT 语句，取决于外层的查询
SUBQUERY	表示包含在 SELECT 列表或 WHERE 子句中的子查询
DEPENDENT SUBQUERY	表示子查询中的第一个 SELECT 语句，取决于外层的查询
DERIVED	表示包含在 FROM 子句中的子查询

③ table 参数。table 参数表示当前查询匹配记录所访问的数据表的表名，如果 SELECT 语句中定义了别名，则显示数据表的别名。

④ partitions 参数。partitions 参数表示当前查询匹配记录的分区。对于未分区的数据表，则返回 NULL。

⑤ type 参数。type 参数表示当前查询的访问类型、有无索引情况，type 参数的值是分析执行计划或表结构性能瓶颈、优化查询要重点关注的内容，该参数的取值如表 3-12 所示。

表 3-12　type 参数的取值

取　值	说　　明
system	表示查询的数据表中只有一行记录，system 是 const 类型的特例
const	表示根据主键索引或唯一索引的字段与常量进行等值比较，通过索引一次就可以查找到数据，其查询速度非常快
eq_ref	返回某一行数据，通常在进行连接查询时出现，查询使用的索引为主键索引或唯一索引
ref	返回多行数据，通常在进行连接查询时出现，查询条件为索引字段与常量进行等值比较
ref_or_null	类似于 ref，但是 MySQL 会额外搜索哪些行包含了 NULL
index_merge	表示使用了索引合并优化的查询，即一个查询中用到了多个索引
unique_subquery	与 eq_ref 类似，但是使用了 IN 查询，并且子查询使用的索引是主键索引或唯一索引
index_subquery	与 unique_subquery 类似，只是子查询使用的索引是非唯一索引
range	表示只检索给定范围的行，在 WHERE 子句中使用 BETWEEN、IN、<、>等有限制范围的索引进行扫描查询时出现
index	表示全索引扫描，查询速度高于全表扫描
ALL	表示查询时全表扫描，没有使用索引进行查询，查询速度最慢，是需要进行优化的查询

type 参数显示的结果值所表示的查询性能从好到坏依次是：system > const > eq_ref > ref > ref_or_null > index_merge > unique_subquery > index_subquery > range > index > ALL。一般要保证查询至少达到 range 类型，最好能达到 ref 类型，否则可能出现性能问题。

⑥ possible_keys 参数。possible_keys 参数表示当前查询语句有可能使用到的索引。若取值为 NULL，则表示没有相关的索引。

⑦ key 参数。key 参数表示当前查询语句实际使用的索引。若取值为 NULL，则表示没有使用索引。

⑧ key_len 参数。key_len 参数表示当前查询语句所使用的索引的长度。在不损失精确性的情况下，长度越短越好。

⑨ ref 参数。ref 参数表示数据表中与索引一起进行查询的字段或常量。

⑩ rows 参数。rows 参数表示根据数据表和查询语句的情况，MySQL 估算出的执行查询必须检查的行数。取值越大，查询效率越差。

⑪ filtered 参数。filtered 参数的取值是一个百分比值，表示根据查询条件，未过滤的行数所占的百分比。

⑫ Extra 参数。Extra 参数表示关于 MySQL 如何解析查询的额外信息，该参数的取值如表 3-13 所示。

表 3-13　Extra 参数的取值

取　值	说　　明
Using index	只用到索引，可以避免访问数据表，说明查询语句的性能很高
Using where	使用了 WHERE 子句中的条件过滤数据

（续）

取　值	说　明
Using temporary	用到临时表处理当前的查询。这类 SQL 语句的性能较低，需要进行优化
Using filesort	在一个没有建立索引的列上进行 ORDER BY 排序查询，会用到额外的索引排序，而不是按照数据表内的索引顺序进行查询。这类 SQL 语句的性能极差，需要进行优化，以避免每次查询都全量排序
Range checked for each record(index NO	没有好的索引可以使用
Using index for group-by	可以在索引中找到分组所需的所有数据，不需要查询实际的数据表
Distinct	一旦 MySQL 找到了与查询条件匹配的行，就不再搜索了
Not exists	MySQL 优化了 LEFT JOIN，一旦它找到了匹配 LEFT JOIN 标准的行，就不再搜索了

【例 3-72】使用 EXPLAIN 语句分析查询已建立（CS_Name，Birthday，Dep_No）复合索引的辅导员信息表的 SELECT 语句。

```
## 在辅导员信息表 tb_counsellor 创建复合索引
mysql> CREATE INDEX Index_CS_Bir_Dep ON tb_counsellor(CS_Name,Birthday,Dep_No);
Query OK, 0 rows affected (0.03 sec)
## EXPLAIN 分析 SELECT 语句，可见复合索引最左侧列的组合使用了索引查询
mysql> EXPLAIN SELECT * FROM tb_counsellor WHERE CS_Name='赵飞菲' AND YEAR(CURDATE())-YEAR(Birthday)<40;
+--+-----------+--------------+----------+----+----------------+-----------+-------+-----+----+--------+
|id|select_type|    table     |partitions|type| possible_keys  |    key    |key_len| ref |rows|filtered|
+--+-----------+--------------+----------+----+----------------+-----------+-------+-----+----+--------+
|1 |SIMPLE     |tb_counsellor |  NULL    |ref |Index_CS_Bir_Dep|Index_CS_Dep| 16   |const| 1  | 100.00|
+--+-----------+--------------+----------+----+----------------+-----------+-------+-----+----+--------+
+----------------------+
|        Extra         |
+----------------------+
| Using index condition |
+----------------------+
1 row in set, 1 warning (0.00 sec)Database changed
## EXPLAIN 分析 SELECT 语句，可见复合索引中的非左侧列不会使用索引查询
mysql> EXPLAIN SELECT * FROM tb_counsellor WHERE YEAR(CURDATE())-YEAR(Birthday)<40;
+--+-----------+--------------+----------+----+-------------+----+-------+----+----+--------+-----------+
|id|select_type|    table     |partitions|type|possible_keys|key |key_len|ref |rows|filtered|   Extra   |
+--+-----------+--------------+----------+----+-------------+----+-------+----+----+--------+-----------+
|1 | SIMPLE    |tb_counsellor |  NULL    |ALL | NULL        |NULL| NULL  |NULL| 8  | 100.00|Using where|
+--+-----------+--------------+----------+----+-------------+----+-------+----+----+--------+-----------+
1 row in set (0.01 sec)
## EXPLAIN 分析 SELECT 语句，可见复合索引最左侧列的组合使用了索引查询
mysql> EXPLAIN SELECT * FROM tb_counsellor WHERE CS_Name='赵飞菲' AND YEAR(CURDATE())-YEAR(Birthday)<40
    ->                         AND Dep_No='0004';
+--+-----------+--------------+----------+----+----------------+-----------+-------+-----+----+--------+
|id|select_type|    table     |partitions|type| possible_keys  |    key    |key_len| ref |rows|filtered|
+--+-----------+--------------+----------+----+----------------+-----------+-------+-----+----+--------+
|1 | SIMPLE    |tb_counsellor |  NULL    |ref |Index_CS_Bir_Dep|Index_CS_Dep| 32   |const| 1  | 100.00 |
+--+-----------+--------------+----------+----+----------------+-----------+-------+-----+----+--------+
+----------------------+
|        Extra         |
+----------------------+
| Using index condition |
+----------------------+
1 row in set, 1 warning (0.00 sec)  1 row in set (0.00 sec)
```

3.8.6　使用命令行客户端创建和管理索引

（1）为高校教学质量分析管理系统的后台数据库 db_teaching 继续创建数据表。创建课程信息表 tb_course，表结构如表 3-14 所示，并查询该表中的索引信息。

① 在创建课程信息表 tb_course 的同时，为该表中的"Course_No"字段创建主键索引，为"Course"字段创建唯一索引，为"Dep_No"字段创建普通索引，如图 3-33 所示。

表 3-14　课程信息表 tb_course 的表结构

字段名称	数据类型	索　引	字段说明
Course_No	char(6)	主键索引	课程编号
Course	varchar(50)	唯一索引	课程名称
Dep_No	char(4)	普通索引	所属院系编号
Class_Hour	decimal(5,1)		课程学时数
Credit	decimal(3,1)		课程学分
Category	enum('公共基础课','专业课','选修课')		课程类型
Test_Type	enum('考试','考查')		课程考试类型

图 3-33　在创建课程信息表 tb_course 的同时创建索引

② 查看课程信息表 tb_course 中的索引信息，如图 3-34 所示。

图 3-34　查看课程信息表 tb_course 中的索引信息

（2）前面在高校教学质量分析管理系统的后台数据库 db_teaching 中创建学生信息表 tb_student 时，只创建了基本的字段信息和约束，为了加速查询，需为其创建索引。

① 为学生信息表 tb_student 中的"Stu_Name"字段创建普通索引，索引名为"Index_Stu_Name"，如图 3-35 所示。

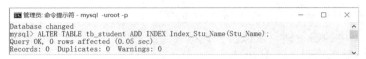

图 3-35　为"Stu_Name"字段创建普通索引

② 为学生信息表 tb_student 中的"Stu_Login_Name"字段创建唯一索引，索引名为"Index_Stu_Login_Name"，并按照降序排序，如图 3-36 所示。

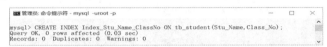

图 3-36　为"Stu_Login_Name"字段唯一索引

③ 为学生信息表 tb_student 中的"Stu_Name"字段和"Class_No"字段创建名称为"Index_Stu_Name_ClassNo"的复合索引，如图 3-37 所示。

```
管理员:命令提示符 - mysql -uroot -p                                   —   □   ×
mysql> CREATE INDEX Index_Stu_Name_ClassNo ON tb_student(Stu_Name,Class_No);
Query OK, 0 rows affected (0.03 sec)
Records: 0  Duplicates: 0  Warnings: 0
```

图 3-37　为"Stu_Name"字段和"Class_No"字段创建复合索引

（3）查看学生信息表 tb_student 中的索引信息，如图 3-38 所示。

```
管理员:命令提示符 - mysql -uroot -p                                                                                                   —   □   ×
mysql> SHOW INDEX FROM tb_student;
```

Table	Non_unique	Key_name	Seq_in_index	Column_name	Collation	Cardinality	Sub_part	Packed	Null	Index_type	Comment	Index_comment	Visible	Expression
tb_student	0	PRIMARY	1	Stu_No	A	0	NULL	NULL		BTREE			YES	NULL
tb_student	0	Index_Stu_Login_Name	1	Stu_Login_Name	D	0	NULL	NULL	YES	BTREE			YES	NULL
tb_student	1	Index_Stu_Name	1	Stu_Name	A	0	NULL	NULL		BTREE			YES	NULL
tb_student	1	Index_Stu_Name_ClassNo	1	Stu_Name	A	0	NULL	NULL		BTREE			YES	NULL
tb_student	1	Index_Stu_Name_ClassNo	2	Class_No	A	0	NULL	NULL		BTREE			YES	NULL
tb_student	1	Index_Address	1	Address	NULL	0	NULL	NULL	YES	FULLTEXT			YES	NULL

```
6 rows in set (0.01 sec)
```

图 3-38　查看学生信息表 tb_student 中的索引信息

（4）删除学生信息表 tb_student 中"Stu_Name"字段上的普通索引，如图 3-39 所示。

```
管理员:命令提示符 - mysql -uroot -p                                   —   □   ×
mysql> DROP INDEX Index_Stu_Name ON tb_student;
Query OK, 0 rows affected (0.04 sec)
Records: 0  Duplicates: 0  Warnings: 0
```

图 3-39　删除"Stu_Name"字段上的普通索引

（5）使用 EXPLAIN 语句分析查询学生信息的不同语句，如图 3-40 所示。

```
管理员:命令提示符 - mysql -uroot -p                                                                                   —   □   ×
mysql> EXPLAIN SELECT * FROM tb_student WHERE Stu_Name='池跃敏';
```

id	select_type	table	partitions	type	possible_keys	key	key_len	ref	rows	filtered	Extra
1	SIMPLE	tb_student	NULL	ref	Index_Stu_Name_ClassNo	Index_Stu_Name_ClassNo	16	const	1	100.00	Using index condition

```
1 row in set, 1 warning (0.00 sec)
mysql> EXPLAIN SELECT * FROM tb_student WHERE Nation<>'汉族';
```

id	select_type	table	partitions	type	possible_keys	key	key_len	ref	rows	filtered	Extra
1	SIMPLE	tb_student	NULL	ALL	NULL	NULL	NULL	NULL	1	100.00	Using where

```
1 row in set, 1 warning (0.00 sec)
```

图 3-40　使用 EXPLAIN 语句分析查询学生信息的不同语句

3.8.7　使用 MySQL Workbench 创建和管理索引

（1）使用 MySQL Workbench 在学生信息表 tb_student 中创建索引。

① 在导航窗格中，将鼠标指针放置在数据表名 tb_student 上，在数据表名的右侧会出现 3 个按钮，单击其中的🛠按钮，可以打开数据表修改窗口，在该窗口中选择 "Indexes" 选项卡，即可创建索引，如图 3-41 所示。

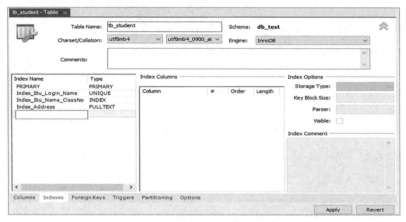

图 3-41 数据表修改窗口中的 "Indexes" 选项卡

② 为学生信息表 tb_student 中的 "Stu_Name" 字段创建普通索引，索引名为 "Index_Stu_Name"。在 "Indexes" 选项卡中，先在 "Index Name" 列的文本框中输入索引名 "Index_Stu_Name"，然后在 "Type" 列的下拉列表中选择索引类型 "INDEX"，接着在右侧的 "Index Columns" 列表框中勾选字段名 Stu_Name 左侧的复选框，如图 3-42 所示。单击数据表修改窗口的 "Apply" 按钮，在弹出的 "Apply SQL Script to Database" 对话框的审查 SQL 脚本界面中，确定 SQL 语句准确无误后，单击 "Apply" 按钮，进入应用 SQL 脚本界面；单击 "Finish" 按钮，完成索引的创建。

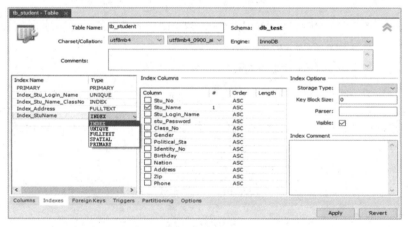

图 3-42 为 "Stu_Name" 字段添加普通索引

（2）使用 MySQL Workbench 修改索引。将学生信息表 tb_student 中 "Stu_Login_Name" 字段上的唯一索引改为普通索引，索引名改为 "Index_StuLogin"，并按照升序排序。

在导航窗格中，将鼠标指针放置在数据表名 tb_student 上，在数据表名的右侧会出现 3 个按钮，单击其中的🛠按钮，打开数据表修改窗口，选择 "Indexes" 选项卡，将 "Index Name" 列的文本框中的 "Index_Stu_Login_Name" 改为 "Index_StuLogin"，在 "Type" 列的下拉列表中重新选择索引类型"INDEX",在字段名 Stu_Login_Name 右侧的"Order"列的下拉列表中选择"ASC"选项,如图 3-43 所示。单击数据表修改窗口中的"Apply"按钮,在弹出的"Apply SQL Script to Database"对话框的审查 SQL 脚本界面中,确定 SQL 语句准确无误后,单击"Apply"按钮,进入应用 SQL 脚本界面;单击"Finish"按钮,完成索引的修改。

(3)删除学生信息表 tb_student 的复合索引。选择"Indexes"选项卡,首先右击"Index Name"列中要删除的索引的索引名 Index_Stu_Name_ClassNo,在弹出的快捷菜单中选择"Delete Selected"命令,如图 3-44 所示;然后窗口中的"Apply"按钮,在弹出的"Apply SQL Script to Database"对话框的审查 SQL 脚本界面中,确定 SQL 语句准确无误后,单击"Apply"按钮,进入应用 SQL 脚本界面;单击"Finish"按钮,完成索引的删除。

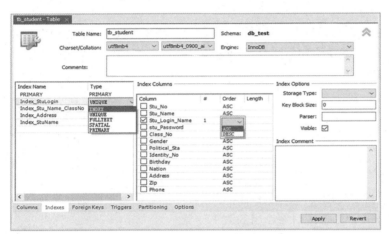
图 3-43 修改"Stu_Login_Name"字段上的索引

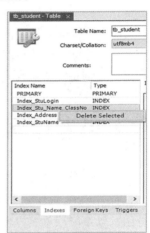
图 3-44 删除"Stu_Login_Name"字段上的索引

 # 模块总结

本项目模块主要介绍了对数据表中的数据使用 SELECT 语句实现各种不同需求的查询的技巧,以及通过视图简化查询、通过索引加快查询的方法。具体知识和技能点要求如下:

(1)MySQL 常用的系统函数的运用。在 SELECT 语句的字段表达式和筛选条件表达式中,通过正确运用数值处理函数、字符串处理函数、日期时间函数、数据类型转换函数、条件控制函数、JSON 操作函数等解决问题。

(2)对单表和多表的数据查询技巧。SELECT 语句中的 FROM 子句指定查询数据源表,WHERE 子句筛选查询数据的条件,JOIN...ON 子句可以对多个数据表进行内连接或外连接等获得不同结果集的查询数据。

(3)排序查询、限行查询、分组统计查询的使用。在 SELECT 语句中,通过 ORDER BY子句或结合关键字 LIMIT 来解决对数据查询结果集的排序或限行操作;运用聚合函数结合GROUP BY 子句来解决对数据的分组统计查询。

(4)窗口函数的使用。在对分组统计结果中的每条记录进行计算的场景下,使用窗口函数更简捷。

（5）子查询的运用技巧。子查询可以作为比较条件、相关数据、派生表，用于实现复杂数据查询操作；可以使用子查询添加、修改、删除数据。

（6）联合查询和逐行读取记录的操作方法。通过关键字 UNION 可以合并多个查询结果集，在需要逐行读取查询记录时，可以使用 HANDLER 语句经过打开数据表、查询读取打开数据表中的记录行、关闭数据表的步骤实现。

（7）视图与索引的作用和运用。对于操作频繁的复杂数据集，可以创建视图这种虚拟表来简化操作，以提高查询效率，但要注意使用 UPDATE 和 DELETE 语句操作视图时的限制；通过在字段上建立相应的索引可以加快对该字段的值进行查询的速度，但要注意只需要在必要的字段上创建索引即可，不必在所有字段上创建索引；EXPLAIN 可以分析执行计划优化查询。

（8）在大多数情况下，连接查询和子查询是可以互替的，使用 GROUP BY 子句进行分组统计后的条件筛选只能用 HAVING 语句而不能用 WHERE 子句，正确运用不同的子查询和连接查询是数据查询模块的难点。

思考探索

一、选择题

1. 在 SELECT 语句中，可以使用（　　）子句将结果集中的数据行按照列值进行逻辑分组，以便能汇总表内容的子集，即实现对每个组的聚集计算。

A．LIMIT B．GROUP BY

C．WHERE D．ORDER BY

2. 在 MySQL 中，创建唯一索引的关键字是（　　）。

A．ONLY INDEX B．FULLTEXT INDEX

C．UNIQUE INDEX D．INDEX

3. 联合查询的关键字为（　　）。

A．JOIN B．ALL C．FULL D．UNION

4. 下列说法正确的是（　　）。

A．视图只是虚拟表，数据实际上是基表中的数据 B．视图只能基于基表创建

C．索引的创建只与数据的存储有关 D．索引查询一定比扫描查询的速度快

5. 当子查询的返回值不止一个时，可以使用的运算符是（　　）。

A．= B．> C．IN D．REGEXP

6. EXISTS 相关子查询的返回值为（　　）。

A．逻辑值 B．字符串

C．日期时间 D．整数

7.（　　）聚合函数可以进行统计计算。

A．SUM B．AVG C．COUNT D．MAX

8. 在 SELECT 语句中，要在结果集中去掉重复行，需要使用（　　）子句。

A．DISTINCT B．ALL C．TOP D．ORDER

9. 如果想要查找"Class"字段的值不为空的记录，则正确的条件表达式为"（　　）"。

A. WHERE Class=NULL　　　　　　　B. WHERE Class!=NULL

C. WHERE Class IS NULL　　　　　　D. WHRE Class IS NOT NULL

10. 对分组统计的结果集中再次进行条件筛选的子句是（　　）。

A. WHERE　　　　　B. HAVING　　　　C. FROM　　　　　D. JOIN

11. （　　）命令可以用于查看视图的定义文本。

A. SELECT VIEW　　　　　　　　　　B. SHOW VIEW

C. SHOW CREATE VIEW　　　　　　　D. DISPLAY VIEW

12. 在下列选项中，（　　）不是 MySQL 中的索引类型。

A. 唯一索引　　　　　　　　　　　　B. 全文索引

C. 主键索引　　　　　　　　　　　　D. 外键索引

13. 函数（　　）可以获得字符'y'在字符串'employee'中第一次出现的位置。

A. SUBSTRING()　　　B. INSTR()　　　C. REPLACE()　　　D. FIND()

14. 只有满足连接条件的记录才包含在查询结果集中，这种连接是（　　）。

A. INNER JOIN（内连接）　　　　　　B. LEFT OUTER JOIN（左外连接）

C. CROSS JOIN（交叉连接）　　　　　D. RIGHT OUTER JOIN（右外连接）

15. 用于查看索引是否被使用的语句是（　　）。

A. SHOW CREATE TABLE　　　　　　B. DESC

C. EXPLAIN　　　　　　　　　　　　D. SHOW INDEX

16. 在 SQL 中，子查询是（　　）。

A. 选取单表中字段子集的查询语句　　B. 选取多表中字段子集的查询语句

C. 返回单表中数据子集的查询语句　　D. 嵌入另一个查询语句中的查询语句

二、填空题

1. 在使用 SELECT 语句查询数据时，可以使用＿＿＿＿代表对所有的字段进行查找。

2. 在使用关键字＿＿＿＿时，内查询语句不返回查询的记录，而是返回一个逻辑值。

3. 在使用 ORDER BY 子句进行排序查询时，升序使用关键字＿＿＿＿表示，降序使用关键字＿＿＿＿表示。

4. 更新视图是指通过视图来＿＿＿＿、＿＿＿＿、＿＿＿＿数据表中的数据。

5. CONCAT()函数的作用是＿＿＿＿，DATEDIFF()函数的作用是＿＿＿＿。

6. SELECT SUBSTRING('hellow', 2, 3)的执行结果是＿＿＿＿。

7. ＿＿＿＿子句可以对查询结果的记录数量进行限定，以控制查询结果集中的行数。

三、简答题

1. 什么是视图？视图与数据表有什么区别？

2. 在哪些情况下，视图的更新操作不能被执行？

3. MySQL 中有几种索引类型？选择建立索引字段的原则是什么？

4. 聚合函数是否可以作为窗口函数使用？在什么场景下使用窗口函数更好？

四、思考题

数据启示录

　　在 IT 行业从业者中，有一群掌管着大数据时代企业"生死命门"的人，他们就是 DBA（数据库管理员）。说起 DBA 的工作职能，很多人表示这可比程序员的日常工作要复杂得多，不仅要和应用程序打交道，还要深入操作系统和硬件，DBA 是保护数据的最重要防线，必须严守"谨慎、严谨、规范"原则，这样才不会导致像"删库跑路"这样的情况发生。

　　顺丰科技数据中心的高级工程师邓某在收到升级系统数据库的变更需求后，按照操作流程要求登录生产数据库跳转机，通过 navicat-mysql 客户端管理工具连入了 SHIVA-OMCS 的 RUSS 库进行操作。但该工程师在执行删除操作的 SQL 代码时，因其操作不严谨，未看清当时光标回跳到了 RUSS 库的实例上，误将 RUSS 库作为了删除对象，执行 DELETE 命令时还忽略了弹窗提示，直接按 Enter 键，导致了生产数据库 RUSS 库被误删。其不仔细严谨的操作导致 OMCS 运营监控管控系统发生故障，使该系统上的临时车线上发车功能无法使用，并持续了约 590 分钟，将近 10 小时系统瘫痪。此次故障对顺丰的业务运营产生了严重的负面影响。顺丰对邓某处罚并解除劳动合同。

　　在拥有大数量级用户的平台上，不能谨慎细致地编写正确的代码进行操作，对系统数据和企业的危害结果一定是惨烈的。虽然事故也反映出顺丰运维管理及权限混乱问题，但是工程师邓某的误操作是直接原因，忽略提醒直接默认选择也是非常不好的习惯，而且操作数据之前最好先使用 SELECT 命令查询一下，应该衡量清楚将要进行的 SQL 操作对数据范围的影响。可见，DBA 的职业操守与执行习惯对企业和系统具有至关重要的影响。

　　习近平总书记在党的二十大报告中，对强化网络、数据等安全保障体系建设作出重大决策部署。DBA 作为数据安全保障体系的重要成员，尤其要规范运维程序、创新技术方法、健全管理机制，不断完善数据安全治理体系，全面加强网络安全和数据安全保护，筑牢数字安全屏障。

（来源：网易）

同学们，你们有什么启示呢？

严谨负责、注重细节、精益求精、安全意识、职业操守

 独立实训

eBank 怡贝银行业务管理系统数据库
"数据查询与优化"实训任务工作单

班　级		组　长		组　员	
任务环境	MySQL 8 服务器、命令行客户端、MySQL Workbench 客户端				
任务实训目的	（1）能够熟练使用命令行客户端执行 SQL 语句，以及使用 MySQL Workbench 对数据库进行各项管理操作				
	（2）能够熟练使用条件表达式筛选指定的数据行				
	（3）能够熟练编写 SELECT 语句对单表、多表实施数据查询				
	（4）能够熟练编写 SELECT 语句实施嵌套子查询或 EXISTS 相关子查询				

任务实训目的	（5）能够运用聚合函数和窗口函数熟练编写 SELECT 语句，对数据进行排序查询、限行查询、分组统计查询 （6）能够熟练编写 SELECT 语句实施联合查询和逐行查询 （7）能够熟练创建和管理视图、索引，合理更新视图，优化数据查询
任务清单	【任务 1】查询企业账户信息表 tb_company 与个人账户信息表 tb_personal 的所有信息 【任务 2】查询学历为"高中"的个人客户的姓名、教育程度、手机号码 【任务 3】查询年龄大于 30 岁的个人客户的客户编号、姓名、年龄、婚姻状况、银行卡号 【任务 4】查询法人"阴怡宁"的账户信息，查询"阮娴静"的银行卡号、银行卡内的余额及银行卡的类型 【任务 5】查询个人账户信息表中姓"相"的客户的姓名、学历和地址 【任务 6】查询所有正在营业的银行分行网点的信息及其对应的 ATM 终端设备的信息 【任务 7】查询在 eBank 怡贝银行大王支行开户的所有个人客户的信息 【任务 8】查询 eBank 怡贝银行所有开设了信用卡的个人客户及企业客户的信息 【任务 9】查询 eBank 怡贝银行大王支行存款余额前三的客户信息 【任务 10】查询银行卡信息表 tb_cardInfo 中存款最多和最少的客户信息 【任务 11】统计银行各分行网点开户的人数与存款余额总额 【任务 12】查询银行分行网点表，统计在银行各分行网点开户的人数，显示开户人数在 3 人及以上的银行分行网点信息 【任务 13】查询客户编号为"47370876"的企业客户的所有信息 【任务 14】查询银行卡内余额大于 5000 元的个人客户的客户编号、姓名和邮箱 【任务 15】查询转账记录中存入金额超过 1000 元的银行卡对应的银行分行网点信息 【任务 16】创建 VIP 客户表 tb_vip，将个人客户在银行卡的存款余额大于 500 万元的客户信息添加到 vip_tb 表中 【任务 17】创建名称为"view_company_user"的视图，用于查询企业客户的单位 ID、客户编号、开户名、社会统一信用代码、电话号码及地址 【任务 18】修改名称为"view_person_user"的视图，用于查询个人客户的开户名、银行卡号和电话号码 【任务 19】更新 view_company_user 视图，将开户名为"美好服装有限公司"的企业客户的电话号码改为"18684813033" 【任务 20】更新 view_company_user 视图，向企业账户信息表中添加一条新的企业账户记录 【任务 21】更新 view_company_user 视图，删除企业账户信息表中任务 20 所添加的新企业账户记录 【任务 22】在个人账户信息表 tb_personal 中的"personalID"字段、"customerName"字段和"telephone"字段上创建名称为"IX_comPersonal"的复合索引 【任务 23】查看个人账户信息表中的索引信息 【任务 24】删除 IX_comPersonal 索引 【任务 25】删除 view_company_user 视图 【任务 26】查询每张银行卡的存款类型信息及对应银行卡 【任务 27】查询企业客户中在机械/制造领域并在 2007 年后注册的客户信息和对应银行卡号
任务实施记录	（实现各任务的 SQL 语句、MySQL Workbench 的操作步骤、执行结果、SQL 语句出错提示与调试解决）
总结评价	（总结任务实施方法、SQL 语句使用和 MySQL Workbench 操作经验、收获体会等） 请对自己的任务实施做出星级评价 □ ★★★★★　　　□ ★★★★　　　□ ★★★　　　□ ★★　　　□ ★

项目模块 4

数据库编程

　　G-EDU（格诺博教育）公司开发高校教学质量分析管理系统，需要深入考虑针对数据库的高效管理与数据正确一致性保障的措施方式。针对系统重要的查询评价评语、评价评分、评学考试分数、评教分数等教学质量相关数据的功能，为了提高开发效率和数据库性能，可以将查询语句放置在存储过程或函数中；对于学生入学、退学情况下，班级人数相应发生改变，可以采用触发器确保添加、删除学生记录时班级信息表中的记录相应地自动变化；高校教学质量分析管理系统每年都会产生大量的数据，MySQL 无法永久只写入数据，因此可以使用事件定期删除过期的数据，以提高数据库性能。

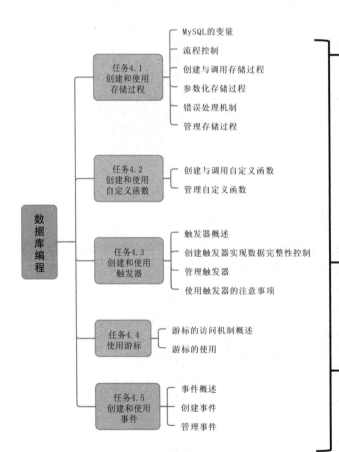

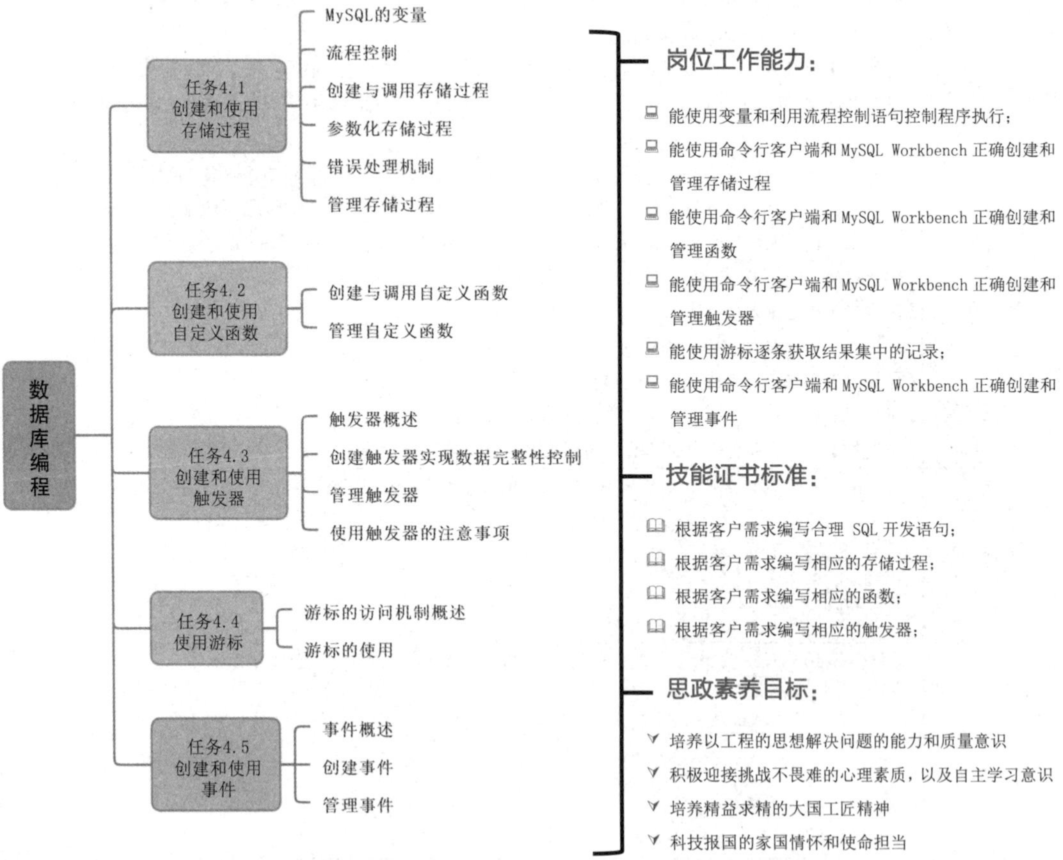

岗位工作能力：

- 能使用变量和利用流程控制语句控制程序执行；
- 能使用命令行客户端和 MySQL Workbench 正确创建和管理存储过程
- 能使用命令行客户端和 MySQL Workbench 正确创建和管理函数
- 能使用命令行客户端和 MySQL Workbench 正确创建和管理触发器
- 能使用游标逐条获取结果集中的记录；
- 能使用命令行客户端和 MySQL Workbench 正确创建和管理事件

技能证书标准：

- 根据客户需求编写合理 SQL 开发语句；
- 根据客户需求编写相应的存储过程；
- 根据客户需求编写相应的函数；
- 根据客户需求编写相应的触发器；

思政素养目标：

- 培养以工程的思想解决问题的能力和质量意识
- 积极迎接挑战不畏难的心理素质，以及自主学习意识
- 培养精益求精的大国工匠精神
- 科技报国的家国情怀和使命担当

左侧思维导图内容：

数据库编程
- 任务4.1 创建和使用存储过程
  - MySQL 的变量
  - 流程控制
  - 创建与调用存储过程
  - 参数化存储过程
  - 错误处理机制
  - 管理存储过程
- 任务4.2 创建和使用自定义函数
  - 创建与调用自定义函数
  - 管理自定义函数
- 任务4.3 创建和使用触发器
  - 触发器概述
  - 创建触发器实现数据完整性控制
  - 管理触发器
  - 使用触发器的注意事项
- 任务4.4 使用游标
  - 游标的访问机制概述
  - 游标的使用
- 任务4.5 创建和使用事件
  - 事件概述
  - 创建事件
  - 管理事件

任务 4.1　创建和使用存储过程

任务分析

【任务描述】

　　学生通过高校教学质量分析管理系统可以随时查询自己的课程评学考试成绩，而查询过程需要访问班级信息表、学生信息表、课程信息表和评学评教成绩表，如果每名学生每次在查询自己的课程评学考试成绩时，系统都要创建 SQL 语句来完成，则会使得网络流量大、系统性能低。G-EDU（格诺博教育）公司系统研发小组为了提高开发效率，要将该功能下的查询语句放置在指定的存储过程中，这样学生每次在查询自己的课程评学考试成绩时，只需调用存储过程即可。

【任务要领】

❖　MySQL 的变量类型

❖　MySQL 的流程控制语句

❖　定义带输入参数、输出参数和输入输出参数的存储过程

❖　调用存储过程

❖　存储过程的错误处理机制

❖　查看、修改和删除存储过程

技术准备

　　存储过程是一组用于完成特定功能的 SQL 语句集合。将常用或复杂的工作预先用 SQL 语句编写好，并用一个指定的名称存储起来，这个过程经编译和优化后存储在数据库服务器中，这就是存储过程。以后需要数据库执行与已定义好的存储过程功能相同的服务时，只需调用该存储过程即可。

4.1.1　MySQL 的变量

　　在 MySQL 中，使用变量存储程序执行过程中的输入值、中间结果和最终结果，变量在命名时要遵循对象标识符的命名规则。

　　MySQL 的变量分为系统变量、用户变量和局部变量。

微课 4-1

1. 系统变量

　　MySQL 服务器有许多用于配置其操作的系统变量，每个系统变量都有一个默认值，当 MySQL 服务器启动时，可以使用命令行或选项文件中的选项设置系统变量，系统变量的值对所有的客户端都有效。

　　系统变量分为全局变量和会话变量。全局（GLOBAL）变量会影响服务器的整体运行，

会话（SESSION）变量会影响单个客户端连接的操作。给定的系统变量可以同时具有全局值和会话值。

全局变量是由系统定义的，MySQL 服务器启动后会自动将其初始化为默认值。全局变量的值可以通过在命令行客户端中使用 SET 语句来设置或通过更改 my.ini 文件来修改。在 SQL 语句中调用全局变量时，需在全局变量的名称前加上"@@"前缀标识符，但在调用系统日期、系统时间、用户名等特定的全局变量时需要省略"@@"符号。

会话变量是在每次建立一个新连接时，由 MySQL 服务器将当前所有全局变量的值复制一份给会话变量完成初始化的。它与全局变量的区别是，会话变量的值影响当前的数据连接参数，而全局变量的值则影响整个 MySQL 服务器的调节参数，一个客户端只能修改自己的会话变量，而不能修改其他客户端的会话变量。会话变量也只在当前连接中有效，在当前连接断开后，其所设置的所有会话变量都会失效。

1）查看系统变量

查看系统变量的语法格式如下：

```
SHOW [GLOBAL|SESSION] VARIABLES [LIKE '匹配模式'];
```

说明：

① SHOW VARIABLES：查询系统变量的关键字。使用 SELECT 命令也可以查询指定变量的值。

② GLOBAL|SESSION：可选项，GLOBAL 表示全局变量，SESSION 表示会话变量，如果既不指定 GLOBAL，也不指定 SESSION，则 MySQL 会返回 SESSION 值。

③ LIKE '匹配模式'：'匹配模式'可以是普通字符串，也可以是包含"%"和"_"的通配字符串。

【例 4-1】查询所有系统变量。

```
mysql> SHOW GLOBAL VARIABLES;
```

执行上述语句，会显示 590 个系统变量的变量名和变量值。

【例 4-2】查询所有会话变量的变量名和变量值。

```
mysql> SHOW SESSION VARIABLES;
```

执行上述语句，会显示所有会话变量的变量名和变量值。

【例 4-3】查询含"size"字符的系统变量。

```
mysql> SHOW GLOBAL VARIABLES LIKE '%size%';
```

执行上述语句，会显示 74 个匹配的系统变量的变量名和变量值。

【例 4-4】查看当前 MySQL 服务器的版本信息（查看全局变量 version 的值）。

```
mysql> SELECT @@version;
+-----------+
| @@version |
+-----------+
| 8.0.22    |
+-----------+
```

2）修改系统变量的值

许多系统变量是动态的，可以在运行时使用 SET 语句进行更改。语法格式如下：

```
SET GLOBAL|SESSION 变量名 = 变量值;
```

或者

```
SET @@GLOBAL.变量名|@@SESSION.变量名 = 变量值;
```

说明：

① GLOBAL 变量名：需要修改的全局变量名，全局变量名前不加 "@@" 前缀标识符。

② SESSION 变量名：需要修改的会话变量名，会话变量名前不加 "@@" 前缀标识符。

③ @@GLOBAL.变量名|@@SESSION.变量名：需要修改的全局变量名或会话变量名，都不加 "@@" 前缀标识符。注意变量名前的 "." 符号。

【例 4-5】将全局变量 max_connection 的值设置为 "200"。

```
## 查看全局变量 max_connection 的值
mysql> SHOW GLOBAL VARIABLES LIKE 'max_connections';
    +-----------------+-------+
    | Variable_name   | Value |
    +-----------------+-------+
    | max_connections | 151   |
    +-----------------+-------+
1 row in set, 1 warning (0.01 sec)
## 将全局变量 max_connection 的值设置为 "200"
mysql> SET GLOBAL max_connections = 200;
Query OK, 0 rows affected (0.01 sec)
## 重新打开客户端连接 MySQL 服务器，再次查看全局变量 max_connection 的值
mysql> SHOW GLOBAL VARIABLES LIKE 'max_connections';
    +-----------------+-------+
    | Variable_name   | Value |
    +-----------------+-------+
    | max_connections | 200   |
    +-----------------+-------+
1 row in set, 1 warning (0.01 sec)
```

【例 4-6】将会话变量 auto_increment_increment 的值设置为 "2"。

```
## 查看会话变量 auto_increment_increment 的值
mysql> SHOW SESSION VARIABLES LIKE 'auto%';
    +--------------------------+---------+
    | Variable_name            | Value   |
    +--------------------------+---------+
    | auto_generate_certs      | ON      |
    | auto_increment_increment | 1       |
    | auto_increment_offset    | 1       |
    | autocommit               | ON      |
    | automatic_sp_privileges  | ON      |
    +--------------------------+---------+
5 rows in set, 1 warning (0.01 sec)
## 将会话变量 auto_increment_increment 的值设置为 "2"
mysql> SET SESSION auto_increment_increment = 2;
Query OK, 0 rows affected (0.00 sec)
## 再次查看会话变量 auto_increment_increment 的值
mysql> SHOW SESSION VARIABLES LIKE 'auto%';
    +--------------------------+---------+
    | Variable_name            | Value   |
    +--------------------------+---------+
    | auto_generate_certs      | ON      |
    | auto_increment_increment | 2       |
    | auto_increment_offset    | 1       |
```

```
| autocommit              | ON      |
| automatic_sp_privileges | ON      |
+-------------------------+---------+
5 rows in set, 1 warning (0.00 sec)
```

但打开另一个客户端连接 MySQL 服务器，查看会话变量 auto_increment_increment 的值，其值仍然为 1。

```
mysql> SHOW SESSION VARIABLES LIKE 'auto%';
+-------------------------+---------+
| Variable_name           | Value   |
+-------------------------+---------+
| auto_generate_certs     | ON      |
| auto_increment_increment| 1       |
| auto_increment_offset   | 1       |
| autocommit              | ON      |
| automatic_sp_privileges | ON      |
+-------------------------+---------+
5 rows in set, 1 warning (0.01 sec)
```

这就说明修改会话变量的值只对当前连接有效，不会影响其他数据库连接。

2. 用户变量

用户变量即用户定义的变量，用户变量的名称要使用"@"符号作为前缀标识符。

用户变量只在当前连接有效，当连接断开后，用户变量就会失效。可以使用 SET 语句或 SELECT 语句定义用户变量并为其赋值，SET 语句中可以使用"="或":="赋值符，但 SELECT 语句中只能使用":="赋值符。使用 SELECT 语句还可以查询输出用户变量的值。定义用户变量的语法格式如下：

```
SET @用户变量名 = 表达式;
```

或者

```
SET @用户变量名 := 表达式;
SELECT @变量名1 := 字段1 [, @变量名2 := 字段2, …] FROM 数据表名 [WHERE 条件];
```

或者

```
SELECT 字段1 [, 字段2, …] FROM 数据表名 [WHERE 条件] INTO @变量名1[, @变量名2, …];
```

【例 4-7】定义用户变量@age，并设置其值为"20"。

```
mysql> SET @age = 20;
Query OK, 0 rows affected (0.01 sec)
mysql> SELECT @age;
+------+
| @age |
+------+
|  20  |
+------+
```

【例 4-8】从学生信息表 tb_student 中获取学号为"201802015905"的学生的姓名和出生日期，将这两个信息分别保存在用户变量@name 和@birthday 中。

```
mysql> SELECT @name := Stu_Name,@birthday := Birthday FROM tb_student WHERE Stu_No = '201802015905';
+-------------------+-----------------------+
| @name := Stu_Name | @birthday := Birthday |
+-------------------+-----------------------+
| 刘美玲            | 1999-02-26            |
+-------------------+-----------------------+
```

```
1 row in set, 2 warnings (0.01 sec)
```
或者
```
mysql> SELECT Stu_Name,Birthday FROM tb_student WHERE Stu_No = '201802015905' INTO @name,@birthday;
```

3. 局部变量

局部变量一般用在 SQL 语句块中，如存储过程等程序的 BEGIN...END。局部变量的作用范围为该语句块，在该语句块执行完毕后，局部变量就失效了。

1）定义局部变量

局部变量用来临时存储程序中的数据，局部变量的值随程序的运行而不断变化。MySQL 的局部变量必须先定义再使用，其定义主要包含变量的名称和数据类型长度两部分内容。使用关键字 DECLARE 定义局部变量的语法格式如下：
```
DECLARE 变量名[, …] 数据类型(长度) [DEFAULT 默认值];
```
说明：

① DECLARE：定义局部变量的关键字。一个 DECLARE 命令可以同时定义多个局部变量，各局部变量名之间使用 "," 隔开。

② DEFAULT：指定局部变量的默认值。当 DEFAULT 子句省略时，默认值为 NULL。

2）为局部变量赋值

在 MySQL 中，不仅可以在定义局部变量时为其指定默认值，也可以使用关键字 SET 或 SELECT 为局部变量赋值，语法格式如下：
```
SET 局部变量名1 = 表达式1 [,…];
SELECT 字段名列表 INTO 局部变量名列表 FROM 数据表名 [WHERE 条件];
```
说明：

① SET：一个局部变量只能赋一个值；一个 SET 语句可以同时给多个局部变量赋值。

② SELECT：选定字段的值被分配给局部变量。局部变量的数目必须与字段的数目匹配。查询应返回单行。如果查询未返回任何行，则会出现错误代码为 "1329" 的警告（No data），并且变量值保持不变。

【例 4-9】定义一个整型局部变量 age，其默认值为 15，之后将局部变量 age 的值改为 "20"。（注意：该语句需放置在程序语句块中才能执行。）
```
## 将 SQL 语句默认结束符修改为"//"
mysql> DELIMITER //
## 创建存储过程 proc1，在其中定义局部变量 age 并赋值
mysql> CREATE PROCEDURE proc1()
    -> BEGIN
    ->   DECLARE age INT DEFAULT 15;
    ->     SET age = 20;
    ->     SELECT age;
    -> END //
Query OK, 0 rows affected (0.02 sec)
## 将 SQL 语句默认结束符修改为";"
mysql> DELIMITER ;
## 调用存储过程 proc1，查询显示局部变量 age 的值
mysql> CALL proc1;
+------+
| age  |
+------+
```

```
|  20  |
+------+
```

=学习提示=

用户变量与局部变量有所不同，主要区别如下：

① 用户变量的名称前有"@"前缀标识符，局部变量的名称前没有前缀标识符。

② 用户变量使用 SET 或 SELECT 语句进行定义和赋值，局部变量要在使用 DECLARE 语句声明定义后，才能使用 SET 或 SELECT 语句赋值。

③ 用户变量只在当前连接有效，当连接断开后，用户变量就会失效；局部变量只在程序的 BEGIG...END 语句块之间有效，在该语句块执行完毕，局部变量就失效了。

4.1.2 流程控制

微课 4-2

在 MySQL 数据库编程中，可以使用流程控制语句控制程序的执行流程。常见的流程控制语句有条件分支流程控制语句（如 IF...ELSE 语句、CASE 语句等）和循环流程控制语句（如 WHILE 语句、LOOP 语句和 REPEAT 语句等）。

1. 条件分支流程控制语句

条件分支流程控制语句是通过对特定条件进行判断，选择一个分支内的语句或语句块执行。除了项目模块 3 中用到的 IF() 和 IFNULL() 函数，MySQL 还提供了 IF...ELSE 语句和 CASE 语句。

1）IF...ELSE 语句

IF...ELSE 语句是最常见的条件分支语句，只能在存储过程、自定义函数、触发器等程序中使用，实现"非此即彼"的逻辑。IF...ELSE 语句根据条件表达式的值来决定执行哪一组 SQL 语句。语法格式如下：

```
IF 条件表达式1 THEN
    语句块1;
[ELSEIF 条件表达式2 THEN
语句块2;]
    ...
[ELSE
    语句块n;]
END IF;
```

说明：

① 先判断 IF 后的条件表达式 1 的值，若条件成立（条件表达式 1 的值为真），则执行 THEN 子句后的语句块中的内容；若条件不成立（条件表达式 1 的值为假），则判断 ELSEIF 后的条件表达式 2 的值；以此类推，若所有条件都不成立（所有条件表达式的值都为假），则执行 ELSE 子句后的语句块中的内容。

② 若没有 ELSEIF 子句或 ELSE 子句，则当 IF 后的条件不成立（条件表达式 1 的值为假）时，不进行任何操作，直接退出 IF...END IF 部分，执行 END IF 后的语句。

③ 语句块可以包含一条语句或多条语句，若语句块中有多条语句，则这些语句必须写在 BEGIN...END 之间。

④ IF...ELSE 语句可以嵌套使用，并且嵌套层数没有限制。

【例 4-10】判断学号为"202002015901"且课程编号为"900001"的学生的评学考试成绩是否在 90 分以上（包括 90 分），如果在，则输出"优秀"。

```
## 创建存储过程 proc2，使用 IF 条件分支语句判断指定学生的评学考试成绩等级
mysql> DELIMITER //
mysql> CREATE PROCEDURE proc2()
    -> BEGIN
    ->   DECLARE num CHAR(12);
    ->   DECLARE sco DECIMAL(4,1);
    ->   DECLARE cou CHAR(6);
    ->   SELECT Stu_No,Course_No,Score INTO num,cou,sco FROM tb_grade
    ->   WHERE Stu_No='202002015901' AND Course_No='900001';
    ->   IF sco >= 90 THEN
    ->     SELECT num,cou,sco,'优秀';
    ->   END IF;
    -> END //
Query OK, 0 rows affected (0.01 sec)
mysql> DELIMITER ;
## 调用存储过程 proc2，查询指定学生的评学考试成绩等级
mysql> CALL proc2;
    +--------------+---------+-------+------+
    | num          | cou     | sco   | 优秀 |
    +--------------+---------+-------+------+
    | 202002015901 | 900001  | 96.0  | 优秀 |
    +--------------+---------+-------+------+
```

【例 4-11】判断学号为"201902016203"的学生的评学考试成绩等级。若评学考试成绩在 90 分以上（包括 90 分），则输出"优秀"；若评学考试成绩低于 90 分但高于 60 分（包括 60 分），则输出"及格"；若评学考试成绩低于 60 分，则输出"不及格"。

```
## 创建存储过程 proc3，使用 IF 条件分支语句判断指定学生的评学考试成绩等级
mysql> DELIMITER //
mysql> CREATE PROCEDURE proc3()
    -> BEGIN
    ->   DECLARE num CHAR(12);
    ->   DECLARE sco DECIMAL(4,1);
    ->   DECLARE cou CHAR(6);
    ->   SELECT Stu_No,Course_No,Score INTO num,cou,sco FROM tb_grade
    ->   WHERE Stu_No='201902016203' AND Course_No='900004';
    ->   IF sco >= 90 THEN
    ->     SELECT num,cou,sco,'优秀';
    ->   ELSEIF sco >= 60 THEN
    ->     SELECT num,cou,sco,'及格';
    ->   ELSE
    ->       SELECT num,cou,sco,'不及格';
    ->   END IF;
    -> END //
Query OK, 0 rows affected (0.01 sec)
mysql> DELIMITER ;
## 调用存储过程 proc3，查询指定学生的评学考试成绩等级
mysql> CALL proc3;
```

```
+--------------+--------+------+------+
| num          | cou    | sco  | 及格 |
+--------------+--------+------+------+
| 201902016203 | 900004 | 67.0 | 及格 |
+--------------+--------+------+------+
```

2）CASE 语句

当条件判断的范围较大、分支较多时，使用 CASE 语句会使程序的结构更为简洁。CASE 语句适用于需要根据同一个表达式的不同取值来决定执行哪一个分支的场景。

CASE 语句有简单结构和搜索结构两种语法。

（1）简单 CASE 结构。简单 CASE 结构是将一个条件表达式的值与一组表达式的值进行比较，以确定执行相应的分支语句。其语法格式如下：

```
CASE 条件表达式
    WHEN 表达式1 THEN 语句1;
    WHEN 表达式2 THEN 语句2;
    ...
    [ELSE 语句n;]
END CASE;
```

说明：

① 首先获得条件表达式的值，然后依次与 WHEN 后的表达式的值进行比较，若两者相等，则执行对应 THEN 后的语句。

② 若条件表达式的值与所有 WHEN 后的表达式的值都不相等，则执行 ELSE 后的语句。

【例 4-12】判断学号为"201902016203"的学生的性别，如果性别为男，则输出"男学生"；如果性别为女，则输出"女学生"；否则输出"性别不确定"。

```
## 创建存储过程proc4，使用简单CASE结构判断指定学生的性别
mysql> DELIMITER //
mysql> CREATE PROCEDURE proc4()
    -> BEGIN
    ->   DECLARE num CHAR(12);
    ->   DECLARE sex CHAR(2);
    ->   SELECT Stu_No,Gender INTO num,sex FROM tb_student
    ->   WHERE Stu_No='201902016203';
    ->     CASE sex
    ->       WHEN '男' THEN
    ->         SELECT num,'男学生';
    ->       WHEN '女' THEN
    ->         SELECT num,'女学生';
    ->       ELSE
    ->         SELECT num,'性别不确定';
    ->     END CASE;
    -> END //
Query OK, 0 rows affected (0.01 sec)
mysql> DELIMITER ;
## 调用存储过程proc4，查询指定学生的性别
mysql> CALL proc4;
    +--------------+--------+
    | num          | 女学生 |
    +--------------+--------+
```

```
| 201902016203 | 女学生 |
+--------------+---------+
```

（2）搜索 CASE 结构。简单 CASE 结构是将 CASE 后的条件表达式的值依次与多个值进行比较，如果两者相等，则执行相应的语句。为了执行更复杂的条件判断，可以使用搜索结构的 CASE 语句，即搜索不同的条件表达式的值是否为真，以确定执行相应的分支语句。语法格式如下：

```
CASE
    WHEN 条件表达式1 THEN 语句1;
    WHEN 条件表达式2 THEN 语句2;
    …
    [ELSE 语句n;]
END CASE;
```

说明：

① 依次判断 WHEN 后的条件表达的值是否为 TRUE，若为 TRUE，则执行对应 THEN 后的语句。

② 若所有 WHEN 后的条件表达式的值都为 FALSE，则执行 ELSE 后的语句。

【例 4-13】用 CASE 语句判断学号为"201902016203"且课程编号为"900004"的学生的评学考试成绩等级。若评学考试成绩在 90 分以上（包括 90 分），则输出"优秀"；若评学考试成绩低于 90 分但高于 75 分（包括 75 分），则输出"中等"；若评学考试成绩低于 75 分但高于 60 分（包括 60 分），则输出"及格"；若评学考试成绩低于 60 分，则输出"不及格"。

```
## 创建存储过程 proc5，使用搜索 CASE 结构判断指定学生的评学考试成绩等级
mysql> DELIMITER //
mysql> CREATE PROCEDURE proc5()
    ->  BEGIN
    ->    DECLARE num CHAR(12);
    ->    DECLARE cou CHAR(6);
    ->    DECLARE sco DECIMAL(4,1);
    ->    SELECT Stu_No,Course_No,Score INTO num,cou,sco FROM tb_grade
    ->    WHERE Stu_No='201902016203' AND Course_No='900004';
    ->      CASE
    ->        WHEN sco >= 90 THEN
    ->          SELECT num,cou,sco,'优秀';
    ->        WHEN sco >= 75 THEN
    ->          SELECT num,cou,sco,'中等';
    ->        WHEN sco >= 60 THEN
    ->          SELECT num,cou,sco,'及格';
    ->        ELSE
    ->          SELECT num,cou,sco,'不及格';
    ->      END CASE;
    ->  END //
Query OK, 0 rows affected (0.01 sec)
mysql> DELIMITER ;
## 调用存储过程 proc5，查询指定学生的评学考试成绩等级
mysql> CALL proc5;
    +--------------+--------+------+------+
    | num          | cou    | sco  | 及格 |
    +--------------+--------+------+------+
    | 201902016203 | 900004 | 67.0 | 及格 |
```

```
+---------------+---------+------+------+
```

2. 循环流程控制语句

循环结构是在符合指定条件的情况下重复执行一段代码的结构。MySQL 提供了 3 种循环流程控制语句：WHILE 语句、REPEAT 语句、LOOP 语句，还提供了 LEAVE 和 ITERATE 语句用于循环的内部控制。

微课 4-3

1）WHILE 语句

WHILE 语句用于创建一个带条件判断的循环语句，当条件满足时，执行循环体中的语句块，否则终止循环。语法格式如下：

```
[开始标签:] WHILE 条件表达式 DO
    循环体语句块
END WHILE [结束标签];
```

说明：

① 当 WHILE 后的条件表达式的值为真时，执行循环体中的语句块，然后反复到 WHILE 循环开头，再次判断条件表达式的值是否为真，如此重复执行循环体中的语句块，直到条件表达式的值为假，则退出循环。

② 只有"开始标签"语句存在，"结束标签"语句才能被使用。并且"开始标签"和"结束标签"的名称必须相同。

【例 4-14】学校启动讲师职称教师工资调整计划，如果讲师职称教师的平均工资低于 2500 元，就开始启动工资加倍，直到讲师职称教师的平均工资高于 2500 元。

```
## 查询讲师职称教师的工资
mysql> SELECT Teacher_No,Positional_Title,Wages FROM tb_teacher WHERE Positional_Title = '讲师';
    +------------+------------------+-------+
    | Teacher_No | Positional_Title | Wages |
    +------------+------------------+-------+
    | 000003     | 讲师             |  3.00 |
    | 000004     | 讲师             |  4.00 |
    | 000007     | 讲师             |  7.00 |
    | 000009     | 讲师             |  9.00 |
    +------------+------------------+-------+
4 rows in set (0.00 sec)
## 创建存储过程 proc6，调整讲师职称教师的工资，直到其平均工资超过 2500 元
mysql> DELIMITER //
mysql> CREATE PROCEDURE proc6()
    -> BEGIN
    ->   WHILE (SELECT AVG(Wages) FROM tb_teacher WHERE Positional_Title = '讲师') < 2500 DO
    ->     UPDATE tb_teacher SET Wages=Wages*2 WHERE Positional_Title = '讲师';
    ->   END WHILE;
    -> END //
Query OK, 0 rows affected (0.01 sec)
mysql> DELIMITER ;
## 调用存储过程 proc6，调整讲师职称教师的工资
mysql> CALL proc6;
Query OK, 11 rows affected (0.08 sec)
## 再次查询讲师职称教师的工资
mysql> SELECT Teacher_No,Positional_Title,Wages FROM tb_teacher WHERE Positional_Title = '讲师';
```

```
+-----------+-------------------+---------+
| Teacher_No | Positional_Title | Wages   |
+-----------+-------------------+---------+
| 000003    | 讲师              | 1536.00 |
| 000004    | 讲师              | 2048.00 |
| 000007    | 讲师              | 3584.00 |
| 000009    | 讲师              | 4608.00 |
+-----------+-------------------+---------+
```

2）LOOP 语句

LOOP 语句可以使某些特定的语句重复执行，实现一个简单的循环。但 LOOP 语句本身没有停止循环的语句，因此其必须和 LEAVE 语句结合使用来停止循环。其语法格式如下：

```
[开始标签:] LOOP
    循环体语句块
END LOOP [结束标签];
```

说明：

① "开始标签"和"结束标签"分别为循环开始和结束的标识，必须相同，也可省略。

② 在 LOOP 语句中，若结束循环，则必须使用"LEAVE 标签名"语句来跳出标签所标识的循环体。

③ 在 LOOP 语句中，若结束本轮循环，直接进入下一轮循环，则需要先使用"ITERATE 标签名"语句来跳出标签所标识的循环体的本轮循环，再开始下一轮循环。

【例 4-15】学校启动副教授职称教师工资调整计划，如果副教授职称教师的平均工资低于 3500 元，就开始启动工资加倍，如果副教授职称教师工资中的最高工资还低于 5000 元，则继续启动工资加倍，直到副教授职称教师工资中的最高工资超过 5000 元。

```
## 创建存储过程 proc7，调整副教授职称教师的工资
mysql> DELIMITER //
mysql> CREATE PROCEDURE proc7()
    -> BEGIN
    -> ad: LOOP
    ->     IF (SELECT AVG(Wages) FROM tb_teacher WHERE Positional_Title = '副教授') < 3500 THEN
    ->         UPDATE tb_teacher SET Wages=Wages*2 WHERE Positional_Title = '副教授';
    ->     END IF;
    ->     IF (SELECT MAX(Wages) FROM tb_teacher WHERE Positional_Title = '副教授') < 5000 THEN
    ->         ITERATE ad;
    ->     ELSE
    ->         LEAVE ad;
    ->     END IF;
    -> END LOOP ad;
    -> END //
Query OK, 0 rows affected (0.02 sec)
mysql> DELIMITER ;
## 调用存储过程 proc7，调整副教授职称教师的工资
mysql> CALL proc7;
Query OK, 11 rows affected (0.04 sec)
## 查询副教授职称教师的工资
mysql> SELECT Teacher_No,Positional_Title,Wages FROM tb_teacher WHERE Positional_Title = '副教授';
+-----------+-------------------+---------+
| Teacher_No | Positional_Title | Wages   |
+-----------+-------------------+---------+
```

```
| 000001      | 副教授              | 512.00  |
| 000002      | 副教授              | 1024.00 |
| 000006      | 副教授              | 3072.00 |
| 000010      | 副教授              | 5120.00 |
+-------------+--------------------+---------+
```

┌─ =学习提示= ──┐

　　LEAVE 语句和 ITERATE 语句都可以用来结束循环语句，但两者的区别如下：

　　① LEAVE 语句用于跳出整个循环，结束循环，执行循环后面的 SQL 程序。

　　② ITERATE 语句用于跳出本轮循环，然后进入下一轮循环。

└──┘

3）REPEAT 语句

　　REPEAT 语句也是有条件控制的循环语句。REPEAT 语句在每次执行完循环体中的语句块后，会判断循环执行的条件，当满足条件时退出循环。其语法格式如下：

```
[开始标签:] REPEAT
    循环体语句块
    UNTIL 条件表达式
END REPEAT [结束标签];
```

　　说明：

　　① "开始标签"和"结束标签"分别为循环开始和结束的标识，必须相同，也可省略。

　　② 在 REPEAT 语句中，首先直接执行循环体中的语句块，然后判断 UNTIL 后的条件表达式的值，若条件表达式的值为假，则再次重复执行循环体中的语句块，直到条件表达式的值为真时才结束循环。

　　【例 4-16】学校启动助教职称教师工资调整计划，如果助教职称教师的平均工资低于1500 元，就开始启动工资加倍，直到助教职称教师的平均工资高于 1500 元。

```
## 创建存储过程 proc8, 调整助教职称教师的工资, 直到其平均工资超过 1500 元
mysql> DELIMITER //
mysql> CREATE PROCEDURE proc8()
    -> BEGIN
    ->   REPEAT
    ->     UPDATE tb_teacher SET Wages = Wages*2 WHERE Positional_Title = '助教';
    ->     UNTIL (SELECT AVG(Wages) FROM tb_teacher WHERE Positional_Title = '助教') >= 1500
    ->   END REPEAT;
    -> END //
Query OK, 0 rows affected (0.08 sec)
mysql> DELIMITER ;
## 调用存储过程 proc8, 调整助教职称教师的工资
mysql> CALL proc8;
Query OK, 11 rows affected (0.09 sec)
## 查询助教职称教师的工资
mysql> SELECT Teacher_No,Positional_Title,Wages FROM tb_teacher WHERE Positional_Title = '助教';
+-------------+--------------------+---------+
| Teacher_No  | Positional_Title   | Wages   |
+-------------+--------------------+---------+
| 000005      | 助教               | 1280.00 |
| 000008      | 助教               | 2048.00 |
+-------------+--------------------+---------+
```

REPEATE 语句和 WHILE 语句都是有条件控制的循环语句，但两者的区别如下：

① REPEATE 语句是先执行循环体中的语句块，再判断条件表达式的值是否为真，这个条件是退出循环的条件，也就是说，不管条件表达式的值是否为真，循环体至少会执行一次。

② WHILE 语句是先判断条件表达式的值是否为真，再判断是否执行循环体中的语句块，这个条件是重复进入循环的条件。

4.1.3　创建和调用存储过程

微课 4-4

在实际应用中，一个完整的数据管理操作会包含多条 SQL 语句，并且在执行过程中还需要根据前面 SQL 语句执行的结果，有选择地执行后面的语句。因此，可以将一个完整的数据管理操作包含的多条 SQL 语句创建为存储过程，以便应用。

存储过程也是数据库的重要对象，封装了一组经过编译并存储在数据库中的 SQL 语句的集合，可以被随时、重复调用。

存储过程在 MySQL 服务器中存储和执行，减少了客户端和服务器的大量数据和 SQL 语句的传输，降低了网络负载，执行速度快。并且，存储过程创建后可以被多次调用，而不必重新编写，避免了重复编写相同的 SQL 语句，尤其是数据库管理人员对存储过程进行修改不会影响应用程序的源代码。对存储过程的权限进行限制，不仅可以实现对相应数据的访问权限的限制，也可以屏蔽数据表的细节，安全保障性高。

1. 创建存储过程

在创建存储过程前，需要先使用 DELIMITER 语句修改系统默认的语句结束符，创建完存储过程后，再使用 DELIMITER 语句将语句结束符改成默认的语句结束符";"。完成特定功能的 SQL 语句集合放置在存储过程体中，存储过程体以关键字 BEGIN 开始，以关键字 END 结束。创建存储过程的语法格式如下：

```
DELIMITER 新语句结束符
CREATE PROCEDURE 存储过程名 ([IN 输入参数|OUT 输出参数|INOUT 输入输出参数])
BEGIN
    存储过程体语句块
END 新语句结束符
DELIMITER ;
```

说明：

① DELIMITER 新语句结束符：在 MySQL 中，默认以英文逗号";"作为语句结束符，在创建存储过程时，存储过程体中可能包含多条以";"结束的 SQL 语句，MySQL 服务器在处理这些 SQL 语句时，会将第一条 SQL 语句结尾处的分号当成整个存储过程的结束符，而不再处理后续 SQL 语句。为了避免这样的错误，在创建存储过程前，需要使用 DELIMITER 语句定义一个新的语句结束符，作为存储过程体的结束符。

② 存储过程名：存储过程的名称，默认创建在当前数据库中，也可以使用"数据库名称.存储过程名称"的方式在指定数据库中创建存储过程，存储过程的名称不能与 MySQL 内置函数的名称相同。

③ 存储过程名后的括号中是参数列表，关键字 IN、OUT、INOUT 分别表示参数相对存储过程的传递方向。存储过程可以没有参数。

④ 存储过程体语句块：存储过程的主体部分，包含调用存储过程时必须执行的 SQL 语句，存储过程体位于关键字 BEGIN 和关键字 END 之间，如果存储过程体中只有一条 SQL 语句，就可以省略关键字 BEGIN 和关键字 END。

⑤ END 新语句结束符：用新语句结束符作为存储过程的结尾，表示存储过程定义结束。

2. 调用存储过程

在 MySQL 中，CALL 语句可以调用存储过程。在调用存储过程时，MySQL 数据库系统将执行存储过程中的 SQL 语句。语法格式如下：

```
CALL 存储过程名 ([存储过程参数[,…]]);
```

说明：

存储过程参数：对于带输入参数、输出参数或输入输出参数的存储过程，执行时需要传递给存储过程或传出存储过程的参数列表，多个参数之间使用 "," 隔开。

【例 4-17】软件学院有多名教师讲授 "Python 程序设计" 课程，他们想知道哪些学生这门课程的评学考试成绩在 90 分以上（含 90 分）。若每次查询数据库都需要重新编写 SQL 语句，则效率会非常低，因此，可以将查询语句放置在存储过程中，每次查询时只需调用存储过程即可。

```
## 创建存储过程 proc9，查询 "Python 程序设计" 课程评学考试成绩在 90 分以上（包括 90 分）的学生信息
mysql> DELIMITER //
    -> CREATE PROCEDURE proc9()
    -> BEGIN
    ->   SELECT cla.Class_Name,stu.Stu_Name,g.Course,g.Score FROM tb_student stu
    ->   JOIN tb_class cla ON stu.Class_No = cla.Class_No
    ->   JOIN (SELECT gra.Stu_No,cou.Course,gra.Score FROM tb_grade gra
    ->        JOIN tb_course cou ON gra.Course_No = cou.Course_No) g  ON stu.Stu_No = g.Stu_No
    ->   WHERE g.Course = 'Python 程序设计' AND g.Score >= 90;
    -> END //
Query OK, 0 rows affected (0.01 sec)
mysql> DELIMITER ;
## 调用存储过程 proc9，查询 "Python 程序设计" 课程评学考试成绩在 90 分以上（包括 90 分）的学生信息
mysql> CALL proc9;
+----------------+----------+----------------+-------+
| Class_Name     | Stu_Name | Course         | Score |
+----------------+----------+----------------+-------+
| 软件技术 1831   | 苗妙      | Python 程序设计 | 90.0  |
| 软件技术 1931   | 王新方    | Python 程序设计 | 90.0  |
| 软件技术 2031   | 容颜      | Python 程序设计 | 90.0  |
| 软件技术 1831   | 赵勇      | Python 程序设计 | 90.0  |
| 大数据 1831     | 刘静晶    | Python 程序设计 | 90.0  |
+----------------+----------+----------------+-------+
```

4.1.4 参数化存储过程

根据相对存储过程的参数方向，存储过程的参数有三种，分别是输入参数、输出参数和

输入输出参数。

　　一个存储过程可以指定一个或多个参数。对于参数化的存储过程，其参数声明列表写在创建存储过程时的存储过程名称后面，使用英文括号括起来。关键字 IN 表示输入参数，用于传递值给存储过程；关键字 OUT 表示输出参数，由存储过程返回给调用者；关键字 INOUT 表示输入输出参数，既可以作为输入参数，也可以作为输出参数。参数的声明由参数方向、参数名、参数类型 3 部分构成，需要注意的是，参数名不能与数据表中的列名相同。

　　【例 4-18】创建带两个输入参数的存储过程 proc10，其中一个参数为教师编号 num，另一个参数为学位 info。在存储过程中，将指定编号的教师的学位修改为指定学位，并将输入参数 info 的值改为"博士"，查询修改前、修改后及调用完存储过程后输入参数 info 的值。

```
## 定义用户变量@thNo 和@deg。
mysql> SET @thNo = '000001',@deg = '学士';
Query OK, 0 rows affected (0.00 sec)
## 创建带两个输入参数的存储过程 proc10，通过输入参数修改指定编号的教师的学位信息
mysql> DELIMITER //
mysql> CREATE PROCEDURE proc10(IN num CHAR(6),IN info CHAR(2))
    ->   BEGIN
    ->     ## 查询输入参数 info 的值
    ->     SELECT info AS '查询输入参数 info 的值';
    ->     ## 按照输入参数的值修改指定编号教师的学位信息
    ->     UPDATE tb_teacher SET Degree = info WHERE Teacher_No = num;
    ->     ## 查询修改后的教师信息
    ->     SELECT Teacher_No,Degree FROM tb_teacher WHERE Teacher_No = num;
    ->     ## 将输入参数 info 的值修改为"博士"
    ->     SET info = '博士';
    ->     ## 查询修改后的输入参数 info 的值
    ->     SELECT info AS '查询修改后的输入参数 info 的值';
    ->   END //
Query OK, 0 rows affected (0.02 sec)
mysql> DELIMITER ;
## 调用存储过程 proc10，传递输入参数，修改指定编号的教师的学位信息
mysql> CALL proc10(@thNo,@deg);
    +---------------------------+
    | 查询输入参数 info 的值     |
    +---------------------------+
    | 学士                      |
    +---------------------------+
1 row in set (0.00 sec)

    +------------+--------+
    | Teacher_No | Degree |
    +------------+--------+
    | 000001     | 学士   |
    +------------+--------+
1 row in set (0.01 sec)

    +-------------------------------------+
    | 查询修改后的输入参数 info 的值       |
    +-------------------------------------+
    | 博士                                |
    +-------------------------------------+
1 row in set (0.01 sec)
```

```
Query OK, 0 rows affected (0.01 sec)
## 再次查询用户变量@deg 的值
mysql> SELECT @deg AS 学位;
  +--------+
  | 学位   |
  +--------+
  | 学士   |
  +--------+
1 row in set (0.00 sec)
```

由上述结果可知，将用户变量@deg 作为输入参数传递给存储过程 proc10，并在存储过程中将该参数的值从"学士"修改为"博士"，但在调用完存储过程后，用户变量@deg 的值仍为"学士"，说明存储过程并不能修改输入参数的值。

【例 4-19】创建带两个参数的存储过程 proc11，一个为输入参数教师编号 num，另一个为输入输出参数职称 title。在存储过程中，将指定编号的教师的职称修改为指定职称，并将输入输出参数 title 的值改为"副教授"，查询修改前、修改后及调用完存储过程后输入输出参数的值。

```
## 定义用户变量@teachNo 和@ttl
mysql> SET @teachNo='000001',@ttl = '助教';
Query OK, 0 rows affected (0.00 sec)
## 创建带两个参数的存储过程 proc11，通过输入参数和输入输出参数修改指定编号的教师的职称信息
mysql> DELIMITER //
mysql> CREATE PROCEDURE proc11(IN num CHAR(6),INOUT title VARCHAR(4))
    -> BEGIN
    ->    ## 查询输入输出参数 title 的值
    ->    SELECT title AS '查询输入输出参数 title 的值';
    ->    ## 按照输入输出参数的值修改指定编号的教师的职称信息
    ->    UPDATE tb_teacher SET Positional_Title = title WHERE Teacher_No = num;
    ->    ## 查询修改后的教师信息
    ->    SELECT Teacher_No, Positional_Title FROM tb_teacher WHERE Teacher_No = num;
    ->    ## 将输入输出参数 title 的值修改为"副教授"
    ->    SET title = '副教授';
    ->    ## 查询修改后的输入输出参数 title 的值
    ->    SELECT title AS '查询修改后的输入输出参数 title 的值';
    -> END //
Query OK, 0 rows affected (0.03 sec)
mysql> DELIMITER ;
## 调用存储过程 proc11，传递参数，修改指定编号的教师的职称信息
mysql> CALL proc11(@teachNo,@ttl);
+-----------------------------+
| 查询输入输出参数 title 的值  |
+-----------------------------+
| 助教                        |
+-----------------------------+
1 row in set (0.00 sec)
+------------+------------------+
| Teacher_No | Positional_Title |
+------------+------------------+
| 000001     | 助教             |
+------------+------------------+
```

```
1 row in set (0.01 sec)
+--------------------------------------------+
| 查询修改后的输入输出参数 title 的值        |
+--------------------------------------------+
| 副教授                                     |
+--------------------------------------------+
1 row in set (0.01 sec)
## 再次查询用户变量@ttl 的值
mysql> SELECT @ttl AS '职称';
+----------+
| 职称     |
+----------+
| 副教授   |
+----------+
```

　　由上述结果可知，将用户变量@ttl 作为输入输出参数传递给存储过程 proc11，并在存储过程中将该参数的值从"助教"修改为"副教授"，在调用完存储过程后，用户变量@ttl 的值为"副教授"，说明存储过程可以修改输入输出参数的值。

4.1.5　错误处理机制

微课 4-5

　　当调用存储过程发生错误时，需要对错误进行处理，MySQL 错误处理程序用来处理存储过程调用过程中遇到的异常或错误。例如，继续执行或退出当前代码块，并发出有意义的错误消息。

1. 自定义错误名称

　　由于 MySQL 的错误代码或状态代码的可读性差，因此为了便于用户操作，可以定义与错误代码或状态代码一一对应的错误名称。语法格式如下：

DECLARE *错误名称* CONDITION FOR *错误类型*;

　　说明：

　　① 错误类型：在使用关键字 DECLARE 定义错误名称的语句中，错误类型有以下两种。

　　❖ 错误代码：错误代码的数据类型是数值型，如 1148。

　　❖ SQLSTATE 状态代码：状态代码是 5 个字符长度的错误代码，如 42000。

　　② 错误名称：与 MySQL 错误代码或 SQLSTATE 状态代码相关联的条件名称。例如，在报错信息"ERROR 1062 (23000): Duplicate entry '0004' for key 'tb_department.PRIMARY'"中，错误代码为"1062"，状态代码为"23000"。

　　【例 4-20】为"ERROR 1062 (23000)"中的 SQLSTATE 状态代码定义一个错误名称"duplicate_primary_key"。

```
mysql> DELIMITER //
mysql> CREATE PROCEDURE proc_err_23()
    ->  BEGIN
    ->    DECLARE duplicate_primary_key CONDITION FOR SQLSTATE '23000';
    ->  END //
mysql> DELIMITER ;
```

　　上述存储过程将 SQLSTATE 状态代码"23000"命名为"duplicate_primary_key"。也可以使用上述存储过程为错误代码定义错误名称，只是需要将定义语句修改为以下形式：

```
mysql> DECLARE duplicate_primary_key CONDITION FOR 1062;
```

2. 错误处理程序

当执行 MySQL 语句，出现自定义错误名称的错误信息时，可以使用 MySQL 的 DECLARE…HANDLER 语句处理错误信息。语法格式如下：

DECLARE *错误处理方式* **HANDLER FOR** *错误类型* [, …] *程序语句段*；

说明：

① 错误处理方式：MySQL 支持的错误处理方式有以下两种。

❖ CONTINUE：当遇到错误时不处理，继续执行。

❖ EXIT：当遇到错误时马上退出。

❖ FOR：FOR 后的错误类型有以下 6 种。

❖ 错误代码：错误代码的数据类型是数值型，如 1148。

❖ SQLSTATE 状态代码：状态代码是 5 个字符长度的错误代码。

❖ SQLWARNING：所有以"01"开头的 SQLSTATE 错误代码。

❖ NOT FOUND：所有以"02"开头的 SQLSTATE 错误代码。

❖ SQLEXCEPTION：除了以"01"或"02"开头的 SQLSTATE 错误代码的所有 SQLSTATE 错误代码。

② 程序语句段：在出现错误代码时执行的 MySQL 语句。

③ 错误处理程序需放置在存储过程中。

【例 4-21】为错误代码"ERROR 1062 (23000)"定义错误处理程序，如果出现 23000 错误，则显示学院信息表 tb_department 中的最大学院编号，否则显示添加成功。

```
mysql> DELIMITER //
mysql> CREATE PROCEDURE proc_handle_err23(IN Num CHAR(4),IN Dept VARCHAR(20),
    -> IN Dire char(4),IN Secr char(4))
    ->  BEGIN
    ->   DECLARE EXIT HANDLER FOR SQLSTATE '23000'
    ->   SELECT MAX(Dep_No) AS '最大学院编号' FROM tb_department;
    ->   INSERT tb_department (Dep_No,Department,Director,Secretary) VALUES(Num,Dept,Dire,Secr);
    ->   SELECT '添加成功';
    -> END //
mysql> DELIMITER ;
```

调用存储过程 proc_handle_err23 向学院信息表 tb_department 中添加学院记录，该学院编号已经存在，提示当前的最大学院编号值。

```
mysql> CALL proc_handle_err23('0004','马克思理论研究学院','李院长','陈书记');
    +--------------------+
    | 最大学院编号        |
    +--------------------+
    | 0005               |
    +--------------------+
```

调用存储过程 proc_handle_err23 向学院信息表 tb_department 中添加学院记录，并将学院编号修改成"当前最大学院编号值+1"，提示添加成功。

```
mysql> CALL proc_handle_err23('0006','马克思理论研究学院','李院长','陈书记');
    +--------------+
    | 添加成功      |
    +--------------+
```

```
| 添加成功      |
+--------------+
```

由上述内容可知，当调用存储过程 proc_handle_err23 添加记录时，如果出现主键重复错误，就添加语句后面的 SQL 语句不再执行；如果未出现主键重复错误，就添加语句后面的 SQL 语句正常执行，提示添加成功。

4.1.6　管理存储过程

创建好存储过程后，用户可以查看、修改和删除存储过程。

1. 查看存储过程

创建好存储过程后，用户可以使用 SHOW ATATUS 语句查看存储过程的状态，也可以使用 SHOW CREATE 语句查看存储过程的创建信息。

1）查看存储过程的状态

创建好存储过程后，SHOW STATUS 语句可以查看存储过程的状态，其语法格式如下：

```
SHOW PROCEDURE STATUS LIKE '存储过程名';
```

【例 4-22】查看存储过程 proc1 的状态。

```
mysql> SHOW PROCEDURE STATUS LIKE 'proc1';
+-----------+-----+---------+---------------+-------------------+-------------------+
|    Db     | Name|  Type   |    Definer    |     Modified      |      Created      |
+-----------+-----+---------+---------------+-------------------+-------------------+
|db_teaching|proc1|PROCEDURE|root@localhost |2022-03-12 21:31:21|2022-03-12 21:31:21|
+-----------+-----+---------+---------------+-------------------+-------------------+

+----------------+----------------------+-------------------+
| Security_type  | collation_connection |Database Collation |
+----------------+----------------------+-------------------+
|DEFINER|utf8mb4 | utf8mb4_0900_ai_ci   |  utf8mb4_0900_ai_ci|
+----------------+----------------------+-------------------+
```

2）查看存储过程的创建信息

创建好存储过程后，可以使用 SHOW CREATE 语句查看存储过程的创建信息，其语法格式如下：

```
SHOW CREATE PROCEDURE 存储过程名;
```

【例 4-23】查看存储过程 proc1 的创建信息。

```
mysql> SHOW CREATE PROCEDURE proc1 \G;
*************************** 1. row ***************************
 Procedure: proc1
 sql_mode: STRICT_TRANS_TABLES,NO_ENGINE_SUBSTITUTION
 Create Procedure: CREATE DEFINER=`root`@`localhost` PROCEDURE `proc1`()
BEGIN
DECLARE age INT DEFAULT 15;
SET age = 20;
SELECT age;
END
character_set_client: utf8mb4
collation_connection: utf8mb4_0900_ai_ci
  Database Collation: utf8mb4_0900_ai_ci
1 row in set (0.00 sec)
```

2. 修改存储过程的特性

在实际开发过程中，用户需求时有变化，就需要修改 MySQL 中的存储过程的特性。在
MySQL 中，ALTER PROCEDURE 语句可以修改存储过程的特性，需要注意的是，存储过程
的创建内容（即参数和主体）是不可以修改的。其语法格式如下：

ALTER PROCEDURE *存储过程名* [*特性选项* …];

存储过程的特性选项如表 4-1 所示。

表 4-1　存储过程的特性选项

特性选项名称	特性选项描述
COMMENT '注释内容'	为存储过程设置注释
CONTAINS SQL	子程序中包含 SQL 语句，但不包含读或写数据的语句
SQL SECURITY DEFINER	只有定义者才能执行
SQL SECURITY INVOKER	调用者可以执行
MODIFIES SQL DATA	子程序中包含写数据的语句
NO SQL	子程序中不含 SQL 语句
READS SQL DATA	子程序中包含读数据的语句

【例 4-24】为存储过程 proc1 添加特性选项 COMMENT 和 READS SQL DATA。

```
mysql> ALTER PROCEDURE proc1 READS SQL DATA COMMENT '定义局部变量';
```

查看存储过程 proc1 的创建信息。

```
mysql> SHOW CREATE PROCEDURE proc1 \G;
*************************** 1. row ***************************
Procedure: proc1
sql_mode: STRICT_TRANS_TABLES,NO_ENGINE_SUBSTITUTION
Create Procedure: CREATE DEFINER=`root`@`localhost` PROCEDURE `proc1`()
READS SQL DATA COMMENT '定义局部变量'
BEGIN
DECLARE age INT DEFAULT 15;
SET age = 20;
SELECT age;
END
character_set_client: utf8mb4
collation_connection: utf8mb4_0900_ai_ci
  Database Collation: utf8mb4_0900_ai_ci
1 row in set (0.00 sec)
```

3. 删除存储过程

存储过程被创建后，会一直被保存在 MySQL 数据库服务器中，直到被删除。在 MySQL
中，DROP PROCEDURE 语句可以将存储过程从 MySQL 数据库服务器中删除，其语法格式
如下：

DROP PROCEDURE [IF EXISTS] *存储过程名*;

说明：

① IF EXISTS：防止因删除不存在的存储过程而导致出错。

② 在删除存储过程前，必须确保该存储过程没有任何依赖关系，否则会导致与其相关
联的存储过程无法运行。

【例 4-25】删除存储过程 proc1。

```
mysql> DROP PROCEDURE IF EXISTS proc1;
```

调用存储过程 proc1，提示该存储过程不存在，说明该存储过程已被删除。

```
mysql> CALL proc1();
ERROR 1305 (42000): PROCEDURE db_teaching.proc1 does not exist
```

任务实施

4.1.7　使用命令行客户端创建和使用存储过程

（1）学生在使用高校教学质量分析管理系统查询自己的课程评学考试成绩时，需要同时用到班级信息表、学生信息表、课程信息表和评学评教成绩表。创建一个带输入参数的存储过程 proc_exec（输入参数为学生学号）来查询学生的课程评学考试成绩，如图 4-1 所示。

```
管理员: 命令提示符 - mysql -uroot -p                                    —    □    ×
mysql> DELIMITER //
mysql> CREATE PROCEDURE proc_exec(IN stuNo CHAR(12))
    -> BEGIN
    ->     SELECT cla.Class_Name, stu.Stu_Name, g.Course, g.Score
    ->     FROM tb_student stu
    ->         INNER JOIN tb_class cla
    ->         ON stu.Class_No = cla.Class_No
    ->         INNER JOIN (SELECT gra.Stu_No, cou.Course, gra.Score
    ->                     FROM tb_grade gra
    ->                         INNER JOIN tb_course cou
    ->                         ON gra.Course_No = cou.Course_No) g
    ->         ON stu.Stu_No = g.Stu_No
    ->     WHERE stu.Stu_No = stuNo;
    -> END
    -> //
Query OK, 0 rows affected (0.01 sec)

mysql> DELIMITER ;
```

图 4-1　创建存储过程 proc_exec

（2）调用存储过程 proc_exec 查询学号为"201803014002"的学生的课程评学考试成绩，如图 4-2 所示。

```
管理员: 命令提示符 - mysql -uroot -p                                    —    □    ×
mysql> CALL proc_exec('201803014002');

Class_Name    Stu_Name    Course      Score

电子商务1831   刘丽         英语        81.0
电子商务1831   刘丽         大学语文     82.0

2 rows in set (0.01 sec)

Query OK, 0 rows affected (0.01 sec)
```

图 4-2　调用存储过程查询指定学生的课程评学考试成绩

4.1.8　使用 MySQL Workbench 创建和使用存储过程

（1）学生在使用高校教学质量分析管理系统查询自己的课程评学考试成绩时，需要同时用到班级信息表、学生信息表、课程信息表和评学评教成绩表。创建一个带输入参数的存储过程 proc_work1（输入参数为学生学号）来查询学生的课程评学考试成绩。

（2）在导航窗格中展开 db_teaching，然后右击"Stored Procedures"，在弹出的快捷菜单中选择"Create Stored Procedure..."命令，打开如图 4-3 所示的创建存储过程的编辑窗口。

（3）在如图 4-3 所示的编辑窗口中输入创建存储过程的 SQL 语句，如图 4-4 所示。

（4）单击"Apply"按钮，在弹出的"Apply SQL Script to Database"对话框的审查 SQL 脚本界面中确定创建存储过程的 SQL 语句准确无误后，再单击"Apply"按钮。

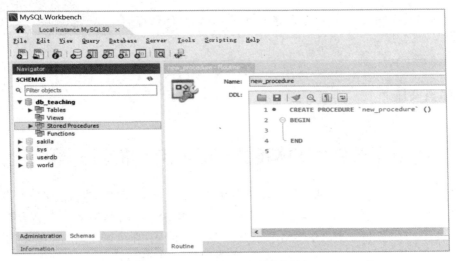

图 4-3　创建存储过程的编辑窗口

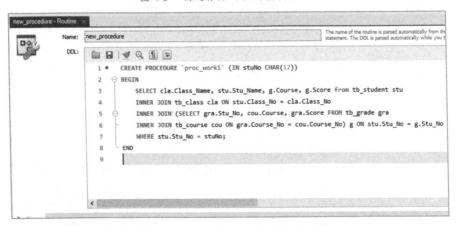

图 4-4　输入创建存储过程的 SQL 语句

（5）进入应用 SQL 脚本界面，如图 4-5 所示，单击 "Finish" 按钮，完成存储过程的创建。

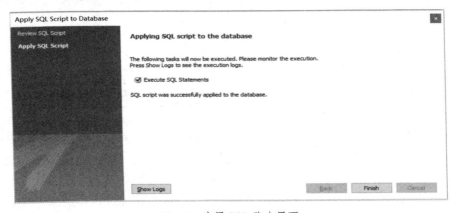

图 4-5　应用 SQL 脚本界面

（6）在 MySQL WorkBench 中打开一个查询窗口，从中调用存储过程 proc_work1，查询学号为 "201803014002" 的学生的课程评学考试成绩，如图 4-6 所示。

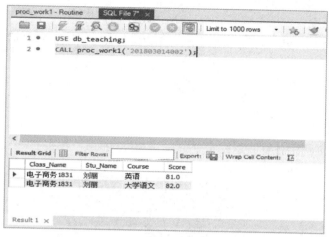

图 4-6　调用存储过程查询指定学生的课程评学考试成绩

任务 4.2　创建和使用自定义函数

 **任务分析**

【任务描述】

　　教务处通过高校教学质量分析管理系统可以随时查询某位教师某门课程的学生平均成绩，以了解学生的学习情况，而查询过程需要访问教师信息表、课程信息表和评学评教成绩表，如果每位教师每次在查询每门课程的学生平均成绩时，系统都要创建 SQL 语句来完成，则会使得网络流量大、系统性能低。G-EDU（格诺博教育）公司系统研发小组为了提高开发效率，要将该功能下的查询语句放置在自定义函数中，这样每位教师每次在查询每门课程的学生平均成绩时，只需调用自定义函数即可。

【任务要领】

- ❖ 创建与调用自定义函数
- ❖ 查看自定义函数的状态和创建信息
- ❖ 修改自定义函数
- ❖ 删除自定义函数

微课 4-6

 **技术准备**

　　自定义函数是一种与存储过程类似的数据库对象，都由多条 SQL 语句和过程式语句组成，并且可以被应用程序和其他 SQL 语句调用。自定义函数与存储过程有以下几点区别：
　　① 自定义函数没有输出参数，而存储过程则可以有输出参数。

② 自定义函数中必须包含一条 RETURN 语句，而存储过程中不能包含 RETURN 语句。

③ 可以直接调用自定义函数，而调用存储过程则需要使用 CALL 语句。

4.2.1　创建和调用自定义函数

1. 创建自定义函数

自定义函数主要用于计算并返回一个值。在 MySQL 中，使用 CREATE FUNCTION 语句创建自定义函数，其语法格式如下：

```
DELIMITER 新语句结束符
CREATE FUNCTION 函数名 ([函数参数 [, …]])
RETURNS 返回值类型
[特性选项]
BEGIN
  函数体语句块
END 新语句结束符
DELIMITER ;
```

说明：

① DELIMITER 新语句结束符：与创建存储过程类似，在创建自定义函数之前，需要使用关键字 DELIMITER 定义一个新的语句结束符作为 SQL 语句的结束符。

② 函数参数：函数的参数列表，参数名不能与数据表中的列名相同，参数名后面是参数的类型（MySQL 中的任意数据类型），函数可以有 0 个、1 个或多个参数，多个参数之间使用 "," 隔开。

③ RETURNS 返回值类型：函数的返回值类型，可以为 MySQL 中的任意数据类型。

④ 特性选项：指定自定义函数的特性，该参数的取值与存储过程的特性选项一样。

⑤ 函数体语句块：包含调用自定义函数时必须执行的 SQL 语句，函数体语句块位于关键字 BEGIN 和关键字 END 之间，如果函数体中只有一条 SQL 语句，则可以省略关键字 BEGIN 和关键字 END。

⑥ END 新语句结束符：使用新语句结束符作为函数的结尾，表示函数定义结束。

⑦ 在函数定义结束后，必须使用 "DELIMITER ;" 语句将 SQL 语句的结束符修改成默认的 ";"。

2. 调用自定义函数

自定义函数的调用方法与 MySQL 系统函数的使用方法是一样的。在调用自定义函数时，参数要与创建自定义函数时的参数对应。其语法格式如下：

```
函数名([参数列表]);
```

【例 4-26】创建自定义函数 func_query_tch()，用来查询指定教师编号的教师的评教总分。

```
## 创建自定义函数 func_query_tch()，用来查询教师的评教总分
mysql> DELIMITER //
mysql> CREATE FUNCTION func_query_tch(tchNo CHAR(6))
    -> RETURNS DECIMAL(5,1)
    -> READS SQL DATA
    -> BEGIN
    ->   RETURN (SELECT SUM(Evalu_Score) FROM tb_teach_evaluation eval
```

```
    ->                JOIN tb_teacher teach ON teach.Teacher_No = eval.Teacher_No
    ->                WHERE teach.Teacher_No = tchNo);
    ->    END //
Query OK, 0 rows affected (0.02 sec)
mysql> DELIMITER ;
## 调用 func_query_tch()函数, 查询教师编号为"000003"的教师的评教总分
mysql> SELECT func_query_tch('000003') AS '教师编号为"000003"的教师的评教总分';
    +---------------------------------------+
    | 教师编号为"000003"的教师的评教总分  |
    +---------------------------------------+
    |                                 467.0 |
    +---------------------------------------+
```

4.2.2 管理自定义函数

创建好自定义函数后，用户可以查看、修改和删除自定义函数。

1. 查看自定义函数

在 MySQL 中，可以使用 SHOW STATUS 语句查看自定义函数的状态，也可以使用 SHOW CREATE 语句查看自定义函数的创建信息。

1）查看自定义函数的状态

创建好自定义函数后，可以使用 SHOW STATUS 语句查看自定义函数的状态，语法格式如下：

```
SHOW FUNCTION STATUS LIKE '函数名';
```

【例 4-27】查看自定义函数 func_query_tch()的状态。

```
mysql> SHOW FUNCTION STATUS LIKE 'func_query_tch' \G;
*************************** 1. row ***************************
                  Db: db_teaching
                Name: func_query_tch
                Type: FUNCTION
             Definer: root@localhost
            Modified: 2022-07-16 15:03:14
             Created: 2022-07-16 15:03:14
       Security_type: DEFINER
             Comment:
character_set_client: utf8mb4
collation_connection: utf8mb4_0900_ai_ci
  Database Collation: utf8mb4_0900_ai_ci
1 row in set (0.01 sec)
```

2）查看自定义函数的创建信息

创建好自定义函数后，可以使用 SHOW CREATE 语句查看自定义函数的创建信息，语法格式如下：

```
SHOW CREATE FUNCTION 函数名 ;
```

【例 4-28】查看自定义函数 func_query_tch()的创建信息。

```
mysql> SHOW CREATE FUNCTION func_query_tch \G;
*************************** 1. row ***************************
Function: func_query_tch
```

```
sql_mode: STRICT_TRANS_TABLES,NO_ENGINE_SUBSTITUTION
Create Function: CREATE DEFINER=`root`@`localhost` FUNCTION `func_query_tch`(tchNo CHAR(6)) RETURNS
decimal(5,1)
READS SQL DATA
BEGIN
RETURN (SELECT SUM(Evalu_Score) FROM  tb_teach_evaluation eval JOIN tb_teacher teach ON
        teach.Teacher_No = eval.Teacher_No
WHERE teach.Teacher_No = tchNo);
END
character_set_client: utf8mb4
collation_connection: utf8mb4_0900_ai_ci
  Database Collation: utf8mb4_0900_ai_ci
1 row in set (0.00 sec)
```

2. 修改自定义函数

在实际开发过程中，用户对自定义函数的需求时有变化，这就需要修改自定义函数的特性。与存储过程一样，在 MySQL 中，可以使用 ALTER FUNCTION 语句修改自定义函数的特性，但自定义函数的创建内容（参数和主体）不能修改。自定义函数的特性选项与表 4-1 所示的存储过程的特性选项一样，这里不再赘述。修改自定义函数的语法格式如下：

ALTER FUNCTION *函数名* [*特性选项* …];

【例 4-29】为自定义函数 func_query_tch()添加特性选项 COMMENT。

```
mysql> ALTER FUNCTION func_query_tch COMMENT '查询某位教师的评教总分';
Query OK, 0 rows affected (0.01 sec)
```

查看自定义函数 func_query_tch()的创建信息。

```
mysql> SHOW CREATE FUNCTION func_query_tch /G;
*************************** 1. row ***************************
Function: func_query_tch
sql_mode: STRICT_TRANS_TABLES,NO_ENGINE_SUBSTITUTION
Create Function: CREATE DEFINER=`root`@`localhost` FUNCTION `func_query_tch`(tchNo CHAR(6)) RETURNS
decimal(5,1)
    READS SQL DATA
    COMMENT '查询某位教师的评教总分'
BEGIN
RETURN (SELECT SUM(Evalu_Score) FROM  tb_teach_evaluation eval JOIN tb_teacher teach ON
  teach.Teacher_No = eval.Teacher_No WHERE teach.Teacher_No = tchNo);
END
character_set_client: utf8mb4
collation_connection: utf8mb4_0900_ai_ci
  Database Collation: utf8mb4_0900_ai_ci
1 row in set (0.01 sec)
```

3. 删除自定义函数

自定义函数被创建后，会一直保存在 MySQL 数据库服务器中，直到被删除。在 MySQL 中，可以使用 DROP FUNCTION 语句将自定义函数从数据库中删除。语法格式如下：

DROP FUNCTION [IF EXISTS] *函数名*;

【例 4-30】删除自定义函数 func_query_tch()。

```
mysql> DROP FUNCTION IF EXISTS func_query_tch;
Query OK, 0 rows affected (0.02 sec)
```

查询自定义函数 func_query_tch() 的创建信息，提示该函数不存在，说明该函数已被删除。

```
mysql> SHOW CREATE FUNCTION func_query_tch;
ERROR 1305 (42000): FUNCTION func_query_tch does not exist
```

=学习提示=

存储过程和自定义函数都属于某个数据库的对象，两者的主要区别如下：

① 存储过程可以实现复杂的功能，可以执行包括修改数据表等一系列的数据库操作；自定义函数不能用于执行一组修改全局数据库状态的操作。

② 存储过程可以返回参数，如记录集；而自定义函数则只能返回值或表对象。

③ 存储过程可以返回多个变量，而自定义函数则只能返回一个变量。

④ 存储过程可以有 IN、OUT、INOUT 这 3 种类型的参数，而自定义函数则只能有 IN 这 1 种类型的参数。

⑤ 存储过程不需要声明返回参数的数据类型，而自定义函数则需要描述返回参数的数据类型。

⑥ 存储过程中不能包含 RETURN 语句，而自定义函数中则必须包含一个 RETURN 语句来返回参数值。

⑦ 存储过程是作为一个独立部分由 CALL 语句调用的，不能被其他语句调用；自定义函数需要在其他语句中，通常使用 SELECT 语句调用自定义函数，因此，SQL 语句中不可以使用存储过程，但可以使用自定义函数。

任务实施

4.2.3 使用命令行客户端创建和使用自定义函数

（1）教务处通过高校教学质量分析管理系统可以随时查询某位教师某门课程的学生的平均成绩，以了解学生的学习情况，而查询过程需要访问教师信息表、课程信息表和评学评教成绩表。使用命令行客户端创建一个带输入参数的自定义函数 func_course_avg()（输入参数分别为教师编号和课程编号）来查询某位教师某门课程的学生的平均成绩，如图 4-7 所示。

```
管理员: 命令提示符 - mysql -uroot -p
mysql> DELIMITER //
mysql> CREATE FUNCTION func_course_avg(tchNo CHAR(6), couNo CHAR(6))
    -> RETURNS VARCHAR(66)
    -> READS SQL DATA
    -> BEGIN
    ->     DECLARE tchName CHAR(4);
    ->     DECLARE couName VARCHAR(50);
    ->     DECLARE sco DECIMAL(5,1);
    ->     SELECT tch.Teacher_Name , cou.Course , AVG(Score)
    ->     INTO tchName, couName, sco
    ->     FROM tb_grade grd
    ->         JOIN tb_teacher tch
    ->         ON tch.Teacher_No = grd.Teacher_No
    ->         JOIN tb_course cou
    ->         ON grd.Course_No = cou.Course_No
    ->     WHERE tch.Teacher_No = tchNo AND cou.Course_No = couNo;
    ->     RETURN CONCAT_WS(' | ', tchName, couName, sco);
    -> END //
Query OK, 0 rows affected (0.02 sec)

mysql> DELIMITER ;
mysql>
```

图 4-7　创建自定义函数 func_course_avg()

（2）调用 func_course_avg()函数查询教师编号为"000002"且课程编号为"900004"的学生的平均成绩，如图 4-8 所示。

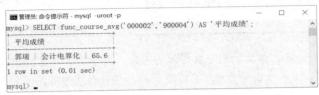

图 4-8　调用函数查询指定教师指定课程的学生的平均成绩

4.2.4　使用 MySQL Workbench 创建和使用自定义函数

（1）教务处通过高校教学质量分析管理系统可以随时查询某位教师某门课程的学生的平均成绩，以了解学生的学习情况，而查询过程需要访问教师信息表、课程信息表和评学评教成绩表。使用 MySQL Workbench 创建一个带输入参数的函数 func_bench_couAvg()（输入参数分别为教师编号和课程编号）来查询某位教师某门课程的学生的平均成绩。

（2）在导航窗格中展开 db_teaching，然后右击"Functions"，在弹出的快捷菜单中选择"Create Function..."命令，打开创建自定义函数的编辑窗口。

（3）在编辑窗口中输入创建自定义函数的 SQL 语句，如图 4-9 所示。

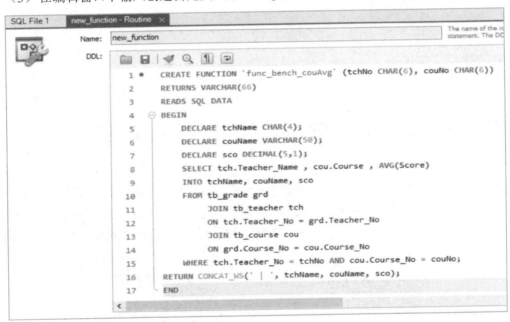

图 4-9　输入创建自定义函数的 SQL 语句

（4）单击"Apply"按钮，在弹出的"Apply SQL Script to Database"对话框的审查 SQL 脚本界面中确定创建自定义函数的 SQL 语句准确无误后，再单击"Apply"按钮。

（5）进入应用 SQL 脚本界面，单击"Finish"按钮，完成自定义函数的创建。

（6）在 MySQL Workbench 中打开一个查询窗口，从中使用 func_bench_ couAvg()函数查询教师编号为"000002"且课程编号为"900004"的学生的平均成绩，如图 4-10 所示。

图 4-10 调用函数查询指定教师指定课程的学生的平均成绩

任务 4.3 创建和使用触发器

【任务描述】

教学质量督导部门和教务处在通过高校教学质量分析管理系统对学校的各类教学数据进行添加、修改、删除时，应保障相应数据表中的对应数据在添加、修改、删除后要一致。比如，如果有学生退学，要从学生信息表中删除该学生的记录，则该学生所在班级的班级人数也应相应减少一人。可以在学生信息表中删除学生记录时，使用触发器激活相应事件，自动修改对应的班级信息表中的班级人数，以保证数据的一致性和完整性。

【任务要领】

❖ 触发器的作用和特点
❖ 创建触发器
❖ 查看触发器
❖ 删除触发器
❖ 使用触发器的注意事项

技术准备

触发器是与数据表关联的命名数据库对象，当数据表发生特定事件时，触发器就会被触发执行相应操作。

4.3.1　触发器概述

1. 触发器的特点

触发器是一种特殊的存储过程，也是一段程序语句块代码，与存储过程不同，存储过程需要使用 CALL 语句来调用，而触发器则不需要调用，只要一个预定义的 INSERT、UPDATE 或 DELETE 事件发生，触发器就会被触发而被 MySQL 自动调用。

微课 4-7

创建触发器时需要与数据表相关联，触发器可以设置为在添加数据、修改数据、删除数据等特定事件之前或之后激活，MySQL 就会自动执行触发器中的 SQL 代码，实现这些事件发生时强制检验数据、调整数据等复杂控制操作，保证数据的一致和安全。

触发器使用时的优点包括：① 自动执行；② 可以完成比外键约束、检查约束更复杂的检查和操作；③ 可以实现数据表的级联更改，在一定程度上确保了数据的完整性。

触发器使用时的缺点包括：① 当多个触发器出现业务逻辑问题时很难定位，维护困难；② 大量使用触发器容易打乱代码结构，增加程序复杂性；③ 当改动数据量较大时，触发器的效率低。

2. 触发器的逻辑表 NEW 和 OLD

定义在触发器中的 SQL 语句可以关联数据表中的任意列，但不能直接使用数据表中的列名，否则会使系统混淆。因此，MySQL 提供了两个逻辑表 NEW 表和 OLD 表，这两个逻辑表的表结构与触发器所在的数据表的结构完全一致。

① NEW 表用来存放更新后的记录。对于 INSERT 语句，NEW 表中存放的是要添加的新记录；对于 UPDATE 语句，NEW 表中存放的是要更新的记录。

② OLD 表用来存放更新前的记录。对于 DELETE 语句，OLD 表中存放的是要删除的记录；对于 UPDATE 语句，OLD 表中存放的是更新前的记录。

访问 NEW 表或 OLD 表的字段，需在字段名前加上 "NEW." 或 "OLD." 标识。

当触发器执行完成之后，NEW 表和 OLD 表会被自动删除。

4.3.2　创建触发器实现数据完整性控制

在 MySQL 中，可以使用 CREATE TRIGGER 语句创建触发器，其语法格式如下：

```
DELIMITER 新语句结束符
CREATE TRIGGER [IF NOT EXISTS] 触发器名 触发时机 触发事件 ON 数据表名 FOR EACH ROW [触发顺序]
BEGIN
    触发器主体语句块
END 新语句结束符
DELIMITER ;
```

说明：

① 触发时机：表示触发器被触发的时刻，即在激活其语句之前或之后触发。触发时机有 BEFORE 和 AFTER 两种，BEFORE 表示在数据表中的数据发生变化之前，AFTER 表示在数据表中的数据发生变化之后。若希望验证新数据是否满足条件，则使用 BEFORE 选项；若希望在激活触发器的事件发生后完成几个或更多改变，则使用 AFTER 选项。

② 触发事件：表示激活触发器的事件语句，如 INSERT、UPDATE、DELETE 等语句。

③ ON 数据表名：指定触发器的操作表，即与触发器相关联的数据表，该数据表必须是永久性表，不能是临时表或视图，在该数据表上触发事件发生时就会激活触发器。

④ FOR EACH ROW：表示行级触发，受触发事件影响的每一行都会激活触发器动作。

【例 4-31】创建一个更新触发器，当更新班级开课信息表中的教师编号时，自动更新评学评教成绩表中该班学生本门课程的任课教师的教师编号和评教分数。

```
## 查询评学评教成绩表中班级编号为"2019030101"且课程编号为"900001"的任课教师的教师编号和评教分数
mysql> SELECT stu.Class_No,grd.Stu_No,Course_No,Teacher_No,Teach_Evalu_Score
    -> FROM tb_grade grd JOIN tb_student stu ON grd.Stu_No = stu.Stu_No
    -> WHERE stu.Class_No = '2019030101' AND Course_NO = '900001';
+------------+--------------+-----------+------------+------------------+
| Class_No   | Stu_No       | Course_No | Teacher_No | Teach_Evalu_Score |
+------------+--------------+-----------+------------+------------------+
| 2019030101 | 201903013201 | 900001    | 000004     |             95.0 |
| 2019030101 | 201903013207 | 900001    | 000004     |             88.0 |
+------------+--------------+-----------+------------+------------------+
2 rows in set (0.01 sec)
## 由查询结果可知，班级编号为"2019030101"且课程编号为"900001"的任课教师的教师编号为"000004"
## 创建触发器，当更新班级开课信息表中的教师编号时，自动更新评学评教成绩表中对应的教师编号
mysql> DELIMITER //
mysql> CREATE TRIGGER trigger_update_teach AFTER UPDATE ON TB_Class_Course FOR EACH ROW
    -> BEGIN
    ->    UPDATE tb_grade grd JOIN tb_student stu ON grd.Stu_No = stu.Stu_No
    ->    SET Teacher_No = NEW.Teacher_No
    ->    WHERE stu.Class_No = OLD.Class_No AND Teacher_No = OLD.Teacher_No AND Course_No = OLD.Course_No;
    -> END //
Query OK, 0 rows affected (0.03 sec)
mysql> DELIMITER ;
## 将班级开课信息表中班级编号为"2019030101"且课程编号为"900001"的任课教师的教师编号改为"000006"
mysql> UPDATE tb_class_course SET Teacher_No = '000006'
    -> WHERE Class_No = '2019030101' AND Teacher_No='000004' AND Course_No = '900001';
Query OK, 1 row affected (0.03 sec)
## 再次在评学评教成绩表中查询班级编号为"2019030101"且课程编号为"900001"的任课教师的评教分数，由查询结果可
知，任课教师的编号变为了"000006"
mysql> SELECT stu.Class_No,grd.Stu_No,Course_No,Teacher_No,Teach_Evalu_Score,Score
    -> FROM tb_grade grd JOIN tb_student stu ON grd.Stu_No = stu.Stu_No
    -> WHERE stu.Class_No = '2019030101' AND Course_NO = '900001';
+------------+--------------+-----------+------------+-------------------+-------+
| Class_No   | Stu_No       | Course_No | Teacher_No | Teach_Evalu_Score | Score |
+------------+--------------+-----------+------------+-------------------+-------+
| 2019030101 | 201903013201 | 900001    | 000006     |              95.0 |  89.0 |
| 2019030101 | 201903013207 | 900001    | 000006     |              88.0 |  89.0 |
+------------+--------------+-----------+------------+-------------------+-------+
2 rows in set (0.00 sec)
```

【例 4-32】创建一个添加触发器，向教师教学质量评价表中添加记录时，记录中的评价评分范围应为 0～100，如果超出范围，则不允许添加该错误记录。

```
## 创建添加触发器
mysql> DELIMITER //
mysql> CREATE TRIGGER trigger_insert_eval BEFORE INSERT ON tb_teach_evaluation FOR EACH ROW
```

```
    -> BEGIN
    ->   IF NEW.Evalu_Score > 100 OR NEW.Evalu_Score < 0
    ->     THEN SIGNAL SQLSTATE '45000' SET MESSAGE_TEXT = 'Score Out of range';
    ->   END IF;
    -> END //
Query OK, 0 rows affected (0.05 sec)
mysql> DELIMITER ;
## 向 tb_teach_evaluation 表中添加一条评价评分为 120 分的记录，添加失败
mysql> INSERT INTO tb_teach_evaluation
    -> (Teacher_No,Appraiser_No,Appraiser,Evalu_Score,Evalu_Comment,Evalu_Term)
    -> VALUES('000010','000004','同行教师',120.0,'授课生动，逻辑性强','2019-2020 学年二');
ERROR 1644 (45000): Score Out of range
## 向 tb_teach_evaluation 表中添加一条评价评分为 90 分的记录，添加成功
mysql> INSERT INTO tb_teach_evaluation
    -> (Teacher_No,Appraiser_No,Appraiser,Evalu_Score,Evalu_Comment,Evalu_Term)
    -> VALUES('000010','000004','同行教师',90.0,'授课生动','2019-2020 学年二');
Query OK, 1 row affected (0.01 sec)
```

4.3.3 管理触发器

1. 查看触发器

1）查看当前数据库或指定数据表中的全部触发器的信息

在 MySQL 中，可以使用 SHOW TRIGGER 语句查看当前数据库或指定数据表中的全部触发器的信息，其语法格式如下：

```
SHOW TRIGGERS [FROM 数据库名 LIKE '数据表名'] [\G];
```

说明：

① FROM 数据库名 LIKE '数据表名'：查看指定数据库的指定数据表中的所有触发器的信息，如果无此选项，则默认查看当前数据库中的所有触发器的信息。

② \G：查询结果按列显示输出，可以使每个字段输出到单独的行。如果无此选项，则查询结果将以表格列表方式显示输出。需要注意的是，在 MySQL Workbench 中不能使用该选项。

【例 4-33】查看当前数据库 db_teaching 中的所有触发器的信息。

```
mysql> SHOW TRIGGERS \G;
*************************** 1. row ***************************
    Trigger: trigger_update_teach
    Event: UPDATE
    Table: tb_class_course
    Statement: BEGIN
UPDATE TB_Grade grd
JOIN TB_Student stu
ON grd.Stu_No=stu.Stu_No
SET Teacher_No=NEW.Teacher_No
WHERE stu.Class_No=OLD.Class_No AND Teacher_No=OLD.Teacher_No
      AND Course_No=OLD.Course_No;
END
    Timing: AFTER
    Created: 2022-04-15 23:20:13.73
```

```
        sql_mode: STRICT_TRANS_TABLES,NO_ENGINE_SUBSTITUTION
        Definer: root@localhost
character_set_client: utf8mb4
collation_connection: utf8mb4_0900_ai_ci
    Database Collation: utf8mb4_0900_ai_ci
*************************** 2. row ***************************
        Trigger: trigger_insert_eval
        Event: INSERT
        Table: tb_teach_evaluation
        Statement: BEGIN
        IF NEW.Evalu_Score > 100 OR NEW.Evalu_Score < 0
        THEN SIGNAL SQLSTATE '45000' SET MESSAGE_TEXT = 'Score Out of range';
        END IF;
END
        Timing: BEFORE
        Created: 2022-04-16 13:04:29.32
        sql_mode: STRICT_TRANS_TABLES,NO_ENGINE_SUBSTITUTION
        Definer: root@localhost
character_set_client: utf8mb4
collation_connection: utf8mb4_0900_ai_ci
    Database Collation: utf8mb4_0900_ai_ci
2 rows in set (0.03 sec)
```

2）查看触发器的创建语句

在 MySQL 中，可以使用 SHOW CREATE TRIGGER 语句查看触发器的创建语句，其语法格式如下：

```
SHOW CREATE TRIGGER 触发器名 [\G];
```

【例 4-34】查看触发器 trigger_insert_eval 的创建语句。

```
mysql> SHOW CREATE TRIGGER trigger_insert_eval \G;
*************************** 1. row ***************************
        Trigger: trigger_insert_eval
        sql_mode: STRICT_TRANS_TABLES,NO_ENGINE_SUBSTITUTION
SQL Original Statement: CREATE DEFINER=`root`@`localhost`
TRIGGER `trigger_insert_eval` BEFORE INSERT
ON `tb_teach_evaluation` FOR EACH ROW
BEGIN
        IF NEW.Evalu_Score > 100 OR NEW.Evalu_Score < 0
        THEN SIGNAL SQLSTATE '45000' SET MESSAGE_TEXT = 'Score Out of range';
        END IF;
END
        character_set_client: utf8mb4
        collation_connection: utf8mb4_0900_ai_ci
        Database Collation: utf8mb4_0900_ai_ci
        Created: 2022-04-16 13:04:29.32
1 row in set (0.00 sec)
```

2. 删除触发器

在 MySQL 中，可以使用 DROP TRIGGER 语句删除数据库中已经定义好的触发器，其语法格式如下：

```
DROP TRIGGER [IF EXIST] [数据库名] 触发器名;
```

说明：

① IF EXIST：如果要删除的触发器存在，就删除该触发器。

② 数据库名：指定要删除的触发器所在的数据库的名称，若没有指定，则默认为当前数据库。

【例 4-35】删除触发器 trigger_insert_eval。

```
mysql> DROP TRIGGER IF EXISTS trigger_insert_eval;
Query OK, 0 rows affected (0.03 sec)
```

4.3.4 使用触发器的注意事项

在使用触发器时应注意以下事项：

① 同一个数据表中不能创建两个相同触发时机、触发事件的触发器。

② 若触发器中包含 SELECT 语句，则该 SELECT 语句不能返回结果集。

③ 触发器是针对记录进行操作的，因此，当批量修改记录时，引入触发器会导致批量修改操作的性能降低。

④ 触发器程序中不能使用以显式或隐式方式打开、开始或结束事务的语句。

⑤ MySQL 的触发器是按照 BEFORE 触发器、行操作、AFTER 触发器的顺序执行的，其中任意一步发生错误都不会继续执行剩下的操作。如果是对事务表进行的操作，当出现错误时，整个事务将会被回滚；如果是对非事务表进行的操作，那么已经更新的记录将无法回滚，数据可能出错。

⑥ 触发器是基于行触发的，添加、修改或删除行数据操作可能都会激活触发器，因此不要编写过于复杂的触发器，也不要增加过多的触发器，否则会对数据的添加、修改或删除带来比较严重的影响，也会带来可移植性差的后果，所以在设计触发器时一定要考虑到这些问题。

⑦ 一个 MySQL 触发器可能会关联到另一个表或几个表的操作，从而导致数据库服务器的负荷相应增加 1 倍或几倍，如果出现由触发器问题导致的性能问题，则很难定位问题位置和原因。

⑧ 在基于锁的操作中，触发器可能会导致锁等待或死锁。如果触发器执行失败，则原来执行的 SQL 语句也会执行失败。而由触发器导致的失败往往会很难排查。

对于 MySQL 触发器的种种问题，我们在创建触发器时就应该充分考虑到，避免使用不合适的触发器，并要对所有触发器有足够的了解，以便定位和排查问题。建议创建触发器后先对其进行详细测试，在测试通过后再决定是否使用触发器。

4.3.5 使用命令行客户端创建和使用触发器

（1）使用命令行客户端创建删除触发器 trigger_delete_stu，当在学生信息表 tb_student 中删除一条学生记录时，班级信息表 tb_class 中的该班级人数相应减 1，保证数据的完整性，如图 4-11 所示。

```
管理员：命令提示符 - mysql -uroot -p                    —   □   ×
mysql> DELIMITER //
mysql> CREATE TRIGGER trigger_delete_stu AFTER DELETE
    -> ON tb_student FOR EACH ROW
    -> BEGIN
    ->     UPDATE tb_class SET Per_Quantity = Per_Quantity - 1
    ->     WHERE Class_No = OLD.Class_No;
    -> END //
Query OK, 0 rows affected (0.01 sec)

mysql> DELIMITER ;
mysql>
```

图 4-11　创建删除触发器 trigger_delete_stu

（2）查询班级编号为"2018020101"的班级信息，班级人数为 3 人，如图 4-12 所示。

```
管理员：命令提示符 - mysql -uroot -p                    —   □   ×
mysql> SELECT Class_Name '班级名称',Stu_No '学号',Stu_Name '学生姓名',Per_Quantity '班级人数'
    -> FROM tb_class
    ->     INNER JOIN tb_student
    ->     ON tb_class.Class_No = tb_student.Class_No
    -> WHERE tb_class.Class_No = '2018020101';
+----------+---------------+-----------+-----------+
| 班级名称 | 学号          | 学生姓名  | 班级人数  |
+----------+---------------+-----------+-----------+
| 会计1831 | 201802015905  | 刘美玲    |         3 |
| 会计1831 | 201802015906  | 张晓敏    |         3 |
| 会计1831 | 201802015911  | 赵明      |         3 |
+----------+---------------+-----------+-----------+
3 rows in set (0.01 sec)

mysql>
```

图 4-12　查询班级编号为"2018020101"的班级信息

（3）删除学生信息表 tb_student 中学号为"201802015906"的学生信息，如图 4-13 所示。

```
管理员：命令提示符 - mysql -uroot -p                    —   □   ×
mysql> DELETE FROM tb_student WHERE Stu_No='201802015906';
Query OK, 1 row affected (0.01 sec)

mysql>
```

图 4-13　删除学号为"201802015906"的学生信息

（4）再次查询班级编号为"2018020101"的班级信息，班级人数已经减 1，如图 4-14 所示。

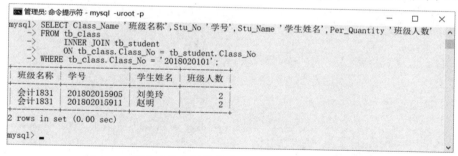

```
管理员：命令提示符 - mysql -uroot -p                    —   □   ×
mysql> SELECT Class_Name '班级名称',Stu_No '学号',Stu_Name '学生姓名',Per_Quantity '班级人数'
    -> FROM tb_class
    ->     INNER JOIN tb_student
    ->     ON tb_class.Class_No = tb_student.Class_No
    -> WHERE tb_class.Class_No = '2018020101';
+----------+---------------+-----------+-----------+
| 班级名称 | 学号          | 学生姓名  | 班级人数  |
+----------+---------------+-----------+-----------+
| 会计1831 | 201802015905  | 刘美玲    |         2 |
| 会计1831 | 201802015911  | 赵明      |         2 |
+----------+---------------+-----------+-----------+
2 rows in set (0.00 sec)

mysql>
```

图 4-14　再次查询班级编号为"2018020101"的班级信息

4.3.6　使用 MySQL Workbench 创建和使用触发器

（1）使用 MySQL Workbench 创建删除触发器 trigger_work_del_stu，当在学生信息表 tb_student 中删除一条学生记录时，班级信息表 tb_class 中的该班级人数相应减 1。

（2）在导航窗格中，依次单击 db_teaching 前的箭头、Tables 前的箭头、tb_student 前的箭头、Triggers 前的箭头展开触发器列表，tb_student 表中已有一个触发器 trigger_delete_stu，该触发器是 4.3.5 节中使用命令行客户端创建的，为了消除该触发器的影响，需要先删除该触发器。

（3）在 MySQL Workbench 中使用 DROP 语句删除触发器 trigger_delete_stu，从中输入如图 4-15 所示的语句，然后单击工具栏中的执行按钮，即可删除触发器 trigger_delete_stu。

图 4-15　删除触发器 trigger_delete_stu

（4）右击数据表名 tb_student，在弹出的快捷菜单中选择"Alter Table..."命令，会弹出如图 4-16 所示的数据表修改窗口。

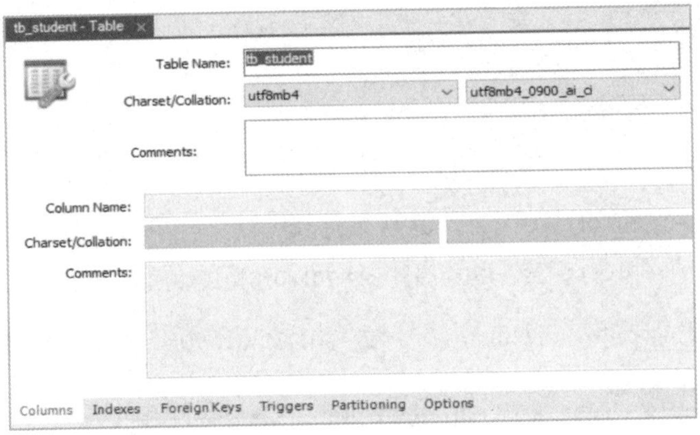

图 4-16　数据表修改窗口

（5）选择下方的"Triggers"选项卡，在左侧区域中单击"AFTER DELETE"右侧的"+"按钮，在下方出现的文本框中输入要创建的触发器的名称"tb_student_AFTER_DELETE"，如图 4-17 所示。

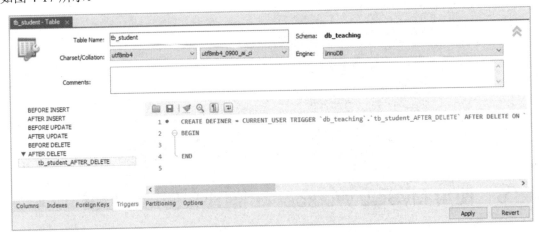

图 4-17　输入要创建的触发器的名称

（6）在右侧编辑窗口的 BEGIN…END 之间输入 SQL 语句，如图 4-18 所示，然后单击"Apply"按钮。

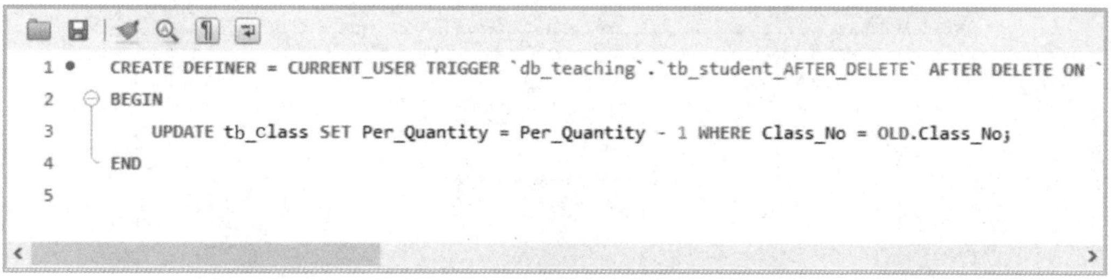

CREATE DEFINER = CURRENT_USER TRIGGER `db_teaching`.`tb_student_AFTER_DELETE` AFTER DELETE ON `
BEGIN
UPDATE tb_class SET Per_Quantity = Per_Quantity - 1 WHERE Class_No = OLD.Class_No;
END

图 4-18 输入 SQL 语句

（7）在弹出的“Apply SQL Script to Database”对话框的审查 SQL 脚本界面中，确定创建触发器的 SQL 语句准确无误后，单击“Apply”按钮。

（8）进入应用 SQL 脚本界面，单击“Finish”按钮，完成触发器的创建。

（9）在 MySQL Workbench 中查询班级编号为“2018020101”的班级信息。在 MySQL Workbench 中打开一个查询窗口，从中输入 SQL 语句，然后单击工具栏中的执行按钮，结果如图 4-19 所示。

SQL File 9*
Limit to 1000 rows
USE db_teaching;
SELECT Class_Name '班级名称',Stu_No '学号',Stu_Name '学生姓名',Per_Quantity '班级人数'
FROM tb_class
INNER JOIN tb_student
ON tb_class.Class_No = tb_student.Class_No
WHERE tb_class.Class_No = '2018020101';
Result Grid
Filter Rows:
Export:
Wrap Cell Content:
班级名称 学号 学生姓名 班级人数
会计1831 201802015905 刘美玲 2
会计1831 201802015911 赵明 2
Result 1

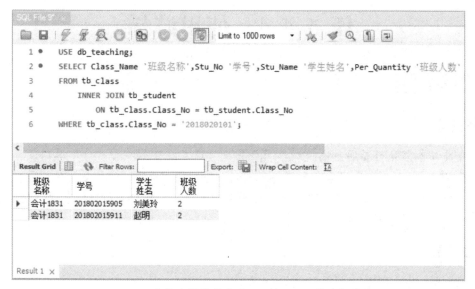

图 4-19 查询班级编号为“2018020101”的班级信息

（10）在 MySQL Workbench 中删除学号为“201802015911”的学生信息。在查询窗口中输入如图 4-20 所示的 SQL 语句，然后单击工具栏中的执行按钮即可。

SQL File 9*
Limit to 1000 rows
USE db_teaching;
DELETE FROM tb_student WHERE Stu_No = '201802015911';

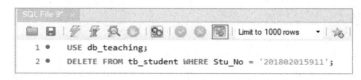

图 4-20 输入删除学号为“201802015911”的学生信息的 SQL 语句

（11）在 MySQL Workbench 中再次查询班级编号为“2018020101”的班级信息。在查询窗口中输入 SQL 语句，单击工具栏中的执行按钮，结果如图 4-21 所示，由执行结果可知，班级人数已经减 1。

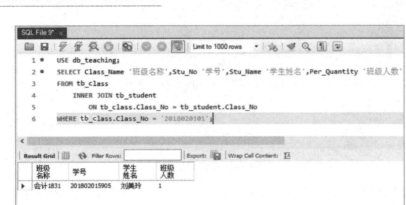

图 4-21　再次查询班级编号为"2018020101"的班级信息

任务 4.4　使用游标

【任务描述】

　　辅导员和教务处需要通过高校教学质量分析管理系统获得一个班级中各门课程评学考试成绩在 90 分以上的学生记录，形成待审核表，并一条一条审核这些学生的记录，以评定国家奖学金。在查询班级学生评学考试成绩的存储过程中，需要采用游标来逐条获取记录，以实现高效逐行查询结果集。

【任务要领】

❖　游标的访问机制
❖　游标的使用步骤
❖　使用游标逐条处理数据

微课 4-8

　　在 MySQL 中，SELECT 语句直接返回的是一个查询结果集，逐行查询语句 HANDLER 可以从指定数据表中一次获得一条记录。在存储过程和自定义函数中，还可以使用游标从结果集中逐条获取记录。

4.4.1　游标的访问机制概述

　　在 MySQL 中，游标是一种数据访问机制，允许用户访问数据集中的某一行，类似 C 语言中的指针。

在存储过程或自定义函数中，当使用游标逐条读取 SELECT 语句查询结果集中的记录时，游标指向查询结果集中的第一条记录之前，首先判断查询结果集中是否有记录，如果有，则读取第一条记录，并将游标的指针指向下一条记录，再判断是否有下一条记录，如果有，则读取该记录，并将游标的指针再指向下一条记录，以此类推，直到读取完查询结果集中的所有记录。

4.4.2　游标的使用

游标的使用一般分为 4 个步骤：声明游标、打开游标、使用游标获取数据、关闭游标。

1. 声明游标

游标必须先声明再使用。在 MySQL 中，可以使用 DECLARE CURSOR 语句声明游标，并且游标必须声明在变量和条件之后、处理程序之前。语法格式如下：

```
DECLARE 游标名 CURSOR FOR 定义访问结果集语句;
```

说明：

① 游标名：一个存储过程或自定义函数中可以包含多个游标声明，但在给定语句块中声明的每个游标必须具有唯一的名称。

② 定义访问结果集语句：定义游标要操作访问的查询结果集的 SELECT 语句，即游标与一个 SELECT 语句相关联，检索游标要遍历的行，并且其中不能包含 INTO 子句。

2. 打开游标

声明游标后，要使用游标从查询结果集中提取数据，就必须先通过 OPEN 语句打开游标，其语法格式如下：

```
OPEN 游标名;
```

说明：在打开游标时，游标并不是指向查询结果集中的第一条记录，而是指向第一条记录之前。

3. 使用游标获取数据

打开游标后，就可以使用 FETCH 语句获取查询结果集中游标当前指针的记录，并将记录值传给指定变量列表。

FETCH 语句每次只能获取查询结果集中的一条记录，所以通常与 WHILE、REPEAT 等循环结构配合使用，来遍历查询结果集中的所有记录。而且在 MySQL 中，游标是仅向前的、只读的，即游标只能顺序地从前往后逐条读取查询结果集中的记录。其语法格式如下：

```
FETCH [[NEXT] FROM] 游标名 INTO 变量名[, 变量名] …;
```

说明：

① 变量名：将游标对应的 SELECT 语句的执行结果保存到变量名中，变量名的个数与 SELECT 语句中检索字段的个数相同。

② 由于打开游标时游标并不是指向查询结果集中的第一条记录，而是指向第一条记录之前，因此该语句首次将获取与指定游标关联的 SELECT 语句查询结果集的下一行，将获取的列存储在命名变量中，并将游标指针指向下一行。当读取到最后一行后，没有更多的数据，

则 SQLSTATE 值为"02000"，可以采用 DECLARE CONTINUE HANDLER FOR NOT FOUND SET 处理该 SQLSTATE 值。

4. 关闭游标

游标使用完毕，要使用 CLOSE 语句及时关闭游标，其语法格式如下：

```
CLOSE 游标名;
```

说明：

① 关闭游标后，会释放使用游标过程中占用的内存和资源。

② 游标关闭后，无须再次声明，但需要重新打开才能使用。

【例 4-36】使用游标将"大学语文"课程（课程编号为"900001"）评学考试成绩大于或等于 55 分且小于 60 分的学生的分数改成 60 分。

```
## 查询"大学语文"课程评学考试成绩大于或等于55分且小于60分的学生信息
mysql> SELECT cla.Class_Name,stu.Stu_Name g.Course,g.Score FROM tb_student stu
    -> JOIN tb_class cla ON stu.Class_No = cla.Class_No
    -> JOIN (SELECT gra.Stu_No,cou.Course,gra.Score,gra.Course_No FROM tb_grade gra
    ->        JOIN tb_course cou ON gra.Course_No = cou.Course_No) g ON stu.Stu_No = g.Stu_No
    -> WHERE g.Course_No = '900001' AND g.Score BETWEEN 55 AND 60;
+----------------------+------------+-------------+--------+
| Class_Name           | Stu_Name   | Course      | Score  |
+----------------------+------------+-------------+--------+
| 移动应用开发1931      | 于华        | 大学语文     | 56.0   |
| 电子商务2031         | 陈艳青      | 大学语文     | 60.0   |
| 移动应用开发1931      | 史美霞      | 大学语文     | 56.0   |
| 会计1931             | 文静        | 大学语文     | 56.0   |
| 会计1931             | 苗壮丽      | 大学语文     | 56.0   |
+----------------------=+------------+-------------+--------+
5 rows in set (0.00 sec)
## 用游标将"大学语文"课程（课程编号为"900001"）评学考试成绩大于或等于55分且小于60分的学生的分数改成60分
mysql> DELIMITER //
mysql> CREATE PROCEDURE proc_cursor()
    -> BEGIN
    ->   DECLARE stuNo,courseNo VARCHAR(12) DEFAULT '';
    ->   DECLARE num DECIMAL(4,1) DEFAULT 0;
    ->   DECLARE err_mark INT DEFAULT 0;
    ->   # 声明游标
    ->   DECLARE cur CURSOR FOR SELECT Stu_No,Course_No,Score FROM tb_grade WHERE Course_No = '900001';
    ->   # 定义错误处理程序，结束游标的遍历
    ->   DECLARE CONTINUE HANDLER FOR SQLSTATE '02000' SET err_mark = 1;
    ->   # 打开游标
    ->   OPEN cur;
    ->   WHILE err_mark = 0 DO
    ->       # 使用游标获取数据
    ->       FETCH cur INTO stuNo,courseNo,num;
    ->       IF num >= 55 AND num < 60 THEN
    ->           SET num = 60;
    ->           UPDATE tb_grade SET Score = num WHERE Stu_No = stuNo AND Course_No = courseNo;
    ->       END IF;
    ->   END WHILE;
    ->   # 关闭游标
```

```
    ->     CLOSE cur;
    -> END //
Query OK, 0 rows affected (0.02 sec)
mysql> DELIMITER ;
```

调用存储过程 proc_cursor。

```
mysql> CALL proc_cursor();
Query OK, 0 rows affected (0.04 sec)
```

再次查询“大学语文”课程评学考试成绩大于或等于 55 分且小于 60 分的学生信息，由查询结果可知，分数已修改。

```
mysql> SELECT cla.Class_Name,stu.Stu_Name,g.Course,g.Score FROM tb_student stu
    -> JOIN tb_class cla ON stu.Class_No = cla.Class_No
    -> JOIN (SELECT gra.Stu_No,cou.Course,gra.Score,gra.Course_No FROM tb_grade gra
    ->        JOIN tb_course cou ON gra.Course_No = cou.Course_No) g ON stu.Stu_No = g.Stu_No
    -> WHERE g.Course_No = '900001' AND g.Score BETWEEN 55 AND 60;
 +----------------------+-----------+-----------+-------+
 | Class_Name           | Stu_Name  | Course    | Score |
 +----------------------+-----------+-----------+-------+
 | 移动应用开发1931     | 于华      | 大学语文  |  60.0 |
 | 电子商务2031         | 陈艳青    | 大学语文  |  60.0 |
 | 移动应用开发1931     | 史美霞    | 大学语文  |  60.0 |
 | 会计1931             | 文静      | 大学语文  |  60.0 |
 | 会计1931             | 苗壮丽    | 大学语文  |  60.0 |
 +----------------------+-----------+-----------+-------+
```

任务实施

辅导员和教务处需要通过高校教学质量分析管理系统获得一个班级中各门课程评学考试成绩在 90 分以上的学生记录，形成待审核表，并逐条审核这些学生的记录，以评定国家奖学金。

4.4.3 通过命令行客户端使用游标

（1）创建一个某班级的学生成绩表 tb_course_ninety，用来存放评学考试成绩超过 90 分（包括 90 分）的学生成绩信息，如图 4-22 所示。

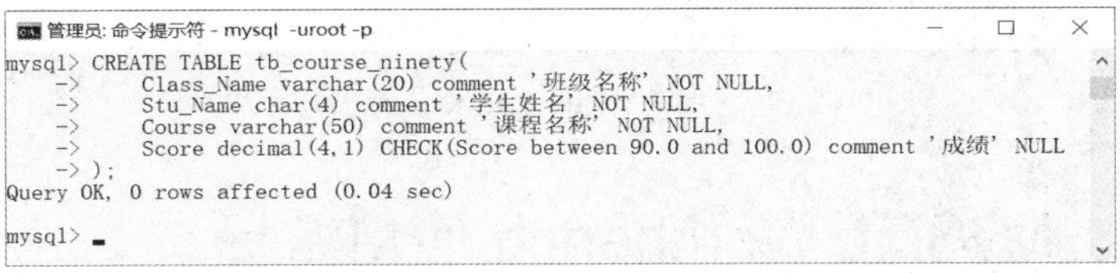
管理员: 命令提示符 - mysql -uroot -p

```
mysql> CREATE TABLE tb_course_ninety(
    ->     Class_Name varchar(20) comment '班级名称' NOT NULL,
    ->     Stu_Name char(4) comment '学生姓名' NOT NULL,
    ->     Course varchar(50) comment '课程名称' NOT NULL,
    ->     Score decimal(4,1) CHECK(Score between 90.0 and 100.0) comment '成绩' NULL
    -> );
Query OK, 0 rows affected (0.04 sec)

mysql>
```

图 4-22 创建某班级的学生成绩表 tb_course_ninety

（2）创建一个存储过程 proc_ninety_cursor，查询某班级学生评学考试成绩超过 90 分（包括 90 分）的成绩信息，并使用游标将查询到的记录逐条添加到 tb_course_ninety 表中，如图 4-23 所示。

```
命令提示符 - mysql -uroot -p                                    —    □    ×
mysql> DELIMITER //
mysql> CREATE PROCEDURE proc_ninety_cursor(IN className varchar(20))
    -> BEGIN
    ->     DECLARE stuName, courseName varchar(50) DEFAULT '';
    ->     DECLARE num decimal(4, 1) DEFAULT 0;
    ->     DECLARE err_mark INT DEFAULT 0;
    ->     #声明游标
    ->     DECLARE cur CURSOR FOR
    ->     SELECT cla.Class_Name, stu.Stu_Name, g.Course, g.Score
    ->     FROM tb_student stu
    ->         JOIN tb_class cla
    ->         ON stu.Class_No = cla.Class_No
    ->         JOIN (SELECT gra.Stu_No, cou.Course, gra.Score, gra.Course_No
    ->                 FROM tb_grade gra
    ->                 JOIN tb_course cou
    ->                     ON gra.Course_No = cou.Course_No) g
    ->         ON stu.Stu_No = g.Stu_No
    ->     WHERE  cla.Class_Name = className AND g.Score >= 90;
    ->     #定义错误处理程序,结束游标的遍历
    ->     DECLARE CONTINUE HANDLER FOR SQLSTATE '02000' SET err_mark=1;
    ->     #打开游标
    ->     OPEN cur;
    ->     fg: WHILE err_mark = 0 DO
    ->             FETCH cur INTO className, stuName, courseName, num;
    ->             ## 获取到空数据后,将err_mark设置为1,此时需要跳出循环,否则会再次插入数据
    ->             IF err_mark = 1 THEN
    ->                 LEAVE fg;
    ->             END IF;
    ->             INSERT tb_course_ninety VALUES(className, stuName, courseName, num);
    ->     END WHILE;
    ->     CLOSE cur;
    -> END //
Query OK, 0 rows affected (0.01 sec)

mysql> DELIMITER ;
mysql>
```

图 4-23　创建含游标的存储过程 proc_ninety_cursor

（3）调用存储过程 proc_ninety_cursor，指定班级名称为"软件技术 1931"，如图 4-24 所示。

```
管理员: 命令提示符 - mysql -uroot -p                          —    □    ×
mysql> CALL proc_ninety_cursor('软件技术1931');
Query OK, 1 row affected (0.02 sec)

mysql>
```

图 4-24　调用存储过程 proc_ninety_cursor

（4）根据学生姓名排序，查询 tb_course_ninety 表中的记录，如图 4-25 所示。

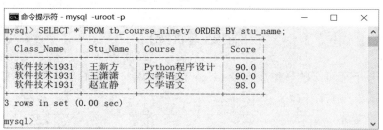

```
命令提示符 - mysql -uroot -p                                  —    □    ×
mysql> SELECT * FROM tb_course_ninety ORDER BY stu_name;
+------------+----------+--------------+-------+
| Class_Name | Stu_Name | Course       | Score |
+------------+----------+--------------+-------+
| 软件技术1931 | 王新方    | Python程序设计 | 90.0  |
| 软件技术1931 | 王潇潇    | 大学语文       | 90.0  |
| 软件技术1931 | 赵宜静    | 大学语文       | 98.0  |
+------------+----------+--------------+-------+
3 rows in set (0.00 sec)

mysql>
```

图 4-25　查询 tb_course_ninety 表中的记录

4.4.4　通过 MySQL Workbench 使用游标

（1）在 MySQL Workbench 中创建某班级的学生成绩表 tb_cla_stu_sco_ninety，用来存放评学考试成绩超过 90 分（包括 90 分）的学生成绩信息。在导航窗格中右击 db_teaching 的"Tables"，在弹出的快捷菜单中选择"Create Table..."命令，弹出创建数据表的窗口，在"Table Name"文本框中输入数据表名"tb_cla_stu_sco_ninety"，并添加如图 4-26 所示的字段，然后单击"Apply"按钮。

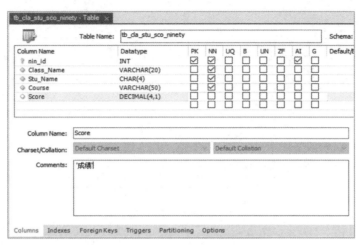

图 4-26　创建数据表的窗口

（2）在弹出的"Apply SQL Script to Database"对话框的审查 SQL 脚本界面中，确定创建数据表的 SQL 语句准确无误后，单击"Apply"按钮，进入应用 SQL 脚本界面；单击"Finish"按钮，完成数据表的创建。

（3）在导航窗格中右击 db_teaching 的"Stored Procedures"，在弹出的快捷菜单中选择"Create Stored Procedure..."命令，打开如图 4-27 所示的创建含游标的存储过程的编辑窗口。

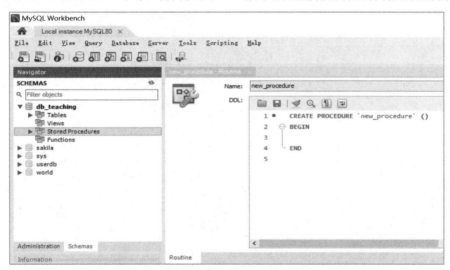

图 4-27　创建含游标的存储过程的编辑窗口

（4）在编辑窗口中输入创建含游标的存储过程的 SQL 语句，如图 4-28 所示。

（5）单击"Apply"按钮，在弹出的"Apply SQL Script to Database"对话框的审查 SQL 脚本界面中，确定创建含游标的存储过程的 SQL 语句准确无误后，单击"Apply"按钮。

（6）进入应用 SQL 脚本界面，单击"Finish"按钮，完成含游标的存储过程的创建。

（7）在 MySQL WorkBench 中打开一个查询窗口，在该查询窗口中输入调用存储过程 proc_nin_cur 的 SQL 语句，指定存储过程的参数为"软件技术 1931"，如图 4-29 所示。

（8）在 MySQL WorkBench 中打开一个查询窗口，在该查询窗口中根据学生姓名排序查询 tb_cla_stu_sco_ninety 表中的记录，如图 4-30 所示。

```
Name:    new_procedure                                          The name of the routine is parsed automatically
DDL:                                                            statement. The DDL is parsed automatically wh
    1 ●    CREATE PROCEDURE `proc_nin_cur` (IN className varchar(20))
    2      BEGIN
    3          DECLARE stuName, courseName varchar(50) DEFAULT '';
    4          DECLARE num decimal(4,1) DEFAULT 0;
    5          DECLARE err_mark INT DEFAULT 0;
    6          #声明游标
    7          DECLARE cur CURSOR FOR
    8          SELECT cla.Class_Name, stu.Stu_Name, g.Course, g.Score
    9          FROM tb_student stu
   10          JOIN tb_class cla ON stu.Class_No = cla.Class_No
   11          JOIN (SELECT gra.Stu_No, cou.Course, gra.Score, gra.Course_No FROM tb_grade gra
   12               JOIN tb_course cou ON gra.Course_No = cou.Course_No) g
   13          ON stu.Stu_No = g.Stu_No
   14          WHERE  cla.Class_Name = className AND g.Score >= 90;
   15          #定义错误处理程序, 结束游标的遍历
   16          DECLARE CONTINUE HANDLER FOR SQLSTATE '02000' SET err_mark=1;
   17          #打开游标
   18          OPEN cur;
   19          fg: WHILE err_mark = 0 DO
   20          FETCH cur INTO className, stuName, courseName, num;
   21              ## 获取到空数据后, 将err_mark设置为1, 此时需要跳出循环, 否则会再次插入数据
   22              IF err_mark = 1 THEN
   23                 LEAVE fg;
   24              END IF;
   25              INSERT tb_cla_stu_sco_ninety(Class_Name,Stu_Name,Course,Score)
   26              VALUES(className, stuName, courseName, num);
   27          END WHILE;
   28          CLOSE cur;
   29      END
   30
```

图 4-28　输入创建含游标的存储过程的 SQL 语句

图 4-29　输入调用存储过程 proc_nin_cur 的 SQL 语句　　图 4-30　查询 tb_cla_stu_sco_ninety 表中的记录

任务 4.5　创建和使用事件

任务分析

【任务描述】

G-EDU 公司开发高校教学质量分析管理系统，考虑每年都会增加班级信息、学生信息、

班级开课信息、评学评教信息、教师教学评价信息等，年数越多数据越多，数据库占用空间就会越来越大，导致数据查询、数据更新等操作越来越慢，为了提高数据处理性能，降低数据库容量，需要定时删除过期的数据。因此，该公司将利用事件的定时处理功能来实现。

【任务要领】

❖ 事件的概念，以及查看、设置事件调度器的状态
❖ 创建事件
❖ 查看事件
❖ 修改事件
❖ 删除事件

技术准备

微课 4-9

MySQL 事件是根据计划运行的任务，也称"临时触发器"。但触发器是当给定的数据表发生特定事件时触发相应操作，而 MySQL 事件是当指定的时间间隔到达时执行相应操作。

4.5.1　事件概述

1. 事件的概念

MySQL 事件是根据计划运行的任务，有时也被称为预定事件。MySQL 事件是一个命名数据库对象，其中包含一条或多条 SQL 语句，这些 SQL 语句将以一个或多个固定时间间隔执行，在特定日期和时间开始与结束。类似于 UNIX 系统的定时任务和 Windows 系统的计划任务。

MySQL 事件具有以下主要特性和属性：

① 在 MySQL 中，事件由其名称和分配给它的模式唯一标识。

② 事件根据时间表执行特定操作。此操作由一条或多条 SQL 语句组成，若有多条 SQL 语句，则需将其放置在 BEGIN...END 块中。事件可能只执行一次，也可能执行多次，重复事件以固定的时间间隔重复其操作，并且可以为重复事件指定开始时间或结束时间，或者两者同时指定。（在默认情况下，重复事件在创建后立即开始，并无限期地继续，直到它被禁用或删除。）

③ 如果重复事件未在其调度间隔内终止，可能是因为事件的多个实例同时执行了，若是不可取的，则应该建立一种机制来防止同时执行多个实例，如可以使用 GET_LOCK()函数、行或表锁定等。

④ 可以使用 SQL 语句设置或修改事件的许多属性。这些属性包括事件的名称、时间、持久性（在其执行时间到期后是否保留）、状态（启用或禁用）、要执行的操作，以及分配给它的模式。

⑤ 事件的操作语句可以包括存储过程中允许的大多数 SQL 语句。

2. 查看事件调度器的状态

MySQL 事件由事件调度器 event_scheduler 执行和管理。事件调度器是 MySQL 数据库

服务器的一部分，是 MySQL 的系统变量，负责事件的调度，不断监视某事件是否需要被调用。可以使用 "SHOW VARIABLES LIKE 'event_scheduler';" 语句查看事件调度器的状态，其语法格式如下：

```
SHOW VARIABLES LIKE 'event_scheduler';
```

3. 设置事件调度器的状态

在创建事件前，必须先启动事件调度器。事件调度器用于启动、停止、禁用 MySQL 事件，其可能的状态值为 ON、OFF 或 DISABLED。ON 表示启动事件调度器，默认为启动状态；OFF 表示停止事件调度器；DISABLED 表示事件调度程序无法执行，当事件调度器的状态值为 DISABLED 时，事件调度程序线程不会运行。

事件调度器的状态不能在运行时更改。在 MySQL 中，可以使用设置全局变量的语句 SET GLOBAL 设置事件调度器的状态，其语法格式如下：

```
SET GLOBAL event_scheduler = ON|OFF|0|1;
```

说明：ON|OFF|0|1：ON 和 1 表示启动，OFF 和 0 表示停止。

【例 4-37】修改并查看事件调度器的状态，当使用事件调度器时，必须将其状态值设置为 ON。

```
## 将事件调度器的状态设置为停止状态
mysql> SET GLOBAL event_scheduler = 0;
Query OK, 0 rows affected (0.00 sec)
## 查看事件调度器的状态
mysql> SHOW VARIABLES LIKE 'event_scheduler';
  +-----------------+-------+
  | Variable_name   | Value |
  +-----------------+-------+
  | event_scheduler | OFF   |
  +-----------------+-------+
1 row in set, 1 warning (0.00 sec)
## 将事件调度器的状态设置为启动状态
mysql> SET GLOBAL event_scheduler = ON;
Query OK, 0 rows affected (0.01 sec)
## 查看事件调度器的状态
mysql> SHOW VARIABLES LIKE 'event_scheduler';
  +-----------------+-------+
  | Variable_name   | Value |
  +-----------------+-------+
  | event_scheduler | ON    |
  +-----------------+-------+
1 row in set, 1 warning (0.01 sec)
```

4.5.2 创建事件

在 MySQL 中，要完成自动化作业就需要创建事件。每个事件由事件调度计划和事件动作两个主要部分组成。事件调度计划表示事件何时启动及按照什么频率启动，事件动作是事件启动时执行的代码。

在 MySQL 中，可以使用 CREATE EVENT 语句创建事件，其语法格式如下：

```
CREATE EVENT [IF NOT EXISTS] 事件名 ON SCHEDULE 事件调度计划
```

```
[ON COMPLETION [NOT] PRESERVE]
[ENABLE|DISABLE|DISABLE ON SLAVE]
[COMMENT '注释内容']
DO 事件动作;
```

说明:

① IF NOT EXISTS: 若事件不存在,则创建该事件,否则忽略。

② ON COMPLETION [NOT] PRESERVE: 设置事件执行完后是否自动删除。默认为无NOT,即表示事件执行完后保留该事件;若有 NOT,则表示事件执行完后自动删除该事件,即不保留该事件。

③ ENABLE|DISABLE|DISABLE ON SLAVE: 设置启用或禁止该事件。ENABLE 表示事件处于活动状态,为默认值;DISABLE 表示事件处于禁用状态;DISABLE ON SLAVE 表示该事件已在主服务器上创建并复制到从属服务器上,但在从属服务器上处于禁用状态。

④ COMMENT '注释内容': 事件的注释信息。

⑤ 事件动作: 事件中规定的在特定时间需要执行的代码,可以是一条 SQL 语句,也可以是一条简单的 INSERT 或 UPDATE 语句,还可以是一个存储过程或 BEGIN...END 语句块。

对于"事件调度计划"的描述,其语法格式如下:

```
AT 时间戳 [+ INTERVAL 时间间隔 ] | EVERY 时间间隔 [STARTS 时间戳 [+ INTERVAL 时间间隔] …]
 [ENDS 时间戳 [+ INTERVAL 时间间隔] …]
```

说明:

① AT: 用于一次性事件,指定事件仅在给定的时间戳执行一次。

② 时间戳: 时间戳必须同时包含日期和时间,或者必须是解析为日期时间值的表达式。可以使用 DATETIME 或 TIMESTAMP 类型的值,也可以使用 CURRENT_TIMESTAMP 指定当前日期和时间,此时事件一经创建就立即生效,若日期在过去,则会出现警告。

③ INTERVAL 时间间隔: 要创建相对于当前日期的时间在未来某时间发生的事件。例如,像"从现在起三周"所表示的事件。

④ EVERY: 表示定期重复操作。EVERY 子句可以包含可选的 STARTS 子句或 ENDS 子句。

⑤ STARTS 或 ENDS 后是一个时间戳值,用于指示操作何时开始重复或结束,STARTS或 ENDS 后还可以使用"+INTERVAL 时间间隔"。若不指定 STARTS,则表示事件指定的操作在创建事件时立即开始重复;若不指定 ENDS,则意味着事件将无限期地继续执行。

时间间隔是指"从现在开始"的时间量,其语法格式如下:

```
数量 YEAR|QUARTER|MONTH|DAY|HOUR|MINUTE|WEEK|SECOND|YEAR_MONTH|DAY_HOUR|DAY_MINUTE|DAY_SECOND|
 HOUR_MINUTE|HOUR_SECOND|MINUTE_SECOND
```

说明:

① 数量: 间隔的数值,可以为小数。

② YEAR|QUARTER|MONTH|DAY|HOUR|MINUTE|WEEK|SECOND|YEAR_MONTH| DAY_HOUR|DAY_MINUTE|DAY_SECOND|HOUR_MINUTE|HOUR_SECOND|MINUTE_SECOND:时间单位,分别对应年、季度、月、日、小时、分钟、周、秒、年/月,日/小时、日/分钟、日/秒、小时/分钟、小时/秒、分钟/秒。

比如,在从当前时间往后一个星期时开始,每 3 个月执行一次,则其事件调度计划可以描述为"EVERY 3 MONTH STARTS CURRENT_TIMESTAMP + INTERVAL 1 WEEK";若在

从当前时间往后 6 小时 15 分钟时开始，每两周执行一次，则其事件调度计划可以描述为
"EVERY 2 WEEK STARTS CURRENT_TIMESTAMP + INTERVAL '6:15' HOUR_MINUTE"；
如果在从当前时间往后 30 分钟时开始，在从当前时间往后 4 周时结束，则其事件调度计划
可以描述为 "EVERY 12 HOUR STARTS CURRENT_TIMESTAMP + INTERVAL 30 MINUTE
ENDS CURRENT_ TIMESTAMP + INTERVAL 4 WEEK"。

【例 4-38】创建一次性事件：在从当前时间往后两分钟时，将所有督导专家的登录密码
统一改为"123456"。

```
## 查询督导专家的登录密码
mysql> SELECT * FROM tb_expert;
+-----------+-------------+------------------+-----------------+--------+
| Expert_No | Expert_Name | Expert_Login_Name | Expert_Password | Gender |
+-----------+-------------+------------------+-----------------+--------+
| 600001    | 成和平      | chenghp          | 111222          | 男     |
| 600002    | 马镇        | mazhen           | 123456          | 男     |
| 600003    | 王欣怡      | wxy111           | 132435          | 女     |
| 600004    | 张志令      | zhangzl          | 112233          | 男     |
| 600005    | 何勇        | heyong           | 561243          | 男     |
+-----------+-------------+------------------+-----------------+--------+
1 row in set, 1 warning (0.01 sec)
## 创建事件，修改督导专家的登录密码为"123456"
mysql> CREATE EVENT IF NOT EXISTS update_expert_pwd ON SCHEDULE
    -> AT CURRENT_TIMESTAMP + INTERVAL 2 MINUTE ON COMPLETION NOT PRESERVE
    -> COMMENT '修改督导专家的登录密码'
    -> DO UPDATE tb_expert SET Expert_Password = '123456';
Query OK, 0 rows affected (0.03 sec)
```

2 分钟后，再次查询督导专家的登录密码，此时所有督导专家的登录密码都已变为
"123456"。

```
mysql> SELECT * FROM tb_expert;
+-----------+-------------+------------------+-----------------+--------+
| Expert_No | Expert_Name | Expert_Login_Name | Expert_Password | Gender |
+-----------+-------------+------------------+-----------------+--------+
| 600001    | 成和平      | chenghp          | 123456          | 男     |
| 600002    | 马镇        | mazhen           | 123456          | 男     |
| 600003    | 王欣怡      | wxy111           | 123456          | 女     |
| 600004    | 张志令      | zhangzl          | 123456          | 男     |
| 600005    | 何勇        | heyong           | 123456          | 男     |
+-----------+-------------+------------------+-----------------+--------+
5 row in set, 1 warning (0.01 sec)
```

4.5.3 管理事件

1. 查看事件

创建好事件后，可以使用 SHOW EVENTS 语句查看事件，其语法格式如下：

```
SHOW EVENTS [\G];
```

【例 4-39】查看事件。

```
mysql> SHOW EVENTS \G;
*************************** 1. row ***************************
```

```
             Db: db_teaching
           Name: update_expert_pwd
        Definer: root@localhost
      Time zone: SYSTEM
           Type: ONE TIME
     Execute at: 2022-04-03 18:32:54
 Interval value: NULL
 Interval field: NULL
         Starts: NULL
           Ends: NULL
         Status: ENABLED
     Originator: 1
character_set_client: utf8mb4
collation_connection: utf8mb4_0900_ai_ci
  Database Collation: utf8mb4_0900_ai_ci
1 row in set (0.01 sec)
```

2. 修改事件

在 MySQL 中，可以使用 ALTER EVENT 语句修改现有事件的一个或多个特征，而不需删除并重新创建它，其语法格式如下：

```
ALTER EVENT 事件名 ON SCHEDULE 事件调度计划
  [ON COMPLETION [NOT] PRESERVE]
  [RENAME TO 重命名事件名称]
  [ENABLE|DISABLE|DISABLE ON SLAVE]
  [COMMENT '注释内容']
DO 事件动作;
```

【例 4-40】使用 ALTER EVENT 语句将事件名"update_expert_pwd"改为"change_expert_pwd"，事件执行时间为当前时间，将事件的状态改为"ENABLE"（这里必须改为 ENABLE，因为事件 update_expert_pwd 只执行一次，已经处于 DISABLE 状态），将事件动作改为：将编号为"600001"的督导专家的登录密码改为"123123"。

```
mysql> ALTER EVENT update_expert_pwd ON SCHEDULE
    -> AT CURRENT_TIMESTAMP ON COMPLETION PRESERVE RENAME TO change_expert_pwd ENABLE
    -> DO UPDATE tb_expert SET Expert_Password = '123123' WHERE Expert_No = '600001';
Query OK, 0 rows affected (0.01 sec)
```

事件 update_expert_pwd 修改完成以后，再次查询督导专家的登录密码，发现编号为"600001"的督导专家的登录密码已经变为"123123"。

```
mysql> SELECT * FROM tb_expert WHERE Expert_No = '600001';
+-----------+-------------+------------------+-----------------+--------+
| Expert_No | Expert_Name | Expert_Login_Name | Expert_Password | Gender |
+-----------+-------------+------------------+-----------------+--------+
| 600001    | 成和平      | chenghp          | 123123          | 男     |
+-----------+-------------+------------------+-----------------+--------+
1 row in set (0.00 sec)5 rows in set (0.00 sec)
```

3. 删除事件

在 MySQL 中，可以使用 DROP EVENT 语句删除已有事件，其语法格式如下：

```
DROP EVENT [IF EXISTS] 事件名;
```

【例 4-41】删除事件 change_expert_pwd。

```
mysql> DROP EVENT IF EXISTS change_expert_pwd;
Query OK, 0 rows affected (0.02 sec)
## 查看事件是否还存在，查询结果为空，表明事件已经被删除
mysql> SHOW EVENTS \G;
Empty set (0.01 sec)
```

任务实施

通过定时执行事件来删除十年前对教师的评价数据，该事件起始时间为 2023 年 1 月 1 日 0 时 0 分，每年执行一次。创建事件 event_delete_eval，实施定时删除过期数据的操作。

4.5.4 使用命令行客户端创建和使用事件

（1）使用命令行客户端创建一个删除十年前对教师的评价数据的存储过程，如图 4-31 所示。教师评价时间格式为"2019—2020 学年一"，因此需要先使用 LEFT(Evalu_Term, 4) 获取评价年份，再使用 YEAR(NOW())获取当前年份，最后用当前年份减去评价年份。若两者之差大于 9，则删除该评价。

```
命令提示符 - mysql -uroot -p                              —    □    ×
mysql> DELIMITER //
mysql> CREATE PROCEDURE proc_delete_eval()
    -> BEGIN
    ->      DELETE
    ->      FROM db_teaching.tb_teach_evaluation
    ->      WHERE YEAR(NOW())-LEFT(Evalu_Term, 4) > 9;
    -> END //
Query OK, 0 rows affected (0.02 sec)

mysql> DELIMITER ;
mysql>
```

图 4-31 创建删除十年前对教师的评价数据的存储过程

（2）创建事件 event_delete_eval，当事件发生时调用存储过程 proc_delete_eval 删除 10 年前对教师的评价数据，如图 4-32 所示。

```
命令提示符 - mysql -uroot -p                              —    □    ×
mysql> CREATE EVENT IF NOT EXISTS event_delete_eval
    -> ON SCHEDULE EVERY 1 YEAR
    -> STARTS '2023-01-01 0:0:0'
    -> ON COMPLETION PRESERVE
    -> COMMENT '删除十年前的数据'
    -> DO CALL proc_delete_eval();
Query OK, 0 rows affected (0.01 sec)

mysql>
```

图 4-32 创建事件 event_delete_eval 删除十年前对教师的评价数据

4.5.5 使用 MySQL Workbench 创建和使用事件

（1）使用 MySQL Workbench 创建一个删除 10 年前对教师的评价数据的存储过程。教师评价时间格式为"2019—2020 学年一"，因此需要先使用 LEFT(Evalu_Term,4)获取评价年份，再使用 YEAR(NOW())获取当前年份，最后用当前年份减去评价年份。若两者之差大于 9，则删除该评价。

（2）在导航窗格中右击 db_teaching 的"Stored Procedures"，在弹出的快捷菜单中选择"Create Stored Procedure..."命令，打开如图 4-33 所示的创建存储过程的编辑窗口。

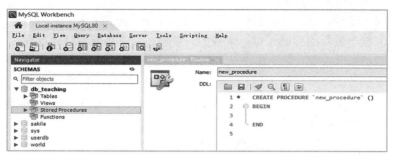

图 4-33 创建存储过程的编辑窗口

（3）在编辑窗口中输入创建存储过程的 SQL 语句，如图 4-34 所示。

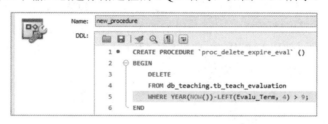

图 4-34 输入创建存储过程的 SQL 语句

（4）单击"Apply"按钮，在弹出的"Apply SQL Script to Database"对话框的审查 SQL 脚本界面中，确定创建存储过程的 SQL 语句准确无误后，再单击"Apply"按钮。

（5）进入应用 SQL 脚本界面，单击"Finish"按钮，完成存储过程的创建。

（6）在 MySQL Workbench 中打开一个查询窗口，在该查询窗口中输入创建事件 event_delete_expire_eval 的 SQL 语句，如图 4-35 所示，当事件发生时调用存储过程 proc_delete_expire_eval 删除 10 年前对教师的评价数据。

图 4-35 输入创建事件 event_delete_expire_eval 的 SQL 语句

模块总结

本项目模块主要介绍了应用系统中存储过程、自定义函数的创建与管理，触发器、事件的创建与使用，以及游标的使用。具体知识和技能点要求如下：

（1）变量的使用。了解全局变量、会话变量、用户变量、局部变量的区别，重点掌握如何查询、设置全局变量和会话变量，以及用户变量、局部变量的定义和使用。

（2）使用流程控制语句控制程序的执行流程。重点掌握 IF...ELSE 语句、CASE 语句、WHILE 语句、LOOP 语句、LEAVE 语句、REPEAT 语句和 ITERATE 语句的使用。

（3）管理存储过程。重点掌握如何使用 CREATE PROCEDURE 语句创建带输入参数、输出参数和输入输出参数的存储过程，掌握如何查看、修改和删除存储过程，以及掌握存储过程的错误处理机制。

（4）自定义函数的使用。掌握如何使用 CREATE FUNCTION 语句创建自定义函数、使用 ALTER FUNCTION 语句修改自定义函数和使用 DROP FUNCTION 语句删除自定义函数。

（5）管理触发器。重点掌握如何使用 CREATE TRIGGER 语句创建触发器、使用 SHOW TRIGGER 语句查看触发器、使用 DROP TRIGGER 语句删除触发器，以及掌握使用触发器的注意事项。

（6）游标的使用。重点掌握游标的使用步骤，包括使用 DECLARE 语句声明游标、使用 OPEN 语句打开游标、使用 FETCH 语句获取数据和使用 CLOSE 语句关闭游标。

（7）管理事件。重点掌握如何查看与设置事件调度器的状态，以及如何使用 CREATE EVENT 语句创建事件、使用 SHOW EVENTS 语句查看事件、使用 ALTER EVENT 语句修改事件和使用 DROP EVENT 语句删除事件。

 # 思考探索

一、选择题

1. 在 MySQL 中，存储过程中的选择语句有（　　）。

A．IF　　　　B．WHILE　　　C．SWITCH　　　D．ITERATE

2. 声明游标的关键字是（　　）。

A．CREATE CURSOR　　　　　　B．ALTER CURSOR

C．SET CURSOR　　　　　　　　D．DECLARE CURSOR

3. 触发器不是响应以下（　　）语句而自动执行的 MySQL 语句。

A．INSERT　　B．SELECT　　　C．UPDATE　　　D．DELETE

4. 存储过程是一组预先定义并（　　）的 SQL 语句。

A．保存　　　　B．解析　　　　C．编译　　　　　D．执行

5.【多选】对已经存在的同一存储过程连续两次执行"DROP PROCEDURE IF EXISTS 存储过程名;"命令，将会（　　）。

A．第一次执行删除存储过程，第二次执行产生一个错误

B．第一次执行删除存储过程，第二次执行无任何提示

C．存储过程不能被删除

D．最终删除存储过程

二、填空题

1. 在 MySQL 中，可以使用关键字 ＿＿＿＿＿＿ 定义新的语句结束符。

2. 根据触发事件的不同，MySQL 支持的触发器有 INSERT 触发器、＿＿＿＿＿＿、＿＿＿＿＿。

3. 10 天后开启每月定时清空 test 表，一年后停止执行，则创建该事件的语句为：

```
_____EVENT event_test
ON SCHEDULE_____
_____ CURRENT_TIMESTAMP + _____ ENDS CURRENT_TIMESTAMP + _____
```

```
DO TRUNCATE TABLE test;
```

4. 在触发器中，可以引用一个名称为"_____"的虚拟表来访问被添加的行。

三、简答题

1. 游标在存储过程和函数中的作用是什么？简述游标的使用步骤。
2. 什么是事件？事件的作用是什么？
3. 简述自定义函数与存储过程、触发器与事件的区别。

四、思考题

数据启示录

　　"中国自古以来，就有埋头苦干的人，就有拼命硬干的人，就有为民请命的人，就有舍身求法的人。——他们是中国的脊梁。"在数据库领域就有这样一个人——东华大学计算机学院第一任院长乐嘉锦老师。

以"打井精神"树信念，奉行艰苦奋斗准则

　　小时候，为了能喝上水，三十多个村民夜以继日地打井，要花费一年多的时间才能在40米深的地下打出水。这种坚韧不拔的毅力和锲而不舍的"打井精神"的种子在乐嘉锦老师的童年就开始萌芽了。

　　1976年，他在复旦大学学习期间，成为中国较早学习计算机的人。在那个年代，科研条件非常差，实验室中仅有几台计算机，学生们需要排着长长的队伍等待好几个小时才能进行计算机模拟实验。越是艰难岁月，就越是需要坚持，不断磨炼，不忘初心，方得始终。乐嘉锦老师就是在这样简陋的条件下开始了对计算机科学的学习。无论是工作中还是退休后，乐嘉锦老师始终坚守"立德树人、教学育才"的初心，不断进行数据库技术的学习研究和交流服务，还通过自学考试获得国产 OS 高级讲师证书。活到老，学到老，乐嘉锦老师退而不休的精神值得我们每一个青年学习。"打井"不是一朝一夕的事情，他坚持用一生去践行。

以"打井精神"做学术，致力于数据库研究与应用

　　习近平总书记在二十大报告中提到："新时代的伟大成就是党和人民一道拼出来、干出来、奋斗出来的!"乐嘉锦老师一直投身于数据库系统的研究。他认为将数据库应用于现代医疗体系能够在很大程度上减轻医疗行业的负担，提高就诊效率。十年磨一剑，毕业后，他与瑞金医院合作，以大数据为基础、结合机器学习算法，研发智慧医疗系统。从项目研发到设计落地，乐嘉锦老师严谨认真、一丝不苟，全心投入研发的每个环节。智慧医疗系统的开发不仅为医生和病人提供了便利，还推动了医学、计算机科学的发展。他在学术上精耕细作、披荆斩棘、与时俱进，钻研前沿技术，从实际出发，实事求是，将所学结合于当下，开辟道路，探索未来，沉淀着"打井精神"的核心。

（来源：光明网）

　　同学们，你们有什么启示呢？

坚持奋斗、锲而不舍、使命担当、为民服务

 独立实训

eBank 怡贝银行业务管理系统数据库

"数据库编程"实训任务工作单

班 级		组 长		组 员	
任务环境	MySQL 8 服务器、命令行客户端、MySQL Workbench 客户端				
任务实训目的	（1）能够根据需求创建与使用存储过程 （2）能够根据需求创建与使用自定义函数 （3）能够根据需求创建与使用触发器 （4）能够根据需求在存储过程或自定义函数中使用游标逐行获取数据 （5）能够根据需求创建和管理事件，对数据进行定时操作				
任务清单	【任务 1】创建自定义函数 fnBankcount()，返回银行分行网点的数量，并调用函数查看结果 【任务 2】创建存储过程 spGetLoadInfo，查询银行指定分行网点的所有存取款机上存取款的记录 【任务 3】创建存储过程 spGetMoneyInfo，根据客户编号查询其开户金额和银行卡余额 【任务 4】创建存储过程 spGetCardInfo，查询开户日期在 2021-10-01 以后的银行卡信息 【任务 5】删除存储过程 spGetLoadInfo 和 spGetMoneyInfo 【任务 6】创建触发器 trigInsertPersonal，当向 tb_personal 表中添加记录时，设置创建时间为系统日期时间 【任务 7】产生 8 位随机数字，与前 8 位固定的数字"6227 2666"连接，生成一个由 16 位数字组成的银行卡号并输出 【任务 8】创建事件调用存储过程 spGetLoadInfo，每星期查看一次 eBank 怡贝银行分行网点的存款金额前三的客户编号及存款金额、银行卡号与银行卡余额				
任务实施记录	（实现各任务的 SQL 语句、MySQL Workbench 的操作步骤、执行结果、SQL 语句出错提示与调试解决）				
总结评价	（总结任务实施方法、SQL 语句使用和 MySQL Workbench 操作经验、收获体会等） 请对自己的任务实施做出星级评价 □ ★★★★★　　□ ★★★★　　□ ★★★　　□ ★★　　□ ★				

项目模块 5

数据库安全

数据是数字经济社会的重要资源和核心资产，因此，数据安全的重要性可想而知，而大量的重要数据往往存放在数据库中，如何保护数据库，有效防范信息泄露和篡改成为重要的安全保障目标。

为了实现和维护高校教学质量分析管理系统后台数据库的安全，避免恶意攻击或越权访问数据库中的数据，该系统需根据不同类型的操作数据库人员创建、删除用户，并为用户分配相应的访问数据库的权限。为了防止多用户同时操作可能导致数据不一致，通过对数据进行事务隔离和锁的管理手段来保障数据的一致性和高可用性。

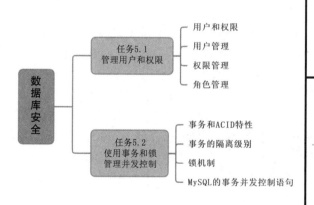

岗位工作能力：

- 能使用命令行客户端和 MySQL Workbench 创建与维护用户
- 能使用命令行客户端和 MySQL Workbench 分配维护用户的权限
- 能使用命令行客户端和 MySQL Workbench 创建维护角色
- 能使用 SQL 语句为数据库设置合理的事务隔离级别
- 能使用 SQL 语句进行 MySQL 事务并发控制

技能证书标准：

- 为客户解答数据库中用户及权限管理的理论和操作问题
- 为客户解答数据库中事务的概念、隔离级别的理论和操作问题
- 指导客户运用 SQL 语句创建、维护用户，以及分配用户权限
- 根据客户需求运用 SQL 语句控制并发操作
- 推荐客户使用合理的数据安全方案
- 指导客户使用 MySQL 的事务并发控制语句保障数据的一致性、隔离性、完整性

思政素养目标：

- 养成严谨细致的工作态度和操作习惯
- 安全是基石，忧患非忧天，预防保安全，培养"勿忘数据安全、全面考虑任务、未雨绸缪、警钟长鸣"的数据安全意识

任务 5.1　管理用户和权限

【任务描述】

高校教学质量分析管理系统中需要设置教学质量督导部门及教务处管理员、教师、学生这 3 种类型的用户，每种类型的用户操作数据库的需求不一样，所要分配的权限也不一样。教学质量督导部门及教务处管理员可以对所有表数据进行查看、添加、修改、删除等；任课教师可以添加学生课程评学考试成绩，但不能修改学生信息表、课程信息表等数据表中的教学基础数据；学生只可以添加对课程任课教师的评教分数，以及查询自己的评学考试成绩。

【任务要领】

- ❖ MySQL 的系统数据库中的主要权限表 user 和 db
- ❖ 创建和删除普通用户
- ❖ 普通用户和 root 用户的密码管理
- ❖ 权限管理
- ❖ 角色管理

数据库的安全性是指只允许合法用户进行其权限范围内的数据库相关操作，保护数据库，以防止任何不合法的使用所造成的数据泄露、更改和破坏，即 MySQL 的安全设置是要实现"正确的人"能够"正确地访问""正确的数据资源"。

MySQL 是一个多用户数据库管理系统，具有很强的访问控制体系。MySQL 通过用户身份认证模块和权限验证模块实现对数据库资源的安全访问控制：用户身份认证模块用于对数据库的用户是否能登录某台主机连接 MySQL 服务器进行身份验证，继而向 MySQL 服务器发送命令进行数据库操作；权限验证模块用于对用户是否有权限执行该 MySQL 命令和语句进行验证，确保数据库资源被正确、安全地访问或执行。

5.1.1　用户和权限

在 MySQL 中，用户主要包括 root 用户和普通用户。root 用户是超级管理员，拥有操作 MySQL 数据库的所有权限，如 root 用户的权限包括创建用户、删除用户和修改普通用户的密码等管理权限。普通用户则仅拥有该用户被创建时其被赋予的权限。

微课 5-1

MySQL 服务器通过权限表来控制用户对数据库的访问，在安装 MySQL 数据库时，会自动安装名称为“mysql”的系统数据库，其中存放了关于用户账户和授权的权限表，分别是 user 表（全局权限表）、db 表（数据库层级权限表）、tables_priv 表（数据表层级权限表）、columns_priv 表（列层级权限表）、procs_priv（存储过程和函数权限表）等。在 MySQL 服务启动时，MySQL 服务器会读取系统数据库 mysql 中的权限表，并将权限表中的数据加载到内存中，当用户进行数据库访问操作时，MySQL 服务器会根据权限表中的内容对用户进行相应的权限控制。

1. user 表

系统数据库 mysql 中的 user 表是权限表中最为重要的表，该表记录了允许连接到服务器的账号信息和一些全局级的权限信息，有 51 个字段，这些字段可以分成 4 类，分别是范围列、权限列、安全列和资源控制列。在 MySQL 中，可以通过“describe mysql.user;”语句查看 user 表的结构信息，如图 5-1 所示。

```
管理员: 命令提示符 - mysql -uroot -p

mysql> DESCRIBE mysql.user; /*查看user表的结构信息*/
+--------------------------+-----------------------------------+------+-----+-----------------------+-------+
| Field                    | Type                              | Null | Key | Default               | Extra |
+--------------------------+-----------------------------------+------+-----+-----------------------+-------+
| Host                     | char(255)                         | NO   | PRI |                       |       |
| User                     | char(32)                          | NO   | PRI |                       |       |
| Select_priv              | enum('N','Y')                     | NO   |     | N                     |       |
| Insert_priv              | enum('N','Y')                     | NO   |     | N                     |       |
| Update_priv              | enum('N','Y')                     | NO   |     | N                     |       |
| Delete_priv              | enum('N','Y')                     | NO   |     | N                     |       |
| Create_priv              | enum('N','Y')                     | NO   |     | N                     |       |
| Drop_priv                | enum('N','Y')                     | NO   |     | N                     |       |
| Reload_priv              | enum('N','Y')                     | NO   |     | N                     |       |
| Shutdown_priv            | enum('N','Y')                     | NO   |     | N                     |       |
| Process_priv             | enum('N','Y')                     | NO   |     | N                     |       |
| File_priv                | enum('N','Y')                     | NO   |     | N                     |       |
| Grant_priv               | enum('N','Y')                     | NO   |     | N                     |       |
| References_priv          | enum('N','Y')                     | NO   |     | N                     |       |
| Index_priv               | enum('N','Y')                     | NO   |     | N                     |       |
| Alter_priv               | enum('N','Y')                     | NO   |     | N                     |       |
| Show_db_priv             | enum('N','Y')                     | NO   |     | N                     |       |
| Super_priv               | enum('N','Y')                     | NO   |     | N                     |       |
| Create_tmp_table_priv    | enum('N','Y')                     | NO   |     | N                     |       |
| Lock_tables_priv         | enum('N','Y')                     | NO   |     | N                     |       |
| Execute_priv             | enum('N','Y')                     | NO   |     | N                     |       |
| Repl_slave_priv          | enum('N','Y')                     | NO   |     | N                     |       |
| Repl_client_priv         | enum('N','Y')                     | NO   |     | N                     |       |
| Create_view_priv         | enum('N','Y')                     | NO   |     | N                     |       |
| Show_view_priv           | enum('N','Y')                     | NO   |     | N                     |       |
| Create_routine_priv      | enum('N','Y')                     | NO   |     | N                     |       |
| Alter_routine_priv       | enum('N','Y')                     | NO   |     | N                     |       |
| Create_user_priv         | enum('N','Y')                     | NO   |     | N                     |       |
| Event_priv               | enum('N','Y')                     | NO   |     | N                     |       |
| Trigger_priv             | enum('N','Y')                     | NO   |     | N                     |       |
| Create_tablespace_priv   | enum('N','Y')                     | NO   |     | N                     |       |
| ssl_type                 | enum('','ANY','X509','SPECIFIED') | NO   |     |                       |       |
| ssl_cipher               | blob                              | NO   |     | NULL                  |       |
| x509_issuer              | blob                              | NO   |     | NULL                  |       |
| x509_subject             | blob                              | NO   |     | NULL                  |       |
| max_questions            | int unsigned                      | NO   |     | 0                     |       |
| max_updates              | int unsigned                      | NO   |     | 0                     |       |
| max_connections          | int unsigned                      | NO   |     | 0                     |       |
| max_user_connections     | int unsigned                      | NO   |     | 0                     |       |
| plugin                   | char(64)                          | NO   |     | caching_sha2_password |       |
| authentication_string    | text                              | YES  |     | NULL                  |       |
| password_expired         | enum('N','Y')                     | NO   |     | N                     |       |
| password_last_changed    | timestamp                         | YES  |     | NULL                  |       |
| password_lifetime        | smallint unsigned                 | YES  |     | NULL                  |       |
| account_locked           | enum('N','Y')                     | NO   |     | N                     |       |
| Create_role_priv         | enum('N','Y')                     | NO   |     | N                     |       |
| Drop_role_priv           | enum('N','Y')                     | NO   |     | N                     |       |
| Password_reuse_history   | smallint unsigned                 | YES  |     | NULL                  |       |
| Password_reuse_time      | smallint unsigned                 | YES  |     | NULL                  |       |
| Password_require_current | enum('N','Y')                     | YES  |     | NULL                  |       |
| User_attributes          | json                              | YES  |     | NULL                  |       |
+--------------------------+-----------------------------------+------+-----+-----------------------+-------+
51 rows in set (0.00 sec)
```

图 5-1 user 表的结构信息

1）范围列

user 表的范围列包括 Host、User 字段，分别表示主机名或 IP 地址、用户名。其中，Host 和 User 为 user 表的联合主键。Host 字段指明允许访问的主机名或 IP 地址，User 字段指明允许访问的用户名。

2）权限列

权限列的字段是以"_priv"结尾的字段，决定了用户在全局范围内允许对数据和数据库进行的操作，不仅包括查询权限、修改权限等普通权限，还包括关闭服务器、超级权限和加载用户等高级权限。普通权限用于操作数据库，高级权限用于数据库管理。

user 表中对应的权限是针对所有用户数据库的。这些字段值的类型为 ENUM，可以取的值只能为 Y 或 N，Y 表示用户有对应的权限，N 表示用户没有对应的权限。从图 5-1 所示的 user 表的结构信息可以看到，这些字段的值默认都是 N。如果要修改权限，则可以使用 GRANT 语句或 update 语句更改 user 表中的这些字段来修改用户对应的权限。

3）安全列

安全列有 12 个字段，主要用于在客户端与 MySQL 服务器连接时，判断当前连接是否符合 SSL 安全协议、安全证书、密码设置、账号锁定等。其中 2 个字段是与 SSL 相关的字段，2 个字段是与 X509 相关的字段，其他 8 个字段是与授权插件和密码相关的字段。与 SSL 相关的字段用于加密，与 X509 相关的字段用于标识用户，plugin 字段标识可以用于验证用户身份的插件，该字段不能为空，如果该字段为空，则服务器就会向错误日志写入信息，并且禁止该用户访问。在 MySQL 中，可以通过"SHOW VARIAVLES LIKE 'HAVE_OPENSSL';"语句来查询服务器是否支持 SSL 功能。

4）资源控制列

资源控制列的字段是以"max_"为开头的字段，用于限制用户可使用的服务器资源，防止用户登录 MySQL 服务器后的不法或不合规的操作浪费服务器资源。各字段的含义如下：

① max_questions：保存用户每小时允许执行的查询操作的最多次数。

② max_updates：保存用户每小时允许执行的更新操作的最多次数。

③ max_connections：保存用户每小时允许执行的连续操作的最多次数。

④ max_user_connections：保存单个用户允许同时建立的连接的最多数量。

以上列举的用户资源限制字段的默认值均为 0，表示对用户没有进行任何资源限制。当一个小时内用户执行的查询操作的次数或同时建立的连接的数量超过资源控制限制时，该用户将被锁定，直到下一个小时才可以再次执行对应的操作。可以使用 GRANT 语句来更新这些字段的值。

2. db 表

db 表是数据库级别授予权限的系统表，适用于数据库和数据库中的所有对象，决定哪些用户能从哪些主机访问存取哪些数据库。在 MySQL 中，可以通过"DESCRIBE mysql.db;"语句查看 db 表的结构信息，如图 5-2 所示。

＝学习提示＝

① 在系统数据库 mysql 中，user 表中对应的权限是针对 MySQL 服务器中的所有数据库的，db 表中对应的权限是针对 MySQL 服务器中的某些数据库的。

② 用户的信息都保存在 mysql.user 表中，虽然可以通过使用 root 用户账户登录 MySQL 服务器后向 mysql.user 表中添加用户记录的方式创建用户，但是在开发过程中，为了保证数据的安全，并且 MySQL 8 移除了 PASSWORD 的加密方法，因此并不推荐使用此方式创建用户，而是建议使用 MySQL 提供的 CREATE USER 和 GRANT 语句创建用户。

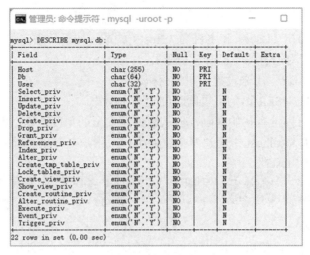

图 5-2　db 表的结构信息

db 表中的字段大致可以分为两类：用户列和权限列。

① 用户列。db 表中的用户列有 3 个字段，分别是 Host 字段、Db 字段和 User 字段，这 3 个字段分别表示主机名、数据库名和用户名。

② 权限列。Create_routine_priv 和 Alter_routine_priv 这两个字段用于决定用户是否具有创建和修改存储过程的权限。

5.1.2　用户管理

MySQL 的用户账户管理包括创建用户、删除用户、密码管理等内容。

在成功安装 MySQL 8 后，在默认情况下，MySQL 8 会自动创建 root 用户。MySQL 8 引入了基于 SYSTEM_USER 权限的用户账户类别的概念，具有 SYSTEM_USER 权限的用户为系统用户，否则只是普通用户。系统用户可以创建和修改系统账户与普通账户，而普通用户不可以修改系统账户，只可以修改自身普通账户。

在 MySQL 中，可以通过 SELECT 语句查看 mysql.user 表中当前 MySQL 服务器中的用户，如图 5-3 所示。

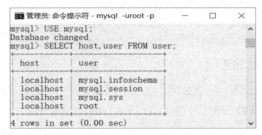

图 5-3　查看当前 MySQL 服务器中的用户

1．创建普通用户

在 MySQL 中，可以使用 CREATE USER 语句创建一个或多个普通用户，并设置相应的密码。要使用 CREATE USER 语句，必须具有全局 CREATE USER 权限。语法格式如下：

```
CREATE USER 用户名1 [IDENTIFIED BY [PASSWORD] '密码1'][,…];
```

说明：

① 用户名：由用户（User）和主机名（Host）构成，如果只指定用户名部分，则主机名部分默认为"%"（即对所有的主机开放权限）。

② IDENTIFIED BY：用来设置用户的密码。

③ 使用 CREATE USER 语句可以同时创建多个用户。

④ 新普通用户可以没有初始密码，但从数据库安全的角度考虑，不推荐使用空密码。

【例 5-1】在本机 localhost 中创建两个普通用户，用户名分别为"test1"和"test2"，密码分别为"test1"和"test2"。

```
mysql> CREATE USER 'test1'@'localhost' IDENTIFIED BY 'test1','test2'@'localhost' IDENTIFIED BY 'test2';
Query OK, 0 rows affected (0.06 sec)
```

2. 删除普通用户

在 MySQL 中，可以使用 DROP USER 语句删除用户，也可以使用 DELETE 语句从 mysql.user 表中删除对应的记录来删除用户。

1）使用 DROP USER 语句删除用户

DROP USER 语句用于删除一个或多个用户并取消其权限。要使用 DROP USER 语句，必须拥有全局 DROP USER 权限或 DELETE 权限。语法格式如下：

```
DROP USER 用户名1 [,…];
```

【例 5-2】删除本机 localhost 中的用户 test1。

```
mysql> DROP USER 'test1'@'localhost';
Query OK, 0 rows affected (0.01 sec)
```

═学习提示═

① DROP USER 语句不能自动关闭任何打开的用户对话。

② 若用户有打开的对话，删除用户时，则命令不会生效，直到用户对话被关闭后才能生效。

③ 若对话被关闭，用户也被删除，则该用户再次试图登录 MySQL 服务器时将会失败。

2）使用 DELETE 语句删除用户

在 MySQL 中，也可以使用 DELETE 语句直接删除 mysql.user 表中的用户数据。其语法格式如下：

```
DELETE FROM mysql.user WHERE host = 主机名 AND user = 用户名;
```

【例 5-3】使用 DELETE 语句删除本机 localhost 中的用户 test2。

```
mysql> DELETE FROM mysql.user WHERE host = 'localhost' AND user = 'test2';
Query OK, 1 row affected (0.03 sec)
```

3. root 用户修改自己的密码

root 用户拥有很高的权限，因此必须保证 root 用户的密码安全。root 用户可以使用 ALTER USER 语句、SET 语句等来修改密码，使用 ALTER USER 语句修改 root 用户的密码是 MySQL 官方推荐的方式。

1）使用 ALTER USER 语句修改 root 用户的密码

使用 ALTER USER 语句修改 root 用户密码的语法格式如下：

```
ALTER USER USER() IDENTIFIED BY '新密码';
```

【例 5-4】将 root 用户的密码修改为"hellomysql"。

```
mysql> ALTER USER USER() IDENTIFIED BY 'hellomysql';
```

```
Query OK, 0 rows affected (0.01 sec)
```

2）使用 SET 语句修改 root 用户的密码

root 用户登录 MySQL 服务器后，也可以使用 SET 语句修改密码，该语句会自动将密码加密后再赋给当前用户。语法格式如下：

```
SET PASSWORD= '新密码';
```

【例 5-5】将 root 用户的密码修改为"root123"。

```
mysql> SET PASSWORD = 'root123';
Query OK, 0 rows affected (0.01 sec)
```

—— =学习提示= ——
① SET 语句修改密码时会自动将密码加密后再赋给当前用户。
② 普通用户可以对自己的密码进行管理，方法与 root 用户修改自己密码的方法相同。

4. root 用户修改普通用户的密码

root 用户不仅可以修改自己的密码，还可以修改普通用户的密码。root 用户登录 MySQL 服务器后，可以使用 ALTER USER 语句和 SET 语句修改普通用户的密码。

1）使用 ALTER USER 语句修改普通用户的密码

root 用户可以使用 ALTER USER 语句修改普通用户的密码。语法格式如下：

```
ALTER USER 用户名1 [IDENTIFIED BY [PASSWORD] '密码1'][,…];
```

说明：

① 用户名：由用户（User）和主机名（Host）构成，如果只指定用户名部分，则主机名部分默认为"%"（对所有的主机开放权限）。

② IDENTIFIED BY：用来设置用户的密码。

③ 使用 ALTER USER 语句可以同时修改多个普通用户的密码。

【例 5-6】将本机普通用户 test1 的密码修改为"hellomysql"。

```
mysql> ALTER USER 'test1'@'localhost' IDENTIFIED BY 'hellomysql';
Query OK, 0 rows affected (0.01 sec)
```

2）使用 SET 语句修改普通用户的密码

root 用户也可以使用 SET 语句修改普通用户的密码。语法格式如下：

```
SET PASSWORD FOR 用户名 = '新密码';
```

【例 5-7】将本机普通用户 test1 的密码修改为"test"。

```
mysql> SET PASSWORD FOR 'test1'@'localhost' = 'test';
Query OK, 0 rows affected (0.01 sec)
```

5.1.3 权限管理

为了保证数据的安全，数据库管理员需要为不同层级的操作人员分配不同的权限，限制登录 MySQL 服务器的用户只能在其权限范围内操作。同时，数据库管理员可以根据不同的情况为用户增加权限或回收权限，从而通过权限表中的数据来控制操作数据的权限。在 MySQL 服务启动时，MySQL 服务器会读取系统数据库 mysql 中的权限表，并将权限表中的数据加载到内存中，当用户进行数据库访问操作时，MySQL 服务器会根据权限表中的内容对用户进行相应的权限控制。MySQL 的主要权限名、user 表中对应的列名、权限范围和说明如表 5-1 所示。

表 5-1　MySQL 的主要权限名、user 表中对应的列名、权限范围和说明

权限名	user 表中对应的列名	权限范围	说　明
CREATE	Create_priv	数据库、数据表或索引	创建数据库、数据表或索引
DROP	Drop_priv	数据库、数据表或视图	删除数据库、数据表或视图
GRANT OPTION	Grant_priv	数据库、数据表或存储过程	赋予权限选项
REFERENCES	References_priv	数据表	创建数据库的表外键
ALTER	Alter_priv	数据表、数据库	修改数据库中的数据表
INDEX	Index_priv	数据表	在数据表中创建、删除索引
SELECT	Select_priv	数据表、视图	数据表和视图查询
INSERT	Insert_priv	数据表、视图	添加表数据行
DELETE	Delete_priv	数据表	删除表数据行
UPDATE	Update_priv	数据表、视图	更新表数据
CREATE VIEW	Create_view_priv	视图	创建视图
SHOW VIEW	Show_view_priv	视图	查看视图
ALTER ROUTINE	Alter_routine_priv	存储过程、函数	更改存储过程或函数
CREATE ROUTINE	Create_routine_priv	存储过程、函数	创建存储过程或函数
EXECUTE	Execute_priv	存储过程、函数	执行存储过程或函数
FILE	File_priv	服务器管理	访问服务器上的文件
CREATE TEMPORARY TABLES	Create_rmp_table_priv	服务器管理	创建临时表
LOCK TABLES	Lock_tables_priv	服务器管理	锁定特定数据表
CREATE USER	Create_user_priv	服务器管理	创建用户
PROCESS	Process_priv	服务器管理	查看进程
RELOAD	Reload_priv	服务器管理	使用 FLUSH 语句
REPLICATION CLIENT	Repl_client_priv	服务器管理	复制权限
REPLICATION SLAVE	Repl_slave_priv	服务器管理	复制权限
SHOW DATABASES	Show_db_priv	服务器管理	查看数据库
SHUTDOWN	Shutdown_priv	服务器管理	关闭数据库
SUPER	Super_priv	服务器管理	执行 kill 线程

通过权限设置，用户可以拥有不同的权限。只有拥有 GRANT 权限的用户才可以为其他用户设置权限，拥有 REVOKE 权限的用户可以收回自己设置的权限。

1. 授予权限

使用 GRANT 语句可以在创建用户的同时为用户授予权限。授予的权限可以分为用户（全局）层级权限、数据库层级权限、数据表层级权限、字段层级权限、过程层级权限。MySQL 的权限层级如表 5-2 所示。

表 5-2　MySQL 的权限层级

权限层级	可设置的权限类型
用户（全局）层级	CREATE、ALTER、DROP、GRANT、SHOW DATABASES、EXECUTE
数据库层级	CREATE ROUTINE、EXECUTE、ALTER ROUTINE、GRANT
数据表层级	SELECT、INSERT、UPDATE、DELETE、CREATE、DROP、GRANT、REFERENCES、INDEX、ALTER
字段层级	SELECT、INSERT、UPDATE、REFERENCES
过程层级	CREATE ROUTINE、EXECUTE、ALTER ROUTINE、GRANT

说明：

① ALL：表示授予全部权限。

② *.*：表示 MySQL 服务器中的所有数据库。

③ 用户名：用来指定授予权限的用户。

④ WITH GRANT OPTION：表示当前用户可以为其他用户授予权限。

1）用户（全局）层级权限

用户（全局）层级权限适用于一个给定服务器中的所有数据库。这些权限存储在 mysql.user 表中。可以使用 GRANT 语句授予用户（全局）层级权限，其语法格式如下：

```
GRANT ALL ON *.* TO 用户名 [WITH GRANT OPTION];
```

2）数据库层级权限

数据库层级权限适用于一个给定数据库中的所有对象。这些权限存储在 mysql.db 表中。可以使用 GRANT 语句授予特定数据库的权限，其语法格式如下：

```
GRANT 权限名 ON 数据库名 TO 用户名 [WITH GRANT OPTION];
```

说明：

① 权限名：授予的权限，如 SELECT、UPDATE、DELETE 等，如果要给数据表授予数据表层级所有类型的权限，则改为"ALL"即可。

② 数据库名：指定授予权限的数据库的名称。

③ 用户名：用来指定授予权限的用户。

3）数据表层级权限

数据表层级权限适用于一个给定数据表中的所有字段。这些权限存储在 mysql.tables_priv 表中。可以使用 GRANT 语句授予特定数据表中所有字段的权限，语法格式如下：

```
GRANT 权限名 ON 数据库名.数据表名 TO 用户名;
```

说明："数据库名.数据表名"指定授予权限的数据库中数据表的名称。

4）字段层级权限

字段层级权限适用于一个给定数据表中的单一字段。这些权限存储在 mysql.columns_priv 表中。对于字段层级权限，权限名只能取 SELECT、INSERT、UPDATE，并且权限名后面需要加上字段名。当使用 REVOKE 语句时，必须指定与被授权字段相同的字段。可以使用 GRANT 语句授予特定字段的权限，其语法格式如下：

```
GRANT 权限名(字段名) ON 数据库名.数据表名 TO 用户名;
```

5）过程层级权限

过程层级权限适用于数据表中已经有的存储过程和函数，过程层级权限可以被授予为用户（全局）层级和数据库层级。权限名只能取 CREATE ROUTINE、EXECUTE、ALTER ROUTINE、GRANT。这些权限存储在 mysql.procs_priv 表中。可以使用 GRANT 语句授予指定用户对存储过程操作和已有函数操作的权限，其语法格式如下：

```
GRANT 权限名 ON PROCEDURE 数据库名.存储过程名 TO 用户名;
```

或

```
GRANT 权限名 ON FUNCTION 数据库名.函数名 TO 用户名;
```

【例 5-8】任课教师可以通过高校教学质量分析管理系统对学生评学考试成绩进行添加和查询操作。为周老师创建一个用户账户"teacher_zhou"，密码为"test"，授予周老师对 db_teaching 数据库的评学评教成绩表 tb_grade 中的数据进行添加和查询的权限。

```
mysql> CREATE USER 'teacher_zhou'@'%' IDENTIFIED BY 'test';
Query OK, 0 rows affected (0.01 sec)
mysql> GRANT SELECT,INSERT ON db_teaching.tb_grade TO teacher_zhou;
Query OK, 0 rows affected (0.00 sec)
```

2. 查看权限

可以使用 SHOW GRANTS 语句查看指定用户的权限信息，其语法格式如下：

```
SHOW GRANTS FOR '用户名'@'主机名';
```

说明：

① 用户名：指登录用户的名称。

② 主机名：指登录主机的名称。

【例 5-9】查询教师用户 teacher_zhou 的权限信息。

```
mysql> SHOW GRANTS FOR 'teacher_zhou'@'%';
+---------------------------------------------------------------------+
| Grants for teacher_zhou@%                                           |
+---------------------------------------------------------------------+
| GRANT USAGE ON *.* TO `teacher_zhou`@`%`                            |
| GRANT SELECT, INSERT ON `db_teaching`.`tb_grade` TO `teacher_zhou`@`%` |
+---------------------------------------------------------------------+
2 rows in set (0.00 sec)
```

3. 回收权限

回收权限就是取消已经授予用户的某些权限，收回用户不必要的权限，可以在一定程度上保证系统的安全性。在 MySQL 中，可以使用 REVOKE 语句回收用户的某些权限。收回权限后，用户的记录将从权限表中删除，但用户记录依然在 user 表中保存。语法格式如下：

```
REVOKE 权限名 ON 数据库名.数据表名 FROM 用户名;
```

说明：

① 权限名：要回收的权限，如 SELECT、UPDATE、DELETE 等。

② 数据库名.数据表名：指回收权限的数据库中数据表的名称。

③ 用户名：指回收权限的用户。

【例 5-10】回收周老师的用户账户 teacher_zhou 对高校教学质量分析管理系统后台数据库 db_teaching 中的评学评教成绩表 tb_grade 的 INSERT 权限。

```
mysql> REVOKE INSERT ON db_teaching.tb_grade FROM 'teacher_zhou'@'%';
Query OK, 0 rows affected (0.01 sec)
```

5.1.4 角色管理

微课 5-2

MySQL 从 8.0 版本开始，在用户管理中增加了角色管理功能。

角色是指定权限的集合。与用户一样，对角色也可以被授予和回收权限。若用户被赋予角色，则该用户拥有该角色的权限。

1. 创建角色并授予权限

当用户数量较多时，为了避免单独给每个用户授予多个权限，可以先将权限集合放入角色中，再赋予用户相应的角色。

可以使用 GREATE ROLE 语句创建角色，其语法格式如下：

```
CREATE ROLE '角色名'['@'主机名'];
```

说明：

① 角色名：与用户名非常相似，设置一类角色的名称。

② 主机名：表示主机的名称，如果省略主机名，则主机名默认为"%"。

角色创建完成后，可以使用 GRANT 语句为角色授予权限，其语法格式如下：

```
GRANT '权限名'[@'主机名'] ON '数据库名' TO '角色名'[@'主机名'];
```

【例 5-11】创建角色 counsellor，并授予该角色对高校教学质量分析管理系统后台数据库 db_teaching 中的学生信息表 tb_student 的 SELECT、INSERT、DELETE 权限。

```
mysql> CREATE ROLE 'counsellor'@'%';
Query OK, 0 rows affected (0.01 sec)
mysql> GRANT Select,Insert,Delete ON db_teaching.tb_student TO 'counsellor'@'%';
Query OK, 0 rows affected (0.00 sec)
```

2. 为用户添加角色

创建角色并授予权限后，要将角色赋给用户并处于激活状态才能发挥作用。可以使用 GRANT 语句为用户添加角色，使用 SET 语句激活角色。语法格式如下：

```
GRANT 角色名1 [,…] TO 用户名1 [,…];
SET ROLE DEFAULT;
```

说明：

① 可以将多个角色同时赋予多个用户，各角色名之间与各用户名之间用","隔开即可。

② 为用户添加角色后，若角色处于未激活状态，则需要先将用户对应的角色激活，才能拥有对应的权限。

【例 5-12】创建一个用户 counsellor_zhou，密码为"test1"，为该用户添加角色 counsellor，并激活该角色。

```
mysql> CREATE USER 'counsellor_zhou'@'%' IDENTIFIED BY 'test1';
Query OK, 0 rows affected (0.01 sec)
mysql> GRANT counsellor to 'counsellor_zhou'@'%';
Query OK, 0 rows affected (0.00 sec)
mysql> SET ROLE DEFAULT;
Query OK, 0 rows affected (0.00 sec)
```

3. 编辑角色或权限

为角色授予权限后，可以对角色的权限进行添加或回收。在为用户添加角色后，也可以对用户的角色进行撤销。使用 REVOKE 语句可以撤销角色的权限，也可以撤销用户对应的角色。撤销用户角色的语法格式如下：

```
REVOKE 角色名 FROM 用户名;
```

撤销角色权限的语法格式如下：

```
REVOKE 权限名 ON 数据库名 TO 用户名;
```

【例 5-13】 撤销用户 counsellor_zhou 的 counsellor 角色，并撤销 counsellor 角色的 DELETE 权限。

```
mysql> REVOKE counsellor FROM 'counsellor_zhou'@'%';
Query OK, 0 rows affected (0.01 sec)
mysql> REVOKE Delete ON db_teaching.tb_student FROM 'counsellor';
Query OK, 0 rows affected (0.00 sec)
mysql> SHOW GRANTS FOR 'counsellor';
+-------------------------------------------------------------------+
| Grants for counsellor@%                                           |
+-------------------------------------------------------------------+
| GRANT USAGE ON *.* TO `counsellor`@`%`                            |
```

```
| GRANT SELECT, INSERT ON `db_teaching`.`tb_student` TO `counsellor`@`%` |
+-----------------------------------------------------------------------+
2 rows in set (0.00 sec)
```

4. 删除角色

可以使用 DROP ROLE 语句删除角色，语法格式如下：

```
DROP ROLE 角色名;
```

【例 5-14】删除 counsellor 角色。

```
mysql> DROP ROLE 'counsellor';
Query OK, 0 rows affected (0.01 sec)
```

5.1.5 使用命令行客户端管理用户和权限

（1）在高校教学质量分析管理系统中，需要创建教学质量督导部门及教务处管理员 manager、教师 teacher、学生 student 这 3 种角色，如图 5-4 所示。

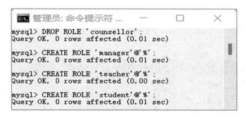

图 5-4 创建角色

（2）为教学质量督导部门及教务处管理员 manager 角色授予对所有表数据进行添加、删除、修改、查看等操作的所有权限；为教师 teacher 角色授予添加学生课程评学考试成绩的权限、查看所有教学基础表的权限；为学生 student 角色授予添加评学评教成绩表中的评教分数权限和查看自己课程评学考试成绩的权限，如图 5-5 所示。

```
mysql> GRANT ALL ON db_teaching.* TO 'manager'@'%';
Query OK, 0 rows affected (0.01 sec)

mysql> GRANT UPDATE (Teach_evalu_score) ON db_teaching.tb_grade TO 'student'@'%';
Query OK, 0 rows affected (0.01 sec)

mysql> GRANT ALL ON db_teaching.* TO 'manager'@'%';
Query OK, 0 rows affected (0.01 sec)

mysql> GRANT SELECT, INSERT ON db_teaching.tb_grade TO 'teacher'@'%';
Query OK, 0 rows affected (0.00 sec)

mysql> GRANT SELECT ON db_teaching.tb_student TO 'teacher'@'%';
Query OK, 0 rows affected (0.00 sec)

mysql> GRANT SELECT ON db_teaching.tb_course TO 'teacher'@'%';
Query OK, 0 rows affected (0.00 sec)

mysql> GRANT UPDATE (Teach_evalu_score) ON db_teaching.tb_grade TO 'student'@'%';
Query OK, 0 rows affected (0.00 sec)

mysql> GRANT SELECT ON db_teaching.tb_grade TO 'student'@'%';
Query OK, 0 rows affected (0.01 sec)

mysql>
```

图 5-5 为角色授予权限

（3）创建教学质量督导部门周老师 manager_zhou 及教务处王老师 manager_wang 用户，

为这两个用户均添加 manager 角色；创建崔老师 teacher_cui 用户，为该用户添加 teacher 角色；创建沈同学 student_shen 和蔡同学 student_cai 用户，为这两个用户添加 student 角色，如图 5-6 所示。

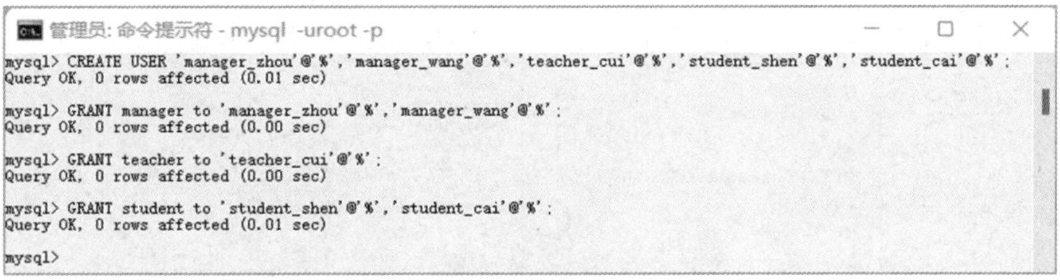

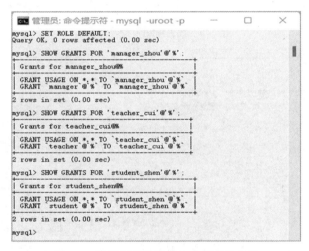

图 5-6　创建用户并为用户添加角色

（4）激活角色，并查看 manager_zhou、teacher_cui、student_shen 这 3 个用户的权限，如图 5-7 所示。

图 5-7　激活角色并查看 3 个用户的权限

5.1.6　使用 MySQL Workbench 管理用户和权限

用户使用 MySQL Workbench 可以很方便地管理用户和权限。

（1）打开 MySQL Workbench，连接 MySQL 8 服务器。

（2）在如图 5-8 所示的数据库用户管理界面中，单击界面左侧的"User and Privileges"选项，然后单击界面右侧下方的"Add Account"按钮。

（3）打开如图 5-9 所示的数据库用户添加界面，从中添加 test 用户，输入用户名和密码，其中"Limit to Hosts Matching"表示限制连接 MySQL 服务器的远程地址（"%"表示不受限制）。

（4）选择"Account Limits"选项卡，进入如图 5-10 所示的数据库用户资源设置界面，从中设置资源控制列，即用户每小时可使用服务器资源的限制数。

（5）选择"Administrative Roles"选项卡，进入如图 5-11 所示的数据库用户授权界面，从中选择需要的角色和权限。单击"Apply"按钮，test 用户创建成功。

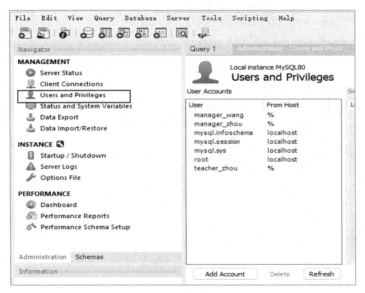

图 5-8　数据库用户管理界面

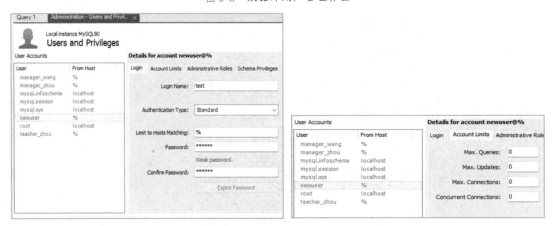

图 5-9　数据库用户添加界面　　　　　　　图 5-10　数据库用户资源设置界面

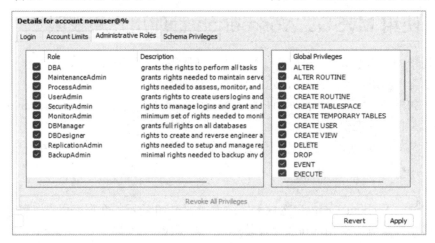

图 5-11　数据库用户授权界面

任务 5.2　使用事务和锁管理并发控制

任务分析

【任务描述】

G-EDU 公司在开发和设置高校教学质量分析管理系统时,针对教学质量督导部门及教务处管理员、教师、学生的不同角色用户,在进行数据操作的过程中会遇到需要通过一组 SQL 语句来完成的情况,必须保证这组所有数据操作语句执行的同步性、数据变更的一致性。例如,当一位教师用户在添加或修改某名学生的评学考试成绩时,其他教师用户不得同时对这名学生的评学考试成绩也进行添加或修改,避免因此导致数据不一致;缺考或作弊的学生是不能对教师评教进行打分的,这样的操作应同步有取消撤销机制来保障。所以,G-EDU 公司通过 MySQL 提供的事务机制和锁机制的策略进行数据的并发控制。

【任务要领】

❖ 事务的概念及其 ACID 特性
❖ 事务的隔离级别
❖ 锁机制
❖ MySQL 的事务并发控制语句

技术准备

5.2.1　事务和 ACID 特性

微课 5-3

事务处理在数据库开发过程中有着非常重要的作用,可以保证在同一个事务中的操作具有同步性。

在 MySQL 中,事务就是针对数据库的一组操作,可以由一条或多条 SQL 语句组成,并且每条 SQL 语句是相互依赖的。只要在程序执行过程中有一条 SQL 语句执行失败或发生错误,其他语句就都不会执行。也就是说,事务的执行要么成功,要么返回到事务开始前的状态,这就保证了同一事务操作的同步性和数据的完整性。

MySQL 中的事务具有原子性(Atomicity)、一致性(Consistency)、隔离性(Isolation)和持久性(Durability),通常简称为 ACID 特性。

1. 原子性

原子性是指一个事务必须被视为一个不可分割的最小工作单元。只有事务中所有的数据库操作都执行成功,整个事务才能执行成功。事务中如果有任何一个 SQL 语句执行失败,已经执行成功的 SQL 语句也必须撤销，数据库的状态返回到执行事务前的状态。

2. 一致性

一致性是指在进行事务处理时，无论执行成功还是执行失败，都要保证数据库处于一致的状态，保证数据库不会返回到一个未处理的事务中。MySQL 的一致性主要由日志机制实现，通过日志记录数据库的所有变化，为事务恢复提供跟踪记录。

3. 隔离性

隔离性是指当一个事务在执行时，不会受到其他事务的影响。隔离性保证了未完成事务的所有操作与数据库的隔离，直到事务执行完成，才能看到事务执行结果。隔离性相关的技术有并发控制、可串行化、锁等，当多个用户并发访问数据库时，数据库为每个用户开启的事务不能被其他事务的操作所干扰，多个并发事务之间要相互隔离。

4. 持久性

持久性是指事务一旦提交，其对数据库的修改就是永久性的，即使系统重启或出现系统故障，数据仍可恢复。

5.2.2 事务的隔离级别

由于数据库是一个多用户的共享资源，MySQL 允许多线程并发访问，因此用户可以通过不同的线程执行不同的事务。为了保证这些事务之间不受影响，对事务设置隔离级别是十分必要的。

SQL 标准定义了 4 种隔离级别，指定了事务中哪些数据改变在其他事务中可见、哪些数据改变在其他事务中不可见。低级别的隔离级别可以支持更高的并发处理，同时占用的系统资源更少。

在 MySQL 中，事务的隔离级别有 READ-UNCOMMITTED（读未提交）、READ-COMMITTED（不可重复读）、REPEATABLE-READ（可重复读）和 SERIALIZABLE（可串行化）4 种。下面针对每种隔离级别的特点、带来的问题及解决方案进行详细讲解。

1. READ-UNCOMMITTED（读未提交）

READ-UNCOMMITTED 是事务的最低隔离级别，该隔离级别下的事务可以读取到另一个事务中未提交的数据，也被称为"脏读"（Dirty Read），这是相当危险的。由于该隔离级别的级别较低，在实际开发中避免不了任何情况，因此一般很少使用。

2. READ-COMMITTED（不可重复读）

大多数的数据库管理系统默认的隔离级别为 READ-COMMITTED，该隔离级别下的事务只能读取其他事务已经提交的内容，可以避免脏读，但不能避免重复读和幻读的情况。

重复读就是在事务内重复读取其他线程已经提交的数据，但两次读取的结果不一致，原因是查询的过程中其他事务对数据进行了更新操作。幻读是指在一个事务内两次查询中数据条数不一致，原因是查询的过程中其他事务对数据进行了添加操作。这两种情况并不算错误，但有些情况是不符合实际需求的。

3. REPEATABLE-READ（可重复读）

REPEATABLE-READ 是 MySQL 默认的隔离级别，它可以避免脏读、重复读的问题，确保同一事务的多个实例在并发读取数据时会查询到同样的数据行。但理论上，该隔离级别会出现幻读的情况，不过 MySQL 的存储引擎通过多版本并发控制机制解决了这个问题，因此该隔离级别是可以避免幻读的。

4. SERIALIZABLE（可串行化）

SERIALIZABLE 是事务的最高隔离级别，它会强制对事务进行排序，使之不会发生冲突，从而解决了脏读、重复读、幻读的问题。其实际上就是在每个读取的数据行上加锁。这个隔离级别可能导致大量的超时现象和锁竞争，在实际应用中很少使用。

上述 4 种隔离级别可能会产生不同的问题，如脏读、重复读、幻读等，如表 5-3 所示。

表 5-3　MySQL 中事务的隔离级别是否产生脏读、重复读、幻读

隔离级别	脏读	重复读	幻读
READ-UNCOMMITTED（读未提交）	是	是	是
READ-COMMITTED（不可重复读）	否	是	是
REPEATABLE-READ（可重复读）	否	否	否
SERIALIZABLE（可串行化）	否	否	否

说明：

① 更新丢失：两个事务更新同一行数据，但是第二个事务却中途执行失败退出了，导致对数据的两个修改都失效了，这时系统没有执行任何锁操作，因此并发事务并没有被隔离。

② 脏读：一个事务读取了某行数据，但是另一个事务已经更新了这一行数据。这是非常危险的，很可能所有的操作都会被回滚。

③ 重复读：一个事务对一行数据重复读取两次，可是得到了不同的结果。出现重复读的主要原因是两次读取数据的过程中另一个事务更新了数据。

④ 幻读：事务在操作过程中进行两次查询，第二次查询的结果包含了第一次查询结果中没有出现的数据。出现幻读的主要原因是两次查询的过程中另一个事务添加了新的数据。

5.2.3　锁机制

在 MySQL 中，使用锁机制解决数据库的并发控制问题，防止其他用户修改另一个未完成的事务中的数据，从而实现事务的并发操作，避免造成数据不一致。同时，为了实现 MySQL 的各种隔离级别，锁机制也为其提供了安全保障。MySQL 8 默认的 InnoDB 存储引擎不仅支持行级锁（Row-Level Locking），即以记录为单位进行加锁，也支持表级锁（Table-Level Locking），即以数据表为单位进行加锁，默认情况下采用行级锁。

锁粒度越小，并发访问性能越高，越适合进行并发更新操作；锁粒度越大，并发访问性能越低，越适合进行并发查询操作。不过，锁粒度越小，完成某个功能时所需的加锁、解锁次数就会越多，反而会消耗较多服务器资源，也容易发生死锁问题。

1. 行级锁

行级锁最大的特点是锁定对象的粒度很小，发生锁定资源争用的概率也很小，能够给予

应用程序尽可能大的并发处理能力，从而提高一些有高并发需求的应用系统的整体性能。

InnoDB 存储引擎使用行级锁机制实现了两种类型的行级锁，分别是共享锁和排他锁。而在锁机制的实现过程中，为了让行级锁和表级锁共存，InnoDB 存储引擎还使用了两种内部使用的意向锁，也就是意向共享锁和意向排他锁。各种锁的含义如下。

① 共享锁（S）：允许一个事务在读取一行数据时阻止其他事务读取相同数据的排他锁。

② 排他锁（X）：允许获得排他锁的事务更新数据，阻止其他事务取得相同数据的共享锁和排他锁。

③ 意向共享锁（IS）：事务打算给数据行加共享锁。事务在给一个数据行加共享锁前必须先取得该数据表的意向共享锁。

④ 意向排他锁（IX）：事务打算给数据行加排他锁。事务在给一个数据行加排他锁前必须先取得该数据表的意向排他锁。

上述 4 种锁的共存逻辑关系如表 5-4 所示。

表 5-4　MySQL 中行级锁的共存逻辑关系

锁模式	共享锁	排他锁	意向共享锁	意向排他锁
共享锁	兼容	冲突	兼容	冲突
排他锁	冲突	冲突	冲突	冲突
意向共享锁	兼容	冲突	兼容	兼容
意向排他锁	冲突	冲突	兼容	兼容

2. 表级锁

与行级锁不同，表级锁是锁定对象粒度最大的锁定机制，最大特点是系统开销比较小，由于实现逻辑非常简单，因此带来的系统负面影响最小。由于表级锁可以一次性锁定整个数据表，因此可以很好地避免死锁问题。

表级锁也存在一定缺陷。由于表级锁的锁定对象粒度最大，因此发生锁冲突的概率最高，并发度最低。

MySQL 数据库的表级锁主要分为两种类型：读锁、写锁。MySQL 数据库提供了以下 4 种队列来维护这两种锁，间接地说明了数据库表级锁的 4 种状态。

❖ Current read lock queue(lock->read)。

❖ Padding read lock queue(lock->read wait)。

❖ Current write lock queue(lock->write)。

❖ Padding write lock queue(lock->write wait)。

其中，"Current read lock queue"存放的是当前持有读锁的所有线程的相关信息，"Padding read lock queue"存放的是正在等待读锁的所有线程的相关信息；"Current write lock queue"存放的是当前持有写锁的所有线程的相关信息，"Padding write lock queue"存放的是正在等待写锁的所有线程的相关信息。

=学习提示=

① 不同的事务隔离级别下，不同的数据操作加的锁也不相同。

② 当事务的隔离级别为 READ-UNCOMMITTED（读未提交）时，不加锁。

③ 在 SERIALIZABLE（可串行化）的事务隔离级别下，读写冲突，数据的查询的读操作加共享锁，数据的添加、删除、修改的写操作加排他锁。

④ 在 READ-COMMITTED（不可重复读）和 REPEATABLE-READ（可复重读）的事务隔离级别下，数据的查询的读操作不加锁，数据的添加、删除、修改的写操作都会加上排他锁；在这两个事务隔离级别以下的事务隔离级别中读写不冲突。

5.2.4 MySQL 的事务并发控制语句

在 MySQL 中，默认用户执行的每条 SQL 语句都会被当成单独的事务自动提交。若将一组 SQL 语句作为一个事务，则需要使用 MySQL 事务并发控制语句，要先显式地开启一个事务，并手动提交该事务。

微课 5-4

1. 开启事务

开启事务的语法格式如下：

```
BEGIN|START TRANSACTION;
```

上述语句执行后，标记一个事务的起始点，每条 SQL 语句不再自动提交。

2. 提交事务

提交事务的语法格式如下：

```
COMMIT;
```

当执行 BEGIN TRANSACTION 语句或 START TRANSACTION 语句后，用户需使用 COMMIT 语句手动提交每条 SQL 语句。只有事务提交后，其中的操作才会生效。

具体地说，COMMIT 语句提交事务就是将事务中所有对数据库的更新都写到磁盘上的物理数据库中，标志着一个事务的正常结束。一旦执行了该语句，将不能回滚事务。只有在所有修改都准备好提交给数据库时，才执行这一操作。

3. 回滚（撤销）事务

回滚（撤销）事务的语法格式如下：

```
ROLLBACK;
```

ROLLBACK 语句用于撤销事务，即在事务运行的过程中发生了某种故障或错误，事务不能继续执行，系统将事务中对数据库的所有已完成的操作全部撤销，回滚到事务的起始点或指定的保存点处。同时，系统将清除从事务的起始点开始或从事务的某个保存点开始所做的所有的数据修改，并且释放由事务控制的资源。因此，ROLLBACK 语句也标志着事务的结束。但要注意，ROLLBACK 语句只能回滚未提交的事务，无法回滚已提交的事务。

4. 事务的保存点

在回滚事务时，事务内所有的操作都将被撤销。若希望只撤销一部分，则可以通过创建事务的保存点（回滚点）的方式来实现。

1）创建保存点

创建保存点的语法格式如下：

```
SAVEPOINT 保存点名;
```

若当前事务具有相同的保存点名，则将删除旧的保存点并创建新的保存点。新创建的保存点在当前事务中，并且不会提交当前事务。

2）回滚到保存点

回滚到保存点的语法格式如下：

`ROLLBACK TO` *保存点名*`;`

上述语句会将事务回滚到指定的保存点而不终止事务。若不指定保存点名，则默认将事务回滚到距离最近的保存点。

3）删除保存点

删除保存点的语法格式如下：

`RELEASE SAVEPOINT` *保存点名*`;`

从当前事务的保存点集中删除指定名称的保存点。

BEGIN TRANSACTION 语句或 START TRANSACTION 语句后面的 SQL 语句对数据库数据的更新操作都将记录在事务日志中，直到遇到 ROLLBACK 语句或 COMMIT 语句。如果事务中某一操作失败且执行了 ROLLBACK 语句，则开启事务语句之后的所有更新数据都能回滚到事务开始前的状态。如果事务中的所有操作全部正确完成，并且使用了 COMMIT 语句向数据库提交更新数据，则此时的数据又处在新的一致状态。

5. 锁机制控制语句

若一个事务请求的锁模式与当前的锁模式兼容，则 InnoDB 存储引擎就将请求的锁授予该事务；若两者不兼容，则该事务要等待锁释放。

意向锁是 InnoDB 存储引擎自动加的。对于 SELECT 语句，InnoDB 存储引擎不会加任何锁；对于 INSERT、UPDATE、DELETE 语句，InnoDB 存储引擎会自动为涉及的数据加排他锁。

1）添加行级共享锁

添加行级共享锁的语法格式如下：

`SELECT * FROM` *数据表名* `WHERE...LOCK IN SHARE MODE;`

执行上述语句后，InnoDB 存储引擎会为该事务加上一个共享锁，如果该事务中查找的数据已经被其他事务加上排他锁，则共享锁会等待其结束再加，如果等待时间过长，则会显示事务需要的锁等待超时。

2）添加行级排他锁

添加行级排他锁的语法格式如下：

`SELECT * FROM` *数据表名* `WHERE … FOR UPDATE;`

执行上述语句后，InnoDB 存储引擎会为该事务加上一个排他锁，允许获得排他锁的事务更新数据，阻止其他事务取得相同数据集的共享锁和排他锁，也就是其他事务不能读取，也不能写入。

--- =学习提示= ---

① 事务处理主要是对数据表中的数据进行处理，不包括创建或删除数据库与数据表、修改表结构等操作，而且执行这类操作时会隐式地提交事务。

② MySQL 中的事务不允许嵌套，如果在执行 START TRANSCTION 语句前，上一个事务还未提交，就会隐式地执行上一个事务的提交操作。

③ 一个事务中可以创建多个保存点，在提交事务后，事务中的保存点会被删除。在回滚到某保存点后，在该保存点之后所创建的保存点也会被删除。

5.2.5 使用事务实现数据操作的并发控制

（1）使用事务实现一个教师角色 teacher 的用户在添加、修改学生评学考试成绩时，其他用户不得对这些学生的评学考试成绩也进行添加或修改，避免导致数据不一致。

① 教师角色 teacher 的用户张老师在高校教学质量分析管理系统中，通过事务提交方式向评学评教成绩表中添加学生评学考试成绩，如图 5-12 所示。

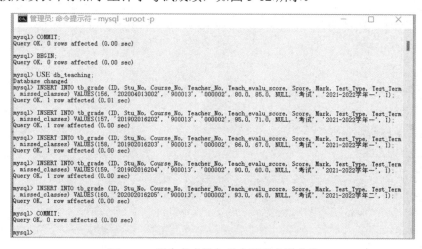

图 5-12 开启事务添加学生评学考试成绩

② 教师角色 teacher 的用户张老师在高校教学质量分析管理系统中，将评学评教成绩表中 ID 编号为"156"的学生的评学考试成绩修改为"90"，事务开启锁机制进行并发控制，其他用户不能修改此条记录。如图 5-13 所示，左窗口显示的是用户张老师在客户端 A 开启排他锁修改记录，并且事务还未提交；右窗口显示的是其他用户在客户端 B 试着修改记录时出现锁定等待超时、尝试重新启动事务的错误。由此可知，事务开启锁机制进行并发控制，使得在评学考试成绩修改事务还未提交成功时，其他用户无法对评学评教成绩进行添加或修改，保障了数据的一致性。

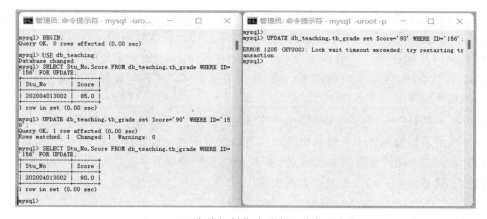

图 5-13 开启锁机制修改学生评学考试成绩

（2）使用事务实现当学生用户在评学评教成绩表中为任课教师填入评教分数时，如果该学生该课程的 Mark 字段被赋值或被标记为"缺考"或"作弊"，则该学生是不能对教师评教进行打分的，回滚事务，取消该学生对评教分数的填入，如图 5-14 所示。

图 5-14 开启事务控制修改教师评教分数

模块总结

本项目模块主要介绍了 MySQL 数据库的权限表，对用户、权限和角色的管理，事务和锁机制，以及使用事务实现对数据操作的并发控制技巧。具体知识和技能点要求如下：

（1）重点掌握在命令行客户端使用 CREATE USER、DROP USER、ALTER USER、GRANT、REVOKE、CREATE ROLE、SET ROLE 等语句，实现创建和维护数据库用户及权限管理的相关操作。

（2）重点掌握使用 MySQL Workbench 实现创建和维护数据库用户及权限分配的相关操作。

（3）重点掌握数据库中事务的概念、隔离级别等的理论和操作问题。

（4）难点在于理解事务的隔离级别、锁机制的理论和事务并发控制语句，以及保障数据的一致性、隔离性、正确性的操作方法和应用。

思考探索

一、选择题

1. MySQL 中存储用户（全局）层级权限的表是（　　　）。

A．table_priv　　　B．reocs_priv　　　　C．columns_priv　　　D．user

2. 删除用户的语句是（　　　）。

A．DROP USER　　　　　　　　B．DELETE USER

C．DROP ROOT　　　　　　　　D．TRUNCATE USER

3. 若要回滚一个事务，则需使用（　　）语句。

A．COMMIT TRANSACTION　　　　B．BEGIN TRANSACTION

C．REVOKE　　　　　　　　　　D．ROLLBACK TRANSACTION

4. 用于将事务处理提交到数据库的语句是（　　　）。

A．INSERT　　　B．ROLLBACK　　　C．COMMIT　　　D．SAVEPOINT

5. 在事务的 ACID 特性中，（　　　）是指事务将数据库从一种一致的状态变成另一种一致的状态。

A．Atomicity　　　B．Durability　　　C．Consistency　　　D．Isolation

6. 下面选项中，（　　　）数据库默认包含的表都是权限表。

A．test 数据库　　　B．mysql 数据库　　　C．temp 数据库　　　D．mydb1 数据库

7. 下面关于 REVOKE 语句参数的描述中，正确的是（　　　）。

A．privileges 参数表示收回的权限

B．columns 参数表示权限作用于哪列上

C．columns 参数如果不指定该参数表示作用于整个表

D．REVOKE 语法格式中的参数与 GRANT 语句中的参数意思相同

8. 下面实现收回 user4 用户所有权限的语句中，正确的是（　　　）。

A．REVOKE ALL PRIVILEGES,GRANT OPTION FROM 'root'@'localhost';

B．REVOKE ALL PRIVILEGES,GRANT OPTIONES FROM 'root'@'localhost';

C．REVOKE ALL PRIVILEGES,GRANT OPTIONES TO 'root'@'localhost';

D．REVOKE ALL PRIVILEGES,GRANT OPTION TO 'root'@'localhost';

二、填空题

1. 在 MySQL 中，可以使用＿＿＿＿＿＿＿语句来为指定的数据库添加用户。

2. 在 MySQL 中，可以使用＿＿＿＿＿＿＿语句来回收权限。

3. 在 MySQL 8 中，默认的隔离级别为＿＿＿＿＿＿。

4. 在 MySQL 8 中，默认的存储引擎为＿＿＿＿＿＿。

5. 在 MySQL 8 中，可以使用＿＿＿＿＿＿语句开启事务。

三、简答题

1. 为什么事务非正常结束时会影响数据库数据的正确性？

2. 简述事务的隔离级别。

3. 简述 MySQL 的锁机制。

四、思考题

数据启示录

用户数据泄露问题一直是互联网世界的一个焦点，从京东撞库抹黑事件，到 CSDN、如家用户数据的泄露等，服务商和黑客之间在用户数据这个"舞台"上一直在进行着旷日持久的攻防战。例如，2014 年 12 月 25 日，12306 网站用户信息在互联网上疯传，此次泄露的用户数据不少于 131,653 条，这批数据基本确认为黑客通过"撞库攻击"所获得。

数据作为数字经济发展的关键要素，其在不同应用场景间的流动为数字经济持续健康发展提供了强劲动力。筑牢数字安全屏障、保障国家数据安全，不仅是实现数字经济健康发展、建设网络强国和数字中国的题中应有之义，也是适应经济社会网络化、数字化、智能化发展趋势的必然要求，更是提升国家治理体系和治理能力现代化水平的重要内容。习近平总书记高度重视保障国家数据安全，强调"要加强关键信息基础设施安全保护，强化国家关键数据资源保护能力，增强数据安全预警和溯源能力"。党的二十大报告对强化网络、数据等安全保障体系建设作出重大决策部署。推动数字经济持续健康发展，必须把保障数据安全放在突出位置。在互联网时代，企业掌握大量数据信息，是数字经济发展的重要推动者和保障国家数据安全的重要主体。企业数据安全不仅关系到企业自身利益和核心竞争力，也关系到整体数字经济稳定运行乃至国家数据安全。因此，完善企业数据安全治理、保障企业数据安全是筑牢数字安全屏障的重要内容。

2022 年 5 月 18 日，全国首家数据资源法庭——浙江省温州市瓯海区人民法院数据资源法庭揭牌设立，该数据资源法庭实行刑事、民事、行政"三合一"归口审理模式，涉及数据资源的案件均可在此审理。2022 年 7 月，浙江省温州市瓯海区人民法院数据资源法庭当庭对全国首家数据资源法庭的第一案作出宣判，被告人吴某因非法获取计算机信息系统数据罪，被依法判处有期徒刑三年零三个月，并处罚金 3 万元。

作为数据管理的技术，数据库技术是现代信息化管理的重要工具。从事数据管理的专业人员不仅要懂得数据收集、存储和管理技术，还要能正确使用和保护数据，更要树立国家安全意识，培养法治意识，提升作为数据从业者的数据伦理道德。

（来源：搜狐网）

同学们，你们有什么启示呢？

安全是基石、忧患非忧天、预防保安全

独立实训

eBank 怡贝银行业务管理系统数据库

"数据库安全"实训任务工作单

班 级		组 长		组 员	
任务环境	MySQL 8 服务器、命令行客户端、MySQL Workbench 客户端				
任务实训目的	（1）能够熟练使用命令行客户端执行 SQL 语句，以及使用 MySQL Workbench 对数据库进行各项管理操作				

（续）

任务实训目的	（2）能够熟练创建用户和设置权限 （3）能够熟练修改用户的密码 （4）能够熟练创建角色为多用户设置权限 （5）能够熟练创建事务及使用事务解决数据操作的并发控制
任务清单	【任务 1】使用 SQL 语句创建一个无密码用户 user 【任务 2】使用 SQL 语句创建一个用户 zhou，密码为 "888888" 【任务 3】使用 SQL 语句创建一个用户 huang，密码为 "123456"，同时授予该用户对 db_ebank 数据库的 SELECT 权限 【任务 4】用 SQL 语句为已经创建的用户 zhou 授予对 db_ebank 数据库中的 tb_cardInfo 表的 UPDATE 权限 【任务 5】分别创建 bank_server 和 bank_client 两种角色。bank_server 角色为银行工作人员，授予其对 eBank 怡贝银行业务管理系统数据库 db_ebank 中的数据进行添加、删除、修改、查询等操作的权限；bank_client 角色为银行客户，授予其对 tb_personal 表和 tb_cardInfo 表的查询权限。并为用户 huang 添加 bank_server 角色，为用户 zhou 添加 bank_client 角色 【任务 6】创建事务，实现当某个客户转账给另一个客户时，两个客户的银行卡余额都发生变更，保证转出和转入操作的同步性 【任务 7】撤销 bank_server 和 bank_client 角色 【任务 8】删除 bank_server 和 bank_client 角色
任务实施记录	（实现各任务的 SQL 语句、MySQL Workbench 的操作步骤、执行结果、SQL 语句出错提示与调试解决）
总结评价	（总结任务实施方法、SQL 语句使用和 MySQL Workbench 操作经验、收获体会等） 请对自己的任务实施做出星级评价 □ ★★★★★　　　□ ★★★★　　　□ ★★★　　　□ ★★　　　□ ★

项目模块 6

数据库设计

　　高校人才培养质量面对新要求，为了更新传统的教学质量管理方法，开发一套有效处理大量教学质量相关数据的高校教学质量分析管理系统十分必要。G-EDU（格诺博教育）公司在开发系统时，对后台数据库的设计从高校教学质量管理的业务流程与实际需要出发，运用数据库设计方法与步骤，完成概念数据模型设计、逻辑数据模型设计和物理数据模型设计，并利用建模工具建立数据库模型，最终实现系统数据库。

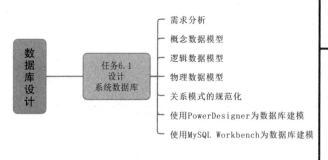

岗位工作能力：

- 能通过需求分析设计系统关系模型
- 能实现系统后台数据库的概念数据模型设计、逻辑数据模型设计和物理数据模型设计
- 能运用范式规范化关系模型
- 能使用建模软件为数据库建模

技能证书标准：

- 根据客户需求分析了解业务流程与系统需求
- 根据客户系统需求运用数据库设计方法与步骤
- 根据数据库设计方法实现概念数据模型设计
- 根据概念数据模型实现逻辑数据模型设计
- 根据逻辑数据模型实现物理数据模型设计
- 使用 PowerDesigner、MySQL Workbench 为数据库建模

思政素养目标：

- 养成科学严谨的工作态度和系统思维的能力
- 认识到事物之间的有机统一和联系，强化约束意识
- 养成沟通交流、科学思辩、创新与协作的能力

任务 6.1　设计系统数据库

【任务描述】

G-EDU（格诺博教育）公司在开发高校教学质量分析管理系统时，对该系统的后台数据库进行设计与实现。首先要针对评价评语、评价评分、评学考试分数、评教分数等教学质量相关数据进行需求分析，分析出涉及"教师""学生""督导专家""课程""专业""成绩""评价评分"等教学实体及实体间的关系，然后在数据库的概念数据模型设计、逻辑数据模型设计、物理数据模型设计的基础上，最终物理实现高校教学质量分析管理系统的后台数据库 db_teaching。

【任务要领】

❖ 需求分析
❖ 实体关系与概念数据模型设计
❖ 逻辑数据模型设计
❖ 物理数据模型设计
❖ 关系模式的规范化
❖ 使用 PowerDesigner 和 MySQL Workbench 为数据库建模

数据库设计一般要经过需求分析、概念数据模型（Conceptual Data Model，CDM）设计、逻辑数据模型（Logic Data Model，LDM）设计、物理数据模型（Physical Data Model，PDM）设计、实施数据库和运行等阶段。其中，需求分析阶段需要准确了解与分析用户对业务、数据、处理等方面的需求；概念数据模型设计阶段需要对需求进行综合、归纳与抽象，形成一个独立于具体 DBMS 的 E-R（Entity-Relationship，实体-联系）概念数据模型，是数据库设计的重要节点；逻辑数据模型设计阶段需要将概念数据模型转换为某类 DBMS 所支持的数据模型，如关系模型，并对其进行优化；物理数据模型设计阶段需要为逻辑数据模型选取最适合一个具体 DBMS 应用环境的物理数据模型，包括存储结构和存取方法。

6.1.1　需求分析

数据库设计的第一个阶段是需求分析，就是分析用户的需求。明确问题是解决问题的前奏，数据库设计也一样，首先需要弄清楚数据库系统要解决什么问题，因此需求分析结果是否准确反映用户的实际要求，将直接影响到后面各阶段的设计，并影响到设计结果是否合理和实用。

用户的需求具体体现在系统业务功能要求基础上的各种信息的提供、保存、更新和查询。也就是通过调查现实世界要处理的对象、充分了解系统所要进行的工作概况，从而确定系统的功能。

数据库设计所要做的需求分析包括"应用需求"和"数据需求"两大任务，即明确系统将有哪些业务功能处理的应用需求，以及处理的安全性与完整性要求。安全性要求描述系统中的不同用户对数据库的使用和操作情况，完整性要求描述数据之间的关联关系及数据的取值范围要求。并了解用户需要通过数据库所存储和获得信息的内容与性质，由这些信息要求可以导出数据需求。

6.1.2　概念数据模型

将在需求分析阶段得到的应用需求和数据需求抽象成概念数据模型，是面向用户的、容易理解的现实事物特征的数据抽象。概念数据模型设计阶段的任务是要划定系统中的各种实体、实体的属性、实体间的联系，并用一

微课 6-1

种图形化的方式直观地描述出来。E-R 图是描述概念数据模型的有力工具，它独立于具体的数据库管理系统和计算机系统。

1. 概念数据模型的主要对象

概念数据模型可以通过实体-关系模型（Entity-Relationship Model）即 E-R 图描述，其三要素分别为实体、属性、关系。

1）实体

实体（Entity）是指现实世界中客观存在的并可以相互区分的对象或事物。就数据库而言，实体往往指某类事物的集合，可以是具体的人、事、物，也可以是抽象的概念、联系。比如，"学生""评分""课程"等都是实体，"张三"这名学生就是"学生"实体的一个实例，"大学语文"就是"课程"实体的一个实例。在E-R 图中，实体用矩形框表示，比如"课程"实体，如图 6-1 所示。

| 课程 |

图 6-1　"课程"实体

2）属性

属性（Attribute）是实体的一系列特性。例如，"课程"实体有"课程编号""课程名称""课程类型""课程学分"等属性。在 E-R 图中，实体的属性用椭圆框表示，框内写上属性名，并用无向连线与其实体相连。例如，"课程"实体及其属性的局部 E-R 图如图 6-2 所示。

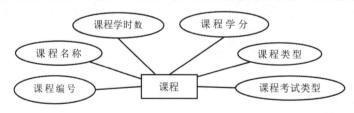

图 6-2　"课程"实体及其属性的局部 E-R 图

在实体的属性中，其中能唯一标识实体的属性或属性集就是标识符或码（Identifier）。例如，可以使用"课程编号"属性作为码标识"课程"实体，使用"学号"属性作为码标识"学

生"实体。具有相同属性的所有实体的集合就构成了实体集（Entity Set）。例如，所有课程、所有学生。

实体集中每个实体所具有的共同属性的集合构成实体型（Entity Type）。例如，"课程"实体型可以描述为：课程（课程编号，课程名称，课程学时数，课程学分，课程类型，课程考试类型）。

3）关系

实体不会单独存在，在现实世界中，实体之间都有着联系，称为关系（Relation）。在 E-R 图中，实体之间的关系使用菱形框表示，关系以适当的含义命名，关系名写在菱形框中，用无向连线将参加联系的实体矩形框分别与菱形框相连，并在连线上标明关系的类型。

实体之间的关系的类型分为一对一（1:1）、一对多（1:n）和多对多（m:n）3 种。

① 一对一关系。对于实体集 A 中的每个实体，如果实体集 B 中至多只有一个实体与之联系，反之亦然，就称实体集 A 和实体集 B 之间为一对一的关系，记为 1:1，如图 6-3 所示。

图 6-3　一对一关系

例如，一个班级只有一名学生作为班长，而一名学生最多只能担任一个班级的班长，这时，"班级"和"班长"这两个实体之间的关系就可以看作一对一的关系。

② 一对多关系。对于实体集 A 中的每个实体，如果实体集 B 中有 n 个实体（$n \geqslant 1$）与之联系，反之，对于实体集 B 中的每个实体，实体集 A 中至多只有一个实体与之联系，则称实体集 A 与实体集 B 之间为一对多的关系，记为 1:n，如图 6-4 所示。例如，一名学生只属于一个班级，而一个班级可以有多名学生；一个班级只属于某一个专业，而一个专业可以有多个班级。

图 6-4　一对多关系

③ 多对多关系。对于实体集 A 中的每个实体，如果实体集 B 中有 n 个实体（$n \geqslant 1$）与之联系，反之，对于实体集 B 中的每个实体，实体集 A 中也有 m 个实体（$m \geqslant 1$）与之联系，则称实体集 A 与实体集 B 之间为多对多的关系，记为 m:n，如图 6-5 所示。例如，一名学生可以选多门课程，而一门课程可以被多名学生选择；一位教师可以讲授多门课程，而一门课程也可以由多位教师讲授。

图 6-5　多对多关系

两个实体之间的多对多关系必须由关系实体实现。

2. 概念数据模型设计步骤

数据库概念数据模型设计的思路可以分为先局部后全局、先全局后局部这两种。多采用先局部后全局的思路进行概念数据模型设计。

1）抽象数据，设计局部 E-R 图

对需求分析阶段收集到的应用需求和数据需求进行分类和概括，确定实体、属性、标识符或码、关系的类型，设计出各子系统的局部 E-R 图。在设计过程中应遵循一个原则——现实世界中的事物能作为属性对待的，尽量作为属性对待。可以按照以下准则来考虑。

① 作为属性，不能再具有需要描述的性质，也就是属性是不可分的数据项。

② 属性不能与其他实体型有联系，即 E-R 图所表示的联系是实体型之间的联系。

例如，在高校教学质量分析管理系统中，如果把班级开设课程作为一个子系统，则通过需求分析可以确定该子系统主要围绕"班级开设课程"的处理来实现，从而确定其应包含两个实体"班级"和"课程"，"班级编号"和"课程编号"分别作为它们的码，"班级"实体和"课程"实体之间存在多对多关系"开课"。进一步确定"班级"的属性还包括"班级名称"、"人数"和"班长"等，"课程"实体的属性还包括"课程名称"、"课程类型"、"课程学分"和"课程学时数"等，如果课程考试类型没有与考试时长、试卷形式、考试场地等挂钩，则课程考试类型就可以作为"课程"实体的属性。但如果不同的课程考试类型有不同的考试时长、试卷形式等，则课程考试类型作为一个实体型会更合适，它的属性可以包括"考试时长""试卷形式""场地要求"等。

2）消除局部 E-R 图间的冲突和冗余，合并为初步 E-R 图

各局部 E-R 图设计完成后，需要先消除各局部 E-R 图之间的冲突和冗余，再合并为各子系统的初步 E-R 图。因为在合并过程中，各局部应用对应的问题不同，而且有可能一个系统由不同的设计人员进行的局部 E-R 图设计，这样就会导致各局部 E-R 图之间有可能存在冲突，消除冲突是为了形成能够被全系统所有用户共同理解和接受的统一概念数据模型。

各局部 E-R 图之间的冲突主要有以下 3 种。

① 属性冲突：属性值的类型、取值范围或取值集合不同。比如评分，学生在对教师评教打分时用 100 分制的小数表示，督导专家在对教师教学质量打分时用 10 分制的整数表示，这就需要一致。

② 命名冲突：同名异义的情况，即不同意义的对象在不同的局部应用中具有相同的名字，例如，"评分"可以表示学生评教分数，也可以表示督导专家评价分数，命名就应区分开来；异名同义的情况，即意义相同的对象在不同的局部应用中有不同的名字，例如，对于高校中的院系，有的称为"系部"，有的称为"二级学院"，命名就应统一。

③ 结构冲突：即同一对象在不同的局部应用中具有不同的抽象。例如，课程考试类型如果在某一个局部应用中作为实体，但在另一个局部应用中又作为属性，就要把属性变为实体或把实体变为属性来解决该冲突，使统一对象具有相同的抽象。

例如，将"班级开设课程"子系统的各局部 E-R 图合并为初步 E-R 图，如图 6-6 所示。

3）消除冗余，集成全局概念数据模型

合并的初步 E-R 图中可能存在冗余的数据和冗余的关系，容易破坏数据库的完整性，增加数据库维护的难度，因此需要根据分析方法及规范化理论方法消除不必要的冗余，进行优化。但并不是所有的冗余都要消除，有时为了提高效率是可以允许一定冗余存在的。因此，在概念数据模型设计阶段，哪些冗余要消除或保留，需要根据用户的整体需求来确定。集成的全局概念数据模型 E-R 图决定了下一步的逻辑数据模型设计，是正确设计数据库的关键。

6.1.3　逻辑数据模型

概念数据模型设计阶段得到的 E-R 图是独立于任意一种数据库管理系统的，反映的是用

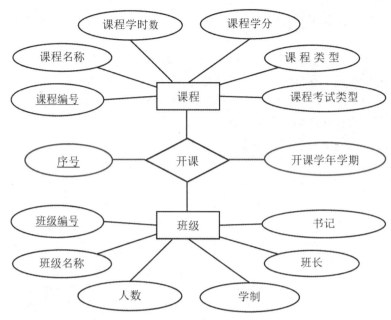

图 6-6 "班级开设课程"子系统的初步 E-R 图

户需求。逻辑数据模型设计阶段就是要将概念数据模型的全局 E-R 图转换为与选用的 DBMS 产品所支持的数据模型相符的逻辑结构。

目前的 DBMS 通常是采用关系模型的数据库管理系统，在此只介绍关系型数据库的逻辑数据模型转换原则与方法。将概念数据模型 E-R 图向关系型数据库逻辑数据模型转换要解决的问题是实体、属性、关系如何转换及遵循的原则。

1）实体转换原则

将 E-R 图中的一个实体转换成一个关系（二维表），将实体的属性转换为关系的字段，将实体的码转换为关系的主键。

2）关系转换原则

① 一对一（1∶1）关系：可以与任意一段对应的关系模式合并，并且在其中一个关系模式的属性中加入另一个关系模式中的主键作为联系的属性，即外键。

② 一对多（1∶n）关系：可以与联系 n 端对应的关系模式合并，并且在 n 端的关系模式中加入 1 端关系模式的主键作为联系的属性，即外键。

③ 多对多（m∶n）关系：要将实体之间的联系也转换为关系模式，并且与该联系相连的各个关系模式的主键均加入该联系转换的关系模式中作为联系的属性，即联系的关系模式的外键为各相连关系模式主键的组合。

例如，"班级"实体与"课程"实体是多对多（m∶n）关系，因此"班级开设课程"子系统的 E-R 图转换为逻辑数据模型后的关系模式如下（有直下画线的属性表示主键，有波浪下画线的属性表示外键）：

班级(班级编号，班级名称，人数，学制，班长，书记)
课程(课程编号，课程名称，课程学时数，课程学分，课程类型，课程考试类型)
开课(序号，班级编号，课程编号，开课学年学期)

6.1.4　物理数据模型

物理数据模型描述数据在物理存储介质上的组织结构，它与具体的 DBMS 相关，也与操作系统和硬件相关，是物理层次上的数据模型。物理数据模型设计阶段以逻辑数据模型设计阶段的结果为依据，结合具体的数据库管理系统特点与存储设备特性进行设计，确定数据库在物理设备上的存储结构和存取方法，是数据在物理设备上的实现方式。

逻辑数据模型的关系模式和字段对应实现为物理数据模型中的二维表、字段，包括主键、外键等。

本书使用关系型数据库管理系统 MySQL 8，因此应用的数据库的物理结构为 MySQL 的物理数据模型。

6.1.5　关系模式的规范化

数据库设计的逻辑结果不是唯一的，为了进一步提高数据库系统的性能，在逻辑数据模型设计阶段应根据应用需求调整和优化数据模型，关系型

微课 6-2

数据库逻辑数据模型的优化以规范化理论为指导，它的优劣直接影响数据库设计的成败。

也就是说，一个好的关系模式必须满足一定的规范化要求，不同的规范化程度可以用范式（Normal Form）来衡量。范式是符合某种级别的关系模式的集合，当一个关系模式满足某个范式所规定的一系列条件时，它就属于该范式。可以用规范化要求来设计数据库，也可以验证设计结果的合理性，用来指导优化数据库设计的过程。

关系模式按照其规范化程度从低到高规定了几种范式：第一范式（1NF）、第二范式（2NF）、第三范式（3NF）、Boyce Codd 范式（BCNF）、第四范式（4NF）、第五范式（5NF）、第六范式（6NF）。范式的级别越高，条件越严格，高级的范式包含低级的范式，比如一个关系模式如果满足第二范式，则该关系模式一定满足第一范式。

在进行关系型数据库设计时，最低要求是要满足第一范式（1NF），在第一范式的基础上进一步满足一些要求的为第二范式（2NF），其余以此类推。通常数据库只需满足第三范式（3NF）就可以了。将范式应用到数据库设计中，能够减少数据冗余，消除添加、更新和删除等操作的异常。

1.　第一范式（1NF）

在任何一个关系型数据库中，第一范式是对关系模式的最低要求。

如果一个关系模式 R 的所有属性都是不可再分解的，每个属性的值域都是单纯域，而不是一些值的集合，则该关系模式 R 满足第一范式，记为 $R \in 1NF$。也就是说，第一范式遵从原子性，数据库的数据表中的每一列都是不可分割的基本数据项，同一列中不能有多个值或不能有重复值。

如果出现重复的属性或多值重复属性，就需要定义一个新的实体，新的实体由重复的属性构成，新实体与原实体之间为一对多关系。在第一范式中，数据表的每一行只包含一个实例的信息。对于不满足第一范式的数据表，应将其中的其他实体属性或重复属性进行拆分。

例如，表 6-1 所示的课程信息表是不满足第一范式的。问题在于：有重复列"开课班级"；"开课班级"列中一个实例包含了多个值。

表 6-1　不满足第一范式的课程信息表

课程编号	课程名称	开课班级	开课班级	课程学时数	课程学分	类型 ID	课程类型
900001	大学语文	会计 2131 班，旅游管理 2131 班，软件技术 2131 班，会展 2131 班，艺术设计 2131 班	2021010101，2021020101，2021040101，2021030201，2021050301	72.0	2.0	1	公共基础课
900002	英语	会计 2131 班，旅游管理 2131 班，软件技术 2131 班，会展 2131 班，艺术设计 2131 班	2021010101，2021020101，2021040101，2021030201，2021050301	144.0	4.0	1	公共基础课
900003	电子商务基础	电子商务 2131 班，电子商务 2132 班	2021030101，2021030102	144.0	4.0	2	专业课
900004	大数据可视化分析	大数据 2131 班，大数据 2132 班，会计 2131 班	2021040401，2021040402，2021010101	72.0	4.0	2	专业课
900005	Python 编程基础	软件技术 2131 班，移动应用 2131 班，大数据 2131 班	2021040101，2021040201，2021040401	64.0	2.0	2	专业课

为了满足第一范式，应将"课程"和"开课班级"实体的属性拆分成两个表，成为一对多关系，即一门课程可以在多个班级中开设，如表 6-2 和表 6-3 所示。虽然表 6-2 和表 6-3 已经满足了第一范式，但是在数据表中还存在数据冗余及可能引发的异常，因此还需进一步用范式进行规范化。

表 6-2　课程信息表（满足第一范式）

课程编号	课程名称	课程学时数	课程学分	类型 ID	课程类型
900001	大学语文	72.0	2.0	1	公共基础课
900002	英语	144.0	4.0	1	公共基础课
900003	电子商务技术基础	144.0	4.0	2	专业课
900004	大数据可视化分析	72.0	4.0	2	专业课
900005	Python 编程基础	64.0	2.0	2	专业课

表 6-3　班级开课信息表（满足第一范式）

课程编号	开课班级编号	开课班级名称	开课学年学期
900001	2021010101	会计 2131 班	2021-2022 学年一
900001	2021020101	旅游管理 2131 班	2021-2022 学年一
900001	2021040101	软件技术 2131 班	2021-2022 学年一
900002	2021010101	会计 2131 班	2021-2022 学年一
900002	2021020101	旅游管理 2131 班	2021-2022 学年一
900002	2021040101	软件技术 2131 班	2021-2022 学年一
900003	2021030101	电子商务 2131 班	2021-2022 学年二
900003	2021030102	电子商务 2132 班	2021-2022 学年二
900004	2021040401	大数据 2131 班	2022-2023 学年二
900004	2021010101	会计 2131 班	2022-2023 学年二
900005	2021040101	软件技术 2131 班	2022-2023 学年一
900005	2021040401	大数据 2131 班	2022-2023 学年一

2. 第二范式（2NF）

第二范式是在第一范式的基础上建立起来的，满足第二范式必须先满足第一范式。

若关系模式 $R \in 1NF$ 且它的任意一个非主属性都完全依赖于任意一个候选关键字，则称关系模式 R 满足第二范式，记为 $R \in 2NF$，即第二范式遵从唯一性，要求数据库的数据表中的每个实例或行必须能被唯一地区分，就是属性完全依赖于主键。所谓完全依赖，是指不能存在仅依赖主键一部分的属性（对复合主键而言）。

若存在依赖主键一部分的属性，则这个属性和主键的这一部分应该分离出来形成一个新的实体，新实体与原实体之间是一对多的关系。为了实现区分，通常需要为数据表加上一个列，以存储各实例的唯一标识。简而言之，就是第二范式要有一个主键，同时，非主属性部分依赖于主键。

例如，表 6-3 所示的班级开课表虽然满足第一范式，但是不满足第二范式。"课程编号"属性和"开课班级编号"属性组成了复合主键，"开课学年学期"属性完全依赖复合主键，但"开课班级名称"属性只依赖"开课班级编号"。

这样不满足第二范式、存在没有完全依赖主键的列，会产生一些冗余和异常问题。

① 数据冗余：如果一门课程在 n 个班级开课，则开课班级的名称会重复 $n-1$ 次。

② 更新异常：由于开课班级名称的冗余，在修改某个班级信息时，整个数据表中该班级的信息都要进行修改，一旦遗漏，就会导致同一个班级编号下的班级名称不一致，出现更新异常。

所以，必须将只部分依赖主键的属性"开课班级名称"和其所对应依赖的那部分主键"开课班级编号"拆分出来形成一个新的实体"班级"，如表 6-4 和表 6-5 所示。

表 6-4　班级开课信息表（满足第二范式）

课程编号	开课班级编号	开课学年学期
900001	2021010101	2021-2022 学年一
900001	2021020101	2021-2022 学年一
900001	2021040101	2021-2022 学年一
900002	2021010101	2021-2022 学年一
900002	2021020101	2021-2022 学年一
900002	2021040101	2021-2022 学年一
900003	2021030101	2021-2022 学年二
900003	2021030102	2021-2022 学年二
900004	2021040401	2022-2023 学年二
900004	2021010101	2022-2023 学年二
900005	2021040101	2022-2023 学年一
900005	2021040401	2022-2023 学年一

表 6-5　班级信息表

班级编号	班级名称	班级人数
2021010101	会计 2101 班	50
2021020101	旅游管理 2131 班	45
2021030101	电子商务 2131 班	40
2021030102	电子商务 2132 班	36
2021040101	软件技术 2131 班	48
2021040201	移动应用 2131 班	42
2021040301	计算机应用 2131 班	45
2021040401	大数据 2131 班	46

3. 第三范式（3NF）

第三范式是在第二范式的基础上建立起来的，即满足第三范式必须先满足第二范式。

第三范式要求关系表中不存在非关键字对任意一个候选关键字的传递函数依赖。传递函数依赖是指如果存在"$A \to B \to C$"的决定关系，则 C 传递函数依赖于 A。也就是说，第三范式要求非关键字不能相互依赖，即关系表不包含其他数据表中已包含的非主关键字信息。例如，表 6-2 所示的课程信息表还不满足第三范式。"课程编号"属性作为"课程"实体的唯一关键字，满足了第二范式，但其中的非主键"课程类型"存在对主键"课程编号"的传递函数依赖，即{课程编号}→{类型 ID}→{课程类型}，同样会产生数据冗余和异常问题。

① 数据冗余：如果有 n 门课程都是同一种课程类型，则课程类型会重复 $n-1$ 次。

② 添加异常：如果要新增一种课程类型，但还没有在课程信息表中添加该课程类型的记录，则该课程类型无法添加到数据库中。

③ 更新异常：如果要修改一种课程类型的名称，则数据表中所有该课程类型的名称都

要修改，一旦遗漏，就会导致课程类型信息不一致，出现更新异常。

④ 删除异常：如果要删除一种课程类型，则表中所有该课程类型的数据记录都要删除，导致与其相关的课程信息也会被删除。

所以，必须将有传递函数依赖的"课程类型"属性拆分出来形成一个新的实体"课程类型"，以去除原实体中非主键的传递函数依赖关系，如表 6-6 和表 6-7 所示。

表 6-6　课程信息表（满足第三范式）

课程编号	课程名称	课程学时数	课程学分	类型 ID
900001	大学语文	72.0	2.0	1
900002	英语	144.0	4.0	1
900003	电子商务技术基础	144.0	4.0	2
900004	大数据可视化分析	72.0	4.0	2
900005	Python 编程基础	64.0	2.0	2

表 6-7　课程类型信息表

类型 ID	课程类型名称
1	公共基础课
2	专业课

═ 学 习 提 示 ═

① 第二范式和第三范式的概念很容易混淆，区分它们的关键点如下：第二范式的非主键列是完全依赖于主键，还是依赖于主键的一部分；第三范式的非主键列是直接依赖于主键，还是直接依赖于其他非主键。

② 关系模型规范化的拆分结果不是唯一的，也并不是规范化程度越高越好。规范化程度越高，意味着数据表会越多，这会使得查询时需要更多数据表的连接操作，从而导致查询性能降低。所以，范式虽然具有避免数据冗余、减少数据库占用的空间、减少维护数据完整性的工作量等优点，但是数据库设计者仍然要根据用户需求权衡利弊，争取实现数据可操作性和可维护性之间的最佳平衡。

任务实施

6.1.6　设计高校教学质量分析管理系统的后台数据库

1. 需求分析

高校教学质量分析管理系统对评价评语、评价评分、评学考试分数、评教分数等教学质量相关数据进行管理，能够有效反映高校教学质量体系，并形成教学质量分析数据。

G-EDU 公司推出的高校教学管理信息平台得到了广泛应用。随着大数据、人工智能、云计算、物联网等信息化技术的迭代更新，客户对高校教学管理信息平台提出了新的管理开发需求，希望能够对与教学质量相关的各项指标数据（包括学生评教分数、教师评学分数、同行教师及督导专家的评价评语与评价评分等各类信息）进行实时记录、实时处理，基于大数据与人工智能实现教学质量管理方面的分析决策，以便学校对整体教学质量、学生对学习状况、教师对教学反馈能够及时了解、分析、调整，促进教学质量全面提升。为此，该公司成立项目组对高校教学管理信息平台的教学质量管理系统进行升级，基于大数据分析背景与人工智能判断的需要，更名为"高校教学质量分析管理系统"。

1）系统面向的用户群体

高校教学质量分析管理系统面向系统管理员用户、任课教师用户、质量督导专家用户、学生用户。

2）系统业务功能

① 教学质量督导部门。教学质量督导部门可以通过高校教学质量分析管理系统添加、维护和查看数据，包括查看教学基础数据（如院系、专业、班级、课程、分数、学生、教师、教研室等基本信息），查看同行教师的评价评语与评价评分、督导专家的评价评语与评价评分等信息。教学质量督导部门还可以通过高校教学质量分析管理系统生成、维护和查看教学质量评分报表，包括查看院系、专业、班级和教师教学质量评分及学生学习质量评分。

② 教师。教师可以通过高校教学质量分析管理系统添加、维护和查看学生学习质量数据，包括学生的出勤情况、评学信息及学生课程评学考试成绩。同时，教师还可以通过高校教学质量分析管理系统查看教学质量评价数据，包括学生评教分数均值、同行教师评价评语与评价评分均值、督导专家评价评语与评价评分均值、任教课程的学生评学考试分数及均值。

③ 学生。学生可以通过高校教学质量分析管理系统添加对课程任课教师的评教分数，并能查看个人指定学期指定课程评学考试成绩及所获绩点、查看个人指定多学期课程评学考试成绩及所获绩点并对比。

依据需求分析，高校教学质量分析管理系统的功能模块设计如图 6-7 所示。

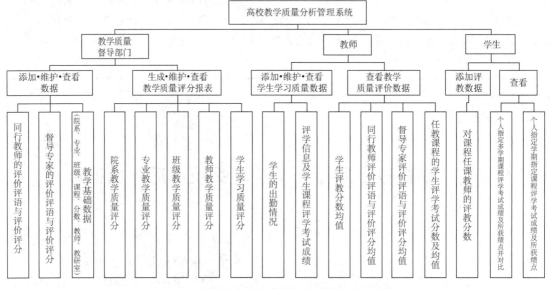

图 6-7　高校教学质量分析管理系统的功能模块

2. 高校教学质量分析管理系统后台数据库的概念数据模型设计

依据高校教学质量分析管理系统需求分析的基础及功能模块，对该系统的后台数据库进行概念数据模型设计。

1）确定实体

通过需求分析确定该系统的后台数据库包括"学生"、"班级"、"专业"、"辅导员"、"课程"、"院系"、"教师"、"教研室"、"督导专家"和"管理员"等实体。

2）确定实体之间的关系

① 一对多关系："班级"实体和"学生"实体、"教研室"实体和"教师"实体、"院系"实体和"课程"实体、"院系"实体和"专业"实体、"院系"实体和"辅导员"实体。

② 多对多关系："学生"实体和"教师"实体、"学生"实体和"课程"实体、"教师"实体和"课程"实体、"课程"实体和"班级"实体、"教师"实体和"班级"实体。

3）确定实体属性与主关键属性，建立 E-R 图（见图 6-8）

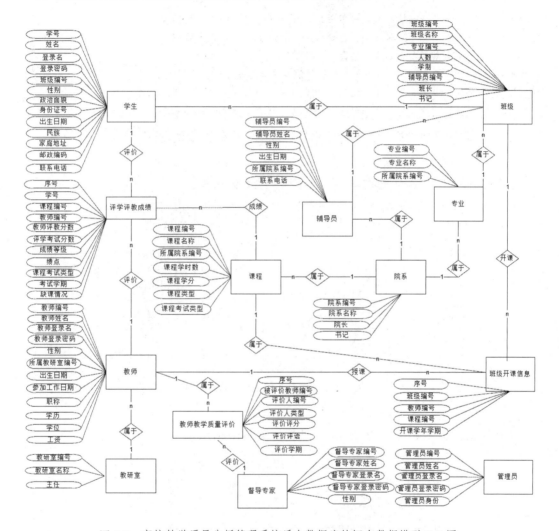

图 6-8　高校教学质量分析管理系统后台数据库的概念数据模型 E-R 图

3. 高校教学质量分析管理系统后台数据库的逻辑数据模型设计

依据高校教学质量分析管理系统后台数据库的概念数据模型 E-R 图，转换得到的系统后台数据库的逻辑数据模型设计如下（有直下画线的属性表示主键，有波浪下画线的属性表示外键）：

学生(学号，姓名，登录名，登录密码，班级编号，性别，政治面貌，身份证号，出生日期，民族，
　　家庭地址，邮政编码，联系电话)

课程(课程编号，课程名称，所属院系编号，课程学时数，课程学分，课程类型，课程考试类型)

教师(教师编号，教师姓名，教师登录名，教师登录密码，性别，所属教研室编号，出生日期，参加工作日期，职称，学历，学位，工资)

教研室(教研室编号，教研室名称，主任)。

督导专家(督导专家编号，督导专家姓名，督导专家登录名，督导专家登录密码，性别)

班级(班级编号，班级名称，专业编号，人数，学制，辅导员编号，班长，书记)

专业(专业编号，专业名称，所属院系编号)

院系(院系编号，院系名称，院长，书记)

班级开课信息(序号，班级编号，教师编号，课程编号，开课学年学期)

评学评教成绩(序号，学号，课程编号，教师编号，教师评教分数，评学考试分数，成绩等级，绩点，课程考试类型，考试学期，缺课情况)

教师教学质量评价(序号，被评价教师编号，评价人编号，评价人类型，评价评分，评价评语，评价学期)

辅导员(辅导员编号，辅导员姓名，性别，出生日期，所属院系编号，联系电话)

管理员(管理员编号，管理员姓名，管理员登录名，管理员登录密码，管理员身份)

4. 高校教学质量分析管理系统后台数据库的物理数据模型设计

1）按照"学生"关系模式

学生信息表 tb_student 的物理实现表结构如图 6-9 所示。

Field	Type	Null	Key	Default	Extra
Stu_No	char(12)	NO	PRI	NULL	
Stu_Name	char(4)	NO		NULL	
Stu_Login_Name	varchar(20)	YES		NULL	
stu_Password	char(6)	YES		NULL	
Class_No	char(10)	NO	MUL	NULL	
Gender	enum('男','女')	NO		NULL	
Political_Sta	enum('共青团员','预备党员','中共党员','群众')	YES		NULL	
Identity_No	char(18)	NO		NULL	
Birthday	date	YES		NULL	
Nation	varchar(10)	YES		NULL	
Address	varchar(50)	YES		NULL	
Zip	char(6)	YES		NULL	
Phone	char(20)	YES		NULL	

图 6-9　学生信息表的物理实现表结构

2）按照"课程"关系模式

课程信息表 tb_course 的物理实现表结构如图 6-10 所示。

Field	Type	Null	Key	Default	Extra
Course_No	char(6)	NO	PRI	NULL	
Course	varchar(50)	NO		NULL	
Dep_No	char(4)	NO	MUL	NULL	
Class_Hour	decimal(5,1)	NO		NULL	
Credit	decimal(3,1)	YES		NULL	
Category	enum('公共基础课','专业课','选修课')	NO		NULL	
Test_Type	enum('考试','考查')	NO		NULL	

图 6-10　课程信息表的物理实现表结构

3）按照"教师"关系模式

教师信息表 tb_teacher 的物理实现表结构如图 6-11 所示。

4）按照"教研室"关系模式

教研室信息表 tb_staffroom 的物理实现表结构如图 6-12 所示。

5）按照"督导专家"关系模式

督导专家信息表 tb_expert 的物理实现表结构如图 6-13 所示。

Field	Type	Null	Key	Default	Extra
Teacher_No	char(6)	NO	PRI	NULL	
Teacher_Name	char(4)	NO		NULL	
Teacher_Login_Name	char(10)	YES		NULL	
Teacher_Password	char(6)	YES		NULL	
Gender	enum('男','女')	NO		NULL	
Staff_No	char(6)	YES	MUL	NULL	
Birthday	date	YES		NULL	
Work_Date	date	YES		NULL	
Positional_Title	enum('助教','讲师','副教授','教授')	YES		NULL	
Edu_Background	enum('大专','本科','研究生')	YES		NULL	
Degree	enum('学士','硕士','博士')	YES		NULL	
Wages	decimal(8,2)	YES		NULL	

图 6-11　教师信息表的物理实现表结构

Field	Type	Null	Key	Default	Extra
Staff_No	char(6)	NO	PRI	NULL	
Staffroom	varchar(20)	NO		NULL	
Director	char(4)	YES		NULL	

图 6-12　教研室信息表的物理实现表结构

Field	Type	Null	Key	Default	Extra
Expert_No	char(6)	NO	PRI	NULL	
Expert_Name	char(4)	NO		NULL	
Expert_Login_Name	char(10)	YES		NULL	
Expert_Password	char(6)	YES		NULL	
Gender	enum('男','女')	NO		NULL	

图 6-13　督导专家信息表的物理实现表结构

6）按照"班级"关系模式

班级信息表 tb_class 的物理实现表结构如图 6-14 所示。

Field	Type	Null	Key	Default	Extra
Class_No	char(10)	NO	PRI	NULL	
Class_Name	varchar(20)	NO		NULL	
Profession_No	char(4)	NO	MUL	NULL	
Per_Quantity	tinyint(3) unsigned	YES		NULL	
Len_Schooling	tinyint(3) unsigned	NO		NULL	
CS_No	char(6)	YES	MUL	NULL	
Monitor	char(4)	YES		NULL	
Secretary	char(4)	YES		NULL	

图 6-14　班级信息表的物理实现表结构

7）按照"专业"关系模式

专业信息表 tb_profession 的物理实现表结构如图 6-15 所示。

Field	Type	Null	Key	Default	Extra
Profession_No	char(4)	NO	PRI	NULL	
Profession	varchar(20)	NO		NULL	
Dep_No	char(4)	NO	MUL	NULL	

图 6-15　专业信息表的物理实现表结构

8）按照"院系"关系模式

院系信息表 tb_department 的物理实现表结构如图 6-16 所示。

9）按照"班级开课信息"关系模式

班级开课信息表 tb_class_course 的物理实现表结构如图 6-17 所示。

Field	Type	Null	Key	Default	Extra
Dep_No	char(4)	NO	PRI	NULL	
Department	varchar(20)	NO		NULL	
Director	char(4)	YES		NULL	
Secretary	char(4)	YES		NULL	

图 6-16　院系信息表的物理实现表结构

Field	Type	Null	Key	Default	Extra
ID	bigint(20) unsigned	NO	PRI	NULL	auto_increment
Class_No	char(10)	NO	MUL	NULL	
Teacher_No	char(6)	YES	MUL	NULL	
Course_No	char(6)	NO	MUL	NULL	
School_Year_Term	char(15)	YES		NULL	

图 6-17　班级开课信息表的物理实现表结构

10）按照"评学评教成绩"关系模式

评学评教成绩表 tb_grade 的物理实现表结构如图 6-18 所示。

Field	Type	Null	Key	Default	Extra
ID	bigint(20) unsigned	NO	PRI	NULL	auto_increment
Stu_No	char(12)	NO	MUL	NULL	
Course_No	char(6)	NO	MUL	NULL	
Teacher_No	char(6)	YES	MUL	NULL	
Teach_evalu_score	decimal(4,1)	YES		NULL	
Score	decimal(4,1)	YES		NULL	
Mark	char(3)	YES		NULL	
GPA	decimal(3,1)	YES		NULL	VIRTUAL GENERATED
Test_Type	enum('考试','考查')	NO		考试	
Test_Term	char(15)	YES		NULL	
Missed_Classes	tinyint(4)	YES		NULL	

图 6-18　评学评教表的物理实现表结构

11）按照"教师教学质量评价"关系模式

教师教学质量评价表 tb_teach_evaluation 的物理实现表结构如图 6-19 所示。

Field	Type	Null	Key	Default	Extra
TevaluID	int(10) unsigned	NO	PRI	NULL	auto_increment
Teacher_No	char(6)	NO	MUL	NULL	
Appraiser_No	char(6)	YES	MUL	NULL	
Appraiser	enum('同行教师','督导专家')	NO		NULL	
Evalu_Score	decimal(4,1)	NO		NULL	
Evalu_Comment	varchar(200)	YES		NULL	
Evalu_Term	char(15)	YES		NULL	

图 6-19　教师教学质量评价表的物理实现表结构

12）按照"辅导员"关系模式

辅导员信息表 tb_counsellor 的物理实现表结构如图 6-20 所示。

Field	Type	Null	Key	Default	Extra
CS_No	char(6)	NO	PRI	NULL	
CS_Name	char(4)	NO		NULL	
Gender	enum('男','女')	NO		NULL	
Birthday	date	NO		NULL	
Dep_No	char(4)	NO	MUL	NULL	
Phone	char(12)	NO		NULL	

图 6-20　辅导员信息表的物理实现表结构

13) 按照 "管理员" 关系模式

管理员信息表 tb_manager 的物理实现表结构如图 6-21 所示。

Field	Type	Null	Key	Default	Extra
Manager_No	char(6)	NO	PRI	NULL	
Manager_LoginName	char(6)	NO		NULL	
Manager	char(4)	NO		NULL	
Password	char(6)	NO		NULL	
Status	char(3)	NO		NULL	

图 6-21 管理员信息表的物理实现表结构

6.1.7 使用 PowerDesigner 为数据库建模

微课 6-3

PowerDesigner 是 Sybase 公司的 CASE 工具集,使用它可以方便地对管理信息系统进行分析与设计。PowerDesigner 几乎包括了数据库模型设计的全过程,是一款开发人员常用的数据库建模工具,可以使系统设计更加优化。PowerDesigner 可以分别从概念数据模型和物理数据模型两个层次对数据库进行设计。在这里,概念数据模型描述的是独立于数据库的实体定义和实体关系定义,物理数据模型是在概念数据模型的基础上针对目标数据库的具体化。

本书使用 PowerDesigner 16.5 设计、绘制、建立高校教学质量分析管理系统后台数据库的数据模型并生成数据库。

1. 建立概念数据模型

1) 新建概念数据模型

启动 PowerDesigner 16.5,在如图 6-22 所示的欢迎界面中选择 "Create Model..." 选项,或者在如图 6-23 所示的主界面的菜单栏中选择 "File | New Model..." 菜单命令,在弹出的如图 6-24 所示的 "New Model" 对话框中选择 "Model types" 标签,在列表框中选择 "Conceptual Data Model" 选项(概念数据模型);在 "Model name" 文本框中输入模型名称 "TeachingMS_CDM",单击 "确定" 按钮,进入概念数据模型设计界面。

图 6-22 欢迎界面

图 6-23 选择 "New Model..." 命令

图 6-24 "New Model" 对话框

2）添加概念数据模型的实体对象并设置属性

对高校教学质量分析管理系统后台数据库的实体集进行分析，共抽象出"教师""学生""督导专家""辅导员""管理员""课程""班级""院系""专业""教研室"等 10 个实体。以"课程"实体为例，在概念数据模型中添加"课程"实体并设置其属性。

（1）在概念数据模型设计界面右侧工具栏中单击 （Entity 实体）按钮，光标形状由指针形状变为该按钮的形状，在设计窗口中单击可以添加一个实体对象方框，如图 6-25 所示。若需光标形状恢复为原始形状，则单击工具栏的指针按钮即可。

图 6-25 概念数据模型设计界面与添加实体对象方框

（2）双击实体对象方框，会打开"Entity Properties"实体属性设置窗口。"General"选项卡用于设置实体名称，在该选项卡中将实体名称 Name 设置为"课程"，将对应代码 Code 设置为"Course"，如图 6-26 所示。

"Attributes"选项卡用于设置实体属性，如图 6-27 所示。其中，"M"表示强制，即属性值是否不允许为空；"P"表示是否为主标识符；"D"表示是否在实体对象方框中显示出该属性。单击"Data Type"列标题右侧的按钮，打开如图 6-28 所示的数据类型设置对话框。

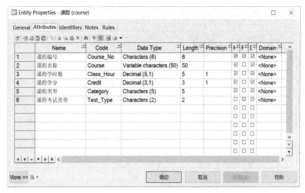

图 6-26　设置实体名称和对应代码　　　　　图 6-27　设置实体属性

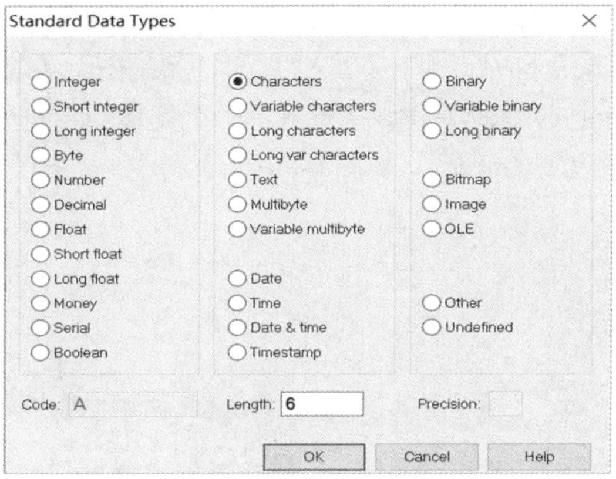

图 6-28　实体属性的数据类型设置对话框

在如图 6-27 所示的"Attributes"选项卡中，右击属性"课程学分"，在弹出的快捷菜单中选择"Properties..."命令，打开如图 6-29 所示的实体属性约束设置窗口；在"Standard Checks"选项卡中，设置"课程学分"属性的检查约束为 0.0～10.0 之间的十分制学分，设置完成后，单击"确定"按钮。

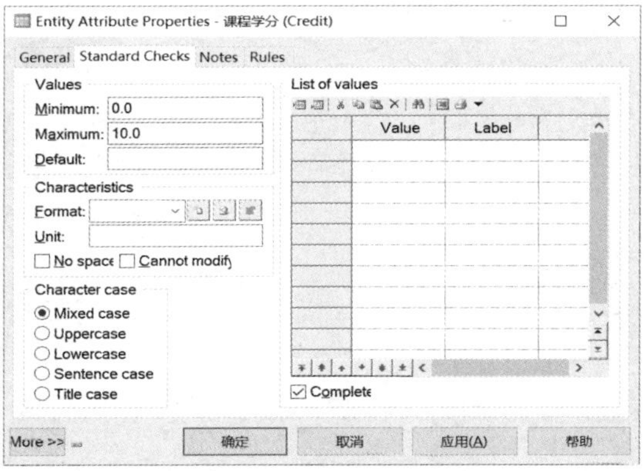

图 6-29　实体属性约束设置窗口

采用同样的方法，完成"课程"实体其他属性的检查约束的设置。

（3）采用同样的方法，添加高校教学质量分析管理系统后台数据库的其他实体并分别设置属性和检查约束。

3）创建实体之间的关系

对高校教学质量分析管理系统后台数据库的实体集进行分析，共抽象出"教师""学生""督导专家""辅导员""管理员""课程""班级""院系""专业""教研室"等 10 个实体。其中，为一对多关系的是"班级"实体和"学生"实体、"教研室"实体和"教师"实体、"院系"实体和"课程"实体、"院系"实体和"专业"实体、"院系"实体和"辅导员"实体，为多对多关系的是"学生"实体和"教师"实体、"学生"实体和"课程"实体、"教师"实体和"课程"实体、"课程"实体和"班级"实体、"教师"实体和"班级"实体。

PowerDesigner 提供的实体之间的关系分为联系和关联两种对象。联系是没有属性的，如果联系包含属性，就需要采用关联进行描述。比如，"课程"实体与"院系"实体之间的 $1:n$ 关系用联系描述，但"课程"实体与"班级"实体之间的 $m:n$ 关系还需要描述"课程"在"班级"开课的学年学期等属性，那么"课程"实体与"班级"实体之间用关联描述。

（1）建立联系（Relationship）。单击工具栏的 联系按钮，在需要建立联系的两个实体中的一个实体图形符号上按住鼠标左键，拖曳到另一个实体图形符号上后释放鼠标左键，这样就在两个实体之间创建了一个联系，如图 6-30 所示。

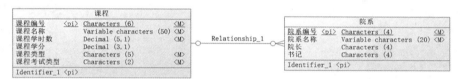

图 6-30　创建"课程"实体与"院系"实体之间的联系

（2）设置联系。双击联系图形符号，打开联系属性设置窗口。在"General"选项卡中，设置"课程"实体与"班级"实体之间的联系名称 Name 为"课程属于院系"，将该联系的代码 Code 设置为"Dept_Course"，如图 6-31 所示。

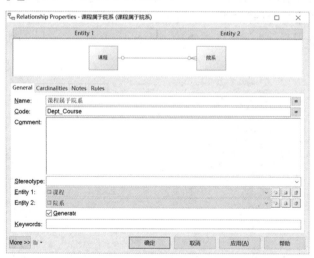

图 6-31　联系属性设置窗口（"General"选项卡）

"Cardinalities"选项卡用于设置联系的基数信息，设置"课程"与"院系"实体之间为"Many-One"联系，如图 6-32 所示。"Cardinalities"选项卡中的主要参数的含义说明如下：
① One-One 即 $1:1$ 联系；② One-Many 即 $1:n$ 联系；③ Many-One 即 $n:1$ 联系；④ Many-Many 即 $m:n$ 联系。

图 6-32 联系属性设置窗口（"Cardinalities"选项卡）

Mandatory：强制。在强制状态下，联系的基数分为"1,1"和"1,n"两种。其中，"1,1"表示从左边实体集中选择一个实体，在右边实体集中必须有且仅有一个实体与之对应；"1,n"表示从左边实体集中选择一个实体，在右边实体集中至少有一个实体与之对应。在非强制状态（也就是可选的情况）下，联系的基数分为"0,1"和"0,n"两种。其中，"0,1"表示从左边实体集中选择一个实体，在右边实体集中有 0 个或 1 个实体与之对应；"0,n"表示从左边实体集中选择一个实体，在右边实体集中有 0 个、1 个或 n 个实体与之对应。

Cardinality：联系的基数，分为"1,1""1,n""0,1""0,n"。例如，"课程 to 院系"联系的基数为"1,1"，表示一门确定的课程必须且只属于一个院系；"院系 to 课程"联系的基数为"1,n"，表示一个院系至少开设一门课程，可以开设多门课程。

（3）定义关联（Association）及关联链接（Association Link）。课程开设在班级时需要记录开课时的学年学期，两个实体之间的 $m:n$ 联系无法存储班级开设课程的学年学期信息，因此需要在工具栏中单击 Association Link 关联链接按钮，在两个实体的图形符号之间拖曳鼠标左键，即在"课程"实体和"班级"实体之间添加了一个"班级开课"关联，如图 6-33 所示。

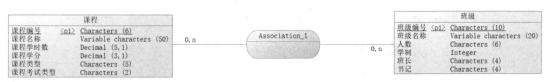

图 6-33 为"课程"实体与"班级"实体之间添加"班级开课"关联

双击关联，打开关联属性设置窗口，在"General"选项卡中，将关联名称 Name 设置为"班级开课"，将对应代码 Code 设置为"Class_Course"，如图 6-34 所示。

在"Attributes"选项卡中，设置关联的"开班序号"和"开课学年学期"这两个属性，如图 6-35 所示。

图 6-34　关联属性设置窗口（"General"选项卡）

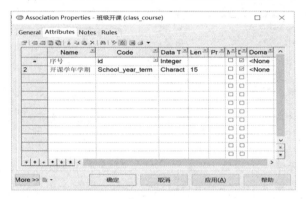

图 6-35　关联属性设置窗口（"Attributes"选项卡）

　　分别双击关联和两个实体之间的关联链接，设置"课程"实体与"班级开课"关联之间的链接基数为 $1:n$，如图 6-36 所示；设置"班级"实体与"班级开课"关联之间的链接基数为 $1:n$，如图 6-37 所示。"课程"实体与"班级"实体之间的关联关系如图 6-38 所示。

图 6-36　设置"课程"实体与"班级开课"关联之间的关联链接属性

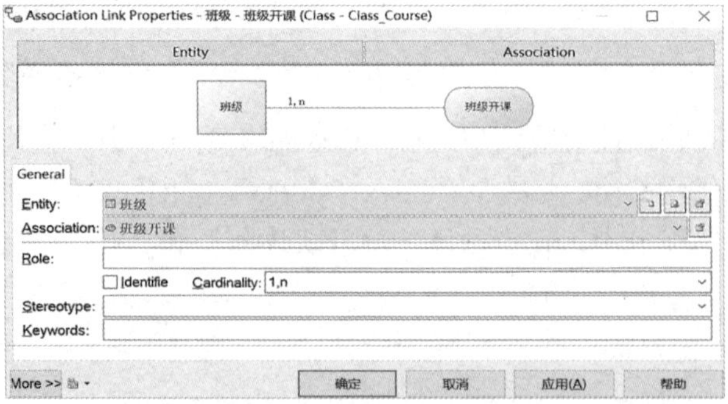

图 6-37　设置"班级"实体与"班级开课"关联之间的关联链接属性

图 6-38　"课程"实体与"班级"实体之间的关联关系

4）完成高校教学质量分析管理系统后台数据库的概念数据模型设计

按照上述步骤，依次建立并设置所有实体、属性、关系，完成高校教学质量分析管理系统后台数据库的概念数据模型设计，如图 6-39 所示。

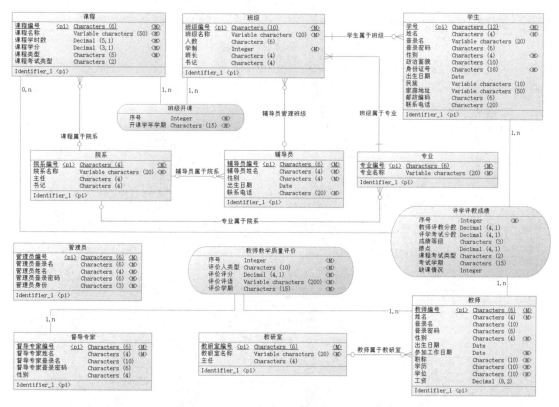

图 6-39　高校教学质量分析管理系统后台数据库的概念数据模型

2. 将概念数据模型转换为物理数据模型

概念数据模型完成数据库的概要设计，逻辑数据模型是概念数据模型的进一步分解和细化，物理数据模型则完成与具体数据库相关的详细设计。使用 PowerDesigner 为数据库设计建模，在通常情况下，数据库建模先从概念数据模型设计开始，再将概念数据模型转换为物理数据模型，然后对物理数据模型进行优化。

（1）在概念数据模型设计完成后，在菜单栏中选择"Tools | Generate Physical Data Model"菜单命令，打开生成物理数据模型的窗口；设置生成选项，如图 6-40 所示。其中，"General"选项卡用于设置物理数据模型的 DBMS、名称、代码等，"Detail"选项卡用于设置检查模型、保存通用依赖、将名称转为代码等选项及表前缀、索引等。

（2）使用 PowerDesigner 将高校教学质量分析管理系统后台数据库的概念数据模型转换为物理数据模型，如图 6-41 所示。

图 6-40　"General"选项卡和"Detail"选项卡

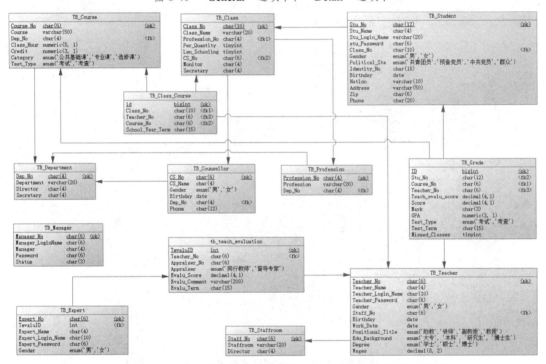

图 6-41　高校教学质量分析管理系统后台数据库的物理数据模型

3. 利用正向工程将物理数据模型导出为 MySQL 数据库脚本文件

可以利用 PowerDesigner 中的正向工程将高校教学质量分析管理系统后台数据库的物理数据模型导出为 MySQL 数据库脚本文件。

在菜单栏中选择"Database | Generate Database..."菜单命令，在弹出的如图 6-42 所示的"Database Generation"窗口中选择"Options"选项卡；在"Settings set"下拉列表中选择"All objects(Modified)"选项，如图 6-43 所示；单击"确定"按钮，设置保存路径与 db_teaching.sql 文件名即可。

4. 利用逆向工程将 MySQL 数据库脚本文件生成为物理数据模型

PowerDesigner 中的逆向工程可以将 MySQL 数据库脚本文件生成为数据库物理数据模型。

打开 PowerDesigner 16.5，选择"File | Reverse Engineer"→"Database..."菜单命令，弹

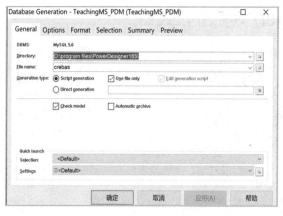
图 6-42 "Database Generation"窗口

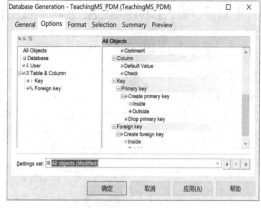
图 6-43 "Options"选项卡

出的如图 6-44 所示的"New Physical Data Model"对话框；在"General"选项卡的"Model name"文本框中输入模型名称，单击"确定"按钮；弹出的如图 6-45 所示的"Database Reverse Engineering Options"窗口，在"Selection"选项卡中选择数据库脚本文件 db_teaching.sql，选择"xmn(MySQL ODBC 8.0 Unicode Driver)"驱动，单击"确定"按钮；弹出的如图 6-46 所示的"Database Reverse Engineering"对话框，勾选数据库脚本文件中的所有数据表，单击"OK"按钮，利用逆向工程生成高校教学质量分析管理系统后台数据库的物理数据模型。

图 6-44 "New Physical Data Model"对话框

图 6-45 "Database Reverse Engineering Options"窗口

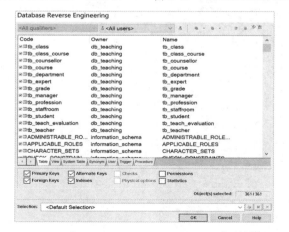
图 6-46 "Database Reverse Engineering"对话框

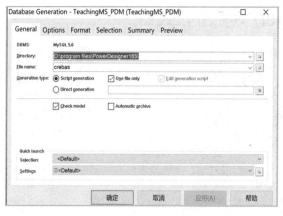

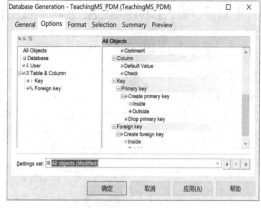

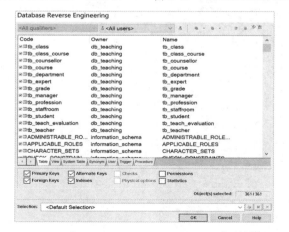

6.1.8 使用 MySQL Workbench 为数据库建模

1. 使用 MySQL Workbench 创建正向工程

MySQL Workbench 也带有数据建模工具，并可以把数据模型转换为实际的数据库对象。

（1）打开 MySQL Workbench，先单击界面左侧的 ▓▓ 图标，再单击界面右侧"Models"右侧的 ⊕ 按钮，如图 6-47 所示。

微课 6-4

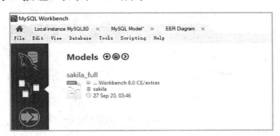

图 6-47 使用 MySQL Workbench 添加 Models 界面

（2）进入如图 6-48 所示的"MySQL Model"标签页，单击工具栏的"Add Diagram"按钮 ▯，进入"EER Diagram"标签页。在编辑区左侧的工具箱中单击 ▤ 按钮，在编辑区中的任意位置单击，添加表（实体），默认名称为"table1"，如图 6-49 所示。

（3）双击"table1"图标，进入实体属性设计界面。下面以"学院"实体、"班级"实体和"课程"实体及其联系和关联"班级开课"为例建模。创建 class 实体，并设置实体的属性，如图 6-50 所示；用同样方法创建 course 实体和 department 实体，并设置实体的属性，如图 6-51 所示。

（4）在编辑区左侧的工具箱中单击"n:m"按钮，依次单击 class 实体和 course 实体，则在两个实体之间创建了多对多的关联，修改关联名称为"class_course"；在自动生成的外键属性关联中继续设置关联的属性。然后，单击"1:n"按钮，依次单击 course 实体和 department 实体，则在两个实体之间创建了一对多的联系，可见 course 实体中已自动新增了联系的外键属性，如图 6-52 所示。

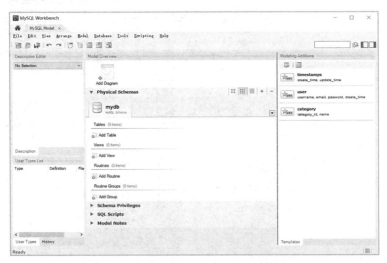

图 6-48 "MySQL Model"标签页

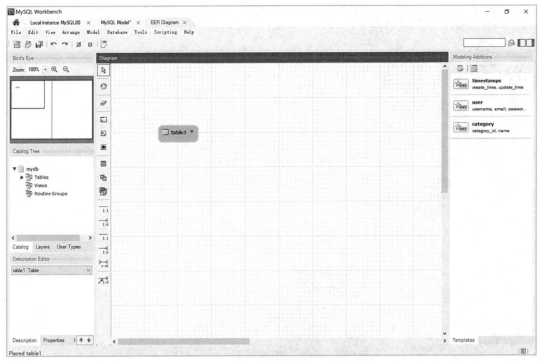

图 6-49　"EER Diagram"标签页添加表（实体）

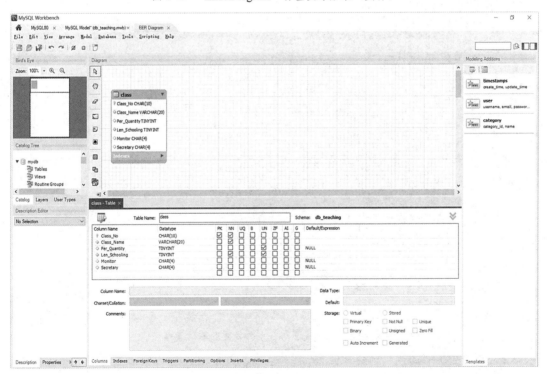

图 6-50　创建 class 实体并设置实体的属性

图 6-51　创建 course 实体和 department 实体并设置实体的属性

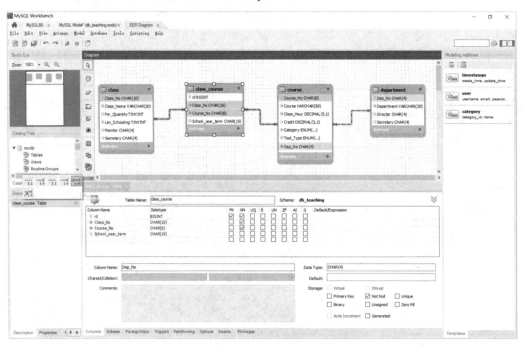

图 6-52　创建关联与联系并设置关联的属性

（5）模型建立完成后，选择"Database | Forward Engineer …"菜单命令，创建由数据库模型建立数据表、视图、存储过程、触发器等的正向工程。

在弹出的"Forward Engineer to Database"对话框的左侧选择"Connection Options"标签，在右侧界面中设置 DBMS 连接参数，在"Stored Connection"下拉列表中选择"Local instance MySQL80"选项，本例使用默认主机名、端口及 MySQL 用户名和密码，如图 6-53 所示。

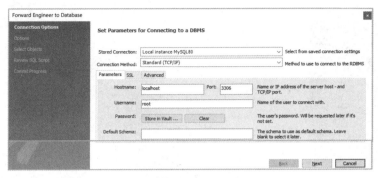

图 6-53　设置 DBMS 连接参数

单击"Next"按钮，在如图 6-54 所示的界面中设置创建数据库的选项；单击"Next"按钮，在如图 6-55 所示的界面中选择正向工程对象；单击"Next"按钮，在出现的界面中检查已生效的 SQL 脚本，单击"Save to File..."按钮，可以保存 SQL 脚本。单击"Next"按钮，进入如图 6-56 所示的界面，此时正向工程创建成功。

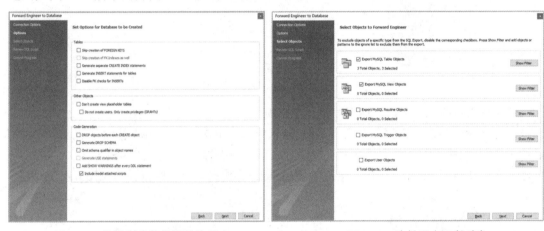

图 6-54　设置创建数据库的选项　　　　　　　　图 6-55　选择正向工程对象

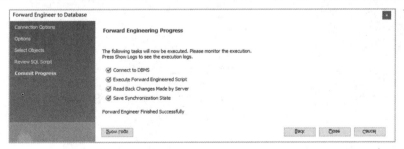

图 6-56　正向工程创建成功

2. 使用 MySQL Workbench 创建逆向工程

使用 MySQL Workbench 创建逆向工程，可以将已有的 MySQL 数据库脚本文件转换为数据库物理数据模型。

（1）选择"Database | Reverse Engineer..."菜单命令，弹出如图 6-57 所示的"Reverse Engineer Database"对话框，连接 DBMS；单击"Next"按钮，选择要进行逆向工程的数据库，这里勾选"db_teaching"复选框，如图 6-58 所示。

图 6-57　连接 DBMS

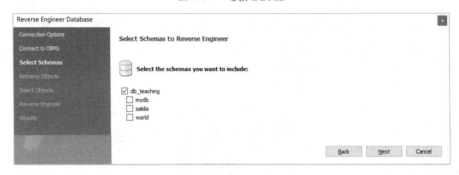

图 6-58　选择要进行逆向工程的数据库

（2）单击"Next"按钮，恢复对象，在出现的对话框中单击"Next"按钮；在出现的对话框中选择要进行逆向工程的对象，如图 6-59 所示；单击"Execute"按钮，显示逆向工程进展，如图 6-60 所示；单击"Next"按钮，显示逆向工程结果，如图 6-61 所示，逆向工程创建完成，单击"Finish"按钮。生成的 db_teaching 数据库物理数据模型如图 6-62 所示。

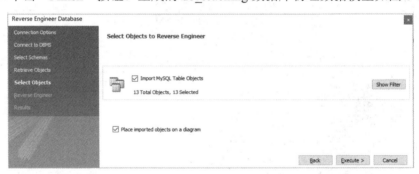

图 6-59　选择要进行逆向工程的对象

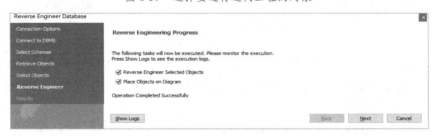

图 6-60　逆向工程进展

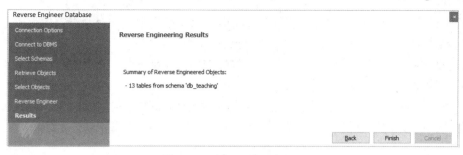

图 6-61　逆向工程创建完成

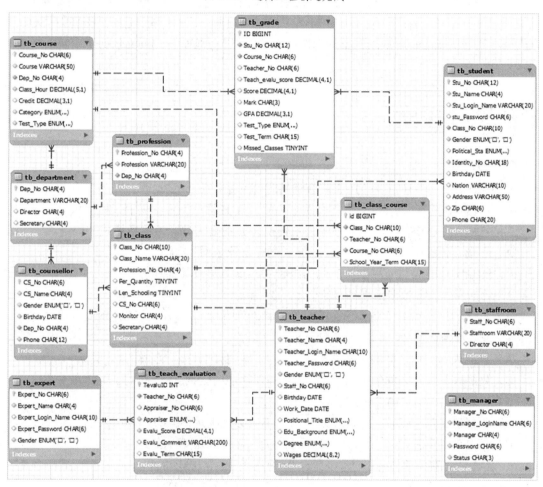

图 6-62　使用 MySQL Workbench 逆向工程生成的 db_teaching 数据库物理数据模型

模块总结

　　本项目模块主要介绍了在正确、全面、系统地进行需求分析的前提下，确定关系数据模型的实体、实体的属性及实体与实体之间的关系，并通过范式对关系模式规范化，以能正确设计数据库等知识。并介绍了使用 PowerDesigner 和 MySQL Workbench 为数据库建模的操作。具体知识和技能点要求如下：

（1）数据库设计要在需求分析的基础上实现对"应用需求"和"数据需求"的分析。

（2）概念数据模型设计方式（E-R 图）。能将需求分析阶段得到的应用需求和数据需求正确抽象成概念数据模型，并使用 E-R 图直观描述实体、实体属性、实体与实体之间的关系。

（3）逻辑数据模型转换的原则与方法。

（4）物理数据模型实现的原则与方法。实体映射表格，属性映射字段，码映射主键、外键。

（5）关系模式的规范化。通过第一范式、第二范式、第三范式等范式逐级规范化数据库设计。

（6）掌握使用 PowerDesigner 建立概念数据模型、将概念数据模式转换为物理数据模型、利用正向工程将物理数据模型导出为 MySQL 数据库脚本文件、利用逆向工程将 MySQL 数据库脚本文件生成为物理数据模型的操作，以及使用 MySQL Workbench 创建正向工程和逆向工程的操作。

思考探索

一、选择题

1. 客观存在的各种报表、图表和查询格式等原始数据属于（　　）。

A．机器世界　　　　B．信息世界　　　C．现实世界　　　　D．模型世界

2. 在关系模型转换时，一个 m:n 关系转换为关系模式时，该关系模式的码是（　　）。

A．m 端实体的码　　　　　　　　B．n 端实体的码

C．m 端实体的码与 n 端实体的码的组合　D．重新选取其他属性

3. 数据库的概念数据模型独立于（　　）。

A．具体的机器和 DBMS　B．E-R 图　　C．信息世界　　　　D．现实世界

4. 关系数据模型（　　）。

A．只能表示实体之间的 1:1 关系　　B．只能表示实体之间的 l:n 关系

C．只能表示实体之间的 m:n 关系　　D．可以表示实体之间的上述 3 种关系

5. 关系模式中满足第二范式的模式（　　）。

A．可能满足第一范式　　　　　　B．必定满足 Boyce Codd 范式

C．必定满足第三范式　　　　　　D．必定满足第一范式

6. E-R 图是数据库设计的工具之一，它适用于建立数据库的（　　）。

A．概念数据模型　　　　　　　　B．逻辑数据模型

C．结构模型　　　　　　　　　　D．物理数据模型

7. 设有关系模式"EMP（职工编号，姓名，年龄，技能）"，假设职工编号唯一，每个职工有多项技能，则 EMP 表的主键是（　　）。

A．职工编号　　　　　　　　　　B．姓名、技能

C．技能　　　　　　　　　　　　D．职工编号、技能

8. 某公司经销多种产品，每名业务员可以推销多种产品，并且每种产品由多名业务员推销，则业务员与产品之间的关系是（　　）。

A．一对一　　　　B．一对多　　　C．多对多　　　　D．多对一

9. 在构造关系数据模型时，通常采用的方法是（   ）。

A．从网状模型导出关系模型　　　　　B．从层次模型导出关系模型

C．从 E-R 图导出关系模型　　　　　　D．以上都不是

10．设计性能较优的关系模式称为规范化，规范化主要的理论依据是（   ）。

A．关系规范化理论　　　　　　　　　B．关系运算理论

C．关系代数理论　　　　　　　　　　D．数理逻辑理论

二、思考题

数据启示录

习近平总书记在党的二十大报告中指出："继续推进实践基础上的理论创新，首先要把握好新时代中国特色社会主义思想的世界观和方法论，坚持好、运用好贯穿其中的立场观点方法。"强调必须坚持人民至上、坚持自信自立、坚持守正创新、坚持问题导向、坚持系统观念、坚持胸怀天下。

渤海银行信用卡事业部自主打造的"智能风控决策体系"荣获新加坡《亚洲银行家》杂志评选的"中国年度风险数据与分析技术实施"奖，标志着渤海银行模型风控能力在业内处于相对领先的水平。以往的银行信贷业务都要人工按照固定流程走一遍审批手续，人工成本很高，手续烦琐，时间效率差。银行迫切需要研发"数据模型"解决这个难题，让银行的信贷业务能够更加智能地自动化处理。研发团队经过近两年的努力攻关，掌握了模型建设的核心技术，并且自主开发了多个模型，自主制定策略。

渤海银行的数据模型研发团队通过应用模型工具提升了信用卡事业部各项业务的风控水平，两年来制定并部署实施了超过 50 个模型，覆盖反欺诈、信用评估、授信及定价等全业务流程，支持自有产品和合作产品共计约 30 个项目的建设及运行，为银行实现了效益和效率的双提升，特别是互联网消费贷业务，通过数据模型的建设和应用，互联网消费贷业务实现了完全自动化审批，年放款额近千亿元，成为渤海银行转型零售新利润增长点的生力军。

渤海银行信息管理系统数据模型的开发，对提高行业业务自动化处理能力和决策支持能力有着重要的意义。渤海银行通过前期与客户充分沟通，理解用户的需求，并将用户的业务流程与系统需求对接，利用模型构建技术与模型工具，秉承系统思维和科学严谨的态度构建与优化数据模型。渤海银行数据模型研发团队用行动坚持自信自立，坚持守正创新，坚持问题导向，坚持系统观念，成为业内表率。

（来源：新浪网）

同学们，你们有什么启示呢？

守正创新、沟通交流、科学严谨、系统思维、团队协作

独立实训

eBank 怡贝银行业务管理系统数据库

"数据库设计"实训任务工作单

班 级		组 长		组 员	
任务环境		MySQL 8 服务器、命令行客户端、MySQL Workbench 客户端			
任务实训目的	（1）了解数据库设计的基本思路和步骤 （2）理解概念数据模型、逻辑数据模型、物理数据模型，并能绘制系统 E-R 图 （3）能够熟练使用 PowerDesigner 和 MySQL Workbench 为数据库建模，以及实现物理数据模型与数据库之间的正向工程和逆向工程的实施				
任务清单	【任务 1】为 eBank 怡贝银行开发一个业务管理系统，需要设计其后台数据库。项目背景如下：eBank 怡贝银行现在全国有超千万名客户，并建立了众多的分行网点与 ATM 终端设备。eBank 怡贝银行现需要开发一套处理银行的存取款储蓄业务的管理系统，以提高工作效率，保障数据安全。经过需求分析后设计的 eBank 怡贝银行业务管理系统的功能模块如下： eBank怡贝银行业务管理系统 银行 — 客户（企业和个人） 网点 设备 — 银行卡 资金明细 分行网点储蓄变更 网点与客户等信息绑定 ATM终端设备交易明细记录 — 储蓄卡 信用卡 — 收入（存入 转入） 支出（取出 转出） 【任务 2】用 PowerDesigner 创建 eBank 怡贝银行业务管理系统数据库的概念数据模型 【任务 3】用 PowerDesigner 将 eBank 怡贝银行业务管理系统数据库的概念数据模型转换为物理数据模型 【任务 4】利用正向工程，将 eBank 怡贝银行业务管理系统数据库的物理数据模型导出为 MySQL 数据库脚本文件，将其导入 MySQL 8 服务器得到 ebank1 数据库 【任务 5】使用 MySQL Workbench 创建 eBank 怡贝银行业务管理系统数据库模型 【任务 6】利用正向工程，将 eBank 怡贝银行业务管理系统数据库模型导出为 MySQL 数据库脚本文件，将其导入 MySQL 8 服务器得到 ebank2 数据库 【任务 7】用 PowerDesigner 或 MySQL Workbench 创建逆向工程，利用逆向工程将 db_ebank 数据库脚本文件 db_ebank.sql 生成为物理数据模型				
任务实施记录	（实现各任务的 SQL 语句、MySQL Workbench 的操作步骤、执行结果、SQL 语句出错提示与调试解决） 				
总结评价	（总结任务实施方法、SQL 语句使用和 MySQL Workbench 操作经验、收获体会等） 请对自己的任务实施做出星级评价 ☐ ★★★★★　　☐ ★★★★　　☐ ★★★　　☐ ★★　　☐ ★				

项目模块 7

数据库实战

  I-Creative（艾科锐创新）软件科技公司想要开发一套用于无人值守超市的管理系统。本项目模块通过对该系统的后台数据库 db_market 从进行需求分析到进行设计、实现、管理业务等各对象的创建与使用，对本书所讲 MySQL 的主要技术内容进行实战巩固。

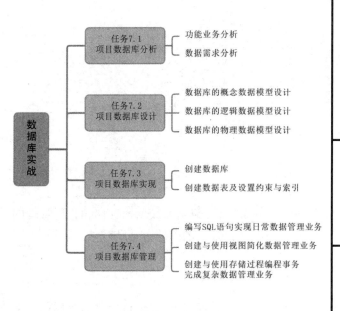

岗位工作能力：

- 能正确、全面地分析项目需求和数据管理需求
- 能根据项目需求设计并实现数据库各级模型
- 能连接 DBMS 并创建项目数据库、数据表，以及设置完整性控制约束和索引，完善数据表
- 能正确运用 SQL 语句编写实施项目项目中的各类数据管理业务的逻辑

技能证书标准：

- 根据客户项目需求推荐合理的数据库设计方案，并合理地规划数据库对象
- 根据客户项目需求推荐合理的 SQL 管理与开发语句

思政素养目标：

- 培养以工程的思想解决问题的能力和质量意识
- 树立整体观念，培养全局意识
- 培养认真严谨的工作态度、用户至上的服务精神

任务 7.1　项目数据库分析

7.1.1　功能业务分析

　　无人值守超市以方便、快捷的销售模式广受欢迎。无人值守超市的运营模式中没有销售人员，消费者选择好所需商品后，到收银台付款，超市内的摄像头通过扫描商品来识别商品的价格，然后提示消费者出示付款码进行支付。为了实现这些功能，无人值守超市要快速、有效地处理相关数据，亟须建立超市信息管理平台。

　　I-Creative（艾科锐创新）软件科技公司针对无人值守超市在消费者购物、结账，以及无人值守超市管理员管理商品、库存、会员、订单、供应商等信息的多方面数据管理需求，为无人值守超市开发信息管理平台，面向无人值守超市管理员和会员用户，解决会员可随时购物、管理员可随时进行超市运营信息管理等问题，确保超市正常运行。

　　对无人值守超市信息管理平台的功能业务进行需求分析，确定无人值守超市管理系统的功能模块如图 7-1 所示。

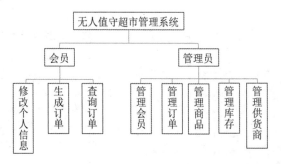

图 7-1　无人值守超市管理系统的功能模块

7.1.2　数据需求分析

　　在充分分析无人值守超市管理系统的功能业务需求后，确认系统所需存储和分析管理的数据相关实体，如"会员""管理员""分店店铺""商品""供应商""订单""订单项""库存""会员等级""商品分类"等实体。

1. 角色用户数据存储管理需求

　　（1）会员信息（user_info）：存储会员 ID、会员姓名等身份信息，该信息由管理员添加或会员注册时自动生成。通过会员等级 ID 可以关联会员等级信息（user_level_info）。

　　（2）管理员信息（admin_info）：存储管理员 ID、管理员姓名等身份信息。

　　（3）会员等级信息（user_level_info）：存储会员等级 ID、会员等级名称、会员等级折扣等信息。其中，会员购物折扣权限为：一级会员级别最高，享受应付款 96 折折扣；五级会员级别最低，不享受应付款折扣；以此类推，二、三、四级会员依次享受应付款 97、98、99折折扣。

2. 商品数据存储管理需求

① 商品信息（goods_info）：存储商品的商品 ID、商品码、商品名称、供应商 ID 及商品种类 ID、进价、售价、折扣等详细信息。通过供应商 ID 可以关联商品的供应商信息（supplier_info），通过商品种类 ID 可以关联商品种类信息（goods_category_info）。

② 商品种类信息（goods_category_info）：存储商品所属的各个类别信息。

③ 供应商信息（supplier_info）：存储供应商 ID、供应商名称及其联系信息。

④ 库存信息（stock_info）：每个分店店铺有一个独立的库存表，记录商品出入库情况（这里以一个分店店铺的库存表为例），包括库存 ID、经手人 ID、商品 ID、分店店铺 ID、出入库、时间、数量、库存量等信息。供应商提供货物时对应管理员的商品入库操作，会员购买商品或不同店铺之间调货等对应商品出库操作。通过商品 ID 可以关联库存变动的商品信息（goods_info）。

3. 超市分店店铺数据存储管理需求

分店店铺信息（market_info）：存储无人值守超市各分店店铺的信息，包括分店店铺 ID、分店店铺名称、地址、电话号码、分店店铺系统的管理员 ID、备注等。通过管理员 ID 可以关联各分店店铺的管理员信息（admin_info）。

4. 购物任务数据存储管理需求

① 订单信息（order_info）：存储购物的订单信息，包括订单 ID、购物订单的会员 ID、购物的分店店铺 ID、购物时间等。会员可以查询自己生成的订单，管理员可以管理所有订单。通过会员 ID 可以关联购物订单的会员信息（user_info），通过分店店铺 ID 可以关联购物订单所在的分店店铺信息（market_info）。

② 订单项信息（order_item_info）：存储每个订单的详细内容，包括订单项 ID、订单 ID、商品 ID、数量、评价等。会员可以查询自己生成订单的订单项，管理员可以管理所有订单项。通过订单 ID 可以关联订单信息（order_info），通过商品 ID 可以关联商品信息（goods_info）。

任务 7.2　项目数据库设计

7.2.1　数据库的概念数据模型设计

1. 任务描述

明确无人值守超市管理系统的实体、实体的属性，以及实体与实体之间的关系。

2. 任务实现

无人值守超市管理系统数据库的概念数据模型 E-R 图如图 7-2 所示。

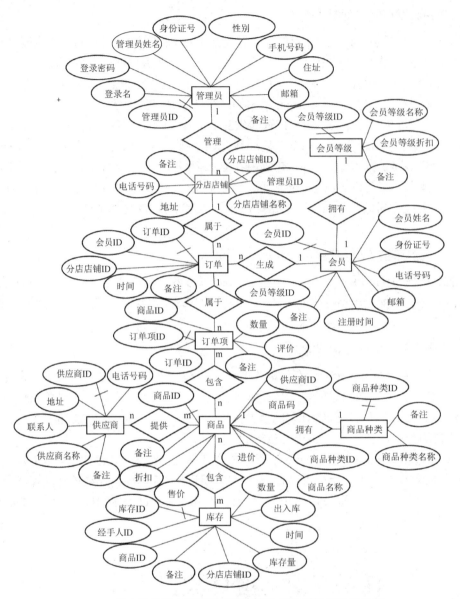

图 7-2　无人值守超市管理系统数据库的概念数据模型 E-R 图

7.2.2　数据库的逻辑数据模型设计

1. 任务描述

依据将概念数据模型转换为逻辑数据模型的规则，将无人值守超市管理系统数据库的概念数据模型转换为逻辑数据模型。

2. 任务实现

依据无人值守超市管理系统数据库的概念数据模型 E-R 图，转换得到的无人值守超市管理系统数据库的逻辑数据模型设计如下（有直下画线的属性表示主键，有波浪下画线的属性表示外键）：

管理员(**管理员 ID**, 登录名, 登录密码, 管理员姓名, 身份证号, 性别, 手机号码, 住址, 邮箱, 备注)

会员等级(**会员等级 ID**, 会员等级名称, 会员等级折扣, 备注)

会员(**会员 ID**, 会员姓名, 身份证号, 电话号码, 邮箱, 注册时间, 会员等级 ID<关联会员等级信息表>, 备注)

商品种类(**商品种类 ID**, 商品种类名称, 备注)

供应商(**供应商 ID**, 供应商名称, 电话号码, 地址, 联系人, 备注)

商品(**商品 ID**, 商品码, 供应商 ID<关联供应商信息表>, 商品名称, 商品种类 ID<关联商品种类信息　　表>, 进价, 售价, 折扣, 备注)

库存(**库存 ID**, 经手人 ID, 商品 ID<关联商品信息表>, 分店店铺 ID<关联分店店铺信息表>, 出入库,　　时间, 数量, 库存量, 备注)

分店店铺(**分店店铺 ID**, 管理员 ID<关联管理员信息表>, 分店店铺名称, 地址, 电话号码, 备注)

订单(**订单 ID**, 会员 ID<关联会员信息表>, 分店店铺 ID<关联分店店铺信息表>, 时间, 备注)

订单项(**订单项 ID**, 订单 ID<关联订单信息表>, 商品 ID<关联商品信息表>, 数量, 评价, 备注)

7.2.3　数据库的物理数据模型设计

1. 任务描述

每个关系的规范化程度至少要达到第三范式，同时考虑软件运行时的性能优化提升，以及数据类型的长度等存储需求，得到数据库的物理数据模型，获得无人值守超市管理系统数据库 db_market 中所有数据表的表结构。

2. 任务实现

管理员信息表 tb_admin_info 的表结构如表 7-1 所示。

表 7-1　**管理员信息表 tb_admin_info 的表结构**

字段名称	数据类型	字段含义	字段说明
ID	bigint	管理员 ID	主键约束，自增约束，非空约束
name	varchar(32)	管理员姓名	非空约束
login_name	varchar(32)	登录名	非空约束
idcard	char(18)	身份证号	唯一性约束，非空约束
phone	varchar(32)	手机号码	非空约束
address	varchar(63)	住址	非空约束
email	varchar(32)	邮箱	唯一性约束
remarks	varchar(200)	备注	

会员等级信息表 tb_user_level_info 的表结构如表 7-2 所示。

表 7-2　**会员等级信息表 tb_user_level_info 的表结构**

字段名称	数据类型	字段含义	字段说明
ID	tinyint	会员等级 ID	主键约束，自增约束，非空约束
name	varchar(32)	会员等级名称	非空约束
user_discount	double	会员等级折扣	非空约束
remarks	varchar(200)	备注	

会员信息表 tb_user_info 的表结构如表 7-3 所示。

表 7-3　会员信息表 tb_user_info 的表结构

字段名称	数据类型	字段含义	字段说明
ID	bigint	会员 ID	主键约束，自增约束，非空约束
name	varchar(32)	会员姓名	非空约束
idcard	char(18)	身份证号	唯一性约束，非空约束
phone	varchar(32)	电话号码	非空约束
email	varchar(32)	邮箱	唯一性约束
regdate	datetime	注册时间	非空约束
level_id	tinyint	会员等级 ID	非空约束，外键约束，关联 tb_admin_info(ID)
remarks	varchar(200)	备注	

商品种类信息表 tb_goods_category_info 的表结构如表 7-4 所示。

表 7-4　商品种类信息表 tb_goods_category_info 的表结构

字段名称	数据类型	字段含义	字段说明
ID	tinyint	商品种类 ID	主键约束，自增约束，非空约束
name	varchar(32)	商品种类名称	非空约束
remarks	varchar(200)	备注	

供应商信息表 tb_supplier_info 的表结构如表 7-5 所示。

表 7-5　供应商信息表 tb_supplier_info 的表结构

字段名称	数据类型	字段含义	字段说明
ID	bigint	供应商 ID	主键约束，自增约束，非空约束
name	varchar(32)	供应商名称	非空约束
phone	varchar(32)	电话号码	非空约束
address	varchar(64)	地址	非空约束
contact	varchar(64)	联系人	非空约束
remarks	varchar(200)	备注	

商品信息表 tb_goods_info 的表结构如表 7-6 所示。

表 7-6　商品信息表 tb_goods_info 的表结构

字段名称	数据类型	字段含义	字段说明
ID	bigint	商品 ID	主键约束，自增约束，非空约束
goods_code	bigint	商品码	唯一性约束，非空约束
supplier_id	bigint	供应商 ID	非空约束，外键约束，关联 tb_supplier_info(ID)
category_id	tinyint	商品种类 ID	非空约束，外键约束，关联 tb_goods_category_info(ID)
name	varchar(32)	商品名称	非空约束
purchase_price	decimal(10,2)	进价	非空约束
sell_price	decimal(10,2)	售价	非空约束
discount	decimal(2,1)	折扣	非空约束，0.0~1.0 之间，默认值为 1.0
remarks	varchar(200)	备注	

分店店铺信息表 tb_market_info 的表结构如表 7-7 所示。

表 7-7　分店店铺信息表 tb_market_info 的表结构

字段名称	数据类型	字段含义	字段说明
ID	bigint	分店店铺 ID	主键约束，自增约束，非空约束
admin_id	bigint	管理员 ID	外键约束，关联 tb_admin_info(ID)

（续）

字段名称	数据类型	字段含义	字段说明
name	varchar(32)	分店店铺名称	非空约束
phone	varchar(32)	电话号码	非空约束
address	varchar(64)	地址	非空约束
remarks	varchar(200)	备注	

库存信息表 tb_stock_info 的表结构如表 7-8 所示。

表 7-8   库存信息表 tb_stock_info 的表结构

字段名称	数据类型	字段含义	字段说明
ID	bigint	库存 ID	主键约束，自增约束，非空约束
market_id	bigint	分店店铺 ID	非空约束，外键约束，关联 tb_market_info(ID)
goods_id	bigint	商品 ID	非空约束，外键约束，关联 tb_goods_info(ID)
operator_id	bigint	经手人 ID	非空约束，可以是购买了商品的会员 ID，也可以是进行了出入库操作的管理员 ID
in_out	enum('i','o')	出入库	非空约束，i 表示入库，o 表示出库
num	int	数量	非空约束
time	datetime	时间	非空约束
total	int	库存量	非空约束
remarks	varchar(200)	备注	

订单信息表 tb_order_info 的表结构如表 7-9 所示。

表 7-9   订单信息表 tb_order_info 的表结构

字段名称	数据类型	字段含义	字段说明
ID	bigint	订单 ID	主键约束，自增约束，非空约束
user_id	bigint	会员 ID	非空约束，外键约束，关联 tb_user_info(ID)
market_id	bigint	分店店铺 ID	非空约束，外键约束，关联 tb_market_info(ID)
time	datetime	时间	非空约束
remarks	varchar(200)	备注	

订单项信息表 tb_order_item_info 的表结构如表 7-10 所示。

表 7-10   订单项信息表 tb_order_item_info 的表结构

字段名称	数据类型	字段含义	字段说明
ID	bigint	订单项 ID	主键约束，自增约束，非空约束
order_id	bigint	订单 ID	非空约束，外键约束，关联 tb_order_info(ID)
goods_id	bigint	商品 ID	非空约束，外键约束，关联 tb_goods_info(ID)
num	int	数量	非空约束
reviews	varchar(200)	评价	
remarks	varchar(200)	备注	

使用 PowerDesigner 建模，转换获得无人值守超市管理系统数据库 db_market 的物理数据模型，如图 7-3 所示。

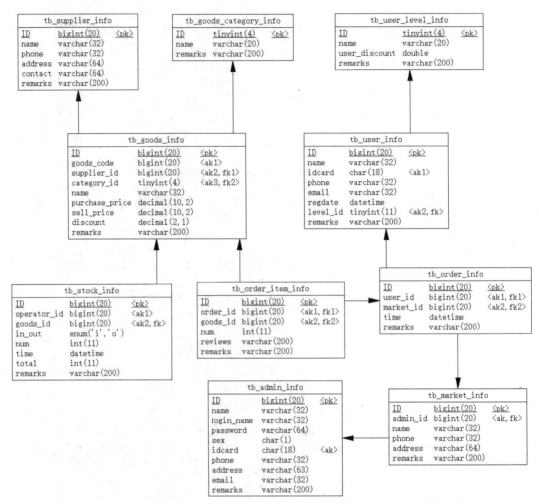

图 7-3 无人值守超市管理系统数据库 db_market 的物理数据模型

任务 7.3 项目数据库实现

7.3.1 创建数据库

1. 任务描述

连接 MySQL 8 服务器，创建无人值守超市管理系统数据库 db_market，采用默认字符集 utf8mb4 及其对应校对集。如果数据库已经存在，则先删除再创建。

2. 任务实现

参考代码如下：

```
DROP DATABASE IF EXISTS db_market;
CREATE DATABASE db_market;
USE db_market;
```

7.3.2　创建数据表、设置约束和索引

1. 任务描述

根据所设计的无人值守超市管理系统数据库中所有数据表的表结构，创建 db_market 数据库中的所有数据表，并设置主键、外键、唯一性、检查等约束和索引，以保障数据完整性控制。如果存在同名的数据表，则先删除再创建。

2. 任务实现

参考代码如下：

```sql
## 管理员信息表 tb_admin_info
CREATE TABLE tb_admin_info (
  ID bigint(20) NOT NULL AUTO_INCREMENT COMMENT '管理员ID',
  name varchar(32) NOT NULL COMMENT '管理员姓名',
  Login_name varchar(32) NOT NULL COMMENT '登录名',
  password varchar(64) NOT NULL COMMENT '登录密码',
  sex enum('m', 'f') NOT NULL COMMENT '性别',
  idcard char(18) NOT NULL COMMENT '身份证号',
  phone varchar(32) NOT NULL COMMENT '手机号码',
  address varchar(63) NOT NULL COMMENT '住址',
  email varchar(32) NULL COMMENT '邮箱',
  remarks varchar(200) NULL COMMENT '备注',
  PRIMARY KEY (ID),
  UNIQUE KEY idcard (idcard),
  UNIQUE KEY email (email)
);
## 会员等级信息表 tb_user_level_info
CREATE TABLE tb_user_level_info (
  ID tinyint(1) NOT NULL AUTO_INCREMENT COMMENT '会员等级ID',
  name varchar(20) NOT NULL COMMENT '会员等级名称',
  user_discount double NOT NULL COMMENT '会员等级折扣',
  remarks varchar(200) NULL COMMENT '备注',
  PRIMARY KEY (ID)
);
## 会员信息表 tb_user_info
CREATE TABLE tb_user_info (
  ID bigint(20) NOT NULL AUTO_INCREMENT COMMENT '会员ID',
  name varchar(32) NOT NULL COMMENT '会员姓名',
  idcard char(18) NOT NULL COMMENT '身份证号',
  phone varchar(32) NOT NULL COMMENT '电话号码',
  email varchar(32) NULL COMMENT '邮箱',
  regdate datetime NOT NULL COMMENT '注册时间',
  level_id tinyint(1) NOT NULL DEFAULT '5' CHECK(level_id between 1 and 5) COMMENT '会员等级ID',
  remarks varchar(200) NULL COMMENT '备注',
  PRIMARY KEY (ID),
  UNIQUE KEY idcard (idcard),
  CONSTRAINT tb_user_info_ibfk_1 FOREIGN KEY (level_id) REFERENCES tb_user_level_info (ID)
);
## 商品种类信息表 tb_goods_category_info
CREATE TABLE tb_goods_category_info (
  ID tinyint(4) NOT NULL AUTO_INCREMENT COMMENT '商品种类ID',
```

```
  name varchar(20) NOT NULL COMMENT '商品种类名称',
  remarks varchar(200) NULL COMMENT '备注',
  PRIMARY KEY (ID)
);
## 供应商信息表 tb_supplier_info
CREATE TABLE tb_supplier_info (
  ID bigint(20) NOT NULL AUTO_INCREMENT COMMENT '供应商ID',
  name varchar(32) NOT NULL COMMENT '供应商名称',
  phone varchar(32) NOT NULL COMMENT '电话号码',
  address varchar(64) NOT NULL COMMENT '地址',
  contact varchar(64) NOT NULL COMMENT '联系人',
  remarks varchar(200) NULL COMMENT '备注',
  PRIMARY KEY (ID)
);
## 商品信息表 tb_goods_info
CREATE TABLE tb_goods_info (
  ID bigint(20) NOT NULL AUTO_INCREMENT COMMENT '商品ID',
  goods_code bigint(20) NOT NULL COMMENT '商品码',
  supplier_id bigint(20) NOT NULL COMMENT '供应商ID',
  category_id tinyint(4) NOT NULL COMMENT '商品种类ID',
  name varchar(32) NOT NULL COMMENT '商品名称',
  purchase_price double NOT NULL COMMENT '进价',
  sell_price double NOT NULL COMMENT '售价',
  discount double NOT NULL DEFAULT 1 COMMENT '折扣',
  remarks varchar(200) DEFAULT NULL COMMENT '备注',
  PRIMARY KEY (ID),
  UNIQUE KEY goods_code (goods_code),
  KEY supplier_id (supplier_id),
  KEY category_id (category_id),
  CONSTRAINT tb_goods_info_ibfk_1 FOREIGN KEY (supplier_id) REFERENCES tb_supplier_info (ID),
  CONSTRAINT tb_goods_info_ibfk_2 FOREIGN KEY (category_id) REFERENCES tb_goods_category_info (ID)
);
## 分店店铺信息表 tb_market_info
CREATE TABLE tb_market_info (
  ID bigint(20) NOT NULL AUTO_INCREMENT COMMENT '分店店铺ID',
  admin_id bigint(20) NULL COMMENT '管理员ID',
  name varchar(32) NOT NULL COMMENT '分店店铺名称',
  phone varchar(32) NOT NULL COMMENT '电话号码',
  address varchar(64) NOT NULL COMMENT '地址',
  remarks varchar(200) NULL COMMENT '备注',
  PRIMARY KEY (ID),
  KEY admin_id (admin_id),
  CONSTRAINT tb_market_info_ibfk_1 FOREIGN KEY (admin_id) REFERENCES tb_admin_info (ID)
);
## 库存信息表 tb_stock_info
CREATE TABLE tb_stock_info (
  ID bigint(20) NOT NULL AUTO_INCREMENT COMMENT '库存ID',
  market_id bigint(20) NOT NULL COMMENT '分店店铺ID',
  goods_id bigint(20) NOT NULL COMMENT '商品ID',
  operator_id bigint(20) NOT NULL COMMENT '经手人ID',
  in_out enum('i','o') NOT NULL COMMENT '出入库',
  num int(11) NOT NULL COMMENT '数量',
```

```
  time datetime NOT NULL COMMENT '时间',
  total int(11) NOT NULL COMMENT '库存量',
  remarks varchar(200) NULL COMMENT '备注',
  PRIMARY KEY (ID),
  KEY operator_id (operator_id),
  KEY goods_id (goods_id),
  CONSTRAINT tb_stock_info_ibfk_2 FOREIGN KEY (goods_id) REFERENCES tb_goods_info (ID)
);
## 订单信息表 tb_order_info
CREATE TABLE tb_order_info (
  ID bigint(20) NOT NULL AUTO_INCREMENT COMMENT '订单ID',
  user_id bigint(20) NOT NULL COMMENT '会员ID',
  market_id bigint(20) NOT NULL COMMENT '分店店铺ID',
  time datetime NOT NULL COMMENT '时间',
  remarks varchar(200) DEFAULT NULL COMMENT '备注',
  PRIMARY KEY (ID) USING BTREE,
  KEY user_id (user_id) USING BTREE,
  KEY market_id (market_id) USING BTREE,
  CONSTRAINT tb_order_info_ibfk_1 FOREIGN KEY (user_id) REFERENCES tb_user_info (ID),
  CONSTRAINT tb_order_info_ibfk_2 FOREIGN KEY (market_id) REFERENCES tb_market_info (ID)
);
## 订单项信息表 tb_order_item_info
CREATE TABLE tb_order_item_info (
  ID bigint(20) NOT NULL AUTO_INCREMENT COMMENT '订单项ID',
  order_id bigint(20) NOT NULL COMMENT '订单ID',
  goods_id bigint(20) NOT NULL COMMENT '商品ID',
  num int(11) NOT NULL COMMENT '数量',
  reviews varchar(200) DEFAULT NULL COMMENT '评价',
  remarks varchar(200) DEFAULT NULL COMMENT '备注',
  PRIMARY KEY (ID) USING BTREE,
  KEY order_id (order_id) USING BTREE,
  KEY goods_id (goods_id) USING BTREE,
  CONSTRAINT tb_order_item_info_ibfk_1 FOREIGN KEY (order_id) REFERENCES tb_order_info (ID),
  CONSTRAINT tb_order_item_info_ibfk_2 FOREIGN KEY (goods_id) REFERENCES tb_goods_info (ID)
);
```

任务 7.4　项目数据库管理

7.4.1　实现日常数据管理业务

1. 任务描述

使用 INSERT 语句向 db_market 数据库中添加数据。要保证业务数据符合表约束设置的一致性和完整性，并且为了保证主键和外键的约束关系，要先有主表数据的输入，再对相关子表数据进行输入和修改操作。

2. 任务实现

添加部分业务数据的参考代码列举如下。

（1）添加管理员信息，参考代码如下：

```
INSERT INTO tb_admin_info VALUES(10001,'张三','管理员1','123','m','430102000000001234',
                                 '13112345678','湖南省长沙市中山路128号',null,null);
```

（2）添加会员等级信息，参考代码如下：

```
INSERT INTO tb_user_level_info VALUES (1,'一级会员',0.96,'享受应付款96折');
```

（3）添加会员信息，参考代码如下：

```
INSERT INTO tb_user_info VALUES(80001,'李丽','432123200012120139','19912345678',null,
                                '2023-01-09 22:31:08', 3,null);
```

（4）添加商品种类信息，参考代码如下：

```
INSERT INTO tb_goods_category_info VALUES (1,'水果',null);
```

（5）添加供应商信息，参考代码如下：

```
INSERT INTO tb_supplier_info VALUES(70001,'甜甜食品有限公司','15807231256','湖南省长沙市车站南路','张依', null);
```

（6）添加商品信息，参考代码如下：

```
INSERT INTO tb_goods_info VALUES(20001,1234,70001,'开心苹果汁',10,13,0.8,null);
```

（7）添加分店店铺信息，参考代码如下：

```
INSERT INTO tb_market_info VALUES(30001,10001,'火星社区店','0731-81234679','火星社区',null);
```

（8）添加库存信息，参考代码如下：

```
INSERT INTO tb_stock_info VALUES(60001,30001,10001,20001,'i',150,'2022-12-13 10:40:42',150,null);
```

（9）添加订单信息，参考代码如下：

```
INSERT INTO tb_order_info VALUES(40001,80001,30001,'2023-01-10 09:11:39',null);
```

（10）添加订单项信息，参考代码如下：

```
INSERT INTO tb_order_item_info VALUES(50001,40001,20004,2,null,null);
```

3. 任务描述

使用 SELECT、UPDATE、DELETE 等 SQL 语句，使无人值守超市管理员能管理会员、分店店铺、商品、供应商、订单、订单项、库存等信息，会员能生成订单并查询或删除自己的订单信息，实现无人值守超市日常的数据管理业务。

4. 任务实现

管理部分业务数据的参考代码列举如下。

（1）查询在无人值守超市管理系统上最早注册的用户，参考代码如下：

```
SELECT ID,name phone,regdate FROM tb_user_info ORDER BY regdate LIMIT 1;
```

（2）查询所有果汁商品的商品 ID、商品名称、售价和折扣，参考代码如下：

```
SELECT ID, name,sell_price,discount FROM tb_goods_info WHERE name like '%果汁%';
```

（3）查询 2023 年 1 月在火星社区店购物的会员的姓名和电话号码，参考代码如下：

```
SELECT DISTINCT tb_user_info.name,tb_user_info.phone
FROM tb_market_info JOIN tb_order_info JOIN tb_user_info
WHERE tb_order_info.market_id = (SELECT ID from tb_market_info WHERE name = '火星社区店')
              AND (tb_order_info.time BETWEEN '2023-01-01 00:00:00' AND '2023-01-31 23:59:59')
              AND tb_order_info.user_id = tb_user_info.ID;
```

（4）查询订单 ID、商品名称和数量，按照单笔订单的商品数量对查询结果降序排序，参考代码如下：

```
SELECT tb_order_item_info.order_id,tb_goods_info.name,num
FROM tb_goods_info JOIN tb_order_item_info
WHERE tb_goods_info.ID = tb_order_item_info.goods_id ORDER BY num DESC;
```

（5）将会员 ID 为"80002"的会员的等级提升一级，参考代码如下：

```
UPDATE tb_user_info SET level=level-1 WHERE ID=80002;
```

（6）会员对订单 ID 为 "40001" 的订单中商品 ID 为 "20004" 的商品发布了不良评论，删除该会员的评论，参考代码如下：

```
UPDATE tb_order_item_info SET reviews = NULL
WHERE order_id = 40001 AND goods_id = 20004;
```

（7）已知管理员 ID 为 "10004" 的账号从未使用过，现要注销该账号，参考代码如下：

```
DELETE FROM tb_admin_info WHERE ID = '10004';
```

7.4.2　创建和使用视图简化数据管理业务

1. 任务描述

为了方便无人值守超市管理员和会员对信息进行查询与输出，创建并使用提供中文列名的简洁友好视图。

2. 任务实现

（1）创建 vw_purchased_user 视图，查询所有购买过商品的会员的 ID、姓名、电话号码及其等级信息。参考代码如下：

```
## 创建 vw_purchased_user 视图
CREATE OR REPLACE VIEW vw_purchased_user (会员ID,会员姓名,电话号码,会员等级ID)
AS
SELECT ID,name,phone,level_id FROM tb_user_info WHERE ID IN(SELECT user_id FROM tb_order_info);
## 使用 vw_purchased_user 视图
SELECT * FROM vw_purchased_user;
```

（2）创建 vw_total_sales 视图，按照商品销售总量降序显示商品 ID、商品名称、商品销售总量信息。参考代码如下：

```
## 创建 vw_total_sales 视图
CREATE OR REPLACE VIEW vw_total_sales (商品ID,商品名称,商品销售总量)
AS
SELECT goods_id,name,SUM(num) AS total_sales
FROM tb_order_item_info o JOIN tb_goods_info g ON o,goods_id = g.ID
GROUP BY goods_id ORDER BY total_sales DESC;
## 使用 vw_total_sales 视图
SELECT * FROM vw_total_sales;
```

（3）创建 vw_market_admin 视图，查询每个分店店铺的管理员信息，显示分店店铺 ID、分店店铺名称、地址、电话号码，以及该分店店铺的管理员姓名和电话号码。参考代码如下：

```
## 创建 vw_market_admin 视图
CREATE OR REPLACE view vw_market_admin (分店店铺ID,分店店铺名称,地址,电话号码,管理员姓名,管理员电话号码)
AS
SELECT m.ID,m.name,m.address,m.phone,a.name,a.phone
FROM tb_market_info m JOIN tb_admin_info a ON m.admin_id = a.ID;
## 使用 vw_market_admin 视图
SELECT * FROM vw_market_admin;
```

（4）创建 vw_goods_supplier 视图，查询每种商品对应的供应商信息，显示商品 ID、商品名称和该商品对应的供应商名称、供应商联系人及电话号码。参考代码如下：

```
## 创建 vw_goods_supplier 视图
CREATE OR REPLACE view vw_goods_supplier (商品ID,商品名称,供应商名称,供应商联系人,电话号码)
```

```
AS
SELECT g.ID,g.name,s.name,s.contact,s.phone
FROM tb_goods_info g JOIN tb_supplier_info s ON g.supplier_id = s.ID;
## 使用 vw_goods_supplier 视图
SELECT * FROM vw_goods_supplier;
```

（5）创建 vw_volunteer 视图，查询每个订单对应的会员和下单店铺信息，显示订单 ID、下单时间、分店店铺名称、会员 ID、会员姓名及会员电话号码。参考代码如下：

```
## 创建 vw_order_market_user 视图
CREATE OR REPLACE view vw_order_market_user
AS
SELECT o.ID AS '订单ID',o.time AS '下单时间',m.name AS '分店店铺名称',u.ID AS '会员ID',
    u.name AS '会员姓名',u.phone AS '会员电话号码'
FROM tb_order_info o JOIN tb_user_info u JOIN tb_market_info m ON o.user_id = u.ID AND o.market_id = m.ID;
## 使用 vw_order_market_user 视图
SELECT * FROM vw_order_market_user;
```

7.4.3 创建和使用存储过程编程事务完成复杂数据管理业务

1. 任务描述

如果某个管理员账号已经有对应的分店店铺，则不允许删除该账号；如果管理员信息表 tb_admin_info 中某个管理员账号对应的管理员 ID 发生更新，则分店店铺信息表 tb_market_info 中该账号对应的分店店铺的管理员 ID 同步更新。

2. 任务实现

（1）设置参照完整性约束，参考代码如下：

```
ALTER TABLE tb_market_info ADD FOREIGN KEY(admin_id) REFERENCES tb_admin_info(ID)
ON DELETE RESTRICT ON UPDATE CASCADE;
```

（2）校验参照完整性约束。

管理员 ID 为"10001"的账号对应分店店铺 ID 为"30001"的分店店铺，在管理员信息表 tb_admin_info 中删除该账号时，删除不成功。在管理员信息表 tb_admin_info 中将管理员 ID 为"10001"的账号更新为管理员 ID 为"10005"的账号时，分店店铺信息表 tb_market_info 中分店店铺 ID 为"30001"的分店店铺的管理员 ID 同步更新为"10005"。

3. 任务描述

输入会员全名或姓名的一部分后，需要能查到相应会员的会员 ID、会员姓名、电话号码和会员等级等信息。

4. 任务实现

（1）自定义存储过程，参考代码如下：

```
DROP PROCEDURE IF EXISTS p_user_info;
DELIMITER //
CREATE PROCEDURE p_user_info(user_name VARCHAR(32))
BEGIN
  SELECT ID,`name`,phone,`level` FROM tb_user_info WHERE `name` LIKE CONCAT('%',user_name,'%');
END //
DELIMITER ;
```

（2）调用存储过程查询"王"姓会员的会员 ID、会员姓名、电话号码、会员等级等信息，参考代码如下：

```
CALL p_user_info('王');
```

5. 任务描述

通过订单 ID 能获知订单应付款金额。

6. 任务实现

（1）自定义统计函数，参考代码如下：

```
SET GLOBAL log_bin_trust_function_creators = true;
DELIMITER //
DROP FUNCTION IF EXISTS cal_orderAmount;
CREATE FUNCTION cal_orderAmount(order_id BIGINT) RETURNS DECIMAL(10,2)
BEGIN
  RETURN(SELECT SUM(tb_goods_info.sell_price * tb_goods_info.discount * num)
         FROM tb_order_item_info JOIN tb_goods_info
         WHERE tb_order_item_info.order_id = order_id AND tb_goods_info.id = tb_order_item_info.goods_id
       );
END //
DELIMITER ;
```

（2）调用函数统计指定订单 ID 的订单的总价，参考代码如下：

```
SELECT cal_orderAmount(40001);
```

7. 任务描述

为会员等级 ID、商品的折扣都添加检查约束，使会员等级 ID 只能是 1～5 的五类等级，商品的折扣也只能在 0～1 之间。

8. 任务实现

（1）自定义完整性约束，参考代码如下：

```
ALTER TABLE tb_user_level_info ADD CHECK(ID BETWEEN 1 AND 5)
ALTER TABLE tb_goods_info ADD CHECK(discount BETWEEN 0 AND 1);
```

（2）数据操作启动检查约束。当在会员等级信息表中误将一个会员等级 ID 修改为"55"时，启动检查约束，错误数据修改不成功；当向商品信息表中添加一个折扣为 1.2 的商品信息时，启动检查约束，错误数据添加不成功。参考代码如下：

```
UPDATE tb_user_level_info SET ID=55 LIMIT 4,1;
INSERT tb_goods_info VALUES(20005,1876,70001,1,'糖心苹果',8,10,1.2,NULL);
```

9. 任务描述

当会员购买商品或管理员调货出库时，商品的库存数量会相应减少，当某样商品的库存数量少于 10 时，将要发出提醒"注意：库存数量已不足 10！"，以进行进货补货。

10. 任务实现

（1）自定义触发器，参考代码如下：

```
DELIMITER //
CREATE TRIGGER goods_disc1 BEFORE INSERT ON tb_stock_info FOR EACH ROW W
BEGIN
  IF new.total<10 THEN SIGNAL SQLSTATE '45000' SET MESSAGE_TEXT='注意：库存数量已不足 10！';
```

```
 END IF;
END //
DELIMITER ;
```

（2）启动触发器。管理员 ID 为"10001"的账号的管理员对商品 ID 为"20001"的商品进行出库 100 的操作，此时系统启动触发器，报错并阻止该操作。参考代码如下：

```
SET @oldtotal = (SELECT total FROM tb_stock_info WHERE goods_id = 20001 ORDER BY time DESC LIMIT 1);
INSERT tb_stock_info VALUES(60100,10001,20001,'o',100,NOW(),@oldtotal-100,NULL);
```

数据库的数据表

eBank 怡贝银行业务管理系统数据库

表 A.1　银行网点表 tb_bankoutlets

字段名称	数据类型长度	约束	允许空	字段含义
bankID	int	主键，自增	否	银行网点 ID
bankName	varchar(50)	唯一键	否	银行网点名称
address	varchar(255)		否	银行网点地址
createTime	datetime	默认当前系统日期时间	是	创建时间
status	enum('0','1','2')		是	状态：0 待营业、1 营业中、2 暂停营业

表 A.2　网点终端机设备列表 tb_machine

字段名称	字段类型长度	约束	允许空	字段含义
machine	char(8)	主键	否	终端机编号
bankID	int	外键	否	银行网点 ID

表 A.3　客户表 tb_customer

字段名称	字段类型长度	约束	允许空	字段含义
customerID	int(8)	主键	否	客户 ID：编号规律 XXXXXXXX，1-5 开头个人账户、6-9 开头企业账户
type	enum('1','2')		否	客户类型：1 个人，2 企业
relationID	int		否	账户编号：客户类型若为 1 则该值为 personalID、若为 2 则该值为 companyID

表 A.4　个人账户信息表 tb_personal

字段名称	字段类型长度	约束	允许空	字段含义
personalID	int	主键，自增	否	个人账户 ID
customerID	int(8)	外键	否	客户 ID
customerName	varchar(50)		否	客户名称
PID	char(18)	唯一键	否	身份证号
Vip	tinyint	默认值 0	是	是否 VIP：0 否，1 是

（续）

字段名称	字段类型长度	约束	允许空	字段含义
sex	tinyint		否	性别：0 女，1 男
birthDate	date		否	出生日期
educationalLevel	varchar(30)		是	教育水平
marriage	varchar(15)		是	婚姻状态
email	varchar(50)	唯一键	是	邮箱
telephone	char(11)	唯一键	否	联系电话：所绑定的个人的手机号码
address	varchar(50)		是	客户地址
isLogout	tinyint	默认值 0	否	是否注销：0 否，1 是
createDate	datetime	默认当前系统日期时间	否	开户时间
remark	varchar(255)		是	备注

表 A.5　企业账户信息表 tb_company

字段名称	字段类型长度	约束	允许空	字段含义
companyID	int	主键，自增	否	企业账户 ID
customerID	int(8)	外键	否	客户 ID
creditCode	char(18)	唯一键	否	统一社会信用代码
legalPerson	varchar(50)		否	法人
legalPersonCard	char(18)		否	法人身份证号
Vip	tinyint	默认值 0	是	是否 VIP：0 否，1 是
nature	varchar(150)		否	单位性质
registeredCapital	decimal(20,2)		是	注册资金
registeredDate	datetime		是	注册时间
address	varchar(255)		否	单位地址
createDate	datetime	默认当前系统日期时间	否	开户时间
customerName	varchar(100)		否	企业账户名称
telephone	varchar(20)		否	联系电话：可为座机号码或手机号码，座机号码由（国家区号）地区号-号码的数字构成
isLogout	tinyint	默认值 0	否	是否注销：0 否，1 是
remark	varchar(255)		是	备注

表 A.6　存款类型表 tb_deposit

字段名称	字段类型长度	约束	允许空	字段含义
savingID	int	主键，自增	否	存款类型号
savingName	varchar(20)		否	存款类型名称
descript	varchar(100)		是	存款类型描述

表 A.7　银行卡信息表 tb_cardinfo

字段名称	字段类型长度	约束	允许空	字段含义
cardID	char(19)	主键	否	银行卡号：16 位数字组成，每 4 位后空格。其中，前面 8 位代表特殊含义，如某总行某支行等。假定该行要求其营业厅的卡号格式为：6227 2666 XXXX XXXX，后面 8 位是随机产生且唯一
customerID	int(8)	外键	否	客户 ID
customerType	tinyint		否	客户类型：1 个人、2 企业
curID	varchar(10)	默认值 RMB	否	币种
savingID	int	外键	否	存款类型号
openDate	datetime	默认当前系统日期时间	否	开户日期
openMoney	decimal(20,2)		否	开户金额（客户开设银行卡账户时存入的金额）
balance	decimal(20,2)		否	卡内余额（客户银行卡账户目前剩余的金额）
password	char(6)	默认值 "888888"	是	取款密码：由 6 位数字构成，开户时初始取款密码为 "888888"
isReportLoss	tinyint	默认值 0	否	是否挂失：0 否，1 是
isLogout	tinyint	默认值 0	否	是否注销：0 否，1 是
isFrozen	tinyint	默认值 0	否	是否冻结：0 否，1 是
frozenMoney	decimal(20,2)		是	冻结金额
bankID	int	外键	否	银行网点 ID
type	enum('储蓄卡','信用卡')		否	银行卡类型

表 A.8　存取款交易表 tb_tradeinfo

字段名称	字段类型长度	约束	允许空	字段含义
tradeDate	datetime	复合主键之主键 2，默认当前系统日期时间	否	交易日期
tradeType	enum('存入','支出')		否	交易类型
cardID	char(19)	复合主键之主键 1，外键	否	银行卡号
tradeMoney	decimal(20,2)		否	交易金额
machine	char(8)	外键	是	终端机编号
remark	varchar(255)		是	备注

反侵权盗版声明

电子工业出版社依法对本作品享有专有出版权。任何未经权利人书面许可，复制、销售或通过信息网络传播本作品的行为；歪曲、篡改、剽窃本作品的行为，均违反《中华人民共和国著作权法》，其行为人应承担相应的民事责任和行政责任，构成犯罪的，将被依法追究刑事责任。

为了维护市场秩序，保护权利人的合法权益，我社将依法查处和打击侵权盗版的单位和个人。欢迎社会各界人士积极举报侵权盗版行为，本社将奖励举报有功人员，并保证举报人的信息不被泄露。

举报电话：（010）88254396；（010）88258888

传　　真：（010）88254397

E-mail：　dbqq@phei.com.cn

通信地址：北京市万寿路 173 信箱
　　　　　电子工业出版社总编办公室

邮　　编：100036